(Ac)*canto* alla **Matematica**

3° edizione

di

Damiano Tri(g)lione

$$e^{i\pi} + 1 = 0$$

«Il libro di Matematica dove si parla, x lo +, d'altro»

Dedicato alla **Fonte** da cui tutti proveniamo,
e a cui tutti poi torniamo,
Dove siamo tutti *Uno*

Per contattare l'autore:

info@ingegnersorriso.it

Sommario

CAPITOLO 1

Introduzione

La polvere di Cantor

1.1 Motivazione

> *Ora ti prego conosci quel che resta e*
> *ascolta un* canto *più puro*
> Tito Lucrezio Caro[1]

A pochi sarà sfuggito: il titolo di questo libro è un gioco di parole, un lazzo a me molto caro. Se il lettore apprezza questo tipo di divertimenti, non si annoierà di certo durante la lettura di quest'opera, la quale è un *canto* alla Matematica (come un'ode poetica, un tributo alla sua bellezza ispiratrice) ma è anche *accanto* alla Matematica, poiché le diramazioni arrivano ai film, alle barzellette, agli enigmi e alle composizioni in prosa e in strofe.

Da qui anche la mia scelta di inserire la polvere di *Cantor* come figura all'apertura del capitolo, e la citazione di Lucrezio sul *canto* come epigrafe. Il sottotitolo è «Il libro di Matematica dove si parla, x lo $+$, d'altro» per giocare con il simbolo dell'addizione e perché i veri contenuti matematici approfonditi sono... nelle appendici alla fine del volume!

Mi appassionai alla Matematica fin da bambino; ne ero attratto, sentendo di entrare in contatto con un mondo magico, non separato dalla dimensione che normalmente si considera "reale", eppure allo stesso tempo inaccessibile da parte di molte persone.

Quando praticavo il calcio, i tiri in porta e i passaggi ai compagni di squadra rispecchiavano una visione geometrica del gioco, che peraltro mantengo tuttora, non avendo ancora smesso di frequentare i campi sportivi. Spesso, a scuola, le lezioni di Matematica mi sembravano più un ripasso che un apprendimento da zero[2].

Prima di avviarmi per una passeggiata o un giro in bicicletta, sceglievo il percorso da seguire visualizzando nella mente una rappresentazione grafica delle scorciatoie, ricordando a me stesso che, in un triangolo, ogni lato è inferiore alla somma degli altri due.

Mi capitava persino di chiarire ai miei coetanei le applicazioni pratiche del teorema di Pitagora: ad esempio, come riconoscere una scorciatoia che risulta l'ipotenusa di un un triangolo rettangolo (che possiede cioè un angolo retto). Natutalmente sembravo loro un alieno $+$ forse non a torto $+$ e li inducevo anche a svelare non solo la lacuna in geometria, ma anche un'altra in algebra: dall'uguaglianza $3^2 + 4^2 = 5^2$, deducevano – estraendo in modo scorretto la radice quadrata – una conseguenza errata: $3 + 4 = 5$.

---

[1] Dal *De Rerum Natura*.
[2] Stavo scrivendo *ex novo*, ma per questo libro è più giusto *da zero*!

La seducente passione verso i numeri mi aveva spinto a una tesi ardita: ingenuamente, pensavo che la padronanza di numeri, formule e figure geometriche, potesse aiutare a risolvere tanti problemi concreti che affliggono le persone[3]. Avevo la sensazione, inoltre, di possedere una capacità divulgativa nei confronti di tali argomenti, confermata da molte persone che mi telefonavano, o mi incontravano, per uno scambio di idee. Crescendo, queste mie considerazioni si sono trasformate, ma rimane la voglia di divulgare questa disciplina, anche solo per un semplice motivo: lo trovo divertente.

Un altro aspetto trovo singolare e sbalorditivo: la Matematica non è un'opinione, come recita il proverbio. Sono pronto a illustrarvi il carattere oggettivo della scienza dei numeri; infatti, la Matematica permette di asserire enunciati che, una volta sanciti come *veri*, non possono più essere messi in discussione; in altre parole, se qualcuno osasse non confermare tali verità, non farebbe altro che dimostrare la propria inadeguatezza nell'arte della logica.

La Matematica non è un'opinione, ribadisco; eppure ogni persona ha una diversa valutazione nei riguardi della disciplina. La possiamo odiare o amare; ritenerla inutile o essenziale; incomprensibile o banale da imparare; arida o feconda. In ogni caso, ci accompagna senza sosta in ogni fase della vita: da studenti, dobbiamo sopportarla a scuola, in qualunque tipo di scuola; da adulti, la ritroviamo continuamente, travestita nei modi più disparati, poiché è un ottimo supporto alle decisioni qualora cercassimo un approccio razionale: mi conviene comprare quest'auto con o senza finanziamento? Quanta vernice devo comprare per tinteggiare le pareti? Qual è il mutuo che più si addice alle mie esigenze? Meglio andare in vacanza in treno o con altri mezzi di trasporto? Passo a un altro operatore telefonico?

Le domande potrebbero essere centinaia, e tutte sono accomunate dal richiedere un minimo di abilità con i numeri; e, si noti, ho volutamente omesso la circostanza di avere un lavoro in cui la Matematica è essenziale (occuparsi di economia, costruire edifici, progettare automobili, sviluppare software, solo per citarne qualcuno).
Cosa dire poi della capacità logica? In tante situazioni, dobbiamo esercitare la nostra facoltà razionale, com'è ben noto. Non sto affermando che l'intuito e le emozioni non rivestano importanza nei processi decisionali e per migliorare la qualità della vita: sto sostenendo che – a mio modesto avviso – riuscire a coniugare "testa e cuore", razionalità e intuito, produce una maggior consapevolezza delle scelte che siamo chiamati a compiere, siano esse appartenenti alla mera quotidianità, siano esse poco frequenti ma importanti.

---

[3] Questa illusione, che si tramùta poi in delusione, ha colpito anche tanti altri individui. Persino la letteratura ci mostra un esempio di disincanto seguito dall'illusione nella potenza della Matematica: parlo di Travy, il protagonista e narratore dell'*Odile* di Raymond Queneau. Carlo Toffalori ne parla brevemente nel capitolo 25 di [Tof11].

La motivazione di questo libro? Porgere la Matematica in modo alternativo a quanto viene fatto tipicamente. Vi mostro come questa disciplina possa essere affascinante, utile, produttiva, e – udite! – facile per chiunque.

Non voglio prendere in considerazione la diffidenza con cui molti lettori avranno esaminato la frase precedente. Chiedo soltanto, umilmente, di proseguire la lettura di quest'opera con un atteggiamento di apertura, sospendendo per un po' i giudizi che – forse mutuati da altre persone o da esperienze passate – si sono sedimentati in voi, fino a diventare apparenti certezze. Il mio obiettivo è scalfire queste certezze e, lentamente ma inesorabilmente, demolirle per poi ricostruire, sulle loro rovine, nuove convinzioni. Posso quindi dire che non sto tanto occupandomi di Matematica, bensì sto facendo addirittura *Maiematica*, ovvero Matematica + maieutica! [4]

Il mio auspicio è di riuscire a farvi riflettere, cari lettori, circa cosa sia la *vera* Matematica, una disciplina che va ben oltre il saper far di conto o imparare a memoria, senza comprendere, tante nozioni su formule e proposizioni che insistono sui numeri o su figure geometriche. Una giusta trattazione diventerebbe una vera enciclopedia, considerando tutto il materiale che merita di essere compreso. Ho operato quindi una scelta, trascurando alcuni argomenti. Come ogni altra attività umana, anche la scienza dei numeri subisce evoluzioni di vario tipo, pur se a scuola sembra che tutto ciò che riguarda le cifre, le operazioni e la geometria sia immobile, eterno e prestabilito. Già, la scuola. Il luogo dove ogni giorno milioni di persone sono esortate a studiare (anche) la Matematica; ma con un piccolo equivoco: ciò che imparano non è l'autentica materia! Per spiegarmi meglio, mi affido alle parole di Bruno D'Amore:

> *Come fanno a pensare che la matematica vera sia quella studiata a scuola, nei libri di scuola, e non quella elaborata dagli scienziati, a livello assai più alto? Come se la letteratura coincidesse con il temino scritto a scuola in IV elementare, o la medicina con quella che si trova nelle rubriche delle riviste di moda, poco prima della copertina finale. I nostri amici sportivi professionisti mai confonderebbero la loro*

---

[4] La parola maieutica mi è rimasta impressa quando, frequentando il liceo scientifico, mi imbattei nello studio della filosofia di Socrate, il quale aiutava i suoi allievi ponendo loro opportune domande che li aiutavano a trovare quasi da soli le verità riposte nel loro spirito. In altre parole, il dialogo e la discussione guidati da Socrate erano portatori di conquiste filosofiche latenti negli interlocutori. È interessante notare che Socrate non lasciò nulla di scritto. A tal proposito, una volta mi divertii con un cugino di mia moglie, al quale dissi: «Io ho letto tutti gli scritti di Socrate!»; egli, non cogliendo lo spiritoso corto circuito logico, rispose: «Eh, no! Socrate non scrisse niente!», così io ribattei: «Infatti: quindi non c'è alcun suo scritto che io non abbia letto!». Dobbiamo ringraziare Platone, che nel suo dialogo *Teeteto*, ci riporta come Socrate amava comportarsi come una levatrice, aiutando gli altri – tramite il dialogo – a dare alla luce la verità insita nella propria coscienza, in stretta analogia con una partoriente. In effetti maièutica deriva dal greco, e significa davvero arte ostetrica, poiché *maia* significa mamma, levatrice, mentre *téchne* significa arte, tecnica.

professione che li obbliga a due sedute quotidiane di allenamento di molte ore, al gioco fatto dai bambini nei parchi: sanno bene che differenza c'è. Perché questa triste e misera fine ingloriosa spetta solo alla matematica e a nessun'altra disciplina umana?[5]

Un giorno, forse non oggi, converrete che in ognuno di noi c'è un matematico!
Come giustamente si trova in un gustosissimo romanzo inerente alla Matematica,

ritengo che tutti gli uomini siano dei buoni calcolatori. Tale è il soldato che, in guerra, stima le distanze con una sola occhiata. Tale è il poeta che conta le sillabe e controlla la cadenza dei versi. Pure il musicista che applica alle sue composizioni le leggi esatte dell'armonia. E anche il pittore che disegna avendo sempre presenti le invariabili proporzioni della prospettiva, e l'umile tessitore di tappeti che sistema uno a uno i fili del suo ordito. Tutti costoro [...] sono degli abili e capaci calcolatori.[6]

Anche qualche illuminato politico non disdegna i numeri e le equazioni! Ecco le parole del deputato britannico Tony McWalter che nel 2003 osò perorare la causa della Matematica nell'ambito dell'offerta formativa scolastica:

Perché qualcuno dovrebbe appassionarsi alle x e alle y in un sistema di equazioni? Una risposta è questa: perché chi non fa lo sforzo di vedere cosa nascondono quelle x e quelle y, sarà tagliato fuori dalla possibilità di comprendere realmente la scienza [...]. Perché qualcuno dovrebbe tentare di capire le equazioni di secondo grado e i principi che stanno dietro la loro soluzione? Perché puntellano saldamente la scienza moderna, così come i metodi di fusione dei romani erano la chiave della loro cultura edilizia.[7]

I capitoli del testo che avete in mano si snodano così: dopo aver specificato bene cosa è la Matematica veramente (capitolo 2), vedremo quanto essa punta al Cielo (capitolo 3), proveremo a giocare con essa (capitolo 4), noteremo le numerose connessioni che ha con altri ambiti culturali e attività pratiche (capitoli 5, 6 e 7); vedremo poi come i matematici si dilettano con un umorismo insolito (capitolo 8), ossia con barzellette che faranno da antipasto per un'attività semiseria di *riprogrammazione* dei nostri schemi mentali (capitolo 9). Il capitolo 10 è solo un diaframma per inserire delle conclusioni oltre le quali si stende l'ampio spessore delle appendici, dove il lettore che vuole approfondire i contenuti troverà pane per i suoi denti: formule ed elucubrazioni per chi non teme di esserne inadeguato.

---

[5] Chi fra di voi è interessato, può trovare questa e altre interessanti considerazioni nel libro il cui riferimento bibliografico è in Appendice B, alla voce [Dam12]. Il brano è tratto da pag. 89.
[6] [Tah96], pag. 68.
[7] [Liv05], pag. 79. Potete trovare in Appendice E alcuni brevi richiami teorici sulle più importanti equazioni algebriche.

1.2 Precisazioni

❖ *Perché la parola Matematica viene stampata, in questo libro, con l'iniziale maiuscola?*
Di regola le materie scolastiche si scrivono con l'iniziale maiuscola. Per di +, tra queste pagine, la Matematica è considerata qualcosa di estremamente importante, da guardare con rispetto e ammirazione. Concordate?

❖ *Cosa sono i riferimenti tra parentesi quadre?*
I riferimenti tra quadre sono etichette simboliche che si riferiscono alle voci bibliografiche elencate in Appendice B, intitolata *Bibliograffiti*. Ad esempio, [Tofl1] si riferisce al libro "L'aritmetica di Cupido" di Carlo Toffalori, edito nel 2011 dall'editore Guanda.

❖ *Perché le Appendici (in fondo al libro) sono denominate usando lettere dell'alfabeto?*
Ho voluto cogliere l'occasione di mostrare praticamente cosa è una relazione d'ordine in Matematica. Quali sono i due insiemi più semplici che sappiamo ordinare? Sicuramente l'insieme dei numeri (dati due numeri diversi, è facile riconoscere qual è il più piccolo) e l'insieme delle lettere (date due lettere diverse, è facile riconoscere quale delle due precede l'altra in quella sequenza che impariamo da bambini chiamata *alfabeto*).

In effetti, è come se potessimo associare a ogni lettera dell'alfabeto un intero che la contraddistingua (ad esempio: A è associata a 1; B è associata a 2; C a 3, e così via...).[8] Ecco perché è possibile ordinare con i numeri o, indifferentemente, con le lettere le sezioni di un libro. Ho deciso quindi di ordinare i capitoli tramite i numeri e le appendici tramite le lettere. Così come potremmo numerare i capitoli saltando qualche numero (i capitoli 1, 2 e 3 rimarrebbero al loro posto se anche li numerassi 1, 5, 98), analogamente posso enumerare le appendici usando lettere che non sono contigue nell'alfabeto.

---

[8] Naturalmente è arbitraria tale corrispondenza. Ad esempio, nello standard ASCII usato in informatica, A vale 65, B vale 66, e così via.

Per i matematici, vi sono due proprietà che garantiscono che una relazione tra elementi di un insieme sia una "relazione d'ordine stretto" (vi risparmio tanti tecnicismi e sofisticherie):

➢ *Proprietà antisimmetrica:* se un elemento precede un altro, allora non vale il viceversa. In formule:
$$(e_1 < e_2) ==> \neg (e_2 < e_1).$$
Ad esempio: se il numero 10 precede il numero 25, allora 25 non precede 10.

➢ *Proprietà transitiva:* se un elemento precede un altro, e quest'ultimo precede un terzo, allora il primo precede il terzo. In formule:
$$(e_1 < e_2) \wedge (e_2 < e_3) ==> (e_1 < e_3).$$
Ad esempio: se 10 precede 25 e 25 precede 44, allora 10 precede 44.

Si noterà che i matematici a volte si fregiano di dichiarare principi semplici e ovvi, ma è proprio questa capacità che ha reso possibili gli enormi successi della Matematica.

❖ *Perché i numeri di pagina hanno un trattino che li precede?*
Usando i numeri negativi, mostro al lettore il percorso che sta facendo. D'altronde, «per un matematico meno cinque non è peggiore di più cinque»[9].
Questo approccio originale ha molteplici vantaggi:

➢ Ci ricorda che i numeri negativi hanno pari dignità di quelli positivi, pur se, storicamente[10], essi furono introdotti con notevole ritardo nella cultura Occidentale, anche per un pregiudizio verso la loro prima notevole utilità: la contabilità dei… debiti!

➢ Mi piace l'idea che il numero di pagina indichi quanto il lettore stia andando in profondità negli argomenti: potreste considerare il contenuto di questo volume come un giacimento minerario sotterraneo che iniziate a saccheggiare dalla prima pagina (siete essenzialmente in superficie, quindi la profondità è bassa) e, man mano che raccogliete le pietre preziose, andate sempre più giù, fino alle appendici (dove si parla di Matematica in modo quasi specialistico, quindi la profondità è massima).

➢ Poiché non sarò mai ricordato per la paternità di alcun teorema di Matematica, aspiro a diventare immortale tramite questo primato: il primo autore ad aver numerato le pagine di un libro in tal modo.

[9] Da l'*Uomo senza qualità* di Musil. Citato in [Tofl1], pag. 211.
[10] Ne accenniamo in Appendice N, *I numeri.*

❖ *Perché le note a piè di pagina sono contrassegnate da numeri e non da simboli?E perché a volte le proposizioni incidentali sono qui tra due segni di addizione, invece dei trattini (che in Matematica indicano la sottrazione)?*
Da un libro sulla Matematica ci si aspetta almeno questo!

❖ *Perché c'è una figura di curva matematica celebre all'inizio di ogni capitolo?*
Sono rimasto molto colpito dal matematico Bruno Poizat, che scrisse un libro nella propria lingua madre (francese, invece del convenzionale inglese) dal titolo arabo *Nur al-Mantiq wal-Ma'rifah*, ossia *Luce della logica e della conoscenza*[11].

Per vari motivi, pubblicò a proprie spese l'opera, quindi nessuno poté impedirgli di inserire, prima di ogni capitolo, un'immagine con donne senza vestiti (utile, a suo dire, per calmare la mente prima delle difficili argomentazioni che il lettore avrebbe affrontato).

D'altro canto, io non voglio promuovere tali immagini, perciò ho pensato di creare una *citazione* (senza… eccitazione) di quel libro, inserendo a mia volta non curve femminili, ma curve matematiche. Il lettore che amasse documentarsi su un enorme varietà di tali curve e sulle equazioni che le generano, potrà soddisfarsi trovando una copia del libro [Cre98].

---

[11] [Sau07], pag. 236.

CAPITOLO 2

La Matematica vera, vera, vera

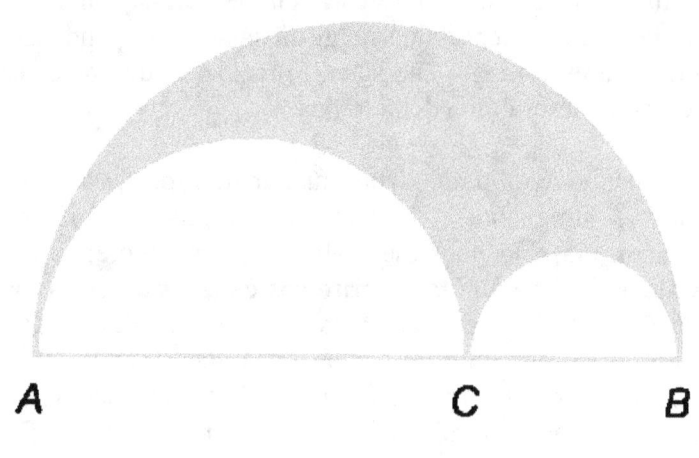

L'arbèlo di Archimede

2.1 L'incontro con la vera Matematica

> *O studianti, studiate le matematiche,*
> *e non edificate sanza fondamenti.*
> Leonardo da Vinci[12]

Sarebbe bello raccogliere tante testimonianze di coloro che riescono a ricordare il loro primo incontro con la Matematica. Vagamente, riesco a tornare con la memoria a quando la maestra mi spiegava la differenza tra raddoppiare un numero (ossia sommarlo a se stesso) ed elevare al quadrato un numero (cioè moltiplicarlo per se stesso). Ammiravo poi gli studiosi di geometria, i quali stabilirono che il rapporto tra l'area di un qualsiasi cerchio e l'area del quadrato a esso circoscritto è circa 0,785. Come potevano aver trovato questo numero speciale, che poi avremmo imparato a definire come la quarta parte di Pi greco?[13]

Oltre all'ammirazione, mi capitava di provare anche incredulità, a volte venata di fastidio. Ad esempio: come potevo credere agli "esperti", quando asserivano che un cerchio possiede infiniti raggi tutti della stessa lunghezza, ma con infinite inclinazioni diverse?[14] Possibile che, prendendo due raggi qualsiasi (con pendenze qualsivoglia), si poteva sempre trovare un raggio che stava in mezzo ai due precedenti? Stavo già assaporando la crudele inesorabilità della logica.

Vediamo cosa ci hanno confidato alcuni matematici professionisti. Partiamo da Marcus Du Sautoy,[15] insegnante di Matematica all'università di Oxford che, fino all'età di dodici anni, era solo interessato alle lingue straniere; fu allora che il suo insegnante di Matematica lo invitò a scoprire cos'è *davvero* questa materia. Quando spulciò riviste e libri del settore, rimase affascinato da tante simbologie apparentemente prive di senso, un po' come le lingue straniere che faticosamente aveva cercato di imparare. Fu particolarmente attirato dall'opera *The language of Mathematics*, di Frank Land, consultando la quale comprese il significato dell'invito del suo insegnante:

> *In quelle pagine non vi erano divisioni fra numeri con molte cifre*
> *decimali o cose simili. Si trovano invece, per esempio, importanti*
> *sequenze di numeri, come quella di Fibonacci,[16] capace, affermava il*
> *testo, di spiegare la crescita dei fiori e delle conchiglie. Ciascun*

---

[12] [Dav08], pag. 50.

[13] Al Paragrafo 6.2, intitolato *La* π*oesia della Szymborska*, disserteremo a lungo su Pi greco.

[14] L'infinito è uno dei protagonisti di questo libro. Si provi a sfogliare il Capitolo 7, intitolato proprio *La mia ∞ (infinita) esperienza al ε (Piccolo) teatro di Milano*.

[15] [Sau07], Capitolo 1.

[16] Tornerò a parlare più diffusamente dei numeri di Fibonacci nel Paragrafo 4.10, a proposito dell'Enigma 6.

componente della serie si otteneva addizionando i due precedenti. La sequenza cominciava con 1, 2, 3, 5, 8, 13, 21,... Secondo Land, quei numeri erano come un codice in grado di indicare alla conchiglia cosa fare man mano che si sviluppava. Si formava un minuscolo mollusco con una casetta di 1 x 1 centimetri quadrati. Poi, ogni volta che l'animaletto diventava più grande del guscio, aggiungeva un'altra stanza alla costruzione. Non avendo molto su cui basarsi, si limitava a creare uno spazio le cui dimensioni fossero la somma di quelle dei due precedenti. Il risultato di quel processo semplice e bellissimo era una spirale (figura). Sul libro c'era scritto che quei numeri erano fondamentali per il modo in cui la natura faceva crescere qualunque cosa.[17]

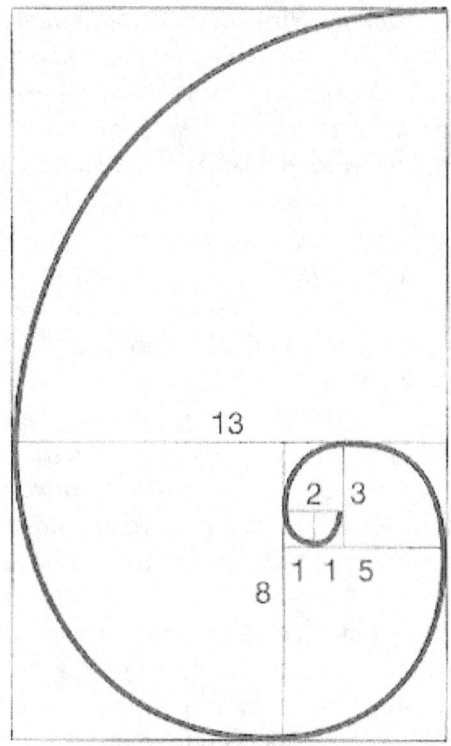

Figura: Il mollusco usa i numeri della sequenza di Fibonacci per ampliare la conchiglia

Un grande genio della Matematica, Niels Henrik Abel, si invaghì invece prima della scienza: il suo interesse

era scoccato come una scintilla quando suo padre lo aveva svegliato improvvisamente nel cuore della notte per fargli osservare un'eclissi di luna. Le stelle entusiasmarono il piccolo Abel, mentre la matematica non sembrò inizialmente ispirarlo per nulla. Ma ciò era dovuto al fatto che il

---

[17] [Sau07], pag. 13.

suo maestro di scuola ricorreva alle punizioni fisiche affinché i suoi alunni imparassero a memoria le tabelline. [18]

Non è difficile trovare autentiche e sincere dichiarazioni d'amore per la Matematica. Esemplare, in tal senso, è il contributo di Theoni Pappas:

Provare la gioia della matematica significa rendersi conto che essa non è un argomento isolato che ha pochi rapporti con le cose intorno a noi e che non fa che frustrarci con conti che non tornano e calcoli complicati. Pochi comprendono la vera natura della matematica – così intrecciata con il nostro ambiente e con la nostra vita. Tante cose che ci circondano possono essere descritte in termini matematici. Concetti matematici sono intrinseci perfino alla struttura delle cellule viventi.

(...)[Esiste un] rapporto inseparabile della matematica e del mondo, con scorci e immagini della matematica nei molti settori della nostra vita.

La gioia della matematica è simile all'esperienza dello scoprire una cosa per la prima volta. È un senso quasi infantile di meraviglia. Una volta che la si è provata, non si può dimenticare questa sensazione – può essere altrettanto eccitante che guardare per la prima volta in un microscopio e vedere cose che sono sempre state intorno a noi ma che prima non potevamo vedere. [19]

Non vi sorprenderà sapere che non tutti provano questo gradimento per la nostra amata. Carlo Toffalori ebbe a dire:

Quello che rende ancor più indigesti i risultati delle operazioni è che non ammettono deroghe: o è così, o si sbaglia. Due più due, o due per due, fanno quattro, sempre, senza alternative né discussioni: non c'è verso di sgarrare. Ma la nostra vita, la nostra sensibilità di uomini preferirebbero una maggiore elasticità e qualche minima eccezione. [20]

Verosimilmente, coloro che si sono dedicati ad altre attività umane non hanno sempre elogiato la Matematica, anzi, l'hanno spesso considerata «sinonimo di rigidità, oppressione, predeterminazione soffocante contro cui ribellarsi»[21]. A titolo di esempio, Dostoevskij ritenne che la vita è «pur sempre la vita, e non solo una radice quadrata»[22]. Possiamo attribuire un po' di credibilità allo scrittore e filosofo russo: l'autore de *L'idiota* aveva studiato ingegneria militare; tuttavia, sapendo della sua passione per la letteratura, possiamo dedurre che non studiasse la Matematica con entusiasmo. Non a caso si lasciò sfuggire che per lui «Due per due quattro, è una cosa

---

[18] [Sau07], Da pagina 198.
[19] [Pap02], Introduzione.
[20] [Tof11], pag. 64.
[21] [Tof11], seconda di copertina.
[22] Ibidem.

insopportabile»[23]. Non sorprende peraltro che lo straordinario poeta portoghese Fernando Pessoa abbia enunciato che la Matematica «si occupa solo di numeri morti e formule vuote», proprio la stessa opinione di una mia insegnante di lettere quando frequentavo il liceo scientifico.

Il mio caro lettore scelga liberamente se e da che parte schierarsi; non voglio influenzarlo perché – proprio in ossequio alla Matematica, la cui essenza è la libertà, secondo Cantor[24] – sono pronto ad accettare ogni tipo di sguardo verso la nostra controversa disciplina, la quale Novalis non esitò a definire «l'ambito del mago»[25]. Certo, fin da bambino, sentivo dentro me questa magia e la fantasia per cui «tutto ciò che esiste intorno a noi, che si muove, corre o se ne sta immobile non soltanto sarebbe incomprensibile senza la matematica, ma nasce effettivamente dalla matematica»[26] e non comprendevo l'entusiasmo ridottissimo – anzi, «piccolo a piacere»[27] – con cui i miei amici si rapportavano ad essa. Sembrava che avessero tutti letto e apprezzato lo *Zibaldone* di Leopardi, dove senza mezzi termini si afferma che la Matematica «dev'essere necessariamente l'opposto del piacere»! Ma queste «formule magiche», ossia «fantastici geroglifici», «segni cabalistici», «parole misteriose» + per usare espressioni di Thomas Mann in *Altezza Reale*[28] + sembravano interessare solo a me e a un ristretto circolo.[29] In quel periodo ero a digiuno di filosofia; eppure avevo la stessa posizione di Platone, che avrei studiato anni dopo, secondo cui «le scienze del calcolo e del numero sono capaci di portare alla verità».[30] Cosa sarebbe successo se mi fossi appellato a tale autorevolezza filosofica per dare lustro alla scienza dei numeri? Magari avrei sollevato un coro di proteste e qualche timido applauso. Com'è sua abitudine, mio padre avrebbe immancabilmente replicato – non a torto – che la Vita è ben altro che quella piccola porzione del reale che è razionalizzabile; qualche altro adulto gli avrebbe dato ulteriore avallo citando Edgar Allan Poe: «gli assiomi matematici non sono gli assiomi della verità generale».[31] Si sa: niente è più comune che avere opinioni diverse.

Nel corso del resto del libro produrrò altre suggestioni e scorci sulla scienza più esatta che ci sia, ma ora chiudo il paragrafo con un bel contrasto. Da un lato, ecco un aforisma di Bertrand Russell: la Matematica «può essere definita come la materia nella quale non sappiamo mai di cosa stiamo parlando, né se ciò che stiamo dicendo è

---

[23] [Tofl1], pag. 67.
[24] [Tofl1], pag. 200.
[25] [Tofl1], pag. 201.
[26] Citazione dall'*Uomo matematico* di Rober Musil ([Tofl1], pag. 201).
[27] Quest'espressione è cara agli autori dei libri di testo di Analisi Matematica per scuole superiori e università, quando si introduce il concetto di Limite.
[28] [Tofl1], pag. 35.
[29] Il circolo è un termine geometrico indovinato per il nostro libro, vero?
[30] [Tofl1], pag. 173.
[31] [Tofl1], pag. 173.

vero»[32]; a fargli da contrappunto, ecco invece una descrizione sicura e poetica della disciplina, da parte di Malba Tahan:

> *Se contempliamo il cielo in una notte limpida e tranquilla, sentiamo di non poter comprendere le meravigliose opere di Dio. Davanti ai nostri occhi stupiti le stelle formano una luminosa carovana che viaggia in un deserto infinito, dove sterminate nebulose e pianeti erranti seguono eterne leggi nelle profondità degli spazi e ci suggeriscono una nozione ben precisa: l'idea di 'numero'.*
>
> *«Viveva in Grecia, quando quella terra era ancora pagana, un sapiente il cui nome era Pitagora — sia lodata la saggezza di Allah! Una volta un discepolo gli chiese quali fossero le forze dominanti per quanto riguarda l'uomo, e la risposta fu: 'I numeri sono la legge di ogni cosa'.*
>
> *«È vero. Non possiamo concepire il più semplice pensiero senza includervi, per molti aspetti, il concetto fondamentale di numero. Il beduino nel deserto, il capo chino in preghiera, mormora il nome del Signore e il suo spirito è riempito da un numero: 'L'Unicità, l'Unità'. Sì, Dio, secondo la verità scritta nel Santo Libro e proclamata dai Profeti, è uno, eterno, immutabile! Di conseguenza il numero Uno si manifesta, alla nostra intelligenza, come un simbolo del Creatore.*
>
> *«Dai numeri, che sono la base di ogni ragionamento e di ogni comprensione, deriva un altro concetto di indiscutibile importanza: quello di 'misura'.*
>
> *«Misurare significa confrontare. Tuttavia, solo quelle grandezze che contengono un elemento con cui effettuare il confronto sono suscettibili di misura. È possibile misurare la vastità dello spazio? Certamente no. Lo spazio è infinito e pertanto non offre alcuna base per il confronto. Si può forse misurare l'eternità? Giammai. Per l'uomo il tempo è sempre infinito, e nessuna effimera unità di misura può servire a valutarlo.*
>
> *«D'altra parte, in molti casi, possiamo sostituire una grandezza che non è adatta al nostro sistema con un'altra che può essere facilmente calcolata. Questi cambiamenti, fatti per semplificare le misure, costituiscono l'oggetto principale della scienza che chiamiamo matematica.*
>
> *«Per raggiungere questo scopo il matematico deve studiare i numeri, le loro proprietà e le loro combinazioni: è il compito dell'*aritmetica. *Quando conosciamo bene i numeri, possiamo usarli per identificare grandezze sconosciute o variabili ma che possono essere rappresentate da formule ed equazioni; abbiamo allora a che fare con l'algebra. Le misure che facciamo sulle cose sono rappresentate da oggetti materiali o da simboli; in certi casi sia gli uni che gli altri posseggono tre attributi: forma, dimensione e posizione. Il loro studio costituisce il compito della*

---

[32] Da *Matematica e i metafisici*, uno dei saggi che accompagnano *Misticismo e logica*. Cit. in [Tof11], pag. 179.

geometria.

«*La matematica si occupa anche delle forze e delle leggi che governano il movimento, leggi che appaiono nella mirabile disciplina chiamata* meccanica. *La matematica, infine, mette tutte le sue risorse a disposizione di una scienza che innalza lo spirito ed esalta l'uomo: si tratta dell'*astronomia.

«*Alcuni pensano che, nell'ambito della matematica, l'aritmetica, l'algebra e la geometria siano materie separate: è un grave errore. Tutte invece collaborano tra di loro, si aiutano a vicenda, talvolta sono intercambiabili.* [33]

---

[33] [Tah96], pag. 55.

2.2 Le qualità della Matematica

Tutto è numero.
I numeri governano il mondo.
Pitagora

Non di rado i miei studenti mi hanno chiesto a cosa serva la Matematica, o anche solo alcune sue branche (il calcolo letterale, la trigonometria, la geometria euclidea,…). In tali occasioni capisco che forse ho la possibilità di cambiare la loro vita, perché una risposta indovinata può modificare le loro credenze sulla materia, e così avvicinarli alla *bestia nera*. A volte rispondo ironicamente: «Secondo me la Matematica è molto utile: per insegnarla vengo pagato!»; altre volte rispondo esortandoli a un approccio fideistico: «Se è obbligatoria nelle scuole, immagino che a qualcosa potrebbe servire!»; ho provato anche mostrando l'aspetto utilitaristico: «Senza Matematica, scordatevi la fruizione di telefonini, computer, mezzi di trasporto moderni, riproduzione di DVD, mp3, foto digitali, navigatore satellitare, realtà simulata nei videogiochi,…».

Non so se sia mai riuscito a dare una risposta convincente, ma so che ciò che conta di più è dare l'esempio: nel mio piccolo, continuerò ad appassionarmi alla *Regina delle Scienze*, come la definì Carl Friedrich Gauss. Quest'ultimo sembra aver dichiarato anche una frase ardita sui logaritmi: «Non avete idea di quanta poesia ci sia in una tavola dei logaritmi». Come avrei voluto conoscere questo aforisma qualche anno fa, quando una studentessa della scuola serale mi chiese l'utilità dei logaritmi[34], e io banalmente risposi «per gestire meglio i numeri molto grossi, anche perché, estraendo il logaritmo, si trasformano le moltiplicazioni in somme». Tecnicamente, la mia risposta non fu sbagliata, ma forse essa non aggiunse valore alla considerazione che l'allieva aveva della materia.

Il paradosso insito nella Matematica è che, proprio per la sua flessibilità, per la sua versatilità, per la sua onnipresenza, le persone meno consapevoli le attribuiscono una scarsa utilità. Questo potrebbe derivare dalla scarsa attitudine all'astrazione da parte di alcuni individui, probabilmente nemmeno interessati a guadagnare tale attitudine; forse, costoro sarebbero disposti a riconoscere solo l'utilità dei numeri *naturali* (1, 2, 3, 4, …), poiché, pur sembrando freddi e aridi, permettono di ordinare e di

---

[34] I logaritmi sono argomento di riflessione quasi filosofica in diversi libri divulgativi sulla Matematica. Ad esempio: pag. 99 di [Hod08]. Ma anche in questo stesso volume, in Appendice L2, intitolata *I logaritmi e il numero di Nepero*, diamo utili riferimenti.

aggregare oggetti come soldi, merci, persone ed esperienze. Anche le frazioni e tutti gli altri numeri conosciuti[35] hanno enormi utilità!

Pochi si aspetterebbero che certi strumenti matematici possano aiutare a risolvere problemi come: allocare il tempo sui satelliti per telecomunicazioni; programmare gli equipaggi degli aerei di linea; smistare milioni di chiamate telefoniche su lunghe distanze[36]. Vi sembrano esempi con scarsa attinenza alle mansioni che quotidianamente dovete affrontare? Allora vi enumero altri casi, sicuramente più legati alle scelte che spesso dobbiamo operare[37]: quale idraulico scegliere, in base alle tariffe? Quale contratto sottoscrivere tra le offerte di un operatore telefonico o un noleggio di autovetture? Quale abbonamento per palestra presenta il miglior rapporto qualità/prezzo? Come prevedere le spese dell'energie elettrica e del gas, componendo il canone (quota fissa) e spese proporzionali al consumo (quota variabile)?

Cambiamo ancora contesto: chi ha seguito le sei serie televisive del telefilm poliziesco *Numb3rs*, sa che la Matematica può essere applicata in un numero enorme di casi per aiutare a combattere il crimine: l'analisi delle vie di fuga di un ricercato; la teoria dei giochi che studia le strategie di preda e predatore (ossia criminale e detective) o le decisioni di più individui arrestati che devono optare tra confessare (e quindi assumersi la propria responsabilità, al fine di vedersi ridurre la pena) oppure non confessare (e quindi sperare di essere scagionati del tutto, qualora fosse l'altro arrestato a dichiararsi colpevole); la dinamica delle esplosioni, delle auto che si scontrano o investono persone, degli aerei che precipitano; addirittura anche i rapporti umani (come l'amicizia e l'amore) sono indagabili con formule ed equazioni![38]

Purtroppo, se ci si ferma alle proprietà formali di tali strumenti, difficilmente se ne scopre la moltitudine di applicazioni concrete possibili! Ma basta leggere i libri giusti o parlare con le persone avvezze a questi temi, per scoprire che davvero la Matematica si applica quasi dappertutto: tante attività umane e molteplici problemi quotidiani, pur se apparentemente diversi, possiedono schemi comuni; uno schema comune permette di raggruppare i problemi relativi di una categoria. Ciò comporta

---

[35] Ho usato l'aggettivo *conosciuti*, per non aprire prematuramente l'affascinante dibattito che vede contrapposti coloro che ritengono i numeri *scoperti* (quindi preesistenti all'indagine dell'uomo) e coloro che li ritengono *inventati* (quindi un'opera creativa dell'intelletto).

[36] [Pap02], pag. 229.

[37] Ringrazio l'amica Anna Cerasoli – prolifica scrittrice di ottimi libri di Matematica rivolti ai giovanissimi – per questi ulteriori esempi.

[38] Un professore del Politecnico di Milano, Sergio Rinaldi, studiò l'evoluzione nel tempo del rapporto d'amore tra il poeta Francesco Petrarca e la sua Laura. Il lavoro fu pubblicato intorno al 1995. Ecco un link:

http://archiviostorico.corriere.it/1995/dicembre/10/Laura_Petrarca_curve_impossibili_co_0_95121010064.shtml

Un altro professore dello stesso ateneo, Luigi Mussio, ha invece prodotto un'analisi statistica sul *Decamerone* di Boccaccio.

che, se risolvo un problema, allora ho trovato anche la soluzione ai problemi che appartengono alla stessa categoria.

Ad esempio, ogni bambino impara velocemente che, se sa contare, allora potrà quantificare sia la numerosità delle matite presenti nel suo astuccio, sia dedurre quanti goal siano stati realizzati da ogni squadra in una partita di calcio.

Anche le banali operazioni, come addizione e moltiplicazione, si ritrovano ovunque: quando calcoliamo il costo reale di un bene da acquistare con un finanziamento; quando dobbiamo preparare un dolce, i cui ingredienti sono dichiarati in modo tale da rendere evidente un fattore di proporzionalità (il numero di persone che dovranno consumarlo); quando vogliamo arredare una stanza con un mobile ottenibile come aggregazione di più elementi di dimensione standard.

Per fortuna di matematici e ingegneri, ci sono applicazioni molto più sofisticate: penso al mio settore specialistico (l'elaborazione numerica dei segnali), dove gli stessi strumenti matematici – di analisi di dati, di sintesi di informazioni e di rimozione dei disturbi – possono essere applicati con efficacia ai campi più disparati come i suoni, l'elettrocardiogramma, le azioni della Borsa, i segnali satellitari e tanti altri fenomeni che sono misurabili con numeri che descrivono informazioni e perturbazioni che variano nel tempo e nello spazio.

Penso che sia evidente, in base a quanto enunciato, che tutto ciò che è traducibile in *informazione numerica* si possa prestare bene a un'indagine automatizzata, nella quale il computer svolge calcoli noiosi e pesanti, seguendo opportuni algoritmi (cioè ricette numeriche, ossia procedimenti di calcolo). In effetti, questa è l'era della tecnologia dell'informazione: mai come oggi, l'elettronica e l'informatica forniscono all'uomo gli strumenti più disparati che, elaborando numeri – *astratti* ed *estratti* dal mondo dell'esperienza – mirano a migliorare la qualità della vita e, talvolta, vi riescono.

Pensiamo alle forti emozioni che proviamo di fronte a fotografie e filmati, oppure leggendo libri o ascoltando musica: la tecnologia moderna ci permette di vivere queste esperienze tramite i numeri. Non a caso, con opportune sequenze di *bit*, cioè cifre binarie (0 e 1), è possibile rappresentare un testo, un'immagine, un suono, un filmato.

Ma non solo! Il vero miracolo sta nel poter elaborare tali numeri tramite algoritmi che permettono di restaurare informazioni degradate, oppure comprimerle, oppure – grazie alla correzione degli errori – copiarle e trasmetterle senza imperfezioni anche su distanze intercontinentali, e sempre più velocemente.

Ecco un esempio di restauro (si chiama davvero così, anche se non è quello inteso nel senso dei beni culturali!) delle immagini: una macchina fotografica acquisisce uno scatto ma l'immagine appare mossa perché la mano del fotografo aveva un tremore proprio in quell'istante; ebbene, tramite un *algoritmo di deconvoluzione* si può ridurre la sfocatura della foto: la correzione della distorsione determinata dalla sfocatura (in Matematica: convoluzione) si ottiene tramite l'effetto inverso della causa che l'ha procurata. In verità, per migliorare la qualità di un'immagine esistono tantissime strade. In un libro specialistico di cui sono co-autore[39], ad esempio, le imperfezioni legate alla non idealità degli strumenti fotografici sono in gran parte attenuate da un uso accorto di strumenti di probabilità e statistica. Probabilità e statistica? Normalmente si pensa al caso come a qualcosa di poco utile e imprevedibile; ma la Matematica che lo descrive e lo studia sa come trarne benefici. Qui ne abbiamo uno: tramite ripetuti esperimenti casuali promossi dal calcolatore, possiamo sfruttare certe proprietà dei numeri *random* per rimuovere informazioni di disturbo. Non male, vero?

Per quanto riguarda la compressione dell'informazione, penso di andare sul sicuro richiamando i due esempi di compressione più noti perché notevolmente usati quotidianamente: i formati *jpg* per le foto ed *mp3* per i brani musicali. In ciascuno dei due casi, un modello psico-percettivo (cioè basato sulla percezione della nostra mente, ossia su come la nostra coscienza, attraverso il cervello, ottiene informazioni dai nostri sensi) permette di ridurre la quantità di numeri (ossia i *bit*) necessari per descrivere una foto o un suono. Scendendo un po' più nel dettaglio: l'occhio umano, insieme al nervo ottico e alla parte di cervello preposta alla visione, non sono "perfetti", poiché in taluni casi non si accorgono di certi dettagli. Ecco quindi che un algoritmo di compressione *jpg* sfoltisce l'informazione: i dettagli e i colori superflui (perché impercettibili, date le imperfezioni della visione umana) vengono cancellati, riducendo quindi il *peso* del file *jpg*, ossia il volume di numeri necessari a descrivere il contenuto informativo. Il risultato positivo? L'email con allegata quella foto verrà trasmessa e ricevuta più velocemente, e occuperà meno spazio nei vari supporti di memorizzazione. E cosa dire del successo del formato *mp3*? Il discorso è analogo: secondo il modello psico-acustico dell'apparato uditivo umano, certe frequenze vengono mascherate, quindi rimangono non percepite e pertanto possono essere ignorate a livello informatico. Il risultato? Quando trasformo un CD in una collezione di brani mp3, ho un guadagno di compressione che può arrivare a circa il 90% (o, almeno, così dicono i fautori del formato *mp3*).[40]

---

[39] [San11]. Aspetta! Prima di precipitarti a comprarlo, sappi che è un testo specialistico, quindi richiede una conoscenza di livello universitario di Matematica e Statistica!

[40] Effettivamente, se si vuole stampare ottimi ingrandimenti delle foto (da file *jpg*) e se si vuole ascoltare ad alto volume una canzone (da file *mp3*) in un impianto acustico di qualità, conviene rinunciare alla compressione o ridurla notevolmente. Non a caso, esistono i formati *lossless* (cioè privi di perdita di informazione, come *png* per le immagini e *wav* per l'audio), che si differenziano appunto da quelli *lossy* (come *jpg* e *mp3*). Questi ultimi, peraltro, permettono di variare il compromesso tra riduzione del peso di un file e suo degrado, quindi si può ad esempio decidere di mantenere elevata la qualità di un file riducendolo poco. Se proprio vogliamo essere completi, esistono anche formati che mirano a ricodificare l'informazione senza degradarla, pur ottenendo un po' di riduzione del peso di un file. Ad esempio, il formato *flac* per l'audio permette di avere brani musicali di qualità perfetta con una buona riduzione del peso del file originale; analogamente, il formato *tif* può essere salvato comprimendo i contenuti con l'algoritmo LZW per ridurre il file senza perdita di qualità.

Tra il 2010 e il 2011 ho toccato con mano l'enorme quantità di strumenti e conoscenze teoriche che la scienza può offrire per contrastare il degrado dei beni culturali. Nel progetto *Il Cortile del Richini* – cosiddetto perché mirante alla conservazione e alla valorizzazione della sede storica dell'Università degli Studi di Milano (ex Ospedale Maggiore) in via Festa del Perdono – diverse competenze (di fisica, chimica, microbiologa, mineralogia, architettura, microscopia e storia dell'arte) si sono armonizzate per poter stabilire lo stato di salute dei materiali e per concepire un piano di manutenzione programmata. Ma per realizzare tutto ciò, in modo moderno ed efficace, anche l'informatica è stata di ausilio. Sotto la supervisione del prof. Goffredo Haus infatti, ho cercato di rendermi utile affinché i vari *team* potessero scambiarsi dati e grafici in modo veloce e fruttifero; ho personalizzato un software specifico (SICaR, un sistema informativo per georeferenziare dati bidimensionali su beni culturali) e ho realizzato il sito del progetto.

La Matematica e la logica hanno sempre accompagnato ogni passo del progetto, come si può ben immaginare, anche se talvolta esse si insinuavano in anfratti così capillari da diventare invisibili a occhio nudo. Potrebbe lo schema dei dati di un *database* sussistere senza un approccio ragionato? Potremmo ingrandire un dettaglio della foto digitale di una scultura, con uno *zoom* variabile, senza sapere interpolare matematicamente i dati cromatici dei pixel? Potremmo realizzare rilievi architettonici con *laser scanner*, senza applicare strumenti statistici e probabilistici come la reiezione degli *outlier* e il *curve-fitting*? E che dire dei tanti diagrammi usati per illustrare le proprietà chimico-fisiche dei materiali? Quanto siamo debitori, per l'invenzione del grafico cartesiano, al grande René Descartes, detto Cartesio?

Vengono in mente le parole di Leibniz: i numeri sono simboli che «esprimono in modo conciso e quasi dipingono l'intima natura della cosa»[41]; ma anche il pensiero di Bertrand Russell ci sostiene a proposito di storia dell'arte: «la matematica, vista nella giusta luce, possiede non soltanto la verità, ma anche la bellezza suprema, una bellezza fredda e austera, come quella della scultura»[42].

Quanta verità c'è nel pensiero di Anna Cerasoli, secondo cui «la matematica è cogliere analogie e regolarità tra esperienze concrete e utilizzare schemi e modelli comuni a situazioni diverse»; e come sono d'accordo con Musil, quando afferma che la Matematica è «una delle avventure più appassionanti e incisive dell'esistenza umana»[43]! Ed ecco anche le parole di Malba Tahan:

> *un giorno, mentre [il famoso monarca Assad Abu Carib, re dello Yemen] riposava sulla spaziosa terrazza del suo palazzo, sognò di incontrare, procedendo su di un sentiero, sette giovanette. A un certo punto, esauste*

---

[41] [Tof11], pag. 70.

[42] Da *Studio della matematica*, uno dei saggi di *Misticismo e Logica*. Citato in [Tof11], pag. 249.

[43] Dall'*Uomo Matematico* di Robert Musil. Citato in [Tof11], pag. 249.

dalla stanchezza e dalla sete, esse si fermarono sotto il cocente sole del deserto: in quel momento apparve una bellissima principessa che porse loro una brocca d'acqua. La buona principessa calmò la loro sete e le fanciulle, rinfrancate, poterono proseguire il cammino.

Svegliatosi, Assad Abu Carib — che era un re giusto e potente — rimase talmente impressionato dall'inesplicabile sogno, che decise di rivolgersi a un famoso astrologo, un certo Sanib, per consultarlo sul significato della visione che gli era apparsa nel reame delle immagini e della fantasia. Questo fu il responso dell'astrologo: «Sire, le sette fanciulle che hai visto in cammino sul sentiero sono le arti divine, e le umane scienze e cioè Pittura, Musica, Scultura, Architettura, Retorica, Dialettica e Filosofia. La generosa principessa che venne in loro aiuto è la grande e prodigiosa disciplina della Matematica. Senza l'aiuto delle matematiche le arti non potrebbero progredire e tutte le altre scienze cadrebbero in rovina». Spinto da queste parole, il Re decise di organizzare centri per lo studio della matematica in tutte le città, i villaggi e le oasi del paese. Per ordine del sovrano uomini sapienti e capaci si recarono nei bazar, nelle locande, nei caravanserragli e diedero lezioni di aritmetica a commercianti e nomadi. Già dopo pochi mesi la prosperità dello stato era cresciuta; la ricchezza aumentava con il progresso delle scienze; le scuole si riempivano di studenti; il commercio si espandeva rapidamente; le opere d'arte si moltiplicavano e numerosi monumenti furono eretti; nelle città si accumularono rari tesori provenienti da lontani paesi. Lo Yemen si aprì così al progresso e alla ricchezza, ma d'un tratto, o sciagura! — Maktub! Questa prodigiosa fioritura di attività e di benessere ebbe termine. Re Assad Abu Carib morì, quando Asrail l'infedele lo spedì nel paradiso di Allah. La morte del monarca aprì due fosse: una ricevette il corpo del glorioso Re, nell'altra fu sepolta la cultura artistica e scientifica del suo popolo. Ascese infatti al trono un principe vanesio e indolente, di mediocri capacità intellettuali, che si dedicava a futili occupazioni invece che al governo dello stato. In pochi mesi tutti i servizi pubblici piombarono nel caos, le scuole chiusero, gli artisti e i sapienti furono costretti alla fuga dalle minacce di delinquenti e di ladri. Il tesoro pubblico venne criminalmente sperperato in inutili feste e stravaganti banchetti. Il paese fu rovinato dalla cattiva amministrazione e venne alla fine attaccato da avidi nemici, che subito lo conquistarono.

La storia di Assad Abu Carib insegna che il progresso di un popolo dipende dalle sue conoscenze matematiche. In tutto l'universo la matematica è numero e misura. L'Unità, simbolo del Creatore, è all'origine di tutte le cose, che non potrebbero esistere senza le stabili proporzioni e relazioni tra i numeri. Tutti i grandi enigmi della vita possono essere ridotti a semplici combinazioni di variabili o di costanti, grandezze conosciute o incognite, equazioni che possiamo risolvere. [44]

---

[44] [Tah96], pag. 58.

2.3 L'irragionevole efficacia

> *Due sono gli aggettivi che, secondo Poincaré, definiscono*
> *il ragionamento matematico: rigoroso e fecondo.*
> Louis Johannot[45]

> *Non c'è nessuna branca della Matematica,*
> *per quanto astratta,*
> *che non possa essere un giorno applicata*
> *a fenomeni del mondo reale.*
> Nikolaj Ivanovic Lobacevskij

A tal punto la Matematica desta meraviglia, al— in chi la usa con padronanza[46], che il fisico Eugene Paul Wigner (vincitore del Nobel nel 1963) fu indotto a scrivere un articolo intitolato *La irragionevole efficacia della matematica nelle scienze naturali*, nel quale mise in evidenza le straordinarie qualità della Matematica, esaltandone due aspetti notevoli, come ci ricorda Mario Livio[47]:

- Lato attivo: la Matematica illumina la strada ai fisici che si aggirano per il labirinto della natura. Basti pensare ad Isaac Newton e a James Clerk Maxwell che, rispettivamente per il campo gravitazionale e per quello elettromagnetico, sono riusciti a trovare formule di rara chiarezza, precisione e concisione. Anche economia, sociologia, medicina e psicologia fanno largo uso, ormai, di statistica e algebra.

- Lato passivo: i concetti e le relazioni che i matematici studiano per ragioni puramente teoriche – senza assolutamente valutare un'eventuale applicazione pratica – si rivelano, a distanza di decenni (o, addirittura, secoli), soluzioni inaspettate a problemi che hanno le loro basi nella realtà fisica!
  In quest'ultimo ambito può giovare ricordare che Keplero e Newton precisarono che i pianeti compiono orbite ellittiche intorno al sole, quando proprio le ellissi furono studiate da Menecmo, in Grecia, nel 350 AC, cioè ben 2000 anni prima[48]! Einstein si servì, per spiegare la struttura del cosmo, delle nuove geometrie studiate da Riemann, molto tempo dopo che quest'ultimo le avesse indagate unicamente

---

[45] [Tah96], pag. 206.
[46] In questa frase, ovviamente, la parola '*almeno*' viene contratta in '*al—*'.
[47] [Liv09], Capitolo 1, pag.17.
[48] Le ellissi fanno parte delle cosiddette *sezioni coniche*. Le citeremo ancora nel paragrafo 2.5, intitolato *Il carattere dei matematici*, e le presentiamo formalmente in Appendice C, *Le coniche*.

per curiosità speculativa. Torneremo su questi personaggi e sulle geometrie non euclidee nel corso di questa opera[49].

Un discorso ben più articolato meriterebbe lo studio delle simmetrie che, nato con la *teoria dei gruppi* di Galois (genio morto giovanissimo), permette oggi di compiere grandi studi ed ha addirittura rovesciato il metodo scientifico! Leggiamo ancora Mario Livio[50]:

> *Per secoli, il percorso seguito per comprendere i meccanismi di funzionamento del cosmo era cominciato con una raccolta di fatti sperimentali e osservativi a partire dai quali gli scienziati, procedendo per tentativi ed errori, cercavano di formulare le leggi generali della natura. La procedura era quella di iniziare da osservazioni locali e di costruire il puzzle tassello per tassello. Nel XX secolo, con il riconoscimento del fatto che alla base della struttura del mondo subatomico ci sono motivi matematici ben definiti, i fisici moderni hanno cominciato a seguire il percorso opposto. Hanno messo al primo posto i princìpi matematici di simmetria, (...) e da questi requisiti hanno dedotto le leggi generali.*

Non possiamo dare torto a Giorgio Israel: «Paradossale percorso intellettuale quello della scienza moderna che, per avvicinarsi alla realtà, deve farsi più astratta»[51].
Se approfondiamo questi temi, ci appare davvero miracoloso ciò che l'umanità sia riuscita a sistematizzare con il linguaggio dei numeri, delle equazioni e degli schemi.
Ecco cosa ci offrono Edward Kasner e James Roy Newman, autori di *Matematica e immaginazione*:

> *Non è sorprendente che la matematica goda di un prestigio ineguagliato da qualunque altro esercizio mentale finalizzato a uno scopo. Ha reso possibili così tanti progressi in campo scientifico, è al tempo stesso così indispensabile nelle faccende pratiche e senza dubbio un tale capolavoro di astrazione pura che il riconoscimento della sua preminenza tra le conquiste dell'intelletto umano le è quantomeno dovuto.*[52]

Kasner e Newman meritano di essere ricordati anche perché, sempre nel succitato libro, usarono per primi la parola *googol*. Tale termine + ora non più neologismo + fu, per la precisione, concepito dai nipoti di Kasner: Milton ed Edwin Sirotta. Mentre il matematico li portava a passeggio nelle New Jersey's Palisades, volle stimolarli per

---

[49] La geometria di Riemann verrà citata nel paragrafo 2.4, *La Dimostrazione matematica*, e nel paragrafo 6.6 riguardante Galileo. Verrà anche presentata nell'Appendice P nel quadro delle geometrie non euclidee che derivano dall'alterare il quinto postulato della geometria di Euclide.
[50] [Liv09], Capitolo 1.
[51] Aforisma fornitomi dall'amica Anna Cerasoli.
[52] *Matematica e immaginazione* (Bompiani, Milano 1948) è la traduzione italiana di *Mathematics and the Imagination* (Simon & Chuster, New York 1940). I due autori (Edward Kasner e James Roy Newman) vengono citati in [Liv09] nel Capitolo 9, a pag. 299.

affibbiare un nome a un numero molto elevato: un 1 seguito da 100 zeri (ossia dieci elevato alla centesima potenza). Milton propose il nome *googol*. Esortati poi a battezzare un numero ancora più mostruoso (un 1 seguito da un googol di zeri, cioè 10 alla 10 alla 100), emerse il termina *googolplex*. I più informati tra voi sapranno che queste due parole sono state utilizzate da un'azienda californiana che si è imposta in tutto il mondo per la qualità dei suoi servizi online: Google Inc., infatti, mette a disposizione il motore di ricerca più importante di Internet (Google) e usa il termine Googleplex per indicare gli uffici della multinazionale stessa.

Sembra che l'uomo sia abituato a percepire bene la differenza tra i numeri piccoli, mentre non abbia grande dimestichezza nel riconoscere e confrontare numeri grandissimi. Solo per il gusto di soddisfare la curiosità di voi lettori, ecco cosa ci dice Theoni Pappas[53]:

1. Se l'intero universo fosse pieno di protoni e di elettroni in modo che non rimanesse nessuno spazio vuoto, il numero totali di particelle sarebbe 10^{110} (dieci elevato alla cento decima potenza). Questo numero è maggiore di un *googol* ma molto minore di un *googolplesso*.

2. Il numero di granelli di sabbia sulla spiaggia di Coney Island è all'incirca 10^{20}.

3. Il numero di parole stampate a partire dalla Bibbia di Gutenberg (1456), fino al 1940 è all'incirca 10^{16} (dieci elevato alla sedicesima potenza).

Avete notato? I numeri sembrano ancora poter descrivere, con soddisfacente accuratezza, porzioni del nostro mondo; l'approccio matematico serve a risolvere molti problemi e, come ritiene Carlo Toffalori, «la mentalità logica e numerica e l'approccio oggettivo ai problemi» sono «un patrimonio prezioso e irrinunciabile». Con un'efficace citazione, Toffalori parla di un racconto poliziesco nel quale il protagonista, Padre Brown, sottolinea, confrontandosi coi suoi interlocutori, l'importanza di possedere adeguati strumenti per indagare la realtà, come la Matematica potrebbe essere: «Non è che non riescano a vedere la soluzione. È che non riescono a vedere neppure il problema»[54].

Bruno D'Amore si è soffermato sul successo della Matematica in un suo libro[55]. Il suo ragionamento parte dalla considerazione che in tutti i Paesi del mondo si insegna la Matematica nelle scuole senza possibilità di sottrarsene,[56] e che sono anche diffuse

---

[53] [Pap02], pag. 89.
[54] Tratto dal racconto *La punta di uno spillo*, appartenente alla raccolta *Lo scandalo di Padre Brown*, scritto da Chesterton. Citato in [Tof11], pag. 215.
[55] [Dam12], pag. 27.
[56] Questa battuta sulla *sottrazione* è mia.

le indagini (ad esempio le prove PISA) per tenere sotto controllo l'andamento dell'apprendimento della disciplina. Egli fornisce una sua interpretazione:

> *Sarà perché molti si accorgono con sorpresa del bisogno che hanno della matematica, una volta inseriti nell'attività lavorativa (un nostro giovane amico aspirante pilota ha dovuto rinunciare alla carriera, sopraffatto dalla trigonometria sferica che non capiva; adesso fa il critico cinematografico); sarà perché la matematica genera timore reverenziale e ossequioso rispetto; però la stragrande maggioranza delle persone intervistate ammette con convinzione ed espressioni serie che la matematica è importante. Tanto è vero che, oramai da decenni, accanto all'alfabetizzazione in senso stretto, sempre più si parla di alfabetizzazione matematica.*[57]

Poi aggiunge un episodio realmente accaduto:

> *In un reparto di cura intensiva di un ospedale della prima periferia di Londra, il primario, visitato un paziente, ha detto a Sally, la caposala del reparto, di passare dal 100% di una certa dose di non ricordiamo più che cosa, al 150%. Si trattava dunque di aumentare la dose di metà, dal 100% al 150%; per esempio, invece di 4 gocce, passare a 6. Ma Sally, evidentemente non troppo colta in matematica, avendo come unico riferimento alle percentuali i favolosi sconti di gennaio di Harrods, che vanno dal 10 al 30%, ha considerato quel valore come l'indicazione di un aumento enorme, che non ha saputo quantificare, e ha quindi agito di testa sua, interpretando quell'ordine come un: aumenta la dose in modo massiccio. Così ha fatto. Il paziente è morto. I parenti hanno chiesto la cartella clinica e hanno denunciato il primario; questi si è difeso dicendo che la dose data di testa sua da Sally superava di gran lunga quel che aveva effettivamente ordinato lui; e così è stato scagionato ma Sally è stata chiamata a giudizio per l'errore. Gli avvocati di Sally hanno chiesto l'assoluzione per la loro cliente, chiedendo che fosse portata in giudizio l'insegnante di matematica di Sally della scuola primaria, la vera colpevole, a loro parere, perché non aveva saputo far imparare a Sally quegli elementi così banali di aritmetica. Può essere interessante sapere che il giudice non ha nemmeno convocato l'insegnante e ha condannato invece la caposala in modo esemplare. Omicidio per ignoranza in matematica...*[58]

Anche per D'Amore si può parlare indiscutibilmente di «irragionevole efficacia», anche se egli preferisce il termine «irragionevole successo», dovuto «alle molteplici applicazioni che essa ha, certo, dal cellulare al laser, dalla chirurgia alla medicina, dalla meteorologia all'astronomia, dalla fisica alla biologia, dalla chimica

---

[57] [Dam12], pag. 27.
[58] [Dam12], pag. 28.

all'economia, dalla critica d'arte all'artigianato, dalla didattica alla sociologia ecc.»[59]. Come esempio convincente, egli cita la Tomografia Assiale Computerizzata (TAC), basata su teoremi di geometria proiettiva, che ha fatto guadagnare il premio Nobel per la medicina nel 1979 ai due inventori: Godfrey Hounsfield (ingegnere inglese) e Allan Cormack (fisico sudafricano).

Per concludere, D'Amore ricorda ancora che non dobbiamo essere eccessivamente utilitaristi:

> *Non è solo per queste sue applicazioni concrete e quotidiane che la matematica riesce a raccogliere accanto a sé molti milioni di appassionati. Ciò è dovuto anche al sottile, sublime, inarrivabile fascino privo di applicazioni che essa è in grado di esercitare.*
>
> *Per spiegare quest'ultima affermazione, che potrebbe apparire folle ai più, partiamo da lontano.*
>
> *Qual è l'utilità concreta (applicativa o sociale) dell'arte figurativa? Chi dipinge diventa ricchissimo, politicamente potente, immediatamente famoso? No certo, non sempre è così, anzi, assai raramente è così. Sono famosi i cantanti e i presentatori televisivi, gli attori e i calciatori, i concorrenti ai vari reality show, non gli artisti veri (ancor meno i premi Nobel). Allora, perché uno lo fa, sottraendo tempo al divertimento, allo studio, al sonno? Perché sente la voglia di farlo. Stende per terra una tela e le butta violentemente sopra del colore, perché ha dentro di sé la sensazione di stare compiendo un gesto importante, che resterà nella storia dell'arte. Non per la sua utilità pratica o per il guadagno; se verrà, meglio, ma non è quella la molla [...] Per il matematico è lo stesso. Egli non ripete teoremi noti, a chi interesserebbe? Non ripropone le teorie già costruite. Deve creare, inventare, osare, con un coraggio da leone, con il serio rischio di sbagliare o di perdere anni a cercare una strada.*[60]

Sulle stesse posizioni, mi sembra, le parole di Malba Tahan:

> *Vi fu un lungo momento di silenzio. Poi, l'Uomo Che Contava prese la parola: «Gli uomini colti, o Re degli arabi, sanno che le matematiche sono nate dal destarsi dell'anima umana. Ma non furono concepite per scopi utilitaristici. Il primo impulso di questa scienza fu il desiderio di comprendere il mistero dell'universo; i suoi sviluppi derivarono dagli sforzi per penetrare e comprendere il problema dell'infinito.*
>
> *E ancor oggi, dopo secoli di tentativi per squarciarne lo spesso velo, è la ricerca dell'infinito a spingerci in avanti. Il progresso materiale dell'umanità dipende dalle ricerche astratte cui oggi si dedicano gli scienziati, e anche in futuro dipenderà dagli uomini di scienza che*

---

[59] [Dam12], pag. 29.
[60] [Dam12], pag. 30.

perseguono scopi di pura conoscenza scientifica, senza preoccuparsi delle applicazioni concrete delle loro teorie».

Qui Beremiz fece una breve pausa e proseguì con un sorriso: «Quando un matematico fa i suoi calcoli o indaga nuove relazioni tra i numeri, la sua ricerca della verità non ha scopi pratici. Coltivare la scienza a soli fini applicativi significa adulterarne l'anima stessa. La teoria che oggi studiamo e che non ci appare suscettibile di applicazioni, potrà avere, in futuro, conseguenze per noi inimmaginabili. Chi può prevedere le ripercussioni, nei secoli, della soluzione di un enigma? Chi è in grado di risolvere le incognite del futuro con le equazioni del presente? Allah solo conosce la verità. È senz'altro possibile che le ricerche teoriche odierne portino, tra due o tremila anni, a preziose applicazioni pratiche. È importante tener presente che la matematica, oltre a risolvere problemi, calcolare aree e misurare volumi, si propone anche scopi assai più elevati. Dal momento che essa è così efficace nello sviluppo dell'intelligenza e della ragione, la matematica è per l'uomo una via sicura per sperimentare il potere del pensiero e la magica realtà dello spirito.

Per concludere, le verità della matematica sono eterne e, pertanto, innalzano lo spirito a quelle altezze dove contempliamo i grandiosi spettacoli della natura e dove possiamo percepire la presenza di Dio, eterno e onnipotente. Come ho già affermato, o illustre visir Nahum ibn-Nahum, tu hai commesso un lieve errore. Per quanto mi riguarda, io conto i versi di una poesia, calcolo l'altezza di una stella, misuro l'ampiezza di una regione o l'impeto di un torrente; così facendo applico le formule dell'algebra e i principi della geometria, ma senza preoccuparmi del profitto che potrei trarre dai miei calcoli e dai miei studi. Senza sogni o immaginazione, la scienza impoverisce: è senza vita».[61]

Insomma, si potrebbe concludere che dedicarsi alla nostra disciplina non sia mai tempo sprecato: possiamo ottenerne divertimento e arricchire le nostre intelligenza e capacità critica. Potremmo addirittura gettare solide basi per futuri successi inattesi, come insegnano tanti casi nella storia della Matematica, dove teoremi e conquiste teoriche apparentemente superflui si sono poi rivelati utili a distanza di tempo; posso quindi dire che aveva ragione un professore di Matematica all'Università dell'Insubria di Como, quando mi confidò che «La Matematica è come il maiale: non si butta via niente».

---

[61] [Tah96], pag. 76.

2.4 La Dimostrazione matematica

> *Neppure il teorema più geniale ed*
> *emozionante, quello con la dimostrazione*
> *più acuta e sottile, è la tappa conclusiva,*
> *l'ultima e suprema verità, la parola*
> *«fine», ma semmai la fonte di nuovi*
> *orizzonti, curiosità e inquietudini.*
> Carlo Toffalori[62]

La *Dimostrazione* è, a mio modesto parere, il vero orgoglio della Matematica, che la distingue – elevandola, oserei dire – da tutte le altre discipline. Grazie ad essa, esiste un "tribunale" inappellabile, che sancisce ciò che è inoppugnabilmente vero, ciò che è indiscutibilmente falso e ciò su cui non ci sono strumenti logici sicuri per pronunciarsi. Secondo Toffalori, «in questo infatti sembra consistere il mestiere del matematico, nell'arte di dimostrare»[63].

La presenza di tale ‹‹Corte della Logica e della Ragione›› può portare alle situazioni più imprevedibili: un piccolo genio che umilia un anziano esperto (come Gauss che, all'età di 10 anni, dimostrò come calcolare velocemente la somma di numeri interi consecutivi[64]); la scoperta di una verità eterna ed immutabile (come Euclide che dimostrò l'esistenza di un numero infinito di numeri primi[65] e che la radice quadrata di 2 è un numero irrazionale[66]); la fama imperitura raggiunta grazie a un lavoro straordinariamente arduo e lungo (come il caso di Andrew Wiles, che dimostrò il cosiddetto ultimo teorema di Fermat[67], dopo 300 anni di inutili tentativi da parte dei matematici più abili del mondo).

Cosa è esattamente una Dimostrazione? Potremmo definirla una catena di deduzioni, tutte inattaccabili dal punto di vista logico, che permettono di arrivare a una conclusione (la tesi) partendo da alcuni assunti che si reputano veri (l'ipotesi). La Dimostrazione è il sostegno del *Teorema*. Il Teorema è formato solo dagli estremi (ipotesi e tesi), come se fossero due città lontane; la Dimostrazione è il cammino, con passi lenti ma inesorabili, che congiunge la prima città all'altra.

In altre parole, il teorema "A implica B", simboleggiabile con A ==> B, viene dimostrato partendo dall'ipotesi (A) e procedendo, via via con passaggi logici

---

[62] [Tof11], pag. 246.
[63] [Tof11], pag. 175.
[64] Questo famoso episodio è riportato in [Cre98] a pag. 134.
[65] La dimostrazione è riportata in Appendice D, intitolata *Dimostrazioni*. I numeri primi sono definiti in Appendice N, intitolata *Numeri*.
[66] La dimostrazione è riportata in Appendice D, intitolata *Dimostrazioni*.
[67] Per andare a fondo su questo teorema, c'è l'omonimo straordinario libro: [Sin97].

incontrovertibili, fino ad arrivare alla tesi (B). È come se la Dimostrazione rendesse oggettivi e universali quei concetti mentali che, in quanto tali, sono inizialmente soggettivi, poiché pensati da individui. Si raggiunge la condizione alla quale Marcus Du Sautoy si riferì: «l'argomentazione matematica possiede una natura tale da risultare indipendente dalla mente che l'ha escogitata»[68].

Vorrei valorizzare questo aspetto della Matematica, prendendo spunto anche dalle illuminazioni che ho trovato in un volume di Bruno D'Amore[69]: in Matematica ci sono i Teoremi, ossia le verità matematiche, che qualche essere umano ha dimostrato per noi. In altre parole: «I matematici sono esseri umani che lavorano per la storia, lasciando opere imperiture, che varranno per sempre»[70]. Quando Euclide arrivò alla conclusione che gli angoli alla base di un triangolo isoscele sono uguali, guadagnò un enunciato davvero perpetuo! Per tornare alle parole di D'Amore: «È del tutto inutile tentare di trovare un triangolo isoscele per cui questa verità non valga; detto in altre parole: una verità dimostrata non dipende dall'epoca in cui lo è stata, è eterna. E non dipende da quel triangolo, questa verità vale per tutti i triangoli isosceli del mondo. Quando il matematico parla di un triangolo isoscele e ne disegna uno, lo fa solo per spiegarsi meglio, per far capire a chi ascolta, non si riferisce alla figura, ma al triangolo in sé, come oggetto matematico astratto, al concetto di triangolo, all'idea pura platonica di triangolo»[71].

Una trattazione onesta di questo argomento deve però esplorare anche un altro importante concetto: le verità matematiche dipendono da alcune proposizioni che fungono da fondamenta per le deduzioni (chiameremo tali assunzioni indifferentemente "assiomi" o "postulati") che si danno per vere in base all'evidenza o in base al fatto che bisogna accettarle, pena l'incapacità di ottenere un sistema logico-deduttivo (una "teoria") che sia coerente: si vuole evitare che una cattiva scelta degli assiomi porti a poter dedurre sia una tesi T, sia la sua negazione ¬T ("non T").

Talvolta la modifica di un assioma permette di sviluppare teorie altrettanto valide e coerenti di quella iniziale. L'esempio più classico è la geometria, dove il famosissimo quinto postulato di Euclide "La retta r parallela a una retta data d e passante per un punto P è unica" (che dà origine all'arcinota geometria euclidea che tutti studiamo a scuola), può essere modificato in modo da ottenere altre due geometrie alternative[72], altrettanto valide e coerenti quanto quella euclidea.

---

[68] [Sau07], pag. 175.
[69] [Dam12], capitolo 1.
[70] [Dam12], pag. 20.
[71] [Dam12], pag. 21.
[72] Rimando i curiosi all'Appendice P, *I postulati delle geometrie.*

Notate quanto la vera Matematica sia stimolante e quanta creatività abbiano i suoi cultori? In tale disciplina,

> *non sempre ciò che è vero si dimostra, ma in compenso ciò che si dimostra è vero; in altre parole, si può ammettere l'incompletezza, ma non l'incoerenza. Se quindi c'è un pregio accertato che la matematica mantiene, al di là dei suoi limiti, questo è l'onestà.*[73]

Sembrerò ingenuo e idealista, ma davvero ho sempre trovato attraente la trasparenza della Matematica: le cose si vedono e si descrivono come stanno, senza doppiezza o mistificazione. Anche qualche letterato condivide questa visione: Hermann Broch scrisse che «la matematica in sé e per sé non serve a niente, ma è una specie di isola dell'onestà, e per questo le voglio bene»[74]; Stendhal aggiunse: «il suo entusiasmo per la matematica aveva avuto origine, forse, nel suo orrore per l'ipocrisia»[75].

Il matematico inglese Marcus Du Sautoy si aggiunge al coro di coloro che decantano le qualità della Dimostrazione:

> *Ciò che preferivo di quella disciplina era che le dimostrazioni parlavano da sole: non ti costringevano a fornire le loro credenziali né a persuadere gli altri della loro validità.*[76]

Torniamo agli aspetti tecnici dell'argomento: spesso è comodo dimostrare un teorema *per assurdo*. Detto in termini semplici: il teorema (A implica B) è dimostrato se, negando la tesi ($\neg$B) si arriva a una contraddizione dell'ipotesi ($\neg$A)[77] oppure a una qualunque altra contraddizione delle proposizioni via via accertate.

Per chi ama i simboli e le notazioni sintetiche, la tautologia[78] appena menzionata si può esprimere come:

$$(\neg B \Longrightarrow \neg A) \Longrightarrow (A \Longrightarrow B)$$

Ecco le parole, piene di emozione, di Godfrey Harold Hardy, grande matematico che visse a cavallo tra '800 e '900:

> *La* reductio ad absurdum, *tanto amata da Euclide, è una delle più belle armi di un matematico. È un gambetto molto più raffinato di qualsiasi gambetto degli scacchi: un giocatore di scacchi può offrire in sacrificio un pedone o anche qualche altro pezzo, ma il matematico offre la partita.*[79]

---

[73] [Tofl1], pag. 209.
[74] La frase è messa in bocca a uno dei personaggi dell' *Incognita*. Citato da [Tofl1], pag. 210.
[75] Tratto dalla *Vita di Henry Brulard*. Citato da [Tofl1], pag. 210.
[76] [Sau07], pag. 37.
[77] Notare che qui si fa implicitamente uso del *Principio del terzo escluso*: una proposizione logica è vera o falsa (*tertium non datur*).
[78] Una tautologia è una espressione vera per definizione.
[79] [Har02].

Lontano dagli scacchi ma vicino alla letteratura, Musil sembra fargli eco dicendo che la Matematica si serve addirittura «dell'assurdo per arrivare alla verità»[80].

Sembra che la prima Dimostrazione[81] intesa in senso moderno la dobbiamo a Teeteto[82], amico e scolaro di Platone (che gli intitolò un dialogo). Proprio Platone studiò a fondo i cinque poliedri regolari (se ne parla anche nel *Timeo*, un altro dialogo platonico) e arrivò a dimostrare come le limitazioni della geometria e della simmetria impedissero un sesto modo per unire in un solido tante facce regolari.[83]

Se pensate che i matematici siano "precisini", amanti del perfezionismo fino al parossismo, difficilmente potreste essere smentiti: le dimostrazioni non possono avere punti deboli o falle, altrimenti devono essere ribattezzate con termini meno onorevoli, come *congetture* o *ipotesi*. Sentiamo ancora Du Sautoy:

> *Il guaio della matematica è che l'evidenza può essere spesso assai fuorviante. Quello che potrebbe essere un andamento molto regolare può svanire all'improvviso davanti agli occhi. Ecco perché i matematici sono così ostinati con le dimostrazioni. Per le altre scienze, l'evidenza è sovrana. Ma i matematici ripongono la loro fiducia solo in una dimostrazione.*[84]

Per mostrare come i matematici meno accorti si lascino indurre in errore dalle apparenze, vi riporto qui un piccolo enigma[85] (ne troverete altri nell'apposita parte del libro: il Capitolo 3), che possiamo chiamare *L'enigma del taglio della torta*. In figura è riportata la sequenza iniziale di una suddivisione del cerchio: presi sulla circonferenza *n* punti distinti, si vuole contare quante regioni si formano connettendo in tutti i modi possibili le coppie formate dai punti distinti.

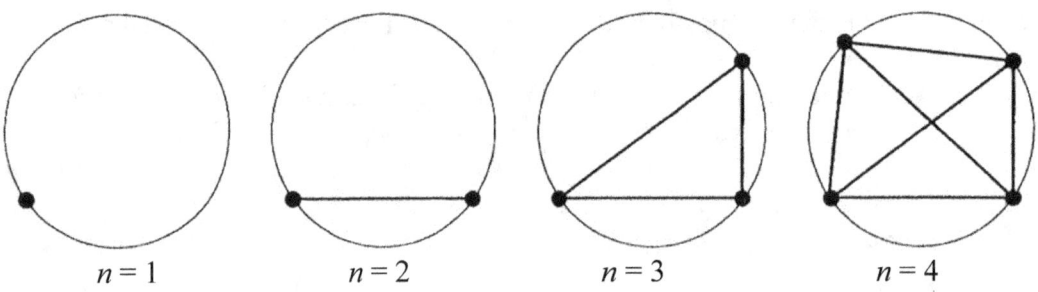

$n = 1$ $\qquad$ $n = 2$ $\qquad$ $n = 3$ $\qquad$ $n = 4$

---

80 Dall'*Uomo senza qualità*. Citato in [Tofl1], pag. 200.
81 In Appendice D, *Dimostrazioni*, offro altri esempi.
82 [Sau07], pag. 84.
83 I cinque poliedri regolari (solidi platonici) sono: tetraedro, cubo, ottaedro, dodecaedro, icosaedro.
84 [Sau07], pag. 191.
85 [Sau07], pag 133.

Come si vede, in presenza di un solo punto ($n = 1$) si ha una sola regione ($r = 1$), ossia tutto il cerchio; se si aggiunge un punto ($n = 2$) allora si può *secare* – così dicono i matematici – il cerchio in modo da individuare due regioni ($r = 2$), proprio come se si tagliasse una torta lungo il segmento che unisce i due punti. Analogamente, con tre punti ($n = 3$) si individuano 4 regioni ($r = 4$): le tre periferiche (ottenute ciascuna dal segmento che unisce ogni coppia di punti e dall'arco di circonferenza che connette la medesima coppia) e la quarta che è il triangolo centrale rimanente.

Avrete capito che, procedendo oltre, le cose si complicano: quando si hanno quattro punti ($n = 4$), si hanno otto regioni ($r = 8$), perché ve ne sono quattro periferiche e quattro centrali. Con cinque punti ($n = 5$) addirittura le cinque periferiche vengono accompagnate da ben undici regioni centrali, per un totale di sedici regioni ($r = 16$).

La maggior parte delle persone prevedrebbe che, aggiungendo un nuovo punto ($n = 6$), si ottengano trentadue regioni ($r = 32$), poiché sembra che, per ogni punto aggiunto, si raddoppi il numero delle regioni, ossia che si segua la legge:
$$r = 2^{(n-1)}$$

In altre parole, ci si aspetterebbe di avere la sequenza
$$1, 2, 4, 8, 16, 32, 64, 128, 256, \dots$$

Invece, tale regolarità non viene rispettata, poiché al posto di trentadue ritroveremmo trentuno ($r = 31$) regioni! Infatti, la legge che regola tale sequenza[86] è meno prevedibile:
$$r = (n^4 - 6n^3 + 23n^2 - 18n + 24) / 24$$

Quindi la sequenza corretta è la seguente:
$$1, 2, 4, 8, 16, 31, 57, 99, 163, \dots$$

È importante che sia la mente umana a provare un'affermazione in via definitiva, poiché a volte l'uso del computer è fuorviante. Ad esempio, nel 1919 György Pólya (noto come George Polya) avanzò una congettura sulla teoria dei numeri. Ci vollero 60 anni per confutarla, allorché M. Tanaka trovò un contro esempio: $n = 906'150'257$. Come scrive Roberto Chiappi,

> *il valore straordinariamente alto di questo controesempio è una dimostrazione del rischio che si corre a fidarsi delle ricerche esaustive svolte dai computer fino a valori apparentemente alti. Esso inoltre dimostra, come già sosteneva Hume, che le verifiche sebbene ripetute a lungo non possono essere generalizzate in certezze. In questo senso aveva ragione Popper a ritenere la falsificazione più efficace della*

---

[86] Gli amanti dei rimpicapi logico-matematici troveranno pane per i loro denti nel capitolo 4.

verifica: basta infatti un solo controesempio per confutare una congettura.[87]

Un altro asso nella manica del matematico, che per ora manca alle macchine, è il gusto del bello. In effetti, «*i matematici si lasciano condurre nel loro lavoro anche da un forte senso dell'estetica, e il percorso corretto da seguire è spesso anche il più bello*»[88].

Bellezza e simmetria si ritrovano ovunque in Matematica, non solo per descrivere l'armonia di brani musicali, sculture, tele dipinte e architetture. Toffalori riporta un ricordo risalente all'università:

> *A tenere il corso di Teoria dei numeri che seguii quand'ero studente universitario era Giovanni Sansone, un luminare di quei tempi che, seppure ottantenne e pensionato, si appassionava ancora all'insegnamento. Non che il suo esame fosse dei più semplici, perché il professore andava diventando un po' sordo e succedeva che a dirgli «fiaschi» lui capisse «fischi» e contestasse in malo modo; né valeva gran che protestare d'aver detto «fiaschi», ché anzi serviva solo a innervosirlo di più. Eppure le sue lezioni — e le sue dispense — erano accurate, precise, complete, immacolate, d'una profondità e limpidezza invidiabili. Una volta, svolto alla lavagna un ragionamento breve ed esemplare, si girò verso di noi studenti, e commentò estasiato: «È di una eleganza, questa dimostrazione!» al che, come capita quando si è giovani, noi studenti ci mettemmo tutti a sghignazzare di nascosto e una di noi prese ad atteggiarsi da indossatrice. Ma a ripensarci a distanza di anni, quanto centrata era quell'osservazione!*[89]

Per quanto mi riguarda, rimasi incantato al primo incontro con la forma e della proprietà geometriche della curva «a campana»[90] di Gauss, molto diffusa in statistica e probabilità:

$$f(x\,;\mu,\sigma) = \frac{1}{\sigma\sqrt{2\pi}} e^{-\frac{1}{2}\left(\frac{x-\mu}{\sigma}\right)^2}$$

Né dimenticherò mai un mio professore del liceo che mostrò alla lavagna, con gli occhi che brillavano, una famosa identità che conteneva tutti i numeri e le operazioni importanti dell'algebra:

$$e^{i\pi} + 1 = 0$$

Persino la serie di cartoni animati *Simpsons* ha reso omaggio a questa uguaglianza:

---

[87] http://www.matematicamente.it/approfondimenti/problem_solving/risolvere_problemi_e_come_il_nuotare_%5Bg._polya%5D_201011137185/

[88] [Sau07], pag. 195.

[89] [Tof11], pag. 216

[90] Il suo grafico è rappresentato all'inizio del capitolo 9, *Psicologia x Matematica*.

In un episodio compare la relazione trovata da Eulero tra pi greco (il rapporto della circonferenza al suo diametro), l'unità immaginaria i (ovvero la radice di −1) e la base dei cosiddetti logaritmi naturali (indicata usualmente con e), tre delle entità matematiche più affascinanti ed elusive.[91]

Caro mio lettore, se questi termini ti sembrano per ora esoterici, hai in mano il testo giusto per conoscerli meglio: parleremo diffusamente di Pi greco, indicato con π, al paragrafo 6.2; l'unità immaginaria *i* è argomento prevalente dell'Appendice I; il numero di Nepero *e*, ossia la base dei logaritmi naturali, è in Appendice L2.

---

[91] www.corriere.it/scienze/13_settembre_28/simpson-studio-matematico_7e46f60e-27f7-11e3-a563-c8f4c40a4aa3.shtml

2.5 Il carattere dei matematici

I matematici sono gli unici felici
Novalis[92]

L'*incipit* di questo paragrafo è volutamente provocatorio: è chiaro che non tutti i matematici sono felici, e non tutte le persone gioiose hanno abilità matematiche; eppure vale la pena di indagare qualche motivo per il quale un matematico raggiunge l'estasi durante l'esercizio della sua attività.

Descrivere il carattere dei Matematici sembra un'impresa che possa dare luogo a molte perplessità: davvero c'è un comun denominatore,[93] condiviso dalla totalità (o dalla stragrande maggioranza) degli appassionati e dei professionisti della Matematica? Esistono alcuni lati del carattere umano che potrebbero essere influenzati dalle prerogative della materia?

La comprensione dei paragrafi precedenti rende manifesta una caratteristica della Matematica: essa offre molti enunciati consolidati e inoppugnabilmente veri; come ci ricorda Du Satuoy, la materia è, per chi la frequenta, «un rifugio sicuro, pieno di cose che non assumono comportamenti inattesi (o, se lo fanno, sai almeno che quelle stranezze abbiano una spiegazione perfettamente logica)»[94].
Mentre sul pensiero del poeta Giacomo Leopardi si può affermare che il pessimismo potrebbe anche lasciare il posto, in certe opere e in certe fasi della sua vita, all'ottimismo[95], in Matematica non si può allo stesso tempo affermare che un numero sia pari e simultaneamente affermare che non lo sia, poiché le categorie vengono sempre ben definite e i casi di ambiguità sono visti con avversione e quindi se ne rifugge sempre. Con un formalismo che abbiamo già incontrato, se la proposizione A ha un valore di verità, allora la sua negazione, ossia $\neg A$, deve avere un valore di verità opposto al primo. Tale proprietà logica, nota come *Principio di non contraddizione*, veniva da Aristotele così espressa: «È impossibile che il medesimo attributo, nel medesimo tempo, appartenga e non appartenga al medesimo oggetto e sotto il medesimo riguardo»[96]. Pertanto, se si ricorda che la congiunzione logica si indica con $\wedge$, un'altra famosa tautologia è la seguente:

$$\neg (A \wedge \neg A)$$

---

[92] Dai *Frammenti*. Citato in [Tof11], pag. 249.
[93] Potevo dire *filo rosso* invece di *comun denominatore*, ma questo è un libro di Matematica! ;-)
[94] [Sau07], pag. 37.
[95] Sembra incredibile? Si provi a leggere qualche saggio di autori come Francesco De Sanctis, Filippo Tommaso Marinetti, Cirillo Berardi.
[96] Dalla *Metafisica*, Libro Gamma, cap. 3, 1005 b 19-20.

Per una mente addestrata, la prevedibilità degli enti matematici[97] è un gran sollievo, se paragonata allo stress prodotto dall'apparente caos della vita. Forse anche per questo motivo, molti matematici sono schivi di natura, dal momento che, non di rado, nel "mondo reale" si vivono esperienze giudicate imprevedibili e inspiegabili. La Matematica è fedele, ospitale, sicura: come abbiamo visto, quando si scopre una verità, essa è eterna. Come tutti sanno, i risultati delle operazioni «non ammettono deroghe: o è così, o si sbaglia. Due più due, o due per due, fanno quattro, sempre, senza alternative né discussioni: non c'è verso di sgarrare»[98]. Pertanto, l'algebra procura tante sicurezze, ma può anche indurre a desiderare maggior flessibilità e minor rigore: anche questo condiziona il carattere dei matematici.

Leopardi si serve del concetto di tempo per ribadire la certezza dei calcoli:

> *Di qual cosa par che si possa ragionare più assolutamente che della lunghezza o estensione di una data porzione di tempo? La quale si misura esattamente coll'oriuolo, e si divide perfettamente in parti anche minutissime, non col pensiero solo, ma con gl'istrumenti da ciò, e come fosse quasi materia, e queste parti si annoverano e si raccolgono, e il loro numero si conosce colla certezza che dà l'aritmetica.*[99]

Davvero il rapporto dei matematici con il tempo meriterebbe una disamina approfondita[100]. Qui mi limito a osservare che molti scienziati si lasciano crescere barba e capelli per... non perdere tempo! Ascoltiamo Marie-Henri Beyle, più noto come Stendhal:

> *La passione per la matematica assorbiva a tal punto il mio tempo che... portavo i capelli troppo lunghi, tanto rimpiangevo la mezz'ora che bisognava perdere per farli tagliare.*[101]

Lo scrittore francese, appassionato dell'Italia (e in particolar modo della mia zona, visto che, oltre ad adorare Milano, ammirava a tal punto il lago di Como da

---

[97] Forse il lettore meno esperto non riesce a pensare alla prevedibilità degli enti matematici. In questo libro ci sono diversi argomenti che mi permettono di rifermi ad essi come esempi in tal senso. Ad esempio, nell'Appendice E, segnalo un teorema che afferma che in una equazione algebrica di grado n, non vi sono mai più di n soluzioni distinte in campo reale. Questo dà molto sollievo al matematico: se gli danno un'equazione di quarto grado da risolvere e – per tentativi – scopre 4 soluzioni distinte, allora si può rilassare perché ha finito il lavoro affidatogli. Oppure, se un ricco burlone volesse offrire un grosso premio in denaro a chi trova il più grande numero primo esistente (per la definizione di numero primo, si veda l'Appendice N, intitolata *Numeri*) allora il matematico è consapevole che non conviene cimentarsi in questo bando, poiché sicuramente esiste sempre un'infinità di numeri primi più grande di ogni numero primo che si possa trovare (si veda la dimostrazione in D, intitolata *Dimostrazioni*).

[98] [Tofl1], pag. 64.

[99] Dallo *Zibaldone*. Citato in [Tofl1], pag. 44.

[100] In [Tofl1], il capitolo quattordicesimo è dedicato a questo tema.

[101] [Tofl1], pag. 37.

ambientare alcuni passi de *La certosa di Parma* a Griante) mise per iscritto l'ardore che nutriva per la Matematica:

> *Ero allora [da studente] come un grande fiume che va a gettarsi in una cascata, come il Reno sopra Sciaffusa, dove il suo corso è ancora tranquillo, ma sta per gettarsi in un'immensa cascata. La mia cascata fu l'amore per la matematica che, dapprima come mezzo per lasciare Grenoble, incarnazione della razza borghese e della «nausea» propriamente detta, e poi per pura passione, assorbì tutto.*[102]

La versatilità di Stendhal si estendeva anche all'arte: com'è noto, la *Sindrome di Stendhal* venne da lui stesso descritta:

> *Ero giunto a quel livello di emozione dove si incontrano le sensazioni celesti date dalle arti ed i sentimenti appassionati. Uscendo da Santa Croce, ebbi un battito del cuore, la vita per me si era inaridita, camminavo temendo di cadere.*[103]

Ho riportato tutto questo su Stendhal perché mi piace pensare che i matematici possano essere inclini anche verso la letteratura e l'arte; uso comunque ancora lui per tratteggiare – a tinte fosche – il carattere di due matematici molto famosi. Di Laplace ci offre una descrizione negativa, poiché parla di «vigliaccheria senza limiti e misura» nei rapporti con Napoleone, aggiungendo anzi ad annotare:

> *Fatto singolare: i poeti hanno cuore, gli scienziati propriamente detti sono servili e vigliacchi... Nelle questioni di denaro, come nei favori, corrono dritto all'utile.*[104]

Anche su Legendre si esprime senza mezze misure:

> *Il celebre Legendre, matematico di prim'ordine, quando ricevette la croce della Legion d'onore, se l'appuntò alla giacca, si guardò allo specchio e fece un salto di gioia. La stanza era bassa, con la testa urtò il soffitto, cadde tramortito. Degna morte sarebbe stata per quel successore di Archimede!*[105]

Rimanendo in tema di sindromi e di *ego* ipertrofico, possiamo dire che non di rado accade che i matematici abbiano la *Sindrome da «Primi della classe»*, specie se sono sconcertanti ed evidenti le loro abilità. Può quindi capitare che, tra loro, lo spirito di competizione prevalga su ogni altra forma di rapporto interpersonale fondato sulla collaborazione, sull'onestà e sulla gentilezza, compromettendo quindi una

---

[102] [Tof11], pag. 37.
[103] Da *Roma, Napoli e Firenze*. Citato in: http://it.wikipedia.org/wiki/Sindrome_di_Stendhal e http://firenze.repubblica.it/cronaca/2010/07/27/news/la_sindrome_di_stendhal_nel_cortile_del_museo-5870172/
[104] [Tof11], pag. 38.
[105] [Tof11], pag. 38.

vantaggiosa cooperazione. Scrive Du Sautoy, riguardo al mondo accademico contemporaneo:

> *Collaborare significa avere grande fiducia reciproca. Si tratta di una relazione davvero delicata. Talvolta ho dovuto rinunciare a lavorare insieme ad alcune persone perché riscontravo in loro un eccessivo spirito di competizione. Succede che, dopo una proficua discussione, alcuni trascorrano un'intera nottata di febbrile lavoro e la mattina successiva annuncino trionfanti: «Guarda: l'ho risolto!». La sindrome da «Primi della classe» è molto diffusa tra i matematici. Tutti desideriamo essere i primi a risolvere un problema, e aspiriamo di affibbiare i nostri nomi a un teorema. Se questo atteggiamento costituisce un'importante forza propulsiva per i progressi personali, per contro, può essere un grave handicap quando si lavora in gruppo. Un collega mi ha confidato di aver condiviso solo le idee che sapeva non avrebbero funzionato. Pertanto, per costituire un team di lavoro produttivo, arruolo solo persone con cui è possibile intrattenere una relazione realmente onesta e trasparente. La collaborazione è una sorta di matrimonio matematico.*[106]

Naturalmente questo atteggiamento di arroganza può iniziare a manifestarsi addirittura nei banchi di scuola, quando uno studente dotato può mettere in imbarazzo un insegnante che commette un errore, forse non dovuto a imperizia, ma per distrazione o per altri futili motivi.

Questo da bambini. E da adulti? Qual è l'obiettivo più ambito del tipico matematico professionista che aspira a diventare immortale? Oltre a un teorema che reca il proprio nome, penso sia soprattutto la vincita della Medaglia Fields. Di che si tratta? Leggiamolo su Wikipedia:

> *La* International Medal for Outstanding Discoveries in Mathematics*, o più semplicemente* Medaglia Fields*, è un premio riconosciuto a matematici che non abbiano superato l'età di 40 anni in occasione del* Congresso internazionale dei matematici *della* International Mathematical Union (IMU)*, che si tiene ogni quattro anni.*
>
> *La Medaglia Fields è spesso considerata come il più alto riconoscimento che un matematico possa ricevere. La Medaglia Fields e il Premio Abel sono da molti definiti il "Premio Nobel per la Matematica",*[107] *sebbene l'accostamento sia improprio per vari ragioni, tra cui il limite di età insito nel conferimento della medaglia Fields.*[108]
>
> *Il riconoscimento viene accompagnato da un premio in denaro di 15.000 dollari canadesi. Il nome comunemente usato per identificare il premio è*

---

[106] [Sau07], pag. 156.
[107] Come noto, il vero premio Nobel non prevede onorificenze per la Matematica.
[108] Per chi, come me, ha superato i 40 anni, c'è comunque il premio Wolf per la Matematica.

in onore del matematico canadese John Charles Fields. Fields è stato indispensabile nell'ideazione del premio, del disegno della medaglia vera e propria e nel raccogliere i fondi che permettessero la nascita del premio.
La medaglia fu assegnata per la prima volta nel 1936 al finlandese Lars Ahlfors e allo statunitense Jesse Douglas, ed è stata assegnata ogni quattro anni a partire dal 1950.[109]

Pensiamo ora agli insegnanti di Matematica. Ognuno conserverà sicuramente qualche vivido ricordo della propria esperienza da giovane scolaro, e certamente ricorderà qualche singolarità dei suoi docenti, soprattutto quelli di Matematica.

Per una carrellata su questi personaggi, riparto da Stendhal, anticipando che egli nutriva veramente poca stima nei confronti dei due che stiamo per incontrare: «Quanto più amavo la matematica, tanto più disprezzavo i miei insegnanti»[110]. Il riferimento è al signor Dupuy («professore senza l'ombra dell'ombra del talento», capace di «spiegare i teoremi come una serie di ricette per fare l'aceto») e a mister Chabert (solo un «borghese vanitoso»), entrambi definiti «ipocriti come i preti»[111]. A sostegno dei suoi giudizi poco lusinghieri, Stendhal racconta un paio di aneddoti, legati a due leggi matematiche che non gli parevano evidenti e che non voleva apprendere solo a memoria, senza una comprensione sicura.

Il primo episodio che riporto[112] è legato alla nota proprietà algebrica per cui «il prodotto di due numeri negativi è positivo», ossia «meno per meno fa più»:

Oltre a non spiegarmi questo problema (che certamente si può spiegare, perché conduce alla verità), me lo presentavano con delle argomentazioni evidentemente poco chiare anche per coloro che me le esponevano. M. Chabert, assillato dalle mie domande, era a disagio, ripeteva la sua lezione, proprio quella su cui chiedevo dei chiarimenti, e sembrava che volesse dirmi: «Ma questa è la consuetudine; tutti accettano questa spiegazione. Eulero e Lagrange, che evidentemente valevano quanto voi, l'hanno accettata»... Quanto a M. Dupuy, rispondeva alle mie timide obiezioni... con un sorriso distaccato, quasi di sufficienza.[113]

Il copione sembra quasi ripetersi per un altro argomento, le rette parallele:

Se «meno per meno uguale a più» mi aveva dato tanti problemi, potete immaginare quale livore si impadronì del mio animo quando cominciai

---

[109] http://it.wikipedia.org/wiki/Medaglia_Fields
[110] [Tofl1], pag. 38.
[111] [Tofl1], pag. 38.
[112] [Tofl1], pag. 39.
[113] [Tofl1], pag. 39.

la Statique *di Louis Monge, fratello del famoso Monge... All'inizio del trattato di geometria, si trova scritto: «Si definiscono parallele due rette che, prolungate all'infinito, non s'incontrano mai». E all'inizio della* Statique *quell'insigne bestione di Louis Monge ha scritto all'incirca così: «Due rette parallele possono essere considerate incrociantisi se le si prolunga al'infinito». Ebbi l'impressione di leggere un catechismo e, oltretutto, dei più scalcinati. Chiesi inutilmente spiegazioni a M. Chabert. «Figliolo» disse assumendo quella aria paterna che tanto poco si addice alla volpe dauphinoise, «figliolo, lo capirete più avanti».*[114]

Difficile resistere alla tentazione di inserire qui un illuminante aforisma del grande matematico italiano Ennio De Giorgi: «Forse ciò che rende ancora per molti la matematica poco attraente è il fatto che molti la sentono più come un'imposizione che come una proposta»[115].

Va da sé che sono sempre esistiti + e sempre esisteranno + pessimi e ottimi insegnanti di qualsiasi materia. Colgo l'opportunità di fornire al lettore le mie risposte a tali questioni, che troverete in Appendice A per quanto riguarda la regola dei segni nelle moltiplicazioni e in Appendice P per quanto rigarda le rette parallele.

Davvero ritengo che la Matematica sia una preparazione in qualche modo «utile alla vita» e che sia controproducente imporre le verità logiche "dall'alto" con frasi del tipo «Quando di matematica ne saprai dieci volte più di adesso, capirai; intanto, però: credere!»[116]. È evidente che l'insegnante di successo dovrebbe avere modi garbati e rispettare i gusti e i tempi dell'allievo. Anche Tolstoj, in *Guerra e Pace*, sembra ridicolizzare il personaggio del principe Nicolaj Bolkonskij quando, nell'intento di forzare nella figlia Marja la passione e la preparazione sulla Matematica, afferma perentoriamente:

> *«La matematica, signorina, non è una scienza da prendere alla leggera. E io non voglio che tu assomigli alle nostre stupide ragazze... Chi la dura, la vince... Abbi pazienza, e finirai per trovarci gusto, e tutti i grilli ti scapperanno dalla testa».*[117]

Ora passiamo agli eruditi di professione, i cultori della materia. Ecco la divertita testimonianza di Du Sautoy:

> *Gli organizzatori di ogni conferenza matematica hanno l'abitudine di programmare una breve escursione per dare ai partecipanti un po' di sollievo dal furibondo assalto delle equazioni. Durante i convegni più frequentati, la logistica di simili gite è impressionante. All'ultimo*

---

[114] [Tofl1], pag. 39.
[115] [Dam12], pag. 27.
[116] Professore di matematica del *Giovane Törless* di Musil. Citato in [Tofl1], pag. 40.
[117] [Tofl1], pag. 39.

Congresso internazionale di matematici cui ho presenziato, il governo ordinò che tutta Pechino si bloccasse, mentre 4000 studiosi venivano trasferiti dal centro conferenze alla periferia della città per partecipare a un banchetto nel Palazzo del popolo, in piazza Tienanmen. Durante un convegno che coorganizzai a Durham, decidemmo di portare in autobus tutti gli eruditi a un'estremità del Vallo di Adriano e di andarli a riprendere nel tardo pomeriggio, dopo una passeggiata di 12 chilometri. Nel parcheggio, attirammo le occhiate curiose degli altri visitatori quando 150 individui mal vestiti scesero dai pullman, farfugliando frasi incomprensibili zeppe di gruppi pro-p e algebre di Lie. Gli studiosi dovevano soltanto seguire il muro finché fossero incappati negli autobus, ma riuscimmo ugualmente a perderne qualcuno lungo il tragitto.

Una volta, tra un congresso e l'altro, trascorsi tutte e 24 le ore del mio compleanno sulla Transiberiana, in compagnia di 100 colleghi russi. Quando salimmo sul vagone, uno di loro volle a tutti i costi sedersi accanto a me. Estrasse un volume. «Non avevo mai conosciuto un madrelingua inglese, e ho davvero bisogno del suo aiuto per risolvere sei problemi.» Mi posò sulle ginocchia quello che, immaginai, era un libro di matematica, ma il titolo del tomo vecchio e sbrindellato era 1000 barzellette[118]. «Ne ho capite 994, ma il mio inglese non è abbastanza buono per comprendere le ultime sei.» Vi erano altrettanti minuscoli frammenti di carta che segnavano le pagine in questione. Non mi meravigliò che avesse avuto delle difficoltà: il testo era vecchissimo e le storielle davvero astruse. Con sua grande delusione, riuscii a decifrarne soltanto una, e, per farlo, dovetti leggerla ad alta voce con un accento molto snob per evidenziare eventuali giochi di parole oscuri. La matematica, sembrava, era più efficace dell'umorismo inglese arcaico nel superare gli spartiacque culturali. […] Oggi pomeriggio i matematici giapponesi hanno organizzato una gita in una distilleria di awamori, *la versione locale del sakè*. A quanto pare, Kurokawa ha la fobia dell'acqua, perciò l'escursione alternativa, che prevedeva una spedizione matematica subacquea, è stata scartata. Al termine del giro, il proprietario ci ha regalato dei piccoli campioni della bevanda come ricordo. Quando ho osservato che era un peccato che la gradazione alcolica corrispondesse solo al 30 per cento, e non a un numero primo, ha fatto sparire tutte le bottigliette all'improvviso. Ero un po' nervoso all'idea di aver offeso il nostro ospite, e i miei colleghi giapponesi mi stavano lanciando occhiate rabbiose, quando a un tratto l'uomo è ricomparso con una nuova scorta di contenitori. «Quarantatré per cento» ha annunciato con fierezza «un numero primo, credo!» La mia

---

[118] Poiché anche io amo il buon umore, ho riportato alcune barzellette attinenti alla Matematica nel Capitolo 8, intitolato *Risate a + non posso*.

fortuna si è capovolta di colpo, e per il resto della giornata tutti mi hanno chiamato «Numero primo-san».

Questa sera è riservata alla cena comune, un altro rituale di tutti questi raduni, durante il quale la tribù mangia insieme. Un ristorante italiano è un finale bizzarro per i partecipanti giapponesi: dopo una settimana di sashimi, bento box, insalate di ricci di mare e orecchie di maiale sott'aceto, sembra strano mangiare pasta e bere vino rosso.

A tavola, un collega giapponese ci mostra un turacciolo: sul lato è stampata la scritta «riserva 901». Posandomelo davanti, osserva: «Non è un numero primo!». Forse desidera che mi esibisca nello stesso trucco della distilleria. Il 30 non era chiaramente un numero primo, ma questo è più difficile. Provo con qualche divisore piccolo, ma, dall'aria sicura del mio interlocutore, si direbbe che 901 è divisibile per numeri primi più grandi. Ben presto uno dei commensali ci arriva: lo si può dividere per 17. Nella mia testa ho difficoltà a eseguire persino quell'operazione.

A mio parere, l'episodio del tappo illustra due diversi tipi di mente matematica. Vi è chi guarda un numero e cerca subito di capire se è primo. Nonostante il mio amore per i numeri primi, non ho mai sentito questa esigenza. Vi è chi, invece, cerca strutture e collegamenti nascosti. Si tratta di due capacità importanti. La bravura nel decifrare una grande congettura irrisolta accompagna spesso la prima, ma l'abilità nell'ideare la congettura all'inizio, di avere una nuova visione delle cose, contraddistingue non di rado la seconda.[119]

La conclusione di questo brano ci riporta alla qualità prima di un matematico professionista: trovare schemi, prima congetturando e poi dimostrando. Anna Cerasoli è solita usare una giusta metafora per indicare le abilità analitiche del matematico: è come se egli usasse i raggi X per cogliere lo scheletro della porzione di realtà che sta studiando. Quali conseguenze potrebbero derivarne? I matematici potrebbero essere alquanto insicuri delle loro idee, in assenza di una dimostrazione che le sostenga o di una comunità che sia solidale; oppure, essi potrebbero farsi troppo spavaldi, ai limiti dell'arroganza, quando – con passaggi logici – arrivano a conclusioni incontrovertibili, le quali però non appaiono così ovvie alle persone non avvezze a tali strumenti deduttivi.

Davvero si possono creare delle situazioni di imbarazzo quando in un gruppo di persone emerge la contrapposizione tra chi coglie al volo certi teoremi e chi invece ne rimane sprovvisto: ricordo, ad esempio, che nell' estate del 2010 mia moglie ed io andammo a trovare degli amici che stavano lavorando come responsabili di un campo WWF in un agriturismo vicino a Parma. In uno dei giochi organizzati per intrattenere i giovani partecipanti, c'era una gara a tempo che verteva su un intruglio da sorseggiare per scoprire quali ingredienti lo componessero. Per agevolare i gruppi di

---

[119] [Sau07], pag. 145.

ragazzi che si contendevano la vittoria, fu dato un aiuto: il numero degli ingredienti è 6.

Un gruppo, il più brillante, in poco tempo arrivò a indovinare 5 ingredienti su 6: ovvero, nella lista dei loro 6 elementi presunti, solo uno era sbagliato. I presenti dedussero che, al tentativo successivo, avrebbero dovuto elencare tutti gli ingredienti proposti in precedenza, tranne uno: in effetti così fecero, eliminando il terzo elemento, quello su cui erano meno sicuri. Il nuovo responso fu identico al precedente: ancora erano stati indovinati 5 elementi su 6. Era un risultato molto propizio: dal punto di vista logico, infatti, si poté arguire che i componenti nelle posizioni 1, 2, 4, 5, 6 erano sicuramente giusti. Il gruppo era quindi a un passo dalla vittoria, ma qualcuno non era così ottimista, perché pensava che il componente sbagliato potesse anche essere diverso dal terzo.

Coloro a cui piace passare il tempo indovinando sequenze potrebbero dedicarsi al gioco Master Mind, molto diffuso quando io ero bambino. Se pensate che giochi come questo siano scarsamente utili, vi chiedo: siamo davvero sicuri che ciò che oggi appare inapplicabile agli scopi pratici, un domani non possa invece diventare decisivo per risolvere problemi concreti importanti?

Mi viene in mente Theoni Pappas:

> *Qualcuno trova spesso sconcertante che i matematici seguano un problema o un'idea semplicemente perché è interessante o curiosa. Volgendoci a guardare i pensatori greci, li troviamo intenti a studiare intensamente delle idee senza pensare alla loro utilità immediata, solo perché erano eccitanti, stimolanti o interessanti. Così accadde per lo studio delle sezioni coniche[120].*
>
> *Il principale interesse per queste curve era basato sulla possibilità di usarle per risolvere i tre antichi problemi di costruzione (geometrica, NdA): la quadratura del cerchio, la duplicazione di un cubo e la trisezione di un angolo. A quel tempo, questi problemi non avevano nessun valore pratico ma erano una sfida e stimolavano il pensiero matematico. Più spesso che no, l'uso pratico di una determinata idea matematica non si manifesta per anni. Le sezioni coniche, create durante il III secolo a.C., fornirono ai matematici del XVII secolo le basi per cominciare a formulare varie teorie relative alle curve. Per esempio, Keplero[121] usò le ellissi per descrivere le orbite dei pianeti, e Galileo scoprì che il moto dei proiettili sulla terra segue una parabola. [...]*
>
> *Nell'universo ci sono molti esempi di queste curve. Un esempio interessante è la cometa di Halley.*

---

[120] Presento le sezioni coniche (parabole, iperboli, ellissi e circonferenze) in Appendice C, intitolata *Le coniche*.

[121] Le leggi di Keplero sono sintetizzate in Appendice K.

> *Nel 1704, Edmund Halley studiò le orbite di varie comete per le quali erano disponibili dei dati. Ne concluse che le comete del 1682, 1607, 1531 e 1456 erano un'unica cometa orbitante ellitticamente intorno al sole ogni 76 anni circa. Egli predisse con successo il suo ritorno del 1758, e di conseguenza essa venne chiamata "cometa di Halley". Recenti ricerche suggeriscono che la cometa di Halley fu probabilmente registrata dai cinesi fin dal 240 a.C.* [122]

Ai giorni nostri la Matematica non gode di buona fama; specialmente a scuola: viene ritenuta difficile e considerata riservata ai pochi eletti che senza sforzo la padroneggiano, a dispetto di chi passa ore a studiarla invano. Pertanto, un'esperienza tipica di coloro che amano e vivono di Matematica è la reazione di coloro che lo vengono a sapere, così come viene descritta da Du Sautoy:

> *Quasi tutti assumono un'espressione atterrita quando vengono a sapere che sono un matematico. Poi borbottano quanto fossero scarsi in matematica a scuola, e avvertono sempre l'esigenza di confidarmi il poco lusinghiero voto che avevano totalizzato in pagella.* [123]

Sembra che lo spettro del proprio passato agiti l'inconscio di tutti, matematici e non. Infatti, a un certo punto della vita quasi chiunque decide di «appendere i teoremi al chiodo», ossia ammettere che l'esercizio della materia non fa più per sé. Serpeggia infatti, anche tra le menti logiche più brillanti, il pregiudizio secondo cui, con il tempo, il cervello perde la capacità di produrre alta Matematica. G. H. Hardy si espresse così, nel 1940:

> *Nessun matematico può permettersi di dimenticare che la matematica, più di qualsiasi altra arte o di qualsiasi altra scienza, è un'attività per giovani.* [124]

Piergiorgio Odifreddi riprese questo concetto in un'intervista, sintetizzando: «La matematica è uno sport da giovani» [125]. Nel mio piccolo, non sono d'accordo: perché dobbiamo assumere che il pensiero, che combina la severità della logica con la spavalderia della creatività, non si possa coltivare pienamente fino alla terza età?

Secondo Toffalori, anche *L'uomo senza qualità* di Musil può aiutarci a comprendere alcune sottigliezze del carattere dei matematici: per quanto riguarda la cifra stilistica dell'opera,

---

[122] [Pap02], pag. 209.
[123] [Sau07], pag. 122.
[124] [Har02].
[125] Pag. 50 di: Magazine Matematicamente, Anno 1 – Numero 4 (Ottobre 2007). Rivista di matematica per curiosi e appassionati distribuita gratuitamente sul sito www.matematicamente.it (Registraz. N. 953 Trib. Lecce).

spiccatamente matematici sono, in particolare, gli aforismi e le battute che intervengono frequenti — rapidi, lapidari, scintillanti, spiritosi — ad animare e colorare la narrazione;[126]

per quanto riguarda invece il protagonista,

Matematico è Ulrich, ma non tanto per professione [...] quanto per i tratti distintivi del suo carattere. Matematici sono il suo cinismo esteriore, mai disgiunto da un'interiore malinconia, il suo perfezionismo, il suo stesso spirito di contraddizione. Matematica è la sua accennata natura di pensatore, più che d'uomo di azione. Matematica è la sua attitudine a considerare non solo la realtà per come si presenta, ma per le alternative che avrebbero potuto sostituirla.[127]

Persino sulla conclusione, anzi nella sua mancanza di conclusione, si può trovare affinità con la nostra amata scienza:

Matematica è, infine, la conclusione stessa del libro, che in effetti non c'è. L'Uomo senza qualità è infatti, come già si accennava, romanzo incompiuto, in-finito, sterminato e interminato, non solo nel senso letterale, poiché Musil spese la vita a comporlo e cesellarlo e morì prima di completarlo.[128]

Questo paragrafo, invece, si conclude qui.

---

[126] [Tofl1], pag. 244.
[127] [Tofl1], pag. 244.
[128] [Tofl1], pag. 245.

2.6 La creatività dei matematici

> *I progressi più grandi dell'uomo, quelli che più lo spingono a migliorare e migliorarsi, quelli che meglio lo soccorrono persino nella pratica, non provengono dai bilanci di profitto, dall'ansia del guadagno, dalle speculazioni del mercato, dalla meschinità spicciola; ma dal pensiero, dalle teorie e dalle idee.*
> Carlo Toffalori[129]

Non riesco a essere d'accordo con chi ritiene che la Matematica sia arida. In effetti,

> *Essendo un processo creativo, la matematica assomiglia sovente a un'improvvisazione teatrale. Si allestisce una scena con le condizioni per gli scontri di idee e poi si lascia che tutto proceda da solo. Molto spesso non va da nessuna parte, ma talvolta si delinea una dinamica efficace. Come le regole di un gioco teatrale, le condizioni spingono l'individuo in direzioni straordinarie e inattese, che verrebbero soffocate da un eccesso di libertà.*
>
> *Quando il regista e produttore Peter Brook parla del suo lavoro in teatro, è come se descrivesse la vita di un matematico: «Mezzi modesti, impegno intenso, disciplina rigorosa, precisione assoluta. Inoltre, quasi come un requisito indispensabile, l'ambiente è rappresentato dai teatri dell'élite». Quest'ultima frase sottolinea un parallelo tra la matematica e il teatro sperimentale: si rivolgono entrambi a un pubblico limitato.*[130]

Nel suo atto creativo, cosa cerca il matematico? Di sicuro non effettua calcoli! Per quelli ci sono oggi le macchine, che li fanno bene e velocemente. Abbiamo già avuto modo di illustrare che il matematico cerca schemi: riconosce le regole e i moduli che sottostanno alle relazioni tra enti matematici, come numeri, grafici e figure.

Riporto con divertimento le parole che Marcus Du Sautoy ha usato per descrivere John Horton Conway, un noto matematico che insegnò anche all'università di Princeton:

> *Il suo carisma matematico e personale gli ha conferito una fama quasi leggendaria. Le sue conferenze, ovvero quando presenta i bottini delle sue scorribande, sono permeate da un carattere pressoché magico. Intese quelli che a prima vista sembrano giochi di prestigio o curiosità, ma che alla fine forniscono le risposte a interrogativi primari. Ciascuna rivelazione di quelle intuizioni fondamentali è preceduta da una fragorosa risata, come se fosse il primo a stupirsi di essere arrivato a*

---

[129] [Tof11], pag. 113.
[130] [Sau07], pag. 149.

tanto. Dotato di una personalità davvero straordinaria, Conway sa trasformare una sala di accademici seriosi in una comitiva di bambini allegri. Al termine del convegno, gli ascoltatori corrono infatti a trastullarsi con i giocattoli matematici che estrae dalla sua inseparabile valigia.[131]

Il matematico «tenta di scoprire lo schema logico, il modello che contribuisce a generare il mondo circostante»[132]. Un esempio? Pensiamo, in geometria, alla relazione di Eulero per i poliedri[133]:

$$\text{Facce} + \text{Vertici} - \text{Spigoli} = 2$$

Facilmente si può verificare che questa relazione vale per il *cubo*: $6 + 8 - 12 = 2$; per l'*icosaedro* (20 facce triangolari e 30 spigoli, poiché vi sono 60 bordi condivisi dai triangoli a due a due; pertanto i vertici sono 12); per il *tetraedro*,(4 facce triangolari e 6 spigoli, poiché vi sono 12 bordi condivisi a due a due; pertanto i vertici sono 4); per il *dodecaedro* (12 facce pentagonali e 30 spigoli, poiché vi sono 60 bordi condivisi a due a due; pertanto i vertici sono 20). Si può dimostrare che la regola vale anche per qualunque prisma, le cui basi sono due poligoni isometrici di n lati e le cui facce laterali sono n parallelogrammi tali che le due basi giacciono su due piani paralleli. Per un tale solido, il numero di facce è $(2+n)$ e il numero di spigoli è $3n$ poiché le basi hanno $n + n$ spigoli e le facce laterali hanno altri n spigoli; pertanto, per la relazione di Eulero, il numero di vertici è $(2 + 3n - 2 - n) = 2n$.

La relazione di Eulero dimostra anche che, per costruire un buon pallone da calcio, non si può usare un poliedro formato unicamente da esagoni; infatti si usa un *icosaedro troncato*, cioè un icosaedro a cui vengono troncate le dodici *cuspidi* (punte), in modo da ottenere 20 esagoni e 12 pentagoni, che esibiscono 90 spigoli e 60 vertici (e, in ogni vertice, vi sono sempre uniti 2 esagoni e un pentagono).

Oltre alla geometria, anche l'algebra contiene schemi e relazioni stimolanti. Il 12 aprile 2010 ricevetti un'email da un'amica di Saronno che allegò simpatici schemi numerici a sua volta ricevuti da un corrispondente. Ve li ripropongo, non senza stupore per le semplici e notevoli simmetrie.

---

[131] [Sau07], pag. 31.
[132] [Sau07], pag. 130.
[133] Possiamo pensare al poliedro come un solido avente (quattro o più) facce piane poligonali. Tralasciamo definizioni più tecniche.

$$1 \times 8 + 1 = 9$$
$$12 \times 8 + 2 = 98$$
$$123 \times 8 + 3 = 987$$
$$1234 \times 8 + 4 = 9876$$
$$12345 \times 8 + 5 = 98765$$
$$123456 \times 8 + 6 = 987654$$
$$1234567 \times 8 + 7 = 9876543$$
$$12345678 \times 8 + 8 = 98765432$$
$$123456789 \times 8 + 9 = 987654321$$

$$1 \times 9 + 2 = 11$$
$$12 \times 9 + 3 = 111$$
$$123 \times 9 + 4 = 1111$$
$$1234 \times 9 + 5 = 11111$$
$$12345 \times 9 + 6 = 111111$$
$$123456 \times 9 + 7 = 1111111$$
$$1234567 \times 9 + 8 = 11111111$$
$$12345678 \times 9 + 9 = 111111111$$
$$123456789 \times 9 + 10 = 1111111111$$

$$9 \times 9 + 7 = 88$$
$$98 \times 9 + 6 = 888$$
$$987 \times 9 + 5 = 8888$$
$$9876 \times 9 + 4 = 88888$$
$$98765 \times 9 + 3 = 888888$$
$$987654 \times 9 + 2 = 8888888$$
$$9876543 \times 9 + 1 = 88888888$$
$$98765432 \times 9 + 0 = 888888888$$

$$1 \times 1 = 1$$
$$11 \times 11 = 121$$
$$111 \times 111 = 12321$$
$$1111 \times 1111 = 1234321$$
$$11111 \times 11111 = 123454321$$
$$111111 \times 111111 = 12345654321$$
$$1111111 \times 1111111 = 1234567654321$$
$$11111111 \times 11111111 = 123456787654321$$
$$111111111 \times 111111111 = 12345678987654321$$

Una citazione che calza a pennello?

> *Ecco perché i matematici parlano di creatività: esiste un'enorme tavolozza di colori con cui è possibile dipingere la matematica. Il ruolo del matematico consiste nel creare qualcosa di speciale a partire dai colori di cui dispone. Ecco che cosa rende la matematica un'arte. [...] Vi è un'enorme dose di casualità nel modo in cui approdiamo alle scoperte matematiche. Il mondo della matematica è fatto di interconnessioni, per cui la risposta a un problema può spesso portare a un'intuizione su un altro problema apparentemente del tutto slegato. Così come è possibile ruotare un cubo e vedere una faccia diversa dello stesso oggetto, un problema può essere rigirato in modo tale da rivelare un aspetto del tutto nuovo della questione.*[134]

Si direbbe che i tipici matematici sono geni dell'astrazione e non intendono dedicarsi a questioni pratiche; eppure ci sono straordinari matematici che erano molto più concreti di quanto si possa pensare. Consideriamo Erone:

> *Erone può essere definito un tipo non-classico di matematico. Si interessava più all'applicazione pratica della Matematica che alla teoria e al trattamento della Matematica come una scienza e un'arte. Egli è anche ricordato come l'inventore di una primitiva macchina a vapore, di vari giocattoli, di una pompa antincendio, di un dispositivo col quale – accendendo un fuoco sull'altare – automaticamente si aprivano le porte del tempio, di un organo idraulico e di vari altri congegni meccanici basati sulle proprietà dei fluidi e sulle leggi della meccanica.*[135]

---

[134] [Sau07], pag. 159.
[135] [Pap02], pag. 75.

2.7 Non eccedere nell'uso della Matematica

> *La conoscenza razionale è appena una parte di quella conoscenza più grande, e nello stesso tempo più semplice, di quella conoscenza veramente mistica, la quale è indimostrabile e tuttavia evidente, poiché in se stessa racchiude la vita e la morte, il razionale e l'irrazionale.*
> Hermann Broch[136]

L'onestà intellettuale mi impone di trattare anche dei limiti della Matematica. No, non intendo il calcolo del limite all'interno della teoria del calcolo integro-differenziale! La mia intenzione è di mettere in guardia da un uso smodato della materia per situazioni che forse è meglio affrontare con altri strumenti. Ad esempio, l'amore! Furio Honsell[137] ha mostrato un algoritmo per scegliere quale ragazza puntare dopo essere uscito con n candidate a diventare moglie. Leggete pure il libro, ma non prendetevela con me se poi il matrimonio si rivela un insuccesso. Io penso che questi sono affari di cuore, non di testa, quindi forse è meglio lasciar fare alle emozioni e ai sentimenti il lavoro di trovare la donna giusta.

D'altro canto ci sono situazioni dove la Matematica svolge un importante aiuto di supporto alle decisioni: ricordo che due degli esami universitari che dovetti sostenere furono di Ricerca operativa, ossia quella branca della Matematica che imposta i problemi in modo da risolvere facilmente questioni legati alla massimizzazione (o minimizzazione) di funzioni obiettivo. Un esempio? Se un decisore è chiamato a scegliere dove far costruire una discarica, avrà un insieme di luoghi candidati e disporrà di un elenco di criteri che determinano l'opportunità della scelta. Rimanendo nell'esempio, i criteri potrebbero essere la lontananza dai centri abitati e dalle falde acquifere, e la vicinanza a infrastrutture come strade e inceneritori. Esistono quindi strumenti matematici per fornire una "classifica" dei luoghi candidati, in base a come soddisfano i criteri e in base a come vengono *pesati* i criteri (ad esempio potrebbe essere considerata più importante la lontananza dai centri abitati rispetto alla vicinanza di un inceneritore).

Forse anche in queste decisioni conta un po' l'intuito? Magari il peso che si dà oggi ai criteri potrebbe essere diverso dal peso che si darà ad essi nei 5 anni venturi? E se l'inceneritore su cui si basa la nostra scelta verrà disattivato entro 2 anni? Secondo me la razionalità è uno strumento potente, ma anche l'intuito potrebbe avere un'utilità sorprendente. Io stesso, quando mi sono solo affidato al "calcolo" per prendere le mie

---

[136] Dall' *Incognita* di Hermann Broch. Citato in [Tofl1], pag. 233.
[137] [Hon07].

decisioni, ho scoperto che i ragionamenti logici non sempre sono fruttiferi. Ad esempio, la razionalità afferma che un lavoro a tempo indeterminato sia preferibile a una situazione lavorativa precaria. Eppure per me è stato infinitamente meglio lasciare posti di lavoro considerati sicuri per abbracciare un'esperienza lavorativa libera e priva di sicurezze esterne, ispirata dalla passione e piena di amore per quello che è il mio lavoro, di volta in volta.

Dunque, banalizzando un po', «la matematica non fa la felicità», come Toffalori afferma ironicamente dopo aver parlato di Roland Travy, il protagonista del romanzo *Odile* (ambientato nella Parigi nella seconda metà degli anni venti) scritto da Raymond Queneau, illustre scrittore e matematico francese del secolo scorso:

> *il resoconto di Travy si fa divertito e ironico e si vena anzi di tinte autobiografiche, perché è Queneau stesso che prende a parlarci delle sue esperienze personali e a condurre una satira pungente contro certi circoli d'avanguardia che gli era capitato di frequentare.*
>
> *Suppongo che molti neofiti della matematica morrebbero dalla voglia di incontrare il nostro Travy, di scambiare con lui pareri e impressioni, di farsi contagiare dal suo entusiasmo. Ma purtroppo devo provvedere a disilluderli: l'ingenua fede che il protagonista ha nella matematica, e in se stesso come matematico, verso la fine del romanzo si incrina e sfocia in un brusco disincanto. A poco a poco un'altra realtà affiora nella coscienza di Travy, e cioè la percezione di come matematica e numeri contribuiscano a isolarlo nel suo sottosuolo, nella torre d'avorio del suo orgoglio egocentrico. Gli tocca dunque confessare:*
>
>> Credevo di essere un matematico. In questi giorni ho scoperto che non sono nemmeno un dilettante. Non sono niente del tutto... Scambiavo degli stampini di sabbia per costruzioni algebriche e dei puzzle per dei teoremi di geometria. E i miei stampini di sabbia crollavano e i miei puzzle si imbrogliavano senza che vi si disegnasse una figura.
>
> *La storia ha comunque un lieto fine — evenienza assai rara in Queneau. Anzi, Odile è uno dei pochi esempi di romanzi di Queneau «lineari», con un punto di partenza e un punto d'arrivo e uno sviluppo che procede dall'uno all'altro, così come lineare è lo stile con cui è scritto, meno sperimentale e «oulipiano» di lavori successivi — ma il romanzo è del 1937 e dunque precede di molti anni quei seguiti. Bisogna tuttavia ammettere con qualche imbarazzo che questo epilogo felice prescinde dalla matematica e sorge invece da una sua sorta di abiura: come dire che la matematica non fa la felicità neppure dei suoi fedeli più appassionati.[138]*

---

[138] [Tof11], da pag. 236.

Trovo che anche le pagine successive a quelle appena citate siano gustose per l'argomento che stiamo tratteggiando qui:

> *Una parabola per certi versi analoga è quella percorsa da Richard Hieck, il protagonista dell'Incognita di Hermann Broch: giovane ricercatore della matematica applicata all'astrofisica, geniale e appassionato negli studi, grosso tuttavia d'aspetto, e timido e goffo nella vita d'ogni giorno — «un carro armato della matematica» lo definisce un professore. Affine quindi in molti tratti a Travy, e come Travy provvisto almeno in principio di una fede assoluta e incrollabile nella matematica. Capita così di sentirgli esclamare che «dappertutto c'è la matematica... già il fatto che io possa contare gli oggetti, è una parte della matematica contenuta nella realtà», al che l'interlocutore ribatte: «lei doveva diventare poeta, ma non matematico... astrologo lo è già, senz'altro» — uno scambio di battute che si potrebbe trasferire di peso, così com'è scritto, nell'Odile. C'è dunque in Hieck l'illusione quasi mistica che la matematica e «la sua univoca chiarezza» siano la porta attraverso cui giungere alla «piena conoscenza del mondo» e «alla totalità della vita stessa».*
>
> *Non a caso Broch accosta al protagonista la figura di una sorella, Susanna, che vuole invece farsi monaca ma si abbandona alla sua vocazione con lo stesso trasporto e la stessa fiducia. La religione di Richard Hieck, pur analoga a quella di lei — la conoscenza totale come l'adesione a Cristo, la matematica come una sorta di chiesa —, elabora tuttavia una diversa e laicissima teologia, secondo la quale, per esempio, «il peccato del mondo consiste nell'imprevedibile. Ciò che si distacca dal complesso delle cause e delle leggi, sia pure un unico suono solitario e sospeso nello spazio, questo è peccato. Ciò che è isolato, è assurdità e, ad un tempo, peccato». E ancora: «la matematica appariva [a Richard Hieck] una salvazione di fronte alla colpa; ma egli era anche convinto che, nell'ambito della ricerca matematica, potesse riuscire soltanto colui che si fosse mantenuto puro da ogni colpa» — come se essa, la matematica, fosse una sorta di giardino di Klingsor che introduce al santo Graal della conoscenza, e i suoi adepti altrettanti Parsifal. E come un credente sperimenta la coscienza e l'angoscia della colpa originale così anche il matematico ravvisa il suo limite, avverte la «misteriosa incalcolabilità del mondo», constata che «quel che si svolge nella testa è calcolabile, chiaro e descrivibile; ma quel che avviene al di sotto della testa è oscuro e notturno nella sua incalcolabilità. Afferrare l'incalcolabile per mezzo del calcolabile, solo questo ha importanza».*
>
> Anche quando le più audaci speranze della vita avessero trovato compimento, anche quando si fosse riusciti a scoprire una nuova disciplina matematica, come il calcolo infinitesimale di Leibniz, come la teoria degli insiemi di Cantor, anche quando si fosse trovato il miracolo... di

scoprire una logica priva di assiomi, tutto questo in fondo non avrebbe detto nulla: il risultato raggiunto sarebbe restato sempre una limitata ed esigua parte dell'invidiabile montagna della conoscenza, sarebbe restato sempre una limitata parte dell'esperienza intuitiva e della visione cosmica e infinita, una piccola parte descrivibile dell'eterno indescrivibile.

A prescindere da questi risvolti mistici il tema primario della riflessione di Broch è dunque il seguente: «come può lo scienziato, proveniente da una scienza particolare», nel caso specifico, dalla matematica, «raggiungere la soluzione dei massimi problemi sopra-razionali, come il problema della morte, dell'amore e del prossimo?». Ecco, «Richard Hieck compie l'inutile tentativo di scoprire la soluzione del suo problema nell'ambito della matematica, sperando che i fluttuanti confini della scienza, cioè in questo caso i problemi dell'infinito matematico, si identifichino con i problemi della vita infinita». Ma la conclusione è un'altra [...]: il suicidio di un fratello minore, e la crisi che gliene deriva, inducono Hieck a concludere che talora la giustizia prescinde dalla conoscenza e la conoscenza genera ingiustizia e lo introducono a un sapere diverso dalla matematica, «un sapere strano e unico, che non trova posto in alcun sistema e che pertanto non è dimostrabile; un sapere del tutto isolato, eppure vita, eppure conoscenza» — quel che Pascal avrebbe chiamato la ragione del cuore.

CAPITOLO 3

La tensione verso l'Universale e il Divino

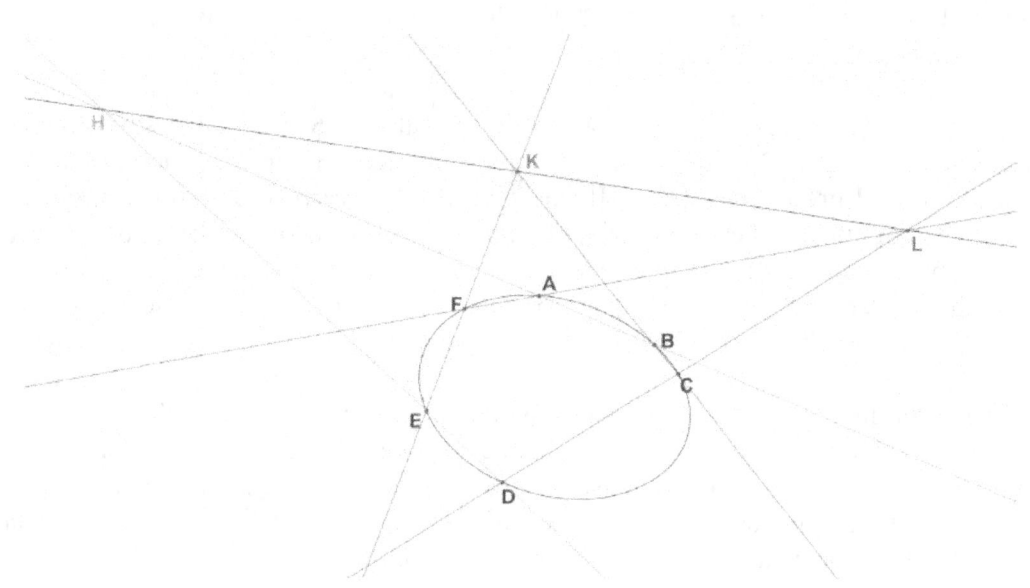

L'esagramma mistico di Pascal

3.1 Il capitolo tre nell'Uno

> *I numeri hanno sempre occupato una posizione di grande*
> *rilievo non soltanto negli elevati campi della Fede*
> *e della Verità, ma anche negli infimi territori della*
> *Superstizione e dell'Errore.*
> Antônio Gabriel Marão[139]

> *I matematici non conoscono razza...*
> *Per la matematica,*
> *l'intero mondo culturale*
> *è un unico Paese.*
> David Hilbert[140]

Una mattina, al risveglio dal sonno notturno, ebbi un'intuizione forse priva di logica: in Matematica esiste solo l'Uno. Parafrasando l'aforisma di Hilbert sopra citato, c'è solo Una umanità, Una razza, Un Paese culturale: quello dei matematici che condividono Un linguaggio, Una attitudine a descrivere la realtà, Un desiderio di fissare Una convenzione assoluta e Un insieme di regole Universali per fare inferenza: insomma, Un gioco.

Dal gioco, è facile parlare di entusiasmo dei giocatori: «Senza entusiasmo non c'è matematica» secondo Novalis[141]; dall'Uno, è semplice arrivare al monoteismo; da *entusiasmo* (dal greco: [en] dentro [thèos] dio: *il dio dentro*) e da *monoteismo* (dal greco: [monos] unico [thèos] dio: *la fede in una sola divinità*) è immediato produrre la tensione verso il divino. Mi perdonerete *settanta volte sette*[142] se scrivo quello che mi sono sentito di scrivere. Non vi parlerò di parabole evangeliche, e forse neanche di parabole geometriche. Voglio solo giocare con l'Uno.

Abbiamo già incontrato, alla fine del paragrafo 2.2 *Le qualità della Matematica*, le parole di Malba Tahan, secondo cui «L'Unità, simbolo del Creatore, è all'origine di tutte le cose, che non potrebbero esistere senza le stabili proporzioni e relazioni tra i numeri». Naturalmente si può essere d'accordo o meno. Robert Musil sostiene che la libertà da Dio «non è altro che la via moderna verso Dio»[143].

---

[139] [Tah96], pag. 205.
[140] [Sau07], pag. 149.
[141] Dai *Frammenti*. Citato in [Tof11], pag. 249.
[142] [Tof11], pag. 49: si spiega che questa espressione evangelica significa un numero arbitrariamente grande.
[143] Da *L'uomo senza qualità*. Citato in [Tof11], pag. 219.

Ma come può essere interpretato il Creatore, alla luce della scienza? Sicuramente conoscerete queste famose parole di Galileo, a proposito del sapere scientifico, ossia ciò che egli definì con il termine filosofia in una delle sue opere più importanti, *Il Saggiatore*:

> *la filosofia è scritta in questo grandissimo libro che continuamente ci sta aperto innanzi a gli occhi (io dico l'universo), ma non si può intendere se prima non s'impara a intender la lingua, e conoscer i caratteri, ne' quali è scritto. Egli è scritto in lingua matematica, e i caratteri son triangoli, cerchi, ed altre figure geometriche, senza i quali mezi è impossibile a intenderne umanamente parola; senza questi è un aggirarsi vanamente per un oscuro laberinto.*[144]

Per Mario Livio, *Il saggiatore* «contiene l'affermazione più limpida e avveniristica di Galileo sul rapporto tra la matematica e il cosmo»[145]. Non a caso,

> *questo brillante trattato, scritto magistralmente, raggiunse una tale popolarità che il papa Urbano VIII se ne faceva leggere delle pagine mentre consumava i suoi pasti.*[146]

Sempre nel libro *Dio è un matematico* di Mario Livio, troviamo:

> *mentre gli aristotelici si accontentavano di una descrizione qualitativa della natura e, anche per quella, si appellavano all'autorità di Aristotele, Galileo affermava che gli scienziati avrebbero dovuto ascoltare la natura stessa e che le chiavi per decifrare il linguaggio dell'universo erano le relazioni matematiche e i modelli geometrici.*[147]

Inoltre,

> *la compartizione ermetica delle branche della scienza era proprio il tipo di concetto che faceva infuriare Galileo. Nella bozza del suo trattato sull'idrostatica,* Discorso intorno alle cose che stanno in su l'acqua o che in quella si muovono*, egli presentò la matematica come un motore potente che offre agli uomini la capacità di penetrare i segreti della natura:*

>> Qua io m'aspetto un rabbuffo terribile da qualcuno de gli avversarii; e già parmi di sentire intonar negli orecchi che altro è trattar le cose fisicamente ed altro matematicamente, e che i geometri doveriano restar tra le lor girandole, e non affratellarsi con le materie filosofiche, le cui verità sono diverse dalle verità matematiche; quasi che il vero possa

---

[144] Da *Il saggiatore* (1623), capitolo VI. Link:
http://it.wikisource.org/wiki/Il_Saggiatore/6#La_filosofia
[145] [Liv09], pag. 107.
[146] [Liv09], pag. 105.
[147] [Liv09], pag. 102.

esser più di uno; quasi che la geometria a i nostri tempi progiudichi all'aqquisto della vera filosofia, quasi che sia impossibile esser geometra e filosofo, sì che per necessaria conseguenza si inferisca che chi sa geometria non possa saper fisica, né possa discorrere e trattar delle materie fisiche fisicamente. Conseguenze non meno sciocche di quella di un tal medico fisico, che, spinto da un poco di livore, diceva che il medico Aqquapendente [Hieronymus Fabricius di Acquapendente (1537-1619)], essendo grande anatomista e chirurgo, doveva contentarsi di star tra suoi ferri ed unguenti, senza volersi ingerire nelle cure fisiche, come se la cognizione di chirurgia destruggesse e fosse contraria alla fisica. [148]

Infine,

secoli prima che ci si ponesse la questione del perché la matematica fosse uno strumento così efficace per spiegare la natura, Galileo pensava di conoscere già la risposta! Per lui, la matematica altro non era che il linguaggio dell'universo. Per comprendere l'universo sarebbe necessario parlare quella lingua. Dio altro non era che un matematico. [...] Per Galileo essa [la Matematica] significava fondamentalmente geometria. Di rado era interessato a misurare valori in numeri assoluti. Descriveva i fenomeni soprattutto per mezzo di rapporti tra quantità e in termini relativi. [...] Era un autentico discepolo di Archimede, del cui principio della leva e del cui metodo della geometria comparativa si servì efficacemente e ampiamente.

Un'altra questione degna di nota, che si manifesta soprattutto nell'ultima opera di Galileo [Discorsi e dimostrazioni matematiche intorno a due nuove scienze], è la distinzione che l'autore fa tra i ruoli della geometria e quelli della logica. [...]

[Galileo] riteneva che la geometria è lo strumento per mezzo del quale si scoprono nuove verità. La logica, d'altra parte, per lui serve a valutare e criticare scoperte già compiute. [...] [Archimede] fu il primo a far uso della matematica per spiegare fenomeni naturali. Poi, in un tortuoso percorso che passava attraverso alcuni matematici medievali e delle corti rinascimentali italiane, la natura della matematica si guadagnò lo status di argomento degno di discussione. Alla fine, anche alcuni matematici gesuiti del tempo di Galileo, Cristoforo Clavio in particolare, riconobbero che forse la matematica si poneva a metà strada tra la metafisica (i princìpi filosofici sulla natura dell'essere) e la realtà fisica. Nei prolegomeni all'edizione da lui commentata degli Elementi *di Euclide, Clavio scrisse:*

---

[148] [Liv09], pag. 103.

«Poiché le discipline matematiche concernono cose che sono considerate separate da ogni materia sensibile, sebbene siano immerse nelle cose naturali, è chiaro che esse occupano un posto intermedio tra la metafisica e la scienza naturale, se consideriamo il loro oggetto di studio»

L'idea della matematica come mero trait d'union *non soddisfaceva Galileo. Egli compì un ulteriore e audace passo in avanti equiparando la matematica alla lingua madre di Dio. Quest'identificazione, tuttavia, sollevava una grande contraddizione, che avrebbe avuto un effetto drammatico sulla vita di Galileo.*

[...] Secondo Galileo, nel progettare la natura Dio parlava il linguaggio della matematica. Secondo la Chiesa cattolica, Dio era l'«autore» della Bibbia. Come giudicare dunque quei casi in cui le spiegazioni scientifiche fondate sulla matematica sembravano contrapporsi alle Scritture?[149]

Sappiamo come andò a finire: il contrasto tra Galileo e la Chiesa indusse il maestro toscano alla pubblica abiura pur di scagionarsi dall'accusa di eresia. Era il 22 giugno 1633. Quasi 360 anni dopo, il 31 ottobre 1992, papa Giovanni Paolo II cercò di porre fine all'imbarazzante caso, riconoscendo l'errore della Chiesa, ossia di aver superato il proprio limite, che consiste nell'occuparsi di questioni di fede, non di scienza.

Cambiamo ora luoghi e tempi, ma non il tema: il rapporto tra Matematica e Dio. Paul Erdos[150], matematico ebreo ungherese, fu uno dei più eccentrici geni del Novecento. Pur dichiarandosi non credente, era solito chiamare Dio con la sigla SF, acronimo di *Supremo Fascista*. Posso immaginare che la scelta di tale appellativo sia derivata anche dal fatto che egli fu costretto ad abbandonare gli USA a causa delle persecuzioni maccartiste: non a caso, Eleanor Roosevelt (moglie del presidente americano Franklin Delano Roosevelt) non esitò a dire che il maccartismo fu «una vera e propria ondata di fascismo, la più violenta e dannosa che questo paese abbia mai avuto»[151].

Erdos spesso metteva in evidenza che, se esistesse il SF, allora sarebbe davvero un tiranno sadico che tratta il genere umano con capriccio e ingiustizia. La cosa che trovo più interessante è che il genio ungherese professasse un'assoluta fede nell'assunzione che la logica e i numeri appartengano a un testo metafisico accessibile da chiunque si eserciti in Matematica:

Non ho titoli per affermare se Dio esiste o no. Sul fatto che esista ho qualche dubbio. Comunque, non faccio che ripetere che l'SF possiede

---

[149] [Liv09], da pag. 108 a pag. 111.
[150] La scrittura corretta è Paul Erdős, mentre la pronuncia giusta è *Pàal Erdùhsc*.
[151] Citato in: *L'america di Kennedy*, di Furio Colombo (1984, Feltrinelli).

questo suo Libro transfinito,[152] *e in questo Libro ci sono le migliori dimostrazioni di tutti i teoremi matematici, dimostrazioni eleganti e perfette.*[153]

Quando riconosceva la perfezione del lavoro di un collega, Erdos dichiarava: «Viene direttamente dal Libro»[154]. Nel 1970 sembra che abbia esortato così i suoi pari: «Non è necessario che crediate in Dio, ma dovete credere nel Libro»[155].

Mi sembra che abbiamo già parlato abbastanza di mondi lontani e non-fisici, dell'Iperuranio (per dirla con Platone) o del celeste Empireo (termine tanto caro alla filosofia scolastica); rimettiamo le radici a terra, riportiamo lo spirituale e l'incorporeo nel campo gravitazionale terrestre e nella dimensione biologica; ma conserviamo la sensibilità matematica, per vederne l'universalità anche nel nostro mondo *immanente*. E proviamo ad apprezzare il passaggio seguente:

Non sappiamo quando l'idea dei numeri si presentò per la prima volta nell'umanità. Le ricerche dei filosofi si spingono fino a tempi a noi percepibili solo attraverso le nebbie di un remoto passato.

Coloro che hanno studiato l'evoluzione dei numeri hanno scoperto che, anche presso popoli primitivi, l'intelligenza umana possedeva una speciale facoltà, che possiamo chiamare il senso dei numeri, la quale ci permette di sapere, in modo puramente visivo, se un gruppo di oggetti è diventato più numeroso o è diminuito, cioè se si è verificato un cambiamento numerico.

Il senso dei numeri non deve venir confuso con la capacità di contare. Soltanto l'intelligenza umana può raggiungere il livello di astrazione necessario per contare, mentre il senso dei numeri può essere osservato in molti animali: alcuni uccelli, per esempio, sono capaci di contare le uova che lasciano nel nido distinguendo tra due e tre, e certe vespe si accorgono della differenza tra cinque e dieci.

Appartenenti a tribù dell'Africa del nord conoscono tutti i colori dell'arcobaleno e hanno un nome per ciascuno di essi, ma non posseggono una parola per 'colore'. Analogamente, in molte lingue primitive esistono parole per uno, due, tre e così via, ma esse non hanno un termine separato per 'numero'.

Da dove viene l'idea di numero?

Non conosciamo risposte a questa domanda [...]. Nel deserto, un beduino vede in lontananza una carovana che procede lentamente.

---

[152] Il transfinito è un concetto matematico introdotto da Cantor, come vedremo nel Paragrafo 3.2, intitolato *Per Aspera ad astra.*, e nel Capitolo 7, intitolato *La mia ∞ (infinita) esperienza al ε (Piccolo) teatro di Milano.*

[153] [Hof99], pag. 24.

[154] Ivi.

[155] Ivi.

I cammelli si avvicinano con il loro carico di uomini e di merci. Quanti cammelli ci saranno? Forse quaranta? O un centinaio? Per rispondere, il beduino deve fare qualcosa di speciale, deve `contare'. E per farlo, il beduino collega ciascun oggetto della serie con un determinato simbolo: uno, due, tre, quattro e così via. Per giungere a un risultato del suo conteggio — o, in altre parole, a un numero — egli deve inventare un 'sistema di numerazione'.

Il più antico sistema di numerazione è quello quinario, dove le unità sono riunite in gruppi di cinque, ciascuno dei quali è chiamato una cinquina. Otto unità equivalgono a una cinquina più tre, e si scrivono 13. Bisogna comprendere che in questo sistema la cifra a sinistra vale cinque volte quanto varrebbe se fosse alla destra. Come dicono i matematici, questo sistema di numerazione è in base 5. Negli antichi poemi si trovano tracce dell'uso di tale sistema.

I caldei avevano un sistema di numerazione a base 60. Nell'antica Babilonia il simbolo 1.5 stava per il numero 65.

Molti usavano anche un sistema a base 20, nel quale il nostro numero 90 si scriverebbe 4.1, il che significa quattro volte venti più dieci.

Soltanto in seguito venne in uso il sistema a base 10, ben più vantaggioso per manipolare numeri molto grandi. L'origine di questo sistema deriva dal numero delle dita delle mani. In certi settori del commercio, troviamo una decisa preferenza per la base 12, per il sistema che conta a dozzine, mezze dozzine, quarti di dozzina e così via. Il dodici ha un importante vantaggio sul dieci, per il fatto che possiede un maggior numero di divisori.

Il sistema a base 10, il cosiddetto sistema decimale, è stato oramai universalmente adottato: dal Tuareg che conta sulle dita al matematico con i suoi complessi calcoli, tutti lo utilizzano. Date le profonde differenze tra i vari popoli, questa universalità è sorprendente: nessuna religione, forma di governo, struttura filosofica, nessun codice morale o sistema economico, nessuna lingua o alfabeto possono vantare qualcosa del genere.

Il contare è una delle poche cose per le quali non vi è differenza tra gli uomini; viene considerato semplice e naturale.[156]

Sembra che siamo tornati all'idea che la Matematica sia presente ovunque, come già ribadito in diversi paragrafi precedenti. Anche io talvolta vengo indotto a codificare la realtà in forme numeriche o geometriche. Ad esempio, nell'estate 2010, in villeggiatura sul Gargano, mi sono chiesto quale fosse la configurazione migliore che le aree di parcheggio possano assumere per ottimizzarne la capacità – in termini di numero delle auto in sosta – senza andare a discapito della viabilità. Oppure, nel 2003, un esperto di logistica di spettacoli teatrali mi chiese, dopo aver intuito che

---

[156] [Tah96], da pag. 119.

potevo tentare di dare una risposta sensata, le formule che permettessero di capire quali tipi di oggetti possano passare attraverso un rettangolo (che rappresenta l'apertura di una porta), avente certe misure.

Già nel paragrafo 2.5, *Il carattere dei Matematici*, abbiamo incontrato la battuta di Marcus Du Sautoy: «La matematica, sembrava, era più efficace dell'umorismo inglese arcaico nel superare gli spartiacque culturali». Ma l'idea di una lingua universale basata sui numeri è stata esplorata da più parti. Ecco una di queste:

> *Si ha un bel vagheggiare un mondo senza frontiere, barriere e bandiere, una società riconciliata, una comune fratellanza: già le lingue che noi usiamo — non solo gli idiomi e le parole, ma gli stessi alfabeti che li compongono — provvedono a sgretolare questa illusione, perché spesso e irreparabilmente diverse. Così quel che un arabo, o un russo, o un cinese dice e scrive risulta a noi incomprensibile, e tale giunge a un arabo, a un russo e a un cinese quel che noi diciamo e scriviamo. E tuttavia in questa irrimediabile e colossale babilonia sussiste almeno un fattore comune di minima intesa, un sistema di simboli che tutti condividono, e cioè l'alfabeto della matematica, perché le cifre da 0 a 9 e i numeri che esse compongono sono ormai patrimonio comune di tutte o quasi le umane culture, dall'indiana all'araba, dall'europea alla cinese.*
>
> *Ma allora, non fosse altro che per promuovere l'utopia di un'umanità concorde, perché non privilegiare i numeri rispetto alle lettere e usare gli uni al posto delle altre? Tanto, simboli sono, entrambi. Le lire sono diventate euro, le yard sono diventate metri e non c'è stato scandalo eccessivo a cambiare: perché dunque le lettere non devono divenire numeri? Si potrebbe convenire che, dal primo gennaio di un anno che verrà, A si chiami 0, B si chiami 1, e così via per tutte le ventisei lettere dell'alfabeto inglese, fino alla Z che diviene appunto 25, come il quadro che segue illustra.*

```
A  B  C  D  E  F  G  H  I  J  K  L  M  N  O  P  Q  R  S  T  U  V  W  X  Y  Z
0  1  2  3  4  5  6  7  8  9  10 11 12 13 14 15 16 17 18 19 20 21 22 23 24 25
```

> *Nel frattempo si potrebbe cominciare a sperimentare in circoli ristretti la novità, ammesso che di novità davvero si tratti.*
>
> *Ma prescindiamo pure dalle illusioni universaliste e domandiamoci se, a usare i numeri al posto delle lettere, un qualche vantaggio pratico alla fin fine lo si ottenga. Mi spiego: chi ha qualche comunicazione privata da inviare e vuol nasconderla agli occhi indiscreti di curiosi potrebbe sostituirvi le lettere con i numeri che loro corrispondono, ragionevolmente sicuro che la sola vista di quelle cifre provochi agli occhi di chi si intromette un moto di repulsione e preservi così la segretezza del messaggio. Un «ti amo» tra Casanova e la sua Madame d'Urfé diventerebbe in questo modo «19 8 0 12 14»: perderebbe ineluttabilmente la sua passione, ma troverebbe in compenso riparo*

garantito dalle gelosie e dai sospetti di ogni amante tradito.

La mescolanza tra cifre e lettere potrebbe poi ispirare una varietà scintillante di giochi di società e di sottintesi galanti. Giacomo Casanova, per esempio, potrebbe recuperare con un po' di pazienza la sequenza dei numeri corrispondenti al proprio nome, dunque 6 8 0 2 14 12 14 e poi 2 0 18 0 13 14 21 0, calcolarne la somma 6 + 8 + 0 + 2 + 14 + 12 + 14 + 2 + 0 + 18 + 0 + 13 + 14 + 21 + 0, cioè in totale 124; osservare poi che il numero che ne risulta, 124 appunto, è lo stesso di qualche sua nuova fiamma, magari di una Amalie d'Amaquois, giovane pupilla di Madame d'Urfé, sfruttare la coincidenza e la compiacenza della ragazza per persuaderla che la loro unione è scritta negli astri e diventare così il padrone di un'altra anima. E la chiave di questi sottintesi, di queste coincidenze, di queste solleticanti pruderies, chi altro sarebbe se non il numero? Disponibile a diventare, a vostra volontà, lettera, parola, persona e ogni altro significato di cui voleste ammantarlo.

Ma il discorso è molto più serio e profondo di un banale gioco di parole. Il fatto è che l'intreccio tra numeri e lettere si andò davvero radicando sin dalle origini del mondo e le due categorie, anziché contrapporsi, finirono piuttosto per convivere e addirittura scambiarsi di ruolo. Non è un caso che la mitologia greca classica attribuisse allo stesso personaggio, e cioè a Palamede, eroe della guerra di Troia, la comune invenzione di alfabeto e aritmetica, e se è per questo pure dell'astronomia. Non è un caso che in certe società antichissime, ancora condannate a una lingua povera, aspra ed essenziale, le lettere con cui si parla coincidano con le cifre con cui si conta. Del resto la pratica interessò culture raffinate, come quella assira, o quella ebraica di cui parleremo tra un attimo, o la stessa Grecia classica — le culle della moderna civiltà. In tutti quei mondi i numeri si identificavano indissolubilmente con le lettere.

Capitava così che a ogni bambino che veniva al mondo si assegnasse non soltanto un nome, ma anche un numero, quello appunto che a quel nome corrispondeva. Forse oggi la pratica susciterebbe un coro di proteste, perché a vederci etichettati sin dalla nascita con un numero d'identità ci sembrerebbe d'essere come carcerati.[157]

Un numero d'identità fin dalla nascita; ma non accade già ora? Non ci viene subito affibbiato un codice fiscale, ossia una sequenza alfanumerica unica per ciascun cittadino italiano (unica solo in teoria, purtroppo, perché l'algoritmo con cui viene generato si presta a duplicati tra individui diversi)?

Forse il lettore non sa che il codice fiscale è l'evoluzione di un'idea nata dal

---

[157] [Tofl1], pag. 15.

celeberrimo matematico Bruno De Finetti, nel 1965, quando Luigi Preti, allora ministro della Riforma burocratica, tentò di ammodernare e meccanizzare la Pubblica Amministrazione. In tale abbozzo iniziale, vi erano solo numeri, forse perché la crittografia, in guerra e in amore (si ricordi Casanova!) fino ad allora non avevano contemplato le lettere dell'alfabeto; ma dopotutto un codice fiscale troppo criptico non serve, vero?

Il giornalista e umorista Achille Campanile compose l'opera *Poltroni numerati* per ironizzare sulle situazioni (decisamente surreali) che potrebbero nascere qualora le persone si identificassero unicamente con un numero per ciascuna. Eccone un paio, per mio e (spero) vostro diletto:

> *Gentilissimo 4217,*
> *ho riflettuto sulla sua proposta, che molto mi lusinga. Mi sono consultata anche coi miei e ho voluto sentire il parere anche d'un insigne matematico. Ebbene, debbo dirle che non posso accettare la sua proposta di matrimonio, perché non potrò mai diventare la sua metà, essendo lei putroppo un numero dispari. Distintamente,*
> *1421*

> *Dramma coniugale:*
> *«Avvocato, sono il numero 40 e voglio separarmi da mia moglie per colpa di lei».*
> *«Ha le prove?».*
> *«Sì: mia moglie ha il numero 21».*
> *«E con questo?».*
> *«È la metà più uno».*
> *Seguito del dramma:*
> *«Mi dispiace, caro signor 40, ma niente da fare. Sarà sempre sua moglie 21 a decidere.».*
> *«Perché?».*
> *«Perché è la metà più uno, e perciò sarà sempre in maggioranza».*[158]

Anche se la nostra società non è arrivata a questi estremi, davvero i numeri sono dappertutto; e l'intelletto è in grado di riconoscerli, organizzarli e utilizzarli, nella consapevolezza della coscienza.

L'astrofisico inglese Paul Davies si pose molti interrogativi, in proposito:
> *Come avviene che le leggi dell'universo siano tali da favorire l'emergenza di menti a loro volta capaci di riflettere e modellare accuratamente queste stesse leggi matematiche? Come è successo che il cervello dell'uomo, che è il sistema fisico più complesso e sviluppato che*

---

[158] [Cam92], pag. 94.

conosciamo, abbia prodotto tra le sue funzioni più avanzate qualcosa come la matematica, capace di spiegare con tanto successo i sistemi più basilari della realtà fisica? Perché la mente, che si colloca al culmine dello sviluppo, si ripiega su se stessa e si collega con il livello base dell'esistenza, cioè con l'ordine retto da leggi su cui l'universo è costruito? A mio avviso questo strano loop *suggerisce che la mente è qualcosa che è legata ai più fondamentali aspetti della realtà fisica, sicché se vi è un significato o un fine all'esistenza fisica, allora noi, esseri coscienti, siamo di sicuro una parte profonda ed essenziale di questo fine.*[159]

Anche Albert Einstein si dedicò alla speculazione filosofica su temi analoghi, ossia la consapevolezza della mente umana durante l'attività scientifica, da una prospettiva etica:

La preoccupazione per l'uomo e il suo destino deve sempre costituire il principale obiettivo di tutti gli sforzi tecnologici [...] affinché le creazioni della nostra mente siano una benedizione e non una maledizione per il genere umano. Non dimenticatevi mai di questo nel mezzo dei vostri diagrammi e delle vostre equazioni.[160]

Ecco il commento che l'astrofisico israeliano Mario Livio, nel proprio libro pubblicato 70 anni dopo, accompagna a tale dichiarazione:

Nemmeno Einstein poteva immaginare quanto sarebbe diventato profetico il suo ammonimento meno di un decennio dopo, durante i giorni bui della Seconda guerra mondiale e gli orrori dell'Olocausto.[161]

Non è un caso che io concluda questo paragrafo con l'intervento di due astrofisici (Davies e Livio), poiché voglio prepararvi al titolo del prossimo paragrafo.

---

[159] Citato in *Solo lo stupore conosce* (Bersanelli-Gargantini), Ed. BUR 2003.
[160] Brano tratto da un discorso dal titolo *Scienza e felicità* tenuto al California Institute of Technology il 16 febbraio 1931.
[161] [Liv05], pag. 74.

3.2 Per aspera ad astra

> *Ho voluto capire i cuori degli*
> *uomini. Ho voluto sapere perché le*
> *stelle brillano. E ho cercato di*
> *comprendere il potere pitagorico*
> *per il quale il numero esercita il*
> *proprio impero sul flusso.*
> Bertrand Russell[162]

Le pagine antecedenti testimoniano che sovente molti matematici rivolgono le proprie speculazioni alla teologia, alla spiritualità, alla fisica e alla metafisica. Non sorprende quindi che un tempo Matematica, astrofisica e astrologia fossero campi di indagine attigui, privi di soluzioni di discontinuità.

Il titolo, in latino, di questo paragrafo è la contrazione di *Per aspera sic itur ad astra*, che significa «attraverso le asperità [si arriva] alle stelle», e indica così sia lo sguardo verso il firmamento, sia che «la via che porta alle cose alte è piena di ostacoli»[163].

Un'altra locuzione utilizzata per esprimere questo concetto è *Ad augusta per angusta* («Alle cose eccelse attraverso le difficoltà»); ma, dato che sto introducendo uno dei grandi filosofi della Patristica (la filosofia cristiana dei primi secoli), ossia Sant'Agostino, potevo anche usare un gioco di parole: *Ad augusta per Augustinus…*

Ecco il suo avvertimento:
> *Il buon cristiano deve stare in guardia contro i matematici e tutti coloro*
> *che fanno profezie vacue. Esiste già il pericolo che i matematici abbiano*
> *fatto un patto col diavolo per oscurare lo spirito e confinare l'umanità*
> *nelle spire dell'inferno.*[164]

Lo stesso monito si ritrova in altre fonti, con parole leggermente diverse:
> *Il buon cristiano dovrebbe stare attento ai matematici e a tutti i falsi*
> *profeti. C'è il pericolo che i matematici abbiano stretto un patto col*
> *diavolo per annebbiare lo spirito, e mandare l'uomo all'inferno.*[165]

Davvero dobbiamo pensare che il filosofo di Ippona avversasse fieramente i matematici? Perché, nelle *Confessioni*, egli si riferì a loro con l'espressione «quegli altri vagabondi, che chiamano matematici»?

---

[162] [Hof99], pag. 23.
[163] *Hercules furens* (Seneca), atto II, v. 437.
[164] *Ottantatré questioni diverse* (Sant'Agostino). Citato in [Sau07], pag. 121.
[165] In [Tof11], pag. 31, si afferma che il brano si trovi in *Genesi alla lettera*, di Sant'Agostino, ma non si specifica una edizione in particolare.

Una guida per comprendere questo apparente contrasto verso la categoria dei numerologi possiamo rinvenirla in un godibilissimo libro di Carlo Toffalori:

> *Ormai non solo i credenti, ma anche gli atei si sono formati il proprio culto, i propri ministri, il proprio catechismo e i propri crociati, e anzi ognuno si costruisce la propria religione a sua immagine e somiglianza, così che perfino del latino della Patristica si fanno traduzioni alternative a proprio uso e consumo.*
>
> *C'è dunque da chiedersi preliminarmente quale sia la versione corretta dei brani controversi sopra citati. Per esempio, il pezzo della* Genesi alla lettera, *quello del patto tra i matematici e il diavolo, sapete come viene tradotto sul sito «www.augustinus.it»? (Sì, su Internet c'è spazio anche per Agostino, del resto ormai c'è un sito per tutto, e allora come si fa a negarne uno proprio ai santi?) Bene, il brano incriminato, così come compare nel riferimento suddetto, recita:*
>
>> Ecco perché un buon cristiano deve guardarsi non solo dagli astrologi ma anche da qualsiasi indovino che usi mezzi contrari alla religione, soprattutto quando dicono il vero, per evitare che ingannino l'anima mettendola in rapporto con i demoni e la irretiscano in una specie di patto d'alleanza con loro.
>
> *Si dimostra così che, a cambiare traduttore, i matematici diventano astrologi e il presunto patto col diavolo ammorbidisce i suoi contorni e perde un po' della sua puzza di zolfo. È vero che l'originale di Agostino — ugualmente reperibile sul medesimo sito — parla espressamente di «mathematici» e non di astrologi. Nel complesso, però, e per quel poco di latino che mi ricordo, la versione italiana di «augustinus.it» mi pare molto più fedele dell'altra.*
>
> *Tenderei allora a concludere che anche la traduzione astrologi sia non una forzatura dettata da una qualche premura verso i matematici — magari il nostro mondo ci riservasse simili delicatezze! — ma l'indizio di una più profonda verità. Il punto, infatti, è che cosa Agostino intenda per «matematico», se il ricercatore di numeri ed equazioni che oggi comunemente si pensa, o qualcosa di diverso. Che nei tempi andati matematica, astronomia e astrologia avessero frequentazioni dirette e mancassero di una chiara distinzione dei ruoli, che l'ansia e l'ambizione di presagire dai pianeti e dalle stelle il proprio futuro inducesse anche a studiarne con cura le traiettorie e a sviluppare i metodi matematici di misura, che in definitiva il mestiere di matematico finisse col sovrapporsi a quelli dell'astronomo e dell'astrologo, tutto questo già lo sappiamo. Del resto lo stesso Agostino provvede nel suo scritto rivolto* Contro gli astrologi *a distinguere tra i matematici «come si intendevano una volta», «quelli che calcolavano la misura del tempo col movimento del cielo e delle stelle» — potremmo dire, appunto, gli astronomi — e*

«quelli che oggi si chiamano matematici», i quali «non rispondono se non dopo aver consultato le costellazioni» e che «pretendono di sottomettere le nostre azioni ai corpi celesti, di venderci alle stelle e di riscuotere da noi il prezzo stesso con cui siamo venduti», gli astrologi dunque. Ma se «matematico» è da tradursi come astrologo — semmai come astrologo nel senso deteriore del termine — le tirate che abbiamo letto suonano assai meno inquietanti e scandalose: possono indispettire gli appassionati di oroscopi e aritmanzia, ma non toccano più di tanto scienziati e ricercatori, perché ciò che Agostino dichiaratamente aborrisce è non la matematica e il matematico, bensì la pratica astrologica. Del resto la critica serrata alla vanità dell'astrologia riempie — questa sì — molte altre pagine sia delle Confessioni *che della* Città di Dio. *Possiamo quindi concludere che Agostino non avesse preclusione alcuna verso la matematica così come oggi la si intende.*[166]

Poco prima della conclusione del brano precedente, avrete forse fatto caso a una parola poco nota: *aritmanzia*. Lasciamo che sia ancora Toffalori a spiegarcela:

Gli assiri e i babilonesi, oltre che guerrieri e architetti, furono anche attenti osservatori del cielo e degli astri, e delle leggi e dei numeri che ne regolano orbite e moti. Questa loro passione li indusse a operare la sintesi che ancora si fa tra i corpi celesti e i destini degli individui, tra l'astronomia e l'astrologia, tra le costellazioni e gli oroscopi, a intrecciare dunque matematica, lettere, stelle e persone, con lo scopo primario di prevedere il futuro: pratica che, appunto, mantiene i propri esperti e adepti persino ai nostri giorni.

Per esempio, avete mai sentito parlare di aritmomanzia? Ammetto che a primo acchito possa apparire uno di quei termini cifrati in uso nelle società segrete, estranei alla stragrande maggioranza della gente normale e anche dei vocabolari. Tuttavia una minima assonanza con l'aritmetica è facile coglierla, visto che la radice dei due termini è la stessa, e cioè la parola greca arithmos, *ovvero numero.*

Infatti il nome aritmetica, per astruso che possa sembrare, nient'altro significa se non scienza dei numeri. L'aritmomanzia sarebbe invece la pratica di divinare il futuro delle persone dai numeri che sono loro associati: abitudine che certamente fa arricciare il naso ai matematici più seri e rigorosi e tuttavia manifesta la sua brava diffusione. Così può confermarvi anche Internet. Del termine aritmomanzia — anzi della sua forma contratta aritmanzia — si parla perfino nei romanzi di Harry Potter, e la circostanza basta a renderne partecipe tutto il vasto e appassionato pubblico dei lettori di quel rinnovato mattino dei maghi.

E ancora: provate a pensare al lotto e alla Smorfia. Anche se il gioco d'azzardo non rientra tra le vostre abitudini preferite, dovete tuttavia

---

[166] [Tof11], pagg. 32 e 33.

ammettere che sono molte le espressioni ricorrenti del nostro linguaggio — come «la paura fa novanta» o «47 morto che parla» o «77 le gambe delle donne» — che dalla Smorfia traggono origine e della Smorfia esemplificano perfettamente strategie e finalità: le quali consistono nell'assegnare anzitutto a ogni sogno un suo numero, e poi giocare quel numero al lotto tutte le volte che il sogno ce lo ispira. Pratica popolare, si dirà, non scevra però di fondamenti storici, perché l'origine stessa del nome Smorfia richiama espressamente l'antico dio ellenico del sonno e dei sogni, e cioè Morfeo, e in tal modo, a Napoli e dintorni, le radici classiche della Magna Grecia. Così questa estemporanea mescolanza di pianeti, sogni e futuro, e il ruolo preponderante che il numero vi svolge, se per certi versi appaiono imbrogli di lestofanti e abusi di credulità popolare, vantano tuttavia un insospettabile e consolidato blasone.

Ma il discorso non finisce qui. Perfino a chi si cimenta in approfonditi studi biblici capita infatti di imbattersi nella così detta gematria, termine antico che, se ho capito bene, deriva etimologicamente dal greco, per la precisione dalla geometria e quindi dalla matematica, ma riguarda la cultura e la sensibilità ebraica: si fonda perciò sulla singolarità di un alfabeto che in quel mondo era e rimane anche sistema di numerazione, né più né meno che nelle società arcaiche di cui si diceva, e instaura di conseguenza un naturale gemellaggio tra lettere e cifre. Le tabelle che regolavano e regolano questi accoppiamenti sono ovviamente diverse da quella che vi ho mostrato poco fa a modo di esempio, diverso essendo dal nostro l'alfabeto che gli ebrei usavano e usano. Chi tra voi è però interessato ai dettagli di questa numerazione e ama i classici della letteratura può trovarne un accenno — nella fattispecie un adattamento alla lingua francese — all'interno di Guerra e pace *di Tolstoj, per la precisione nel capitolo 19 della parte prima del terzo libro. In ogni caso le originarie lettere ebraiche alef, bet, ghimel, dalet eccetera, che alle A, B, C, D,... nostre e dei francesi in qualche modo corrispondono, finiscono per coincidere ciascuna con il suo numero, alef con 1, bet con 2, ghimel con 3, dalet con 4, e via dicendo. Più precisamente: alef «è» 1, bet «è» 2, ghimel «è» 3, e così via.*

Gli intenti dell'operazione erano e restano quelli che già si sono raccontati: un'elementare crittografia, per esempio, oppure la divinazione del futuro. A essi però un altro se ne aggiungeva, formidabile e ineffabile: la rivelazione dell'Altissimo. Era infatti credenza dei cabalisti ebraici — e lo è tuttora — che la manifestazione di Dio nelle Scritture avvenga a un duplice livello: a quello superficiale dei detti e dei fatti così come sono raccontati; ma poi a un altro più segreto e riposto, espresso come in un codice cifrato. Nella Bibbia non vi sarebbero allora parole, numeri o lettere privi di un loro significato nascosto. In modo analogo l'intera creazione e la natura altro non sarebbero se non un sistema di simboli e tracce che Dio ha sparso per manifestarsi alla fede di chi lo cerca.

Secondo la tradizione cabalista, Dio stesso avrebbe rivelato agli angeli e ad Adamo l'arte di interpretare questi segni, che si trasmise poi nei millenni che seguirono, da Abramo a Mosè, da David a Salomone, in forma prima solo orale e poi anche scritta.

La gematria divenne allora uno degli strumenti principali della decifrazione dei messaggi segreti di Dio, proprio per la sua capacità di accostare numeri e parole e di associare più parole allo stesso numero, così da dischiudere i significati mistici di scritture e creature.

Certi libri profetici dell'Antico Testamento che abbondano tanto di sogni e visioni quanto di accurati riferimenti aritmetici si prestano bene a questo esercizio. Pensate per esempio all'avvio del libro di Ezechiele, dove si menziona con cura la data della narrazione, «il cinque del quarto mese dell'anno trentesimo»: ma il puntiglio di questo riferimento era solo uno scrupolo dell'autore, o piuttosto l'indizio di più nascosti insegnamenti?

Questa singolare identificazione di numeri e lettere e la sua applicazione alle cose di fede generano talora imprevedibili imbarazzi. Ad esempio ricorderete che, secondo il monito degli antichi comandamenti, il nome di Dio — Yahweh — non va neppure pronunciato, talmente santo Egli, l'Altissimo, è, e degno di rispetto. Anzi, il modo stesso in cui quel nome è concepito, non Yahweh in realtà, ma YHWH, ovvero 4 consonanti che si susseguono senza vocale che intervenga ad addolcirle, vale a sottolinearne l'ineffabilità. Ora, la prima di quelle consonanti, Y e cioè yod, corrisponde al numero 10. Ma allora un'interpretazione rigorosa e ortodossa del comandamento di «non pronunciare il nome di Dio invano» porta al divieto di adoperare perfino il numero 10 e dunque al ripiego di sostituirlo alla bisogna con soluzioni più rispettose e discrete, di rappresentare ad esempio 15, e cioè 10 più 5, come 9 più 6, che è sì più involuto e innaturale, ma evita ogni scrupolo e impaccio.

Se in questo caso la confusione tra numeri e lettere crea qualche inattesa complicazione, in altre situazioni permette in compenso una lodevole immediatezza. Potrei qui citarvi l'esempio della parola «Amen» — «Così sia» — con la quale si concludono tante preghiere, anche cristiane. Ora, le quattro lettere A, M, E, N corrispondono in gematria rispettivamente a 1, 40, 8, 50 e quindi la somma 1 + 40 + 8 + 50, ovvero 99, può abbreviare «Amen» a tutti gli effetti, come oggettivamente accade in antichi codici e perfino sulle steli dei cimiteri ebraici.[167]

Ai lettori cinefili[168], soprattutto agli estimatori dell'attore americano Richard Gere e dell'attrice francese Juliette Binoche, potrebbe essere venuto alla mente un film del

---

[167] [Tofl1], da pag. 18.

[168] Troverete soddisfazione nel Capitolo 5, intitolato *Cine-Ma-tematica.*

2005 che tratta di gematria in modo molto leggero e stimolante: *Parole d'amore*. Chiusa la parentesi nella cinematografia, vediamo ora anche Sant'Agostino misurarsi con la gematria:

> *Qualche entusiasmo su numeri e operazioni manifestò, a dispetto di ogni apparenza, Agostino di Ippona: il quale può dichiararsi a buon diritto erede della gematria dell'Antico Testamento e del dettato pitagorico «tutto è numero», e autorevole testimone cristiano della così detta teologia aritmetica: la ricerca, cioè, di Dio così come si rivela negli equilibri e nei numeri della natura e della scrittura.*
>
> *A onor del vero, l'aritmetica che leggiamo nelle opere di il Agostino ci appare spesso noiosa e stucchevole. Sorprende per esempio l'enfasi con cui il santo sottolinea talora gli aritmetici legami tra i sacri numeri 7 e 12. Ora, è vero che sette rappresenta il numero dei giorni della creazione, mentre dodici è quello delle tribù di Israele e degli apostoli. Ma certe annotazioni di Agostino, come quella che 7 ha per addendi «il 3 e il 4, i quali moltiplicati l'uno per l'altro danno 12», paiono tutto meno che memorabili, e verosimilmente destinate né a confermare i fedeli né a convertire i reprobi.*
>
> *Ancora più lunga e sottile è l'argomentazione che Agostino sviluppa per celebrare l'importanza del 153. A chi di voi si domanda che interesse possa mai meritarsi questo numero ricordo che esso è citato nel Vangelo di Giovanni nel capitolo 21, quando si narra la pesca miracolosa avvenuta nel mare di Tiberiade dopo la Resurrezione. In quella occasione si fissa appunto esplicitamente in 153 il numero dei «grossi pesci» che finirono nella rete degli apostoli. Ma l'insistenza su un tale dettaglio — che può importare che i pesci siano stati 153 invece che 152 o 154? — non può essere solo frutto di qualche pedante pignoleria e nasconde verosimilmente una verità più profonda. Agostino s'ingegna dunque a spiegare l'arcano con un ragionamento che mescola aritmetica e teologia e rammenta, se non la genialità, almeno l'accuratezza di certe dimostrazioni matematiche.*
>
> *Per cominciare egli osserva che dieci è il numero dei comandamenti e che di questi i primi tre hanno per oggetto l'amore per Dio e i sette successivi l'amore per il prossimo. Così diciassette — dieci più sette — è numero che in qualche modo sintetizza la summa, l'essenza del cristianesimo. Se allora ci mettiamo a sviscerarlo con cura, a esaminarlo gradino per gradino, ecco che incontriamo il fatidico 153. Lasciamo che sia proprio Agostino a illustrarci come e perché.*
>
> > Si uniscano allora il 7 e il 10 in modo da ottenere il numero 17. Ebbene, se ti metterai a sommare tutti i numeri da 1 fino a 17, otterrai 153. Non occorre che facciamo adesso il calcolo, contali a casa tua...Troverai in questa maniera il sacro numero dei fedeli e dei santi che saranno in cielo col Signore.

Così scriveva il santo, e se ne deduce che i 153 pesci del miracolo raffigurano in realtà «le miriadi di santi e di credenti» ammessi in paradiso.

E pur tuttavia, al di là di queste improbabili argomentazioni, Agostino rimase colpito e ammirato dall'assoluta immutabilità delle leggi aritmetiche, superiori a ogni contingenza e sempre eguali a se stesse «sia che dormiamo, sia che siamo svegli», così che, ad esempio, «il prodotto di 3 per 3 eguale a 9 è necessario che sia vero anche se l'umano genere russa»; prese di conseguenza a esplorare con rigore e vigore il mistero della genesi dei numeri.[169]

Il materiale su Sant'Agostino e la gematria è sovrabbondante, anche se ci si focalizza solo sul numero 6:

> *Capita nell'*Apocalisse *di san Giovanni che il sei, in realtà ripetuto tre volte come 666, sia indicato espressamente come «il nome della bestia», cioè dell'Anticristo, e «il numero del suo nome». Tale sarebbe la sua terribile valenza secondo le leggi della gematria e le antiche corrispondenze di nomi e numeri che anche Giovanni riprende. Leggiamo dunque nell'*Apocalisse*:*
>
> > Qui sta la sapienza. Chi ha intelligenza calcoli il numero della bestia: essa rappresenta un nome d'uomo. E tal cifra è seicentosessantasei.
>
> *Quale sia poi questo nome d'uomo è questione controversa. Secondo la teoria prevalente, 666 starebbe a significare Nerone, nemico aborrito dai cristiani per le sue persecuzioni; ma altre interpretazioni accostano 666, a prescindere dalla persona singola di Nerone, a ogni Cesare, cioè a ogni Imperatore, per la sua blasfema pretesa di affermarsi come divinità. Non mancano ipotesi alternative: in* Guerra e pace *c'è addirittura chi, conti alla mano, riferisce il triplo sei a Napoleone.*
>
> *A ristabilire i meriti del 6 provvedono per fortuna altre interpretazioni delle Sacre Scritture. I lettori attenti della Bibbia noteranno infatti che 6 è, secondo il racconto della Genesi, il numero dei giorni della creazione escluso il riposo finale. Sant'Agostino va certamente annoverato tra questi esegeti e in effetti non mancò di rilevare la singolare coincidenza. Non fu il primo a osservarla, altri grandi della Patristica lo precedettero. Anzi, era stato già Platone a sostenere, nella* Repubblica*, che a presiedere la genesi del mondo fu un «numero perfetto»*[170] *— dunque presumibilmente 6. Tuttavia neppure Agostino omise di sottolinearlo: 6 è perfetto e 6 sono i giorni della creazione, e come 6 è la somma dei suoi divisori così anche il mondo si compone dell'armonia*

---

[169] [Tof11], pagg. 65 e 66.
[170] In Matematica, i numeri perfetti sono quelli che coincidono con la somma dei loro divisori. Così, il numero 6 è perfetto perché è somma di $1 + 2 + 3$.

delle sue parti.

L'accostamento potrebbe anzi intendersi come un argomento dichiarato a sostegno della perfezione della creazione, che 6 stesso provvederebbe a garantire. A questa interpretazione, almeno, giunge qualche moderno commentatore: ad affermare che, a parere di Agostino, Dio decise di affidarsi ai numeri per legittimare la propria onnipotenza e completò il creato in 6 giorni perché 6 è perfetto — non potendo Egli accettare soluzioni imperfette né preferire alternative tanto perfette quanto 6 ma meno pratiche, come 28 o 496 o 8128 o le quarantatré ancora più grandi. Sarebbe tollerabile, infatti, una domenica che cade ogni 29 o 497 o 8127 giorni? O una settimana che non è più una settimana ma prevede 28 o 496 o 8126 giorni consecutivi di lavoro? Sette sembra quindi la soluzione più equilibrata. Per tornare ad Agostino: possibile che la sua passione per l'aritmetica abbia ispirato a un pensatore illustre e profondo come lui argomentazioni tutto sommato così superficiali? Peggio ancora: possibile che Dio accetti di sottostare ai numeri? Che coincidenze matematiche — e di una matematica neanche troppo geniale — condizionino e suffraghino la sua opera e le nostre più intime scelte di coscienza? Ma come fa a essere credibile un Dio che, per affermarsi, deve appoggiarsi ai numeri? O non sono piuttosto, queste, ulteriori perfidie che i crociati senza Dio seminano per distorcere la verità a proprio vantaggio?

Per chiarire questi dubbi, non c'è niente di meglio che procedere col metodo scientifico, attenersi quindi alle prove e controllare con attenzione e obiettività le fonti, nel caso specifico le opere del santo. Scopriamo allora che l'aritmetica perfezione del 6 vi è celebrata ripetutamente, e spiegata con disquisizioni tanto pazienti e accurate che alla fin fine viene quasi da rammaricarsi che la teoria dei numeri non figuri altrettanto precisa e copiosa nelle encicliche e nei sermoni moderni.

Ma c'è un punto che vale la pena di mettere bene in evidenza, a contraddire l'accostamento semplicistico tra Dio e numeri cui si accennava. Scrive infatti Agostino nella Genesi *alla lettera:*

> Nessuno è così pazzo da osar dire che Dio, se avesse voluto, non avrebbe potuto creare tutte le cose in un sol giorno oppure in 2 giorni: nel primo giorno la creatura spirituale, e il secondo giorno la creatura corporale, oppure in un giorno il cielo con tutte le creature celesti, e nel seguente la terra con tutto ciò che è in essa. E tutto ciò Dio lo creò quando volle, in qualunque periodo di tempo volle, e come volle.

Un brano famoso della Città di Dio, *al paragrafo 30 del libro XI, riprende l'accostamento tra 6 e creazione e ribadisce in termini altrettanto espliciti la stessa conclusione: richiama sì la definizione di numero perfetto esemplificandola col 6; aggiunge sì, per chi non*

*l'avesse ancora capito, che «è per la perfezione del numero 6 che,
secondo la Scrittura, la creazione fu compiuta in 6 giorni». Osserva
tuttavia che «la parola 'giorno' viene ripetuta per 6 volte non perché a
Dio sia stato necessario del tempo, come se non avesse il potere di
creare simultaneamente tutte le opere che poi il tempo avrebbe posto
nella successione secondo i movimenti convenienti. La ragione è invece
che mediante il 6 è stata indicata la perfezione del creato».*

*Dunque, secondo Agostino, il 6 e la matematica intervengono nelle
scritture a simboleggiare la meraviglia del creato, non a darne
improbabili dimostrazioni scientifiche.[171]*

Agostino si occupò anche della questione circa la possibilità dei numeri di farci
approdare (per *approssimazione o accostamento asintotico?*) a Dio:

*Tornando poi alla questione [...], se i numeri possono davvero accostare
a Dio, o addirittura dimostrarlo, proporrei di interpellare in merito una
fonte autorevole quale era ed è Agostino: il cui parere fu, come già
sappiamo, che Dio e la Sua sapienza non hanno bisogno dei numeri, se
non come strumento per aiutare la ragione umana nel suo itinerario
verso la fede. Anche ai tempi del santo si discuteva però se l'onniscienza
di Dio sapesse realmente contemplare tutti i numeri, da zero o uno fino
all'infinito — quindi i capelli di ogni capo, i granelli del deserto e via
dicendo — e c'era chi ne dubitava. Così Agostino dedicò il libro
dodicesimo della* Città di Dio *a controbattere queste opinioni.
Ammetteva egli che i numeri «presi singolarmente sono finiti e tutti
insieme sono infiniti»; ma si domandava poi in tono retorico se «Dio
ignora forse la totalità dei numeri a motivo della loro infinità»:*

> forse la Sua scienza arriva solo fino a una certa somma e
> non oltre?

*Concludeva che «l'infinità dei numeri... non può essere incomprensibile
a Colui la cui intelligenza supera tutti i numeri»; ribadiva in sostanza
per tal via l'argomento che si diceva all'inizio, che solo all'Altissimo è
riservata la capacità di contare da zero all'infinito. Magari sarebbe
interessante sapere che reazione avrebbe oggi Agostino a conoscere
quegli alef che Cantor concepì a fine Ottocento e a scoprire che ai
matematici vagabondi è talora concesso di contare oltre l'infinito. Ma la
chiesa cattolica è talora più aperta di quel che in genere si pensa. Come
sappiamo, le autorità vaticane concessero il nulla osta a Cantor che
aveva chiesto la loro autorizzazione allo sviluppo delle sue teorie.*

*Con un'unica condizione: che i numeri di Cantor si chiamassero sì
«infiniti», ma con la «i» minuscola; anzi, a scanso di ogni equivoco, e
per non indurre alcuno in tentazione, «transfiniti»: perché l'Infinito —
quello con la «I» maiuscola — è altra cosa e sta sopra ogni numero.*

---

[171] [Tof11], da pag. 80 a pag. 83.

> *Non ci fu dunque scandalo — né verosimilmente ci sarebbe stato per Agostino — ad ammettere infiniti matematici; tanto più che l'intelligenza di Dio comprende perfino questi numeri e i loro enigmi, mentre l'uomo, come Gödel ci insegna, talora annaspa pure di fronte ai numeri finiti.*[172]

Torneremo su Cantor e le sue ricerche sull'infinito quando parleremo dello spettacolo teatrale *Infinities* nel Capitolo 7, intitolato *La mia ∞ (infinita) esperienza al ε (Piccolo) teatro di Milano.*

---

[172] [Tof11], pagg. 222 e 223.

3.3 Trasalire per la trascendenza

> *Il mago insiste e foggia*
> *Dio con geometria raffinata;*
> *dalla sua debolezza, dal suo nulla,*
> *seguita a modellare Dio con la parola.*
> *Il più generoso amore gli fu largito,*
> *l'amore che non chiede di essere amato.*
> Jorge Luis Borges[173]

«Trasalire per la trascendenza» non è solo un gioco di parole (uno dei tanti) che si è affacciato alla mia immaginazione. Spesso mi capita di emozionarmi meditando sull'Invisibile; a volte le nuvole mi sembrano più familiari del terreno; non mi meraviglia che la comunità dei matematici abbia voluto definire «trascendenti» i numeri dotati di caratteristiche che li fanno sembrare ancor più metafisici dei numeri naturali[174]; e probabilmente analoghe suggestioni si saranno materializzate nella mente di Leopold Kronecker, illustre matematico tedesco dell'Ottocento, famoso per l'aforisma «Dio fece i numeri interi; tutto il resto è opera dell'uomo», che sintetizza il suo sforzo di fondare sui numeri interi l'analisi, senza far quindi riferimento agli infinitesimi.

Kronecker si distinse anche perché si oppose all'idea che, in certe aree della Matematica, si potessero enunciare e dimostrare affermazioni che garantiscono l'esistenza della soluzione di un problema, senza però offrire la soluzione stessa. Un caso classico è riconducibile al *teorema della base* di Hilbert, come viene chiamato oggi anche se risale al 1888, la cui tesi è, in soldoni, che

> *certe questioni di polinomi trovano una loro ragionevole soluzione:*
> *dunque niente di sorprendente o rivoluzionario in matematica, e anzi*
> *esattamente quanto dalla matematica ci si aspetta. Che scandalo poteva*
> *allora esserci in una simile affermazione?*
> *Il fatto è che l'argomento di Hilbert, se asseriva l'esistenza di una*
> *soluzione, non dava istruzione alcuna su come trovarla; un po' come il*
> *teorema di Zermelo e von Neumann sugli scacchi, che garantisce la*
> *partita perfetta ma non dice quale è. Nel caso di Hilbert fu proprio*
> *questa assenza di formule esplicite che provocò sconcerto e scandalo*
> *nella comunità scientifica di allora, a cominciare dai suoi componenti*
> *più illustri, come ad esempio Kronecker. Sembrava infatti a quei*
> *colleghi che la prova dell'esistenza di soluzioni non debba prescindere*
> *in alcun modo da un metodo effettivo che le determini, altrimenti si*
> *finisce col fare «non matematica, ma teologia» — come commentò uno*

---

[173] Da *La moneta di ferro* (Jorge Luis Borges). Citato in [Tof11], pag. 226.
[174] In Appendice N, *I numeri*, vi è la classificazione dei numeri.

dei più critici tra di loro, e cioè Gordan: si enuncia e si dimostra un principio teorico ma non lo si accompagna con alcuna evidenza pratica.[175]

Paul Albert Gordan fu un matematico tedesco del diciannovesimo secolo, noto per essere "il re della teoria degli invarianti". Il teorema della base a cui abbiamo accennato è una generalizzazione degli studi compiuti da Gordan: la dimostrazione dell'esistenza, priva di costruzione, di una base finita degli invarianti. La famosa frase "Questa non è matematica; questa è teologia", attribuitagli, non è sicuro che l'abbia pronunciata, poiché

il riferimento più anteriore a essa risale a 25 anni dopo gli eventi descritti e dopo la morte di Gordan; allo stesso modo, si ignora se l'intenzione fosse sospinta dal criticismo, dall'approvazione o da una sottile ironia. Lo stesso Gordan incoraggiò Hilbert e usò i metodi e i risultati di Hilbert, e la famosa narrazione secondo cui egli combatté il lavoro di Libert sulla teoria degli invarianti è un mito (sebbene egli correttamente ravvisò alcune imperfezioni delle deduzioni di Hilbert, in un documento di revisione sul lavoro scritto di Hilbert).[176]

Rimarchiamo questo paradosso: sapere che esiste la soluzione a un problema matematico, non implica di conoscere il modo per ottenerla. Mentre nel gioco del Blackjack (che esaminiamo nel paragrafo 5.4) esiste la soluzione ottimale per giocare con una strategia vincente, negli scacchi, come accennato sopra, il teorema di Ernst Zermelo e John von Neumann assicura che

[...] esiste una strategia ottimale che porta inevitabilmente alla vittoria del Nero o del Bianco o alla patta. [...Ma] il fatto è che quel teorema, e la dimostrazione che prima Zermelo e poi von Neumann ne diedero, se proclamano che la partita perfetta esiste, in realtà non ci dicono quale essa sia. La garantiscono in principio, sulla carta, ma non ne descrivono lo svolgimento. Mi ribatterete: ma se sappiamo che c'è — sia pure in teoria, solo in teoria — basterà cercarla per trovarla prima o poi! E tuttavia si è calcolato che, se Adamo ed Eva all'inizio del mondo, invece che a mangiare mele, avessero preso a giocare a scacchi e ancora oggi continuassero a sfidarsi, una partita al secondo — una partita al secondo! —, se tutto questo fosse concepibile e avvenisse, il primo giro di incontri non si sarebbe ancora concluso e anzi quelli da disputare sarebbero la stragrande maggioranza. Capite? Non c'è mente umana, non c'è premio Nobel, non c'è generazione di calcolatori che sappia elencare e confrontare tutti i casi degli scacchi, tanto sono abbondanti.[177]

---

[175] [Tof11], pag. 217.
[176] http://en.wikipedia.org/wiki/Paul_Gordan
[177] [Tof11], pag. 99.

Vedremo nel paragrafo 6.9 che anche Dante comprese quanto enorme sia il numero di partite di scacchi diverse tra loro; ma torniamo alla questione ironicamente offerta accostando la teologia alla Matematica, ossia l'obiezione verso l'idea che l'esistenza di una soluzione matematica debba portare anche a fornirla e descriverla.

A queste obiezioni Hilbert ribatté con una specie di paradosso, per di più riferito proprio al mondo accademico.

Osservò che in un'aula piena di studenti ce n'è senza dubbio almeno uno (o una) che ha più capelli di tutti; che non c'è evidentemente verso di identificarlo/la in modo semplice e diretto; la quale difficoltà non inficia il fatto che lui (o lei) esista.

*Qualcuno potrebbe aggiungere che Dio invece sa chi è quello studente e quanti sono i suoi capelli. Il Vangelo di Matteo ci rassicura, al versetto 30 del capitolo decimo, che «perfino i capelli del nostro capo sono contati». E in effetti l'umana «impossibilità» di misurare certi numeri della natura, come i capelli di un capo, o gli aghi di un pino, o i fili d'erba di un prato, o i granelli di sabbia di un deserto, o una popolazione di batteri, è stata adoperata sino dai tempi più antichi come argomento a sostegno dell'esistenza di Dio. Si dice infatti: ci sono numeri che non riusciamo a calcolare né noi né i computer e pur tuttavia esistono in natura, dunque ne provano la sovrumana grandezza e perfezione; c'è poi chi tutto questo ha generato e conta e conosce: non uomo certamente, quindi Dio. Un argomento ontologico non definitivo, ma semplice e incisivo. Neppure Borges mancò di evocarlo, e anzi lo sviluppò in quella sua breve riflessione che sta nell'*Artefice e ha titolo Argumentum ornithologicum. Per la verità già il titolo suona dissacrante, ma il ragionamento che segue riproduce appropriatamente quello classico, riferendolo stavolta a un nugolo di uccelli in volo.*

Chiudo gli occhi e vedo uno stormo di uccelli. La visione dura un secondo o forse meno; non so quanti uccelli ho visti. Era definito o indefinito il loro numero? Il problema implica quello dell'esistenza di Dio. Se Dio esiste, il numero è definito, perché Dio sa quanti furono gli uccelli. Se Dio non esiste, il numero è indefinito, perché nessuno poté contarli. In tal caso, ho visto meno di 10 uccelli (per esempio) e più di 1, ma non ne ho visti 9 né 8 né 7 né 6 né 5 né 4 né 3 né 2. Ho visto un numero di uccelli che sta tra il 10 e l'1, e che non è 9 né 8 né 7 né 6 né 5, eccetera. Codesto numero intero è inconcepibile; ergo, Dio esiste.

Forse qualcuno lo riterrà solo uno scherzo paradossale e blasfemo, tanto più che a scriverlo è un ateo come Borges. [...]

Tutta questa gran premessa vale a presentare un tema che può apparire stravagante ma stuzzicante, e comunque ha ispirato meravigliate attenzioni letterarie, e cioè il legame che intreccia la matematica all'esistenza di Dio. Del resto, a ribadirci che le grandi cifre siano una sorta di anticamera al mondo trascendente e all'idea stessa di un essere supremo provvede addirittura l'autorevolezza di Dante che [...] nel canto ventottesimo del Paradiso paragona il numero degli angeli a quello abnorme delle combinazioni degli scacchi e lo dichiara anzi superiore — «più che '1 doppiar de li scacchi s'inmilla». La stessa considerazione si ritrova poi nel Convivio, al capo quinto del secondo trattato, dove leggiamo:

> manifesto è a noi quelle creature [gli angeli] [essere] in lunghissimo numero; per che la ... Santa Ecclesia... dice, crede e predica quelle nobilissime creature quasi innumerabili.[178]

Nel paragrafo 6.9 torneremo a focalizzarci su Dante e sulla moltitudine degli angeli, la cui numerosità gioca con le potenze del mille; invece nel paragrafo 8.2 riprenderemo in chiave comica la certezza di sapere che esista qualcosa senza poter dire nulla di più.

Continuiamo con le suggestioni e le relazioni tra Matematica e teologia, indagate dai maestri dalla letteratura:

> *A collegare la matematica all'esistenza di Dio, esulando però dai numeri, sta anche il* Potere delle parole *di Poe. Rammentate il Dio che quelle pagine ci presentano, «imperfetto» perché dotato di una conoscenza perfetta? In quello stesso racconto si descrive come proprio i matematici possano dedurne l'esistenza. Sono due angeli che, conversando tra loro, ce lo svelano. Si parte dalla premessa che «come nessun pensiero può morire, così nessuna azione può rimanere senza un risultato infinito», che quindi anche una minima vibrazione, quale il battito di ali di una farfalla, ha effetto indefinito sul clima e sull'atmosfera che circonda il mondo. Si osserva che i matematici «ben conoscevano il fenomeno» e con l'uso della «analisi algebrica» (immancabile in Poe) presero a studiarlo. Ne esaminarono quindi alcuni casi particolari, quelli in cui i loro strumenti teorici consentivano una comprensione esatta e completa degli effetti. Compirono poi il percorso inverso, esercitandosi a risalire dagli effetti a «l'impatto dell'impulso originario». Mai però dimenticarono che quel tipo di fenomeno aveva risonanze indefinite superiori a ogni loro facoltà di calcolo, «che non esistevano limiti concepibili al suo progresso e alla sua applicabilità, se non quelli imposti da colui che la faceva progredire o la applicava. Ma a questo punto i matematici si fermarono» perché al di là dei loro calcoli balbettanti e delle loro speculazioni, come loro naturale coronamento, ravvisarono al principio di tutto «un intelletto infinito, al*

---

[178] [Tofl1], da pag. 217 a pag. 220.

quale [erano rivelate] la perfezione dell'analisi algebrica ... e ... la facoltà di rapportare in tutte le epoche tutti gli effetti a tutte le cause»: il quale potere è «prerogativa esclusiva di Dio».[179]

Questo andamento a ritroso non è prerogativa riservata solo a Poe:

> *[...] Tra i brani che Borges dedicò a commento delle prove ontologiche, ce n'è uno che fa parte di* Metempsicosi della tartaruga *e cita il procedimento del «regressus in infinitum» che penso familiare a chi ha studiato un po' di filosofia e del resto Poe ha appena provveduto a rinfrescarci. Ma a profitto di chi tra noi non l'ha chiaro lasciamo proprio a Borges il compito di spiegarcelo:*

>> San Tommaso d'Aquino se ne serve per affermare che c'è Dio. Avverte che non c'è cosa nell'universo che non abbia una causa efficiente e che questa causa, ovviamente, è l'effetto di un'altra causa anteriore. Ogni stato proviene da quello precedente e determina quello successivo, ma la serie generale poteva non esserci stata, poiché i termini che la compongono sono condizionali, vale a dire, aleatori. Eppure, il mondo c'è: da ciò possiamo inferire una non contingente causa prima, che sarà la divinità. Questa è la prova ontologica. La prefigurarono Aristotele e Platone: Leibniz la riscopre. Un'eco di questa prova, adesso morta, risuona nel primo verso del Paradiso: «*La gloria di Colui che tutto move*».

> *Dio, dunque, come causa prima da cui tutte le cose si susseguono e si irradiano. Non so se l'immagine vi ricorda qualcosa. A proposito di Borges certamente le vertigini dei sogni che si rincorrono l'un l'altro. Sotto altri punti di vista, la necessità di basi salde di riferimento su cui fondare, se non tutto l'universo, almeno una serie coerente di conseguenze e teoremi sussiste inappagata anche nelle teorie matematiche e nei loro assiomi. Ma, per rimanere in tema di matematica e magari scendere a un livello più leggero, il «regressus in infinitum» è anche la legge chiave dei numeri naturali: che pure si succedono uno dietro l'altro salendo verso l'infinito, ma, procedendo a ritroso, seguono ognuno il precedente, e scendono finché non arrivano al principio, e cioè allo Zero, o meglio all'Uno che a parlare di religione sembra più pertinente. Così, in questa loro «teologia», l'Uno si potrebbe definire come la causa prima.*[180]

Non solo la teologia cristiana si è confrontata con questi temi. Possiamo leggere anche interessantissimi contributi dal mondo islamico:

---

[179] [Tof11], pag. 221.
[180] [Tof11], pagine 227 e 228.

«*Vedo con infinita gioia che tu, nostro sovrano, sei attorniato da uomini saggi e dotti. Vedo all'ombra del tuo possente trono uomini eletti che approfondiscono gli studi e allargano i confini della scienza. La compagnia dei sapienti è per me, o Re, il più grande dei tesori. Il valore di un uomo sta in ciò che egli conosce e la conoscenza è potere. I saggi insegnano con l'esempio, e non vi è nulla di più convincente per lo spirito umano. Ma gli uomini, d'altra parte, devono perseguire la conoscenza solo a fin di bene. Socrate, il filosofo greco, sosteneva con tutto il peso della sua autorità che l'unica conoscenza utile è quella che ci può rendere migliori. Seneca; un altro famoso pensatore, si chiedeva dubbioso: 'Cosa serve conoscere cos'è una linea retta se non si ha alcuna nozione della rettitudine?'*».[181]

Ecco: Beremiz, il protagonista del romanzo *L'uomo che sapeva contare*, non trascura che il rapporto tra scienze matematiche e indagine metafisica passa anche dalla riflessione sull'etica; ma va oltre, chiedendosi cosa sia la vera saggezza e che senso abbia l'umiltà:

Beremiz continuò: «Cari amici, devo dichiarare che non merito affatto l'onorevole titolo di uomo saggio. Non si è saggi solo perché si è un po' meno ignoranti. Che valore può mai avere la scienza dell'uomo di fronte alla sapienza divina?»

E prima che qualcuno potesse rispondere, prese a narrare la seguente storia:

«C'era una volta una formica che, viaggiando sulla faccia della terra, giunse a una montagna di zucchero. Felice della sua scoperta, prese dalla montagna un granellino e lo portò al suo formicaio. 'Che cosa è?' chiesero le vicine. E la vanitosa formica rispose: 'Si tratta di una montagna di zucchero, che ho trovato sul mio cammino e che ho deciso di portare qui a casa' ».

E Beremiz aggiunse, con un'energia assai in contrasto con la sua solita calma: «Questa è la sapienza dell'arrogante, di trovare solo una briciola e di affermare di aver trovato l'Himalaya. La scienza è una grande montagna di zucchero, e ciò che tanto ci soddisfa sono solo misere particelle». E con grande determinazione così concluse: «L'unica scienza valida per l'umanità è la scienza di Dio».

Un marinaio yemenita chiese allora: «O grande matematico, e quale è la scienza di Dio?»

«La scienza di Dio è la gentilezza e la generosità».[182]

---

[181] [Tah96], pag. 69.
[182] [Tah96], pag. 100.

CAPITOLO 4

Giochi, curiosità ed enigmi matematici

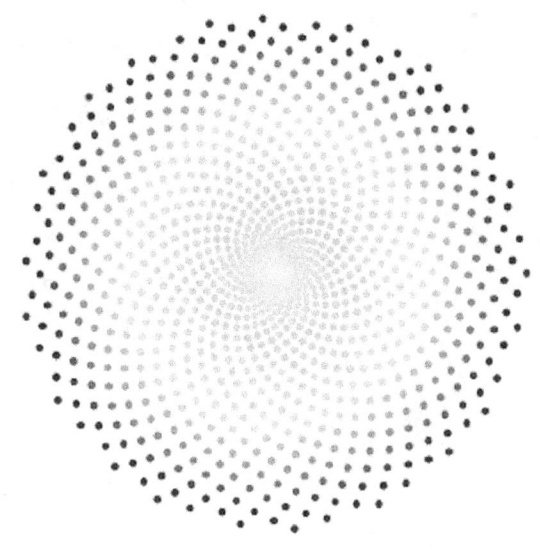

Il girasole di Fibonacci

4.0 Introduzione

> *Non conviene a nessuno, neppure agli scrittori più creativi,*
> *stuzzicare i matematici nel loro campo, e cioè tra gli enigmi*
> *e i paradossi, perché di questi trucchi loro ne sanno più di*
> *chiunque altro, e possono escogitare in un attimo*
> *rompicapo assai più complicati e inquietanti.*
> Carlo Toffalori[183]

In questo capitolo propongo alcuni giochi ed enigmi (a carattere matematico, come avrete intuito), benché anche in altre parti del libro ci siano stimoli simili.

Per incitarvi a risolvere gli enigmi senza aiuti immediatamente disponibili, le soluzioni sono in Appendice S, così dovrete vincere la pigrizia e sfogliare un bel po' di pagine per raggiungerle.

---

[183] [Tofl1], pag. 71.

4.1 [Enigma 1] – Iniziamo con l'Odissea

> *Con o senza api, i problemi più interessanti della matematica*
> *possiedono, per lo studioso, la dolcezza del miele.*
>
> Ary Quintella[184]

Partiamo da un enigma facillimo, offertoci dal poeta Omero. Dal libro dodicesimo dell'*Odissea*:

> *... la Trinacria isola,*
> *dove pasce il gregge del Sole, pasce l'armento,*
> *sette branchi di buoi, d'agnelli tanti,*
> *e di teste cinquanta i branchi tutti.*

Quanti buoi ci sono in tutto, nella mandria del dio Sole in Sicilia?[185]

---

[184] Ary Quintella (1906-1968) fu un professore brasiliano di Matematica. L'aforisma è citato in [Tah96], pag. 204.
[185] [Tof11], pag. 85.

4.2 [Gioco 1] – La tabellina del 9 svelata

> *Un corretto insegnamento della matematica induce*
> *ad acquisire un migliore atteggiamento mentale e abitua*
> *l'individuo a usare meglio la propria intelligenza.*
> Irene de Albuquerque[186]

Ora vi svelerò come sia facile calcolare la tabellina del 9, semplicemente con le nostre mani (che – ricordo – hanno 5 dita ciascuna, a differenza di quelle dei Simpson o dei Puffi, che ne hanno 4). Poniamo le due mani ben in vista, con i palmi rivolti verso di noi. Ora immaginiamo di numerare le dieci dita: assegniamo al pollice della mano sinistra il valore 1, all'indice accanto il valore 2, e così via[187]. Avete appena creato un *sistema esperto* per calcolare le tabelline del 9, ovvero tutti i risultati delle operazioni del tipo < **9** *x* ***n*** > , dove *n* è un numero intero qualsiasi compreso tra 1 e 10.

Ecco due esempi:
Per calcolare < 9 *x* 2 >, distendo tutte le dita tranne quella corrispondente al valore 2 (ricordate? L'indice sinistro). Ora leggo sulle mie mani il risultato, 18, poiché ho separato le decine (alla sinistra del dito contratto c'è solo un dito, il pollice) dalle unità (alla destra del dito contratto ci sono 8 dita, cioè medio, anulare e mignolo della mano sinistra, più le cinque della mano destra).

Analogamente, per calcolare < 9 *x* 5 >, fletterò solo il dito corrispondente al numero 5 (mignolo della mano destra), quindi leggerò 45 (avendo isolato quattro dita a sinistra e cinque dita a destra). Facile, vero?

---

[186] Irene Simone Truninger de Albuquerque (1917-1986) fu traduttrice e professoressa di filologia tedesca all'università di Lisbona. La citazione è in [Tah96], pag. 204.
[187] Volete altro aiuto? Va bene: il 5 sarà al mignolo della mano sinistra, il 7 sarà l'anulare della mano destra, il 10 sarà il pollice della mano destra.

4.3 [Enigma 2] – La sequenza misteriosa

Un tipico passatempo dei matematici è quello di riconoscere la "regola" (o "legge") che sta alla base di una enumerazione. Quando si comprende la legge, ci si dota di uno strumento potente: infatti, è possibile prolungare la sequenza numerica fin quando si vuole. Un facile esempio è il seguente: capire la legge che dà origine alla sequenza

$$1, 3, 9, 27, 81, \ldots$$

Poiché la legge dice sostanzialmente che, partendo da uno, ogni numero seguente è ottenuto dal precedente moltiplicato per tre, è facile proseguire la sequenza: 243, 729, …

Un altro esempio si trova nel paragrafo 2.4, dove si evidenzia che a volte non è banale riconoscere la legge a partire dai primi elementi dell'elenco. Ora passiamo al vero enigma: decifrare la legge che dà origine alla sequenza

$$1, 11, 21, 1211, 111.221, 312.211\ldots$$

4.4 [Gioco 2] – La magia del 1089

> *Colui che desideri studiare o esercitare la magia*
> *deve coltivare la matematica.*
> Matila Ghyka[188]

C'è una proprietà dei numeri a 3 cifre che permette la costruzione di un simpatico gioco matematico. Prendiamo in esame tale proprietà:

1) Sia *xyz* un numero generico a 3 cifre (ad esempio 125), con l'unico requisito che la cifra delle centinaia *x* e quella delle unità *z* differiscano di almeno 2 (quindi il nostro esempio è valido, poiché 5 – 1 = 4 che è non è inferiore a 2).

2) Scrivere *xyz* su una riga e riscriverlo a rovescio (cioè le stesse cifre in ordine contrario: *zyx*) sulla riga successiva.
   125
   521

3) Eseguire la sottrazione tra i due (il maggiore diminuito del minore).
   521 –
   125 =
   396

4) Riscrivere anche il risultato a rovescio, e sommare questi ultimi due numeri (il risultato e sé stesso con le cifre al contrario).
   396 +
   693 =
   1089

Si può dimostrare che si ottiene sempre 1089, a prescindere dal numero di partenza, purché si rispetti il requisito in 1).

In Appendice S ho riportato una traccia della dimostrazione, insieme alla spiegazione che giustifica la condizione richiesta.

La proprietà che scaturisce dalla magia del 1089 può condurre a creare un trucco di magia matematica: inviteremo una persona a pensare a un numero di tre cifre; le chiederemo di comunicarci solo la differenza tra le due cifre esterne (*x* e *z*); le mostreremo che con una serie di semplici calcoli otterremo il 1089, a meno che la

---

[188] Matila Ghyka (1881-1965) fu un principe britannico dedito a diverse attività umane: fu romanziere, matematico, storico, filosofo, diplomatico, insignito della Croce Militare e appartenente all'Ordine Vittoriano di Sua Maestà. La citazione è in [Tah96], pag. 202.

quantità $x - z$ sia inferiore a 2, nel qual caso dovremo considerare le eccezioni riportate in Appendice S.

Questo "gioco di magia" è presente in molti testi di Matematica ricreativa; ad esempio: [Bal05], pag. 48.

4.5 [Curiosità 1] – La ruota moltiplicatrice

Su 6 settori di un cerchio, scrivere in ordine: 1, 4, 2, 8, 5, 7.

Con questa ruota è possibile conoscere banalmente il risultato di tutte le moltiplicazioni del tipo

$$142'857 \cdot n, \text{ con } n = 2, 3, 4, 5, 6$$

Infatti il risultato è semplicemente la rotazione di un numero opportuno di scatti della ruota, come si vede dal seguente elenco:

$$142857 \cdot 2 = 285714$$
$$142857 \cdot 3 = 428571$$
$$142857 \cdot 4 = 571428$$
$$142857 \cdot 5 = 714285$$
$$142857 \cdot 6 = 857142$$

Anche l' *Uomo che sapeva contare* conosceva i segreti di questo numero:

> *L'attenzione del Principe fu attratta da un numero scritto ben cinque volte sulla parete della stanza. Era il numero 142.857.*
>
> *«Qual è il significato di quel numero?» domandò.*
>
> *«È un numero tra i più strani di tutta la matematica» rispose Beremiz.*
>
> *«Vi sono coincidenze straordinarie nelle sue relazioni con i propri multipli.*
>
> *Cominciamo a moltiplicarlo per due:*
> $$142.857 \times 2 = 285.714$$
>
> *Osserva che le cifre del prodotto sono le stesse del numero dato, ma in un altro ordine. Il 14 che stava a sinistra si è portato a destra. E adesso moltiplichiamo per tre:*
> $$142.857 \times 3 = 428.571$$
>
> *Anche stavolta il risultato è singolare. Sono ancora le stesse cifre, ordinate diversamente: il numero 1 che era a sinistra è passato a destra, tutto il resto è come prima. Simili risultati si ottengono moltiplicando per quattro, per cinque e per sei:*
> $$142.857 \times 4 = 571.428$$
> $$142.857 \times 5 = 714.285$$
> $$142.857 \times 6 = 857.142$$
>
> *Completamente diverso ciò che accade se moltiplichiamo per sette:*
> $$142.857 \times 7 = 999.999$$
>
> *E adesso moltiplichiamo il nostro numero per otto:*
> $$142.857 \times 8 = 1.142.856$$
>
> *Nel prodotto compaiono tutti i numeri eccetto il 7. Il sette del primo numero è adesso diviso in due parti, 6 e 1, con il 6 alla destra e l'uno*

alla sinistra.

Vediamo ora cosa succede con il 9:

$$142.857 \times 9 = 1.285.713$$

Guarda attentamente il risultato. L'unico numero mancante è il 4. Cosa gli è successo? Pare si sia separato in due: 1 a sinistra e 3 a destra.

La stranezza di questo numero appare anche se lo si moltiplica per 11, 12, 13, 14, 15, 16, 17, 18 e così via.

Tutto ciò ha fatto sì che il numero 142.857 sia stato considerato uno dei più misteriosi di tutta la matematica.»[189]

---

[189] [Tah96], pag. 140.

4.6 [Gioco 3] – Gli Egizi ci hanno lasciati... raddoppiando

Come si può apprendere dal simpaticissimo libro *Pensare i numeri* di Johnny Ball[190], gli antichi Egizi usavano numeri che andavano bene per sommare ma erano scomodi per realizzare le moltiplicazioni. Usarono quindi un metodo creativo per svolgere le moltiplicazioni del tipo

$$n \times m$$

Vediamo tale metodo schematicamente, come se fosse un algoritmo:

1. prepariamo, su un foglio, lo spazio per due colonne;

2. lungo la prima colonna scriviamo le potenze di 2 che vanno da 1 a *n* (ovvero: scriviamo 1, poi raddoppiamo ogni volta, e ci fermiamo appena prima di superare il valore *n*);

3. lungo la seconda colonna scriviamo il risultato di *m* per la potenza di due presente nella prima colonna, alla riga corrispondente;

4. tornati alla prima colonna, eliminiamo quei valori che non concorrono a formare, tramite addizione, il numero *n*;

5. tornati alla seconda colonna, eliminiamo quei valori nella stessa riga dei valori eliminati nella prima colonna;

6. sommiamo tutti i valori rimasti nella seconda colonna: il risultato di tale somma è anche il risultato della moltiplicazione desiderata, ossia *n x m*.

Ti sembra una descrizione troppo astratta? Pensa se ti avessi mostrato i geroglifici corrispondenti! Scherzi a parte: in Appendice S ho esemplificato l'algoritmo ricorrendo a un esempio.

---

[190] [Bal05], pag. 17.

4.7 [Enigma 3] – Un enigma ridotto all'essenza, anzi: alla base

Ci sono 10 tipi di persone al mondo: quelle che sanno contare in base 2 e quelle che non lo sanno fare.

4.8 [Enigma 4] – Ogni dì non è festa

Perché i matematici anglosassoni confondono Halloween e Natale?

4.9 [Enigma 5] – Crescete e moltiplicate

Questo quiz fu proposto in una trasmissione televisiva "Chi vuol essere milionario?" condotta da Gerry Scotti. Si chiese: qual è il risultato che si ottiene moltiplicando insieme tutte le cifre dei tasti presenti su un tastierino numerico di un telefono cellulare?

4.10 [Enigma 6] – Dieci soldati ben organizzati

Questo enigma è tanto semplice da formulare quanto impegnativo da risolvere. Ma una mente matematica sa far cooperare la logica e la creatività, vero?

> *Disponi dieci soldati su cinque file in modo che ogni fila abbia quattro soldati.*[191]

---

[191] [Tah96], pag. 129.

4.11 [Enigma 7] – Regolarità della successione di Fibonacci

Nel XIX secolo, mentre stava curando un'opera in quattro volumi sulla Matematica ricreativa, il matematico francese Edouard Lucas diede il nome di Fibonacci alla successione di numeri che era la soluzione del problema tratto dal *Liber abaci*[192], che è il seguente[193]:

1. Supponiamo che una coppia di conigli di un mese sia troppo giovane per riprodursi, ma sia abbastanza matura da riprodursi all'età di due mesi. Supponiamo inoltre che ogni mese, a partire dal secondo, i conigli producano una nuova coppia.

2. Se ciascuna coppia di conigli si riproduce nel modo su descritto, quante coppie di conigli ci saranno all'inizio di ciascun mese?[194]

Tipicamente si assume che al primo e al secondo mese si abbia un solo coniglio, mentre arrivi una compagna solo al terzo mese. Quindi la successione[195] inizia con: 1; 1; 2; …

La soluzione è in Appendice S (paragrafo S.10, per la precisione), dove trattiamo la successione che pure abbiamo già avuto modo di incontrare nel paragrafo 2.1 (intitolato *L'incontro con la vera Matematica*), quando viene citata l'opera *The language of Mathematics*, di Frank Land. In tale citazione, tuttavia, hanno preferito partire dal "secondo mese" iniziale, quindi la sequenza principia con 1; 2; …

Per dovere di completezza, invece, segnalo che nel film *"21"* (di cui parlo nel paragrafo 5.4) la sequenza di Fibonacci decorata sulla torta di compleanno di Ben (il protagonista) parte addirittura da 0, ossia: 0; 1; 1; 2; …

---

[192] Come spiegato in [Pap02] a pag. 41, il *Liber abaci* fu scritto nel 1202 da Leonardo Pisano, detto Fibonacci ("figlio di Bonacci"). Esso è un «esauriente manuale in cui si spiegava come usare le cifre indo-arabe, come eseguire l'addizione, la sottrazione, la moltiplicazione e la divisione con queste cifre, come risolvere i problemi, e altri argomenti di algebra e geometria». Si noti che «a quel tempo, in Italia, per calcolare si usavano ancora le cifre romane»!

[193] [Pap02], pag. 41

[194] [Pap02], pag. 42.

[195] Si consulti anche Wikipedia: http://it.wikipedia.org/wiki/Successione_di_Fibonacci

4.12 [Curiosità 2] – Matematica attraverso lo specchio

Charles Lutwidge Dodgson, matematico e logico inglese del diciannovesimo secolo, assunse lo pseudonimo "Lewis Carroll" quando diede alle stampe *Alice nel Paese delle Meraviglie* e *Attraverso lo Specchio*. Oltre a questi, egli pubblicò molti testi che trattano diversi campi della Matematica. In un volume intitolato *Pillow Problems* raccolse 72 problemi (con relative soluzioni) inerenti alle seguenti discipline: aritmetica, algebra, geometria, trigonometria, geometria analitica, calcolo infinitesimale e calcolo delle probabilità. Sembra che questo fosse il suo modo di intrattenersi durante la propria insonnia.

Si tramanda che la regina Vittoria, intrigata dal personaggio di Alice, chiese di avere tutti i libri del suo autore, non sapendo che si sarebbe trovata tante opere di Matematica invece che di narrativa.

Altre curiosità su Dodgson ce le racconta Carlo Toffalori[196]:

> *Certamente conoscete Lewis Carroll, se non altro come autore di* Alice nel paese delle meraviglie. *Saprete anche che sotto quel nome d'arte si celava un matematico di professione, che si chiamava in realtà Charles Dogdson. Egli compose molte altre opere in aggiunta a quelle di Alice, spargendo ovunque con fertile inventiva giochi di parole, paradossi logici ed enigmi numerici. Tra esse c'è* La caccia allo snualo, *un poema che racconta un'improbabile spedizione marina alla ricerca di un mostro degli abissi, lo «snark», che è in inglese una storpiatura di shark, cioè dello squalo, e può dunque tradursi appropriatamente, appunto, snualo. Quando la nave salpa per la sua impresa, un banditore che celebra l'evento proclama:*
>
>> «L'ho detto tre volte:
>> e quel che vi dico tre volte è vero».
>
> *Come se ripetere un'informazione ne accresca la credibilità e, soprattutto, i numeri da uno a tre bastino a stabilire definitivamente ogni verità. Magari per situazioni più complicate — ma che cosa c'è di più complicato della verità? — si potrebbe ricorrere a numeri più grandi, cioè a un tetto superiore a tre. Sapete la storiella di quell'esploratore che torna di gran carriera al settimo cavalleggeri?*
>
>> «Siamo spacciati!» grida al generale Custer. «Ci sono mille e dodici Sioux che ci stanno piombando addosso.»
>> «Mille e dodici! Ma come hai fatto a contarli tutti?»
>> «C'era un'avanguardia sulla collina, ed erano dodici. Gli altri erano nella valle... tanti... saranno stati un migliaio!»
>
> *La barzelletta mi fu raccontata da un collega matematico, a sottolineare*

---

[196] [Tofl1], pag. 47.

gli inconvenienti che si incontrano quando appunto ci si deve districare con cifre troppo grandi. Ma in realtà non è originalissima e compare già, in forma lievemente diversa, in un'altra opera di Lewis Carroll, dedicata stavolta a due bambini, Sylvie e Bruno, dei quali si descrivono svariate peripezie. A onor del vero i libri che Carroll scrisse con Sylvie e Bruno protagonisti sono due, ma quello che qui ci interessa è il secondo, intitolato Sylvie and Bruno Concluded. *Vi si narra tra l'altro di Bruno che sta alla finestra di una casa di campagna a rimirare un branco di maiali nel prato di fronte. A Sylvie che gli chiede quanti siano risponde (la traduzione è un po' libera e ignora un gioco di parole dell'originale inglese che mi è difficile rendere adeguatamente in italiano):*

> «Mille e quattro.»
>
> «Vorrai dire all'incirca mille!» lo corregge Sylvie. «Non è giusto dire 'e quattro', non puoi essere sicuro dei quattro!»
>
> «Non potevi fare errore più grosso!» esclama Bruno trionfante. «È proprio dei quattro che sono sicuro; sono qui sotto la finestra! Semmai è dei mille che ho qualche dubbio!»

Un altro esilarante corto circuito logico è consegnato da quest'altro brano di Toffalori:

> *C'è poi da prendere atto che se gli addendi crescono i calcoli fan presto a complicarsi, come ci conferma nuovamente l'Alice di Lewis Carroll, quando in* Attraverso lo specchio *ha l'occasione di diventare regina e si trova a sostenere l'esame di abilitazione davanti alla commissione composta dalle due regine, Bianca e Rossa; ma di fronte alla domanda*
>
> > «Sai fare l'addizione? Quanto fa uno più uno più uno più uno più uno più uno più uno?»
>
> *deve sconsolatamente ammettere:*
>
> > «Non so, ho perso il conto».[197]

---

[197] [Tofl1], pag. 64.

4.13 [Enigma 8] – Scellerati si scambiano scellini

Nel paragrafo precedente abbiamo introdotto l'opera *Pillow Problems* di Lewis Carroll. Ecco uno dei problemi contenuti: [198]

> *Alcuni uomini erano seduti in cerchio, sicché ciascuno di essi ha due vicini; e ciascuno d'essi aveva un certo numero di scellini. Il primo aveva uno scellino più del secondo, che aveva uno scellino più del terzo, e così via. Il primo diede uno scellino al secondo, che diede due scellini al terzo, e così via, ciascuno dando uno scellino più di quanto ricevuto, fintantoché fu possibile. Alla fine, c'erano due vicini, uno dei quali aveva 4 volte più scellini dell'altro. Quanti uomini c'erano? E quanto aveva inizialmente quello più povero?*

---

[198] [Pap02], pag. 72.

4.14 [Enigma 9] – Dall'opera Lilavati di Bhaskara

Al geometra indiano Bhàskara II il Sapiente (1114 – 1185), da non confondere con un omonimo e conterraneo Bhaskara I del 600, si attribuisce l'opera *Lilavati*. In essa, si può rinvenire il seguente poetico enigma.

> *La quinta parte di uno sciame d'api si posò sul fiore di Kadamba, un terzo sul fiore di Silinda. Tre volte la differenza tra questi due numeri volò su di un fiore di Krutaja, e solo un'ape rimase in volo, attratta dal profumo di un fiore di gelsomino. Dimmi, bellissima fanciulla, quante erano le api in quello sciame?*[199]

Mentre si medita a come risolvere il quesito, ci si può dedicare anche all'altrettanto affascinante racconto circa il modo in cui il volume *Lilavati* venne alla luce. Ammiriamo ancora l'abbraccio felice tra Matematica e poesia:

> *Bhaskara il Sapiente, il famoso geometra, aveva una figlia di nome Lilavati. Alla sua nascita, gli astrologi scrutarono i cieli e, per la posizione delle stelle, accertarono che era destinata a rimanere zitella per tutta la vita, priva dell'amore di qualche bravo giovane. Bhaskara non volle accettare questo decreto del destino e consultò i più famosi astrologi di quei tempi: come avrebbe potuto la graziosa Lilavati trovare un marito e fare un felice matrimonio?*
>
> *Un astrologo consigliò a Bhaskara di portare la figlia nella provincia di Dravira, vicino al mare, dove si trova un tempio scavato nella roccia con una statua del Buddha che tiene in mano una stella. Solo in Dravira, assicurò l'astrologo, Lilavati avrebbe potuto trovare marito, ma il matrimonio sarebbe stato felice solamente se lo sposalizio fosse avvenuto in un certo momento indicato sul cilindro del tempo.*
>
> *Con sua piacevole sorpresa, Lilavati fu chiesta in matrimonio da un ricco giovane, onesto, gran lavoratore e di casta elevata; venne stabilito il giorno delle nozze e l'ora fu segnata, e gli amici si riunirono per partecipare alla cerimonia.*
>
> *Gli indiani solevano misurare il tempo e determinare le ore del giorno con l'aiuto di un cilindro posto in un recipiente pieno d'acqua. Il cilindro, aperto in alto, aveva un forellino al centro della base; man mano che l'acqua entrava lentamente attraverso il foro, il cilindro scendeva nel recipiente fino a riempirlo completamente, a un'ora fissata. Bhaskara aveva posizionato con la massima cura il cilindro delle ore e attendeva che l'acqua arrivasse al livello segnato; la figlia, spinta da irresistibile curiosità femminile, volle osservare la salita dell'acqua e si sporse al di sopra per meglio vedere, ma una perla del suo abito si staccò e cadde nel recipiente. Per mala sorte la perla, sospinta*

---

[199] Dall'opera *Lilavati* di Bhaskara. Citato in [Tah96], pag. 109.

dall'acqua, bloccò il forellino del cilindro, come l'astrologo aveva previsto.

Lo sposo e gli ospiti si ritirarono per consultare le stelle e fissare un altro giorno per la cerimonia, ma poche settimane dopo il giovane bramino che aveva chiesto la mano di Lilavati scomparve e la figlia di Bhaskara rimase per sempre zitella.

Rendendosi conto dell'inutilità di volersi opporre al destino, il saggio Bhaskara disse a sua figlia: 'Scriverò un libro che perpetuerà il tuo nome, e tu vivrai nella memoria degli uomini molto più a lungo della vita dei figli che avrebbero potuto nascere dal tuo sfortunato matrimonio'.

Il libro di Bhaskara ottenne grande fama, e il nome di Lilavati è immortale nella storia delle matematiche. Ciò che va sotto il nome di Lilavati è una dimostrazione metodica della numerazione decimale e delle operazioni aritmetiche sui numeri interi. Vi si trova uno studio dettagliato delle quattro operazioni, delle potenze quadrate e cubiche e della radice quadrata; e prosegue con uno studio sull'estrazione della radice cubica di un numero qualsiasi. Poi affronta le frazioni con la nota regola di ridurle a denominatore comune. Per svolgere questi problemi, Bhaskara usa uno stile elegante e addirittura romantico. Eccone un esempio:

> Diletta Lilavati, dai miti occhi di gentile gazzella, dimmi quale numero si ottiene moltiplicando 135 per 12.

[...] Bhaskara mostrò nel suo libro che i problemi più complessi possono venir presentati in modo vivo ed elegante.[200]

---

[200] [Tah96], pag. 108.

4.15 [Enigma 10] – La Matematica e la Giustizia nel dividere il pane

Questo enigma (anzi, questo aneddoto, che io ho trasformato in enigma) mi sembra un ottimo esempio di come la Matematica abbia una logica stringente ma la sua applicazione possa essere opinabile.

Vero è che il risultato di una divisione è sempre incontestabile; ma chi sceglie i termini della divisione (ossia il dividendo e il divisore)? Quale interpreatazione si dà al significato dei numeri e al senso della parola *Giustizia*? E la consapevolezza spirituale può cambiare la percezione di come si dovrebbero impostare le operazioni matematiche per dirimere anche questioni pratiche?

È ancora «L'uomo che sapeva contare» a sollecitare numerosi interrogativi:

> *Stavamo avvicinandoci alle rovine di un piccolo villaggio chiamato Sippar, quando scorgemmo, steso al suolo, un povero viandante ricoperto di cenci che sembrava gravemente ferito. Era in condizioni pietose. Ci accingemmo a soccorrerlo e in seguito ci narrò la storia della sua sciagura.*
>
> *Si chiamava Salem Nasair ed era uno dei più ricchi mercanti di Baghdad. Pochi giorni prima, di ritorno da Basra e diretto a el-Hilleh, la sua grande carovana era stata attaccata e rapinata da una banda di nomadi persiani e quasi tutti i suoi compagni erano stati uccisi. Egli, il padrone, era riuscito miracolosamente a salvarsi nascondendosi nella sabbia tra i corpi inanimati dei suoi schiavi.*
>
> *Quando ebbe terminato il racconto delle sue sventure, ci chiese con voce tremante: «Non avete per caso qualcosa da mangiare? Sto morendo di fame».*
>
> *«Ho tre pagnotte» risposi.*
>
> *«Io ne ho cinque» disse l'Uomo Che Contava.*
>
> *«Allora» fece lo Sceicco, «vi scongiuro di dividere le vostre pagnotte con me. Vi propongo uno scambio ragionevole. Vi darò per il pane otto monete d'oro, non appena giungerò a Baghdad». E così dividemmo tra di noi le pagnotte.*
>
> *Il giorno dopo, tardi nel pomeriggio, entrammo nella famosa città di Baghdad, Perla dell'Oriente.*
>
> *Attraversando una piazza affollata e rumorosa, fummo bloccati dal passaggio di una sfarzosa comitiva alla cui testa cavalcava, su di un elegante sauro, il potente visir Ibrahim Maluf. Vedendo lo sceicco Salem Nasair in nostra compagnia, fece fermare il suo brillante seguito e lo interpellò: «Cosa ti è capitato, amico mio? Come mai arrivi qui a Baghdad così mal ridotto, in compagnia di questi due stranieri?»*
>
> *Il povero Sceicco gli narrò nei dettagli quanto gli era accaduto in viaggio, lodandoci ampiamente.*

«*Ricompensa subito questi due stranieri*» *ordinò il Visir. Prese dalla borsa otto monete d'oro e le diede a Salem Nasair dicendo:* «*Ti porterò subito con me a palazzo poiché il Difensore dei Fedeli vorrà di sicuro essere informato di questo nuovo affronto dei banditi beduini, che osano attaccare i nostri amici e saccheggiare una carovana sul territorio del Califfo*».

A questo punto Salem Nasair ci disse: «*Prendo congedo da voi, amici miei. Desidero però ringraziarvi ancora una volta per il vostro aiuto e, come avevo promesso, compensarvi per la vostra generosità*». *E, rivolgendosi all'Uomo Che Contava:* «*Ecco cinque monete d'oro per i tuoi cinque pani*». *Poi a me:* «*E tre a te, mio amico di Baghdad, per le tue tre pagnotte*».

Con mia grande sorpresa l'Uomo Che Contava sollevò rispettosamente un'obbiezione. «*Perdonami, Sceicco! Ma questa suddivisione, che pure sembra semplice, non è matematicamente giusta.*»[201]

Al lettore lascio l'opportunità di disvelarre da solo la suddivisione matematicamente giusta. E anticipo che l'Uomo Che Contava proporrà addirittura una terza ripartizione, ancora più giusta. In Appendice S potete trovare tali informazioni, raccolte in forma romanzata come proseguimento e conclusione del racconto.

---

[201] [Tah96], da pag. 14.

4.16 [Enigma 11] – La Matematica e la Giustizia nel dividere la pena

L'Uomo che Contava non smette di stupire: oltre a saper magistralmente dividere il pane, sa fare altrettanto con le pene (detentive, intendo). Ecco l'antefatto, raccontato dal narratore:

> *Il Visir ci narrò quanto segue:*
> *«L'altro ieri, poche ore prima che il nostro nobile Califfo partisse alla volta di Basra per un soggiorno di tre settimane, ci fu un terribile incendio nella prigione. I prigionieri, chiusi nelle loro celle, soffrirono un lungo e angoscioso tormento. Il nostro generoso sovrano decise immediatamente di ridurre a metà le condanne di tutti i carcerati. All'inizio, non ci preoccupammo affatto, perché sembrava assai facile eseguire alla lettera l'ordine del Re. All'indomani, tuttavia, quando la carovana del Principe dei credenti era ormai ben lontana, ci accorgemmo che le sue disposizioni dell'ultima ora sollevavano un problema estremamente delicato, che non sembrava offrire alcuna soluzione soddisfacente. Tra i detenuti vi è un contrabbandiere di Basra, Sanadik, condannato all'ergastolo e che si trova in prigione da quattro anni. Dobbiamo dimezzargli la condanna. Però, dal momento che è stato condannato a passare in prigione tutto il resto della sua vita, adesso con la nuova legge la sua pena deve essere ridotta a metà della sua rimanente esistenza. Ma come facciamo a dividere un tempo sconosciuto, poiché non abbiamo alcuna idea di quanto vivrà?»*
> *Dopo qualche istante di riflessione, Beremiz iniziò a parlare, scegliendo con grande cura le parole.*
> *«La questione mi sembra estremamente delicata; poiché coinvolge sia la matematica che l'interpretazione delle leggi, e riguarda i numeri ma anche la giustizia umana. Non posso analizzarlo rigorosamente finché non avrò visitato la cella del condannato Sanadik. Può darsi che la x, l'incognita della vita di Sanadik, sia già stata decisa dal destino e tracciata sul muro della sua cella».*
> *«Ciò che dici è veramente strano» osservò il Visir.*
> *«Non riesco a vedere collegamenti tra le scritte con cui folli e carcerati coprono i muri della prigione e la soluzione di un problema così delicato».*
> *«Mio Signore!» esclamò Beremiz. «Sulle mura del carcere si possono trovare scritti interessanti, formule, poesie e iscrizioni che impressionano il nostro spirito e ci inducono a sentimenti di compassione. [...]».*
> *«Sta bene» rispose il visir Maluf, «ma può darsi che nelle prigioni di Baghdad non riuscirai a trovare figure geometriche, leggende edificanti o poesie. Tuttavia, desidero vedere dove ti condurranno le tue ricerche. Ti concedo quindi l'autorizzazione di visitare la prigione».*

La grande prigione di Baghdad somigliava a una fortezza persiana o cinese. [...]

Dopo aver percorso uno stretto corridoio dove a mala pena un uomo riusciva a passare, scendemmo per una scala buia e stillante umidità; la piccola cella dove Sanadik era rinchiuso si trovava all'ultimo livello. Non un solo raggio di sole penetrava quell'oscurità e l'aria pesante e fetida opprimeva nauseabonda il respiro. Il pavimento era ricoperto da putrida melma e tra le quattro mura non vi era nemmeno una branda ove potersi stendere.

Alla luce della torcia portata dallo schiavo nubiano, scorgemmo lo sciagurato Sanadik, mezzo nudo, con una fitta barba arruffata, rannicchiato su di una pietra, le mani e i piedi incatenati.

Beremiz lo osservò attentamente, in silenzio. Si stentava a credere che quel disgraziato avesse potuto sopravvivere per quattro anni in quella miserevole e disumana condizione.

I muri della cella, sporchi e gocciolanti, erano coperti da scritte e da figure, bizzarri segni lasciati da generazioni di prigionieri. Beremiz li esaminava da vicino, leggendo e traducendo con grande concentrazione, fermandosi ogni tanto per fare lunghi e laboriosi calcoli. Come avrebbe potuto l'Uomo Che Contava decidere, a partire da quelle maledizioni e da quelle bestemmie, quanti anni di vita rimanevano a Sanadik? [202]

Anche in questo caso, cari lettori, trovate in Appendice S come Beremiz pose fine alla questione.

---

[202] [Tah96], da pag. 127.

4.17 [Enigma 12] – Scelte di marinai

L'Uomo Che Contava viene interrogato al fine di trovare la soluzione di un problema pratico, di carattere matematico, proposto dal principe Cluzir Shah:

Un veliero era sulla via del ritorno da Serendib con un carico di spezie, quando fu investito improvvisamente da una violenta bufera. Il bastimento sarebbe stato distrutto dalle onde incalzanti se non fosse stato per il coraggio di tre marinai che, nell'infuriare della tempesta, avevano manovrato le vele con eccezionale abilità.

Volendo ricompensarli, il capitano diede ai tre marinai una certa quantità di monete, il cui numero era tra 200 e 300. Le monete furono messe in una cassetta in modo che, quando il veliero fosse giunto il giorno dopo in porto, l'esattore delle imposte avrebbe potuto dividere la somma fra di loro.

Ma, durante la notte, uno dei tre marinai si svegliò e si mise a riflettere: 'Sarà meglio che io prenda la mia parte già adesso. Così non avrò da discutere sul denaro con i miei amici'. Senza dir nulla agli altri due, si alzò e trovò la cassetta. Divise i soldi in tre parti, ma non erano perfettamente uguali: rimaneva una moneta. 'Per questa miserabile moneta' pensò, 'finiremo certamente per litigare, domani mattina. Meglio buttarla via'. La lanciò in mare e ritornò tranquillo a letto.

Portò via la sua parte della ricompensa e lasciò quelle degli altri due.

Un'ora dopo, il secondo marinaio ebbe la stessa idea. Si recò alla cassetta e, non sapendo che uno dei suoi compagni aveva già ritirato la sua parte, divise il denaro che trovò in tre parti uguali. Anche stavolta ci fu una moneta che avanzava. Per evitare future discussioni, fece esattamente come il primo marinaio, e gettò in mare la moneta di troppo. Poi tornò a letto con la parte di denaro che credeva giustamente gli spettasse.

Anche il terzo marinaio si comportò allo stesso modo: ignorando ciò che i suoi amici avevano già combinato, si alzò all'alba, andò alla cassetta e divise il suo contenuto in tre parti. Ancora una volta ci fu una moneta di resto dopo la divisione e pure lui decise di gettarla a mare. Dopodiché prese la sua terza parte e ritornò soddisfatto a letto.

Il giorno dopo, quando il veliero fu ormeggiato alla banchina, l'esattore delle tasse trovò una manciata di monete nella cassetta e le divise in tre parti uguali, dandone una a ciascuno dei tre marinai. Ma di nuovo la divisione non era esatta: rimase una moneta che l'esattore prese in pagamento al suo servizio. E nessuno dei tre protestò per la suddivisione, perché ciascuno riteneva di aver già avuto, in precedenza, quanto giustamente gli spettava.

Ecco in cosa consiste il problema: quante monete si trovavano nella cassetta all'inizio? E quante ne ricevette ciascuno dei marinai?[203]

Qualcuno potrebbe trovare buffo che la struttura matematica di questo enigma esiste anche in un'altra variante, che riportiamo di seguito. I marinai sono ancora i protagonisti, naturalmente:

> *tre marinai naufraghi e una scimmia si trovavano su un'isola in cui l'unico cibo erano noci di cocco. Raccolsero noci di cocco tutto il giorno e alla fine decisero di andare a dormire e dividerle il giorno dopo. Durante la notte, uno dei marinai si svegliò e decise di prendere la sua parte di noci di cocco invece di attendere fino al mattino. Divise le noci di cocco in tre mucchi, ma ne rimase fuori una, che diede alla scimmia. Prese il suo mucchio e tornò a dormire. Più tardi, un altro marinaio si alzò e fece la stessa cosa del primo marinaio, dando la noce di cocco restante alla scimmia. E più tardi ancora il terzo marinaio si svegliò e divise le noci di cocco come avevano fatto gli altri due, sempre dando la noce di cocco in più alla scimmia. Alla mattina, quando si alzarono, i tre marinai divisero in tre parti il mucchio di noci di cocco, lasciandone una per la scimmia.*
> *Qual è il numero minimo di noci di cocco raccolte dai marinai?*[204]

Le equzioni utili a questi problemi sono solitamente dette diofantee. Tramite il prossimo enigma vi spiego il motivo.

---

[203] [Tah96], da pag. 112.
[204] [Pap02], pag. 239.

4.18 [Enigma 13] – Il padre dell'algebra numerica ha un'età nota

Molti autori fanno propria la definizione di Diofanto come "padre dell'algebra". In effetti rivoluzionò la Matematica del suo tempo in diversi modi: cercò un linguaggio più sintetico e meno ambiguo del linguaggio naturale; propose nuovi simboli per operazioni e concetti diffusi nei trattati matematici; scrisse un'opera enciclopedica intitolata *Arithmetica*, oltre a studi su numeri poligonali e frazioni.

Diofanto di Alessandria viene anche ricordato per le equazioni diofantee (o diofantine), caratterizzate dal fatto che si restringe l'insieme numerico delle soluzioni ai soli numeri interi[205] poiché il matematico greco antico si dedicò particolarmente a questo tipo di problemi (pur se egli accettava anche soluzioni frazionarie).

Il famoso enigma che riportiamo qui sembra essere stato opera di un ammiratore del nostro insigne algebrista. In diversi testi è riportato l'epitaffio di Diofanto. Ne riportiamo qualche versione, per far notare che anche nelle traduzioni ci sono licenze:

> *Dio gli concesse di rimanere fanciullo per un sesto della sua vita, e trascorso un altro dodicesimo, Egli gli coprì le guance di peluria; dopo un settimo della sua vita Egli gli accese la fiaccola del matrimonio, e cinque anni dopo il matrimonio gli concesse un figlio. Purtroppo questo bambino nato dopo tanto tempo fu sfortunato: dopo aver raggiunto la metà della vita di suo padre, fu portato via da un Destino crudele. Dopo aver consolato il proprio dolore con la scienza dei numeri per quattro anni, pose termine alla propria vita.*[206]

> *Gli dei gli concessero fanciullezza per un sesto della sua vita, e adolescenza per un dodicesimo. Uno sterile matrimonio prese un settimo della sua vita. Cinque anni passarono e un figlio gli nacque. Non appena questi ebbe la metà degli anni di suo padre, venne a morire. Diofanto visse ancora Quattro anni, annegando la pena nello studio dei numeri, poi abbandonò la vita.*[207]

> *La fanciullezza di Diofantò durò un sesto della sua vita; dopo un altro dodicesimo (della vita) la barba coprì le sue guance; dopo un altro settimo si sposò; dopo cinque anni ebbe un figlio, la cui vita durò esattamente la metà di quella del padre; dopo la morte di lui, Diofanto sopravvisse ancora quattro anni. Quanti anni visse Diofanto?*[208]

---

[205] In Appendice N, intitolata *I numeri*, classifichiamo gli interi nell'insieme *N*.

[206] Da una raccolta di circa 6000 epigrammi intitolata *Antologia greca* (VI secolo). Citazione in [Liv05], pag. 84.

[207] [Tah96], pag. 143.

[208] [Pap02], pag. 136.

4.19 [Enigma 14] – Anche il padre dell'algebra relazionale ha un'età nota

Augustus De Morgan fu un abilissimo matematico britannico (pur se nacque a Madurai, in India) del XIX secolo. Tra le sue ricerche pionieristiche spiccano i contributi alla logica (le famose leggi o teoremi di De Morgan), alla dimostrazione dei teoremi per induzione matematica, all'introduzione dell'algebra relazionale (parte dell'informatica teorica alle fondamenta della teoria delle basi di dati).

Egli stesso si servì di un indovinello matematico per indurre a scoprire il suo anno di nascita. Dichiarando[209]: «Avevo x anni nell'anno x^2», De Morgan suggerisce di scrivere un'equazione che sarebbe indeterminata se non si aggiungesse che egli visse nell'Ottocento.

---

[209] [Liv09], pag. 235.

4.20 [Enigma 15] – Il padre del metodo scientifico è un burlone

Come abbiamo ripetuto, Galileo Galilei è generalmente considerato colui che ha gettato le basi per la nascita del metodo scientifico moderno. La scoperta notevole che vogliamo richiamare qui è quella delle fasi di Venere: nel 1610 poté dichiarare che le sue osservazioni da telescopio mostravano senza dubbio che tale pianeta orbita attorno al sole (come già Copernico aveva affermato un secolo prima) corredando la propria teoria eliocentrica (originariamente proposta da Aristarco di Samo intorno al 250 A.C.) con dimostrazioni anche di tipo matematico.

Per celebrare la scoperta con arguzia e ironia, Galileo inviò a Keplero, il giorno 11 dicembre 1610, una frase in lingua latina che, data la sua natura estremamente criptica, non permise all'astronomo tedesco di comprendere il messaggio nascosto.

Ecco la frase:
> *Haec immatura a me iam frustra leguntur o y*

Traducibile con:
> *Queste cose premature da me sono lette invano o. y.* [210]

Per risolvere l'enigma, bisogna trovare l'anagramma latino di senso compiuto. In Matematica, l'azione di anagrammare le lettere (o comunque simboli) viene denominata *permutazione*.

---

[210] [Liv09], pag. 98.

4.21 [Enigma 16] – Il Papiro di Ahmes è anche enigmatico

Nel Papiro di Ahmes (che trattiamo anche in Appendice E, intitolata *Le equazioni*) non si trovano solo applicazioni matematiche utili e pressanti di quel tempo andato, ma anche qualche enigma leggero e ludico. Vediamone uno:

> *Il problema 79 dice: «Case 7, gatti 49, topi 343, spighe 2401, heqat 16.807, totale 19.607». Certamente, il giocoso Ahmes qui sta descrivendo un enigma, nel quale in ciascuna casa ci sono sette gatti, ciascuno dei quali ha mangiato sette topi, ciascuno dei quali aveva mangiato sette spighe, ciascuna delle quali avrebbe prodotto sette* heqat *(misura di capacità) di grano. L'incognita in questo problema è il totale, che, essendo la somma di case, gatti, topi, spighe e* heqat, *evidentemente non ha alcun valore pratico. Molti hanno ipotizzato che questo antico rompicapo si sia trasformato, nel corso dei secoli, in altri due famosi indovinelli. Nel 1202, l'illustre matematico italiano Leonardo Fibonacci, detto anche Leonardo Pisano (ca. 1170-1240), pubblicò un trattato intitolato* Liber Abaci (Il libro dell'abaco), *in cui poneva il seguente problema: «Ci sono sette vecchie in viaggio per Roma. Ognuna di esse ha sette muli. Ogni mulo porta sette sacchi. Ogni sacco contiene sette pagnotte. In ogni pagnotta ci sono sette coltelli. Ogni coltello è in sette foderi. Vecchie, muli, sacchi, pagnotte, foderi. In quanti viaggiano per Roma?».*
>
> *Mezzo millennio dopo, nella raccolta settecentesca delle filastrocche di Mamma Oca, troviamo:*
>
> > Mentre andavo a St. Ives,
> > incontrai un uomo con sette mogli.
> > Ogni moglie aveva sette sacchi,
> > ogni sacco aveva sette gatti,
> > ogni gatto aveva sette micini;
> > micini, gatti, sacchi e mogli,
> > in quanti andavano a St. Ives?
>
> *Questa filastrocca per bambini è stata davvero ispirata dal Papiro di Ahmes, scritto più di tremila anni prima? Difficile da credere. Notate, a questo proposito, che a seconda dell'interpretazione la risposta corretta all'indovinello può essere «uno» (il narratore, tutti gli altri venivano da St. Ives) oppure «nessuno» (il narratore non fa parte del gruppo di «micini, gatti, sacchi e mogli»). Serie geometriche di questo tipo, in cui ogni numero successivo è aumentato dallo stesso moltiplicatore, hanno sempre affascinato gli uomini. Perdipiù, sia nella tradizione occidentale che in quella orientale, il numero sette è sempre stato associato a qualità spirituali (ad esempio i sette giorni della settimana, le sette divinità della fortuna in Giappone, i sette peccati capitali). I tre enigmi potrebbero*

quindi essere state le creazioni indipendenti di tre menti fantasiose, a distanza di secoli l'una dall'altra.[211]

---

[211] [Liv05], pagine 77 e 78.

CAPITOLO 5

Cine-Ma-tematica

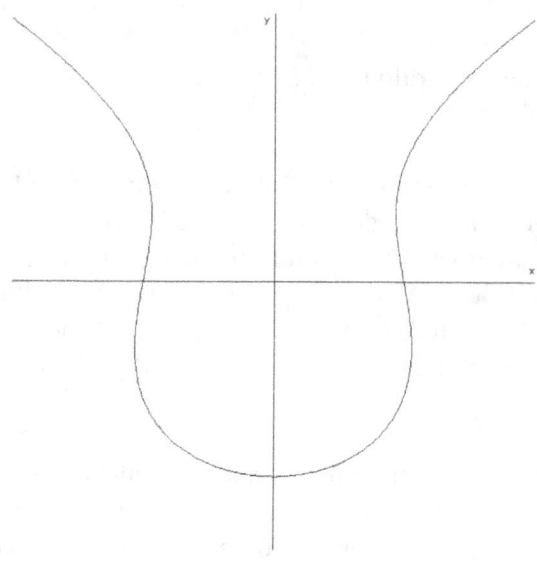

Il tulipano di Newton

5.0 Introduzione

Circa cinque anni fa, ossia un lustro fa, mentre mi lustravo le scarpe a specchio, riflettevo su quali film potessero avere la tematica, anzi la Ma-tematica, a me cara: volevo dare origine a una Cine-Ma-tematica.

Diversi titoli sono arrivati a popolare la lista, dai lungo metraggi a qualche cartone animato o telefilm.

In questo capitolo parlerò dettagliatamente di quattro pellicole che sono irrinunciabili per chi voglia vedere la scienza dei numeri proiettata sul grande schermo: "A Beautiful Mind", "Proof – La prova", "Will Hunting - Genio ribelle", "21".

In altre parti di questo libro ho collocato piccoli riferimenti ad altri film:
- "Contact" – che è anche un libro di Carl Sagan – in Appendice N, *I numeri*.
- "Parole d'amore" nel paragrafo 3.2, *Per aspera ad astra*, a proposito della gematria.
- "La vita di Pi" nel paragrafo 6.2, *La πoesia della Szymborska*, a proposito di Pi greco.

Una considerazione a parte merita il telefilm *Numb3rs*, che introduco nel paragrafo 2.2, *Le qualità della Matematica*, dove spiego che la nostra materia si può applicare anche all'attività investigativa. Cito il telefilm anche nei paragrafi 5.1.2 e 5.4.2, e in Appendice N, *I numeri*: faccio notare, rispettivamente, che l'attore Judd Hirsch è sia nel telefilm che in "A Beautiful Mind"; il problema di "Monty Hall" è sia nel telefilm che in "21"; una puntata del telefilm viene dedicata al problema attualmente irrisolto chiamato "Ipotesi di Riemann".

Per dovere di completezza, vorrei segnalare ancora qualche opera:
- "Enigma – Il codice dell'assassino" e "The imitation game" sono film, prodotti in tempi distanti (rispettivamente 2001 e 2014) che vertono sullo stesso tema: la seconda guerra mondiale fu vinta dagli alleati grazie all'abilità di matematici e crittoanalisti come Alan Turing, che furono in grado di decodificare i messaggi segreti dei tedeschi.

- Il cartone animato "Paperino nel mondo della matemagica" della Disney, che mi ha anticipato sul gioco di parole matemagica.

- "Genio per amore" è una commedia romantica dove figurano anche Albert Einstein e Kurt Gödel (sebbene il film non sia fedelissimo ai fatti reali), che dissertano amabilmente sui concetti di tempo e di universo.

- "Alice in Wonderland" (e tanti altri film dal titolo simile, come "Alice nel paese delle meraviglie") è tratto dalle opere letterarie di Lewis Carroll. Questi, come abbiamo avuto modo di dire al paragrafo 4.12, *Matematica attraverso lo specchio*, era un matematico il cui vero nome era Charles Lutwidge Dodgson. Riparleremo di lui a proposito di barzellette nel paragrafo 8.2 e a proposito delle geometrie euclidee e non euclidee in Appendice P, *I postulati delle geometrie*.

- "Un sogno per domani" è un capolavoro poco conosciuto, dove il protagonista è un bambino che – stimolato dal maestro a inventare qualcosa per migliorare il mondo – avvia una catena di solidarietà e di perdono che si propaga a macchia d'olio in tutti gli USA. Oltre al cast eccezionale formato da attori in carne e ossa, secondo me c'è anche un'altra piccola attrice, non fisica: la Matematica. Infatti i favori che si moltiplicano tra le persone seguono una progressione geometrica di ragione 3. La progressione geometrica è argomento dell'Appendice G, *La progressione geometrica, le serie geometrica e armonica*. Insomma: la potenza dell'amore e le potenze della matematica... a fin di bene.

5.1 "A Beautiful Mind"

5.1.1 Presentazione

Probabilmente avrete visto e apprezzato "A Beautiful Mind". Avanzo questa ipotesi perché si tratta, a mio modesto avviso, di un autentico capolavoro sotto diversi punti di vista: regia, colonna sonora, cast degli attori, sceneggiatura e fotografia.

Il protagonista dell'opera (che si è aggiudicata quattro premi Oscar[212]) è John Forbes Nash Jr., eccellente matematico nato nel 1928 a Bluefield (West Virginia), tanto sventurato per la grave malattia mentale (la schizofrenia) che lo afflisse per diversi decenni, quanto fortunato per l'eroica moglie che ha saputo stargli vicino, dimostrando così la potenza dell'amore.

In un'ideale parabola a lieto fine, possiamo apprezzare la consapevolezza sempre più evoluta di Nash (interpretato magistralmente da Russell Crowe), la quale si palesa pienamente al termine del lungo metraggio, quando gli viene consegnato il premio Nobel per l'economia (le sue idee sviluppate a Princeton, sulle dinamiche dominanti, furono applicate con successo dagli economisti in varie attività umane, come gli scambi di valuta, gli scenari bellici, il problema di scambio alle aste di banda elettromagnetica dell'FCC[213], e i casi antitrust). Infatti dedicherà alla moglie Alicia (Jennifer Connelly da premio Oscar, come "Miglior attrice non protagonista") parole veramente toccanti:

> *«Ho sempre creduto nei numeri, nelle equazioni e nella logica che conduce al ragionamento. Ma dopo una vita spesa nell'ambito di questi studi, io mi chiedo: "cosa è veramente la logica?"; "chi decide la ragione?". La mia ricerca mi ha spinto attraverso la fisica, la metafisica, l'illusione[214] e mi ha riportato indietro. E ho fatto la più importante scoperta della mia carriera, la più importante scoperta della mia vita. È soltanto nelle misteriose equazioni dell'amore, che si può trovare ogni ragione logica. [Rivolgendosi ad Alicia[215]] Io sono qui*

---

[212] La pellicola ha riscosso numerosi riconoscimenti. Per il lettore curioso su questo aspetto e su altre caratteristiche del film, consiglio due link:
http://it.wikipedia.org/wiki/A_Beautiful_Mind
http://it.wikiquote.org/wiki/A_Beautiful_Mind
[213] Federal Communications Commision è l'agenzia statunitense che si occupa di regolamentare le telecomunicazioni.
[214] L'illusione è qui intesa come allucinazione.
[215] Come rivela il regista nel suo commento al film, era stata preparata una versione alternativa della scena, dove - con un effetto di computer grafica - tutto il pubblico della sala si smaterializza per lasciare, in mezzo alle poltroncine vuote, Alicia come unico interlocutore presente nella mente di Nash.

stasera solo grazie a te. Tu sei la ragione per cui esisto. Tu sei tutte le mie ragioni. Grazie».

5.1.2 Il carattere del protagonista

Conviene premettere che il film (ispirato dal libro-biografia di Sylvia Nasar[216]) è una versione romanzata, non sempre fedelissima, della vita di Nash. Egli stesso dirà, in proposito: «[...] si prende varie licenze poetiche, inventando episodi mai avvenuti, come le visioni o il compagno di stanza immaginario. Tuttavia nel complesso riesce a trasmettere il mio pensiero distorto e la mia malattia mentale».

Il personaggio principale, inizialmente arrogante e asociale, imparerà l'importanza dell'umiltà e della gratitudine, intrecciando la propria esperienza con le persone che entrano nella sua vita (la moglie e gli amici veri), e dovendo fare i conti anche con le figure partorite dalle proprie allucinazioni uditive e visive: i tre personaggi Charles Herman (Paul Bettany), Marcee Herman (Vivien Cardone) e William Parcher (Ed Harris). Non a caso, il vero John Nash rivelò, da settantenne, al regista Ron Howards: «Non so quanto mi abbia cambiato, ma so che la malattia mi ha reso più umile».

Notiamo il contrasto tra quest'ultima ammissione e alcune battute del film, dove emerge la boria giovanile del genio americano:

- {A un suo compagno di studi, appena conosciuto} «Ci sarà una spiegazione matematica per la bruttezza della tua cravatta».

- {A Martin Hansen, rivale negli studi e nel lavoro, con cui ha condiviso il premio della borsa Carnegie} «Mi pare che sia tua abitudine fare male i calcoli. Ho letto i tuoi lavori. Entrambi i tuoi lavori – sia quello sui cifrari nazisti che quello sulle equazioni non lineari – e sono fermamente convinto che non vi sia neanche un briciolo di un'idea originale in nessuno dei due».

- {Sul completamento della dimostrazione di Allen delle congetture di Perron, svolto dai compagni di studi Bender e Sol} «Un lavoro adeguato ma senza innovazione».

- {Sui due progetti di armi di Martin Hansen, in esame al Dipartimento della Difesa} «Banali sciocchezze».

---

[216] [Nas99]. Si noti che, mentre alla versione italiana del film hanno lasciato invariato il titolo originale, il libro "A Beautiful Mind" di Sylvia Nasar ha cambiato titolo nella traduzione in italiano: "Il genio dei numeri. Storia di John Nash, matematico e folle". La prima delle cinque parti del libro edito da Rizzoli si intitola, giustamente, "Una mente stupenda".

- {All'apice del successo, come matematico responsabile del Wheeler Laboratory[217] e consulente del Dipartimento della Difesa} «Non solo mi rubano la medaglia Fields[218], adesso mi mettono sulla copertina di Fortune insieme a questi cialtroni studiosi di banalità».

- Prima di tenere una lezione, il nostro docente universitario manifesta il suo autocompiacimento e magnifica la sua superiorità rispetto a "le avide menti di domani" (così chiama i giovani studenti): nonostante il caldo afoso, chiude le finestre per non udire i rumori fastidiosi provenienti dall'esterno dell'aula e, alle rimostranze degli studenti, risponde: «Il vostro benessere viene dopo la mia possibilità di udire la mia voce». Poi prende il libro di testo del corso e lo getta nel cestino dell'immondizia, aggiungendo: «Personalmente ritengo che questo corso sarà una totale perdita del vostro e, cosa infinitamente più grave, del mio tempo».

- In modo infantile, al termine di una partita al gioco da tavolo "Go", Nash non accetta la sconfitta: «Non dovevi vincere tu. Io ho fatto la prima mossa. Il mio gioco era perfetto. La partita è truccata!».

Quest'ultimo passaggio poteva essere ben inserito anche nel paragrafo 2.5, *Il carattere dei matematici*, vero?

Lo sceneggiatore Akiva Goldsman ha cercato spesso di porre l'accento sul fatto che Nash sia "un po' disadattato a livello sociale". Ne è prova il seguente frammento di dialogo con l'amico Charles (personaggio immaginario, come già spiegato):

Charles: «Può darsi che ti trovi più a tuo agio con i numeri piuttosto che con le persone.»

John: «In prima elementare la maestra mi ha detto che ero nato con due porzioni di cervello e con sola mezza porzione di cuore.»

C: «Sul serio?»

J: «Sì»

C: «Accidenti, che signora simpatica!»

J: «Ma la verità è che a me la gente non piace molto. E alla gente non piaccio molto io.»

C: «E perché? Sei un uomo di grande intelligenza e charme! Dico davvero, John! La matematica non ti porterà mai a una verità assoluta. E lo sai perché? Perché è molto noiosa, noiosa da morire!»

[217] Come viene spiegato in una battuta del film, il laboratorio Wheeler è un "nuovo osservatorio militare di cervelli al MIT". Il MIT è il celeberrimo Massachusetts Institute of Technology, università americana tra le più importanti del mondo, e si trova a Cambridge, nel Massachusetts.
[218] Qui si potrebbe fare dello *spirito di patata bollente* (come mi diceva la mia maestra di scuola elementare): data la città natale di Nash, egli avrebbe dovuto vincere la medaglia Bluefield…

L'ultima battuta di Charles si deve al fatto che egli sia un letterato (in due momenti diversi, cita pure lo scrittore David Herbert Lawrence) e quindi ripropone la classica contrapposizione tra cultura scientifica e cultura umanistica, verso la quale nutriamo qualche dubbio, come si vedrà nel capitolo 6, intitolato *Escursioni prese alla Lettera*.

Nash aveva anche scarso interesse verso le lezioni universitarie, che tendeva a disertare: «le lezioni ottundono la mente. Distruggono il potenziale della creatività vera». Provava anche l'ansia di pubblicare un lavoro matematico che l'avrebbe reso famoso. Ebbe a dire a Charles: «Sai che la metà di questi studenti ha già pubblicato? Io non posso perdere tempo con queste lezioni, con questi libri, a memorizzare le teorie noiose di questi poveri mortali! Ho bisogno di guardare oltre, alle dinamiche dominanti. Trovare un'idea veramente originale. Questo è l'unico modo in cui potrò mai distinguermi».

Anche il personaggio Martin Hansen si rivela molto arrogante e ambizioso, da giovane. Secondo il regista Ron Howard,

> *«Quello è stato veramente un periodo in cui scienziati ambiziosi, ricercatori, matematici, si sentivano spesso arruolati nella Guerra Fredda. Sentivano che il loro lavoro aveva una causa e uno scopo di importanza internazionale. Questi uomini e, in un paio di casi, donne, aspiravano a diventare delle celebrità, cosa del tutto impensabile per i ricercatori, gli scienziati e i matematici del passato».*

La mente di John è così focalizzata sul successo che, tramite la malattia, crea un altro personaggio irreale, William Parcher, che lo lusinga: «Vedi, John, quello che ti distingue davvero è che tu, molto semplicemente, hai il più grande talento nel decifrare codici che io abbia mai visto».

Come si desume da uno scambio di battute con il prof. Helinger, per John il conseguimento di un obiettivo coincide con il riconoscimento da parte della comunità scientifica: la sua unica determinazione è uscire dall'anonimato e ottenere l'approvazione della comunità scientifica. Il prof. Helinger compare raramente nel film, ma non è di importanza marginale. Innanzitutto è interpretato dall'ottimo Judd Hirsch[219], che gli appassionati di cinema e Matematica avranno già apprezzato nel telefilm *Numb3rs*, nei panni di Alan Eppes, ossia il padre dei due protagonisti Charlie e Don Eppes. Il prof. Helinger è il primo a parlare all'inizio del film:

> *«I matematici hanno vinto la guerra. I matematici hanno decifrato i codici segreti giapponesi, e fabbricato la bomba atomica. I matematici, come voi. L'obiettivo dichiarato dai sovietici è il comunismo globale. In medicina o in economia, nella tecnologia o nello spazio, gli schieramenti si stanno delineando. Per trionfare, noi abbiamo bisogno di risultati,*

---

[219] *«Russell Crowe era emozionatissimo che ci fosse Judd Hirsch in quel ruolo. È un suo grande fan. Ricordo che chiamai Russell il giorno in cui Judd accettò la parte»* (Nota di Ron Howard).

risultati pubblicabili e applicabili. Ora: chi, fra voi, sarà il prossimo Morse? Il prossimo Einstein? Chi, fra voi, sarà all'avanguardia della democrazia, della libertà e della ricerca? Oggi noi affidiamo il futuro dell'America nelle vostre abili mani. Benvenuti a Princeton, signori».

Avrà sorriso, leggendo la battuta precedente, chi sa che G. H. Hardy sostenne che mai la Matematica avrebbe giocato un ruolo cruciale negli eventi bellici. Come si sbagliava!

Torniamo a John Nash. Secondo il regista, egli è come un'acqua cheta che corre in profondità: «in lui si agitano molte emozioni diverse, è un uomo molto complicato, per quanto bizzarro ed eccentrico appaia al mondo esterno». Secondo me si armonizzano bene, nelle sequenze, i rapporti che egli ha con la Matematica e con il genere umano. Per quanto riguarda il rapporto con la Matematica, si insiste sul fatto che, come abbiamo già detto in altre parti di questo libro (addirittura fin dal paragrafo 1.1), la vera Matematica ha poco a che fare con l'idea che riceviamo negli anni di scuola. Do ancora la parola al regista:

> *Si tratta di spiegare che i grandi geni creativi vedono il mondo diversamente dagli altri. Credo di aver preso l'idea da qualcosa che avevo letto su Tesla, l'inventore. Era solito chiudere gli occhi e vedere disegni e invenzioni che si componevano da soli nella sua mente. A volte era così soddisfatto di ciò che aveva visto prima di addormentarsi da non prenderne neanche nota. Altre volte si accorgeva perfino dei difetti nei suoi progetti, perché arrivava a immaginarsi i macchinari in funzione. Ho cominciato a utilizzare quest'idea già all'inizio del film, con Nash che disegna le figure, combinandole in piccoli puzzle, giocando con le forme. Al primo incontro con un matematico dell'Università di Los Angeles, una delle prime cose che ho imparato è che i matematici non pensano in numeri, bensì in forme e relazioni. Quando guardano le formule matematiche, non vedono addizioni, totali e quant'altro, ma cercano relazioni, le strutture, le interazioni. Non so proprio come facciano. Ho quindi scoperto che, a quel livello, la matematica è una forma d'arte. Sono quindi entrato in contatto con il personaggio, la sua passione, il suo approccio, mettendolo in relazione con qualcosa che posso capire, ossia la creatività: l'atto creativo della scoperta e dell'analisi.*

Ecco quindi spiegati i lampi di luce che di tanto in tanto John percepisce nelle sue osservazioni mentre lavora; schemi e relazioni matematiche che scrive sui vetri (in bianco o a colori, a seconda del periodo e dello stato di avanzamento della sua malattia); collegamenti logici che arrivano anche all'assurdo quando cerca codici cifrati persino dove non ci sono (come nelle riviste e nei rotocalchi).

La convinzione che la Matematica sia una forma d'arte verrà ribadita verso la fine del film, quando un Nash attempato, diventato molto socievole, specialmente con gli studenti che con lui si fermavano in biblioteca a studiare e a chiacchierare, o addirittura seguivano le sue lezioni[220], dirà scherzosamente: «La matematica è molto specifica ed è una forma d'arte. Lasciate perdere quello che vi dicono gli altri qua in giro, specie quelli di biologia. Non date retta a quella gente». Ma il nostro, famoso anche perché al campus girava in bicicletta descrivendo un 8 (otto, ma anche il simbolo dell'infinito ruotato di novanta gradi, come vedremo al capitolo 7), viene ben presentato soprattutto quando guarda, dalla finestra della sua camera, le altre persone che si intrattengono in rapporti umani "normali", mentre lui è isolato e l'unica cosa che può fare è disegnare formule matematiche per analizzare il mondo.

La prospettiva matematica viene adottata da Nash anche quando il Dr. Rosen, lo psichiatra che lo cura, gli spiega che non può usare gli strumenti logico-matematici per guarire dalla schizofrenia:

> Dr. Rosen: «Perché hai smesso di prendere i farmaci?»
>
> John Nash: «Perché non riuscivo a fare il mio lavoro. Non riuscivo a tenere il bambino. Non riuscivo a rispondere all'amore di mia moglie. Crede che questo sia meglio dell'essere pazzo?»
>
> Dr.R: «Bisognerà ricominciare con una serie più frequente di iniezioni di insulina e nuovi farmaci.»
>
> J: «No. Deve esserci un altro modo.»
>
> Dr.R: «La schizofrenia è degenerativa. Alcuni giorni possono essere esenti da sintomi, ma con il tempo peggiorerai.»
>
> J: «È un problema. Non è nient'altro. È un problema che non ha soluzione. È questo che faccio io, risolvo problemi. È quello che so fare meglio.»
>
> Dr.R: «Questa non è matematica. Non puoi scoprire una formula che cambi il tuo modo di percepire il mondo.»
>
> J: «Non devo fare nient'altro che applicare la mente.»
>
> Dr.R: «Non c'è teorema, non c'è dimostrazione, non puoi uscirne con il ragionamento.»
>
> J: «{Adirato} Perché no? Perché non posso?»
>
> Dr.R: «Perché è proprio nella tua mente, è nella tua mente che è localizzato il problema.»
>
> J: «Io ce la posso fare. Troverò una soluzione. Ho solo bisogno di tempo.»

Anche quando al pub, vicino ai compagni di studio, concepisce le dinamiche dominanti, proietta sui rapporti umani la sua capacità squisitamente matematica di riconoscere schemi e relazioni. Vi ricordo la scena. Entra nel locale un'affascinante donna bionda. Tutti gli amici di Nash la notano e la indicano a Nash, quasi a voler

---

[220] Incredibilmente, dopo una vita in cui ha considerato di scarso valore la didattica e ha svalutato se stesso come insegnante, ha chiesto di poter tenere le lezioni. Le sue parole: «Stavo pensando che potrei insegnare. Ci ho preso gusto. Speravo ci fosse ancora qualcosa da poter dare».

competere per conquistarla. Essi ricordano che, per Adam Smith (il padre dell'economia moderna), "la competizione e l'ambizione individuale servono al bene comune". Nash (che viene preso in giro, con le parole «sembra che guardi Nash, ma aspettate che egli apra bocca... Ricordate l'ultima volta?») ha l'intuizione:

Adam Smith va rivisto, perché se tutti ci proviamo con la bionda, ci blocchiamo a vicenda, e alla fine nessuno di noi se la prende; allora ci proviamo con le sue amiche, e tutte loro ci voltano le spalle perché a nessuno piace essere un ripiego. Ma se invece nessuno ci prova con la bionda, non ci ostacoliamo a vicenda, e non offendiamo le altre ragazze. È l'unico modo per vincere; è l'unico modo per tutti di scopare.

E ancora:

Adam Smith ha detto che il miglior risultato si ottiene quando ogni componente del gruppo fa il meglio per sé, ma questo è incompleto: il miglior risultato si ottiene quando ogni componente del gruppo farà ciò che è meglio per sé e per il gruppo. Dinamiche dominanti! Adam Smith si sbagliava!

La scena si chiude con Nash che corre via felice coi propri appunti, non senza... ringraziare la bionda, che lo guarda esprimendo incomprensione.

Potreste chiedervi il motivo per cui gli amici del grande matematico abbiano detto con ironia «aspettate che egli apra bocca... Ricordate l'ultima volta?». Chi ha visto il film ricoderà l'antefatto: in precedenza (circa 6 minuti prima, nella pellicola), si svolge un'altra scena, ambientata nel medesimo pub. Accade che gli amici lo informino che una ragazza bionda è interessata a lui. Prima di avvicinarsi a lei, Nash esibisce una frase da esperto di teoria della probabilità: «Signori, posso ricordarvi che le mie probabilità di successo ad ogni tentativo aumentano drammaticamente?».

Già questa battuta ci strappa un sorriso. Ma ora viene il bello. Nash si avvicina e scruta la donna in silenzio. È lei a rompere il ghiaccio, dopo un po': «Forse vuoi offrirmi qualcosa da bere?». La risposta di lui non si fa attendere: «Io non so esattamente cosa si richiede che io dica per avere un rapporto sessuale con te, ma non potremmo supporre che io l'abbia già detto? Essenzialmente stiamo parlando di uno scambio di sostanze fluide, quindi non potremmo passare direttamente al sesso?». La ragazza parla dopo aver realizzato l'assurdità di quanto ha sentito: «{Ironica} Oh, quanto sei dolce! {Gli molla uno schiaffo} Ti auguro una bella serata, stronzo!».

Naturalmente il regista ha ammesso che questa scena fosse una caricatura (non si è mai verificata, perché non sarebbe mai arrivato a tanto), ma aggiunge testualmente che «Nash era famoso per essere strano non solo con le donne, ma con tutti».

Questa scena fa *pendant* a un'altra scena[221], dove ancora cerca di sedurre una donna che si è mostrata interessata a lui. Stavolta la figura femminile è Alicia Larde (interpretando la quale, Jennifer Connelly si è meritata l'Oscar come miglior attrice non protagonista), così innamorata di lui che diventerà Mrs. Alicia Nash. Li vediamo fare un pic-nic immersi nel verde della natura, sulla riva di uno specchio d'acqua.

Alicia: «Tu non parli molto, vero?»

John: «Non posso parlare del mio lavoro, Alicia.»

Alicia:«Non intendevo di lavoro.»

John: «Trovo che raffinare le mie interazioni al fine di renderle socialmente accettabili richieda un grande impegno. Ho la tendenza ad accelerare il flusso di informazioni, senza giri di parole. Spesso non ottengo un buon risultato.»

Alicia: «Prova con me.»

John: «Va bene. Io ti trovo attraente. Il tuo atteggiamento seduttivo indica che tu provi la stessa cosa; eppure il rituale richiede che continuiamo con un certo numero di attività platoniche, prima di fare sesso. Io sto procedendo con queste attività, ma quanto al fatto concreto, tutto ciò che voglio è avere un rapporto sessuale con te il prima possibile. Adesso mi darai uno schiaffo.»

Mentre tutti, ridendo, si aspettano un nuovo ceffone, accade la sorpresa: Alicia si avvicina a John e lo bacia. Sentiamo cosa dice il regista Ron Howard:

> *Eccellente sceneggiatura; questa scena mi è sempre piaciuta. C'è un momento veramente divertente che fa ridere. Nel gergo della commedia classica questo sarebbe un "tormentone". Si tratta infatti di una tattica che aveva già provato al bar. La ragazza lo aveva schiaffeggiato, provocando una risata. Qui il pubblico ride quando si accorge che le sta per rifilare la stessa ridicola proposta sessuale. Ma, significativamente, lei non reagisce con rabbia e insulti anzi, sembra che lo capisca, in modo semplice e diretto. Era qualcosa di cui avevamo bisogno, in quanto lei si sta facendo carico di un uomo molto problematico ed era necessario che si capisse bene. È l'inizio di una scena d'amore vietata ai minori, che la censura ci ha fatto tagliare.*

Ho così riportato il momento in cui viene suggellato l'amore tra i due; ma quale fu l'esordio del loro incontro? Nella scena (già descritta) della lezione in aula in cui il nostro genio chiude le finestre nonostante il caldo afoso, Alicia si distingue perché prende l'iniziativa di aprire le finestre e chiede agli operai di fare una pausa in modo da non produrre i rumori del loro lavoro che ostacolavano la quiete della stanza.

Successivamente si vede ancora l'intraprendenza di Alicia: si presenta nell'ufficio del docente; gli mostra la soluzione dell'esercizio che egli aveva proposto (lui dirà, dopo

---

[221] Intorno al quarantasettesimo minuto.

averla esaminata: «la sua soluzione è elegante, sebbene – nella fattispecie e in definitiva – non corretta»); gli domanda se «professor Nash, è possibile invitarla a cena... perché lei mangia, non è vero?». A questo punto si apprezza l'umoristica risposta di lui: «Oh, di tanto in tanto sì. Tavolo per uno, Prometeo[222] solo incatenato alla roccia con l'aquila che gli vola sulla testa, lo sa com'è...».

Così, al primo appuntamento, si verifica uno dei momenti più romantici tra loro. Stanno guardando le stelle.

> Alicia: «Una volta ho provato a contarle tutte. Sono riuscita ad arrivare fino a 4348 stelle.»
> John: «Sei eccezionalmente bizzarra.»
> Alicia: «Scommetto che hai molto successo con le ragazze.»
> John: [avvicinatosi a lei] «Siamo in due a essere bizzarri. [Pausa in cui si guardano languidamente negli occhi] Scegli una forma.»
> A: «Come?»
> J: «Scegli una forma: un animale, qualunque cosa.»
> A: «Va bene. Un ombrello.»

John gira intorno ad Alicia per porsi dietro alla sua schiena, alza lo sguardo al firmamento, solleva il braccio destro di Alicia con il proprio e usa il di lei indice per puntare le stelle disegnando un ombrello (la computer grafica aiuta a far luccicare le stelle giuste). Niente male per un matematico a cui "piace pensare di essere un lupo solitario" e che non nasconde di dover "far pratica di interazione umana e socializzazione", vero?

Vediamo come egli le propone di sposarlo, ora. La scena di svolge in una tavola calda.

> John:«Scusa, non ho avuto il tempo di incartarlo [estraendo una pietra preziosa]. Buon compleanno. [Pausa in cui Alicia lo guarda in modo enigmatico] Le facce rifrangenti del cristallo, vedi, creano uno spettro completo di dispersione, cosicché se guardi dentro puoi vedere...»
> Alicia:«Ogni colore possibile.»
> John:«Ogni colore possibile, sì. Ricordi quando hai detto che Dio deve essere un pittore, per via di tutti i colori, a casa del governatore? Hai detto questo.»
> Alicia:«Pensavo che non ascoltassi.»
> John:«Io ascolto sempre.»
> Alicia:«È bellissimo!»

---

[222] Il mito di Prometeo, in breve: Prometeo, uno dei Titani, fu punito da Zeus per aver donato agli uomini una fiaccola con il fuoco degli dei (la Conoscenza). Costretto con le catene a una roccia, ogni giorno deve subire la stessa tortura: un'aquila gli dilania il fegato, che poi di notte gli ricresce.

John: {Dopo aver preso coraggio e tradendo un po' di ansia} «Alicia, il nostro rapporto garantisce un impegno a lungo termine? Perché io ho bisogno di una prova, una sorta di dati empirici, verificabili.»

Alicia:«Eh, scusami (con sorrisino nervoso), dammi solo un attimo per ridefinire il mio concetto puerile di rapporto amoroso. Una prova? Uh, dati verificabili? OK. Allora, quant'è grande l'universo?»

John:«Infinito»

Alicia:«Come lo sai?»

John:«Perché tutti i dati indicano infinito.»

Alicia:«Ma non è stato ancora dimostrato. Tu non l'hai visto. Come fai a saperlo con certezza?»

John:«Non lo so, ci credo e basta.»

Alicia:«Hum, è la stessa cosa con l'amore, penso. {Pausa} Ora, l'unica cosa che tu non sai è se io voglio sposare te.»

Subito dopo si assiste alla scena del matrimonio. Naturalmente, sull'auto con cui gli sposi si allontaneranno dalla chiesa è stata posta una formula matematica con un cuore.

Voglio chiudere questa sezione del libro con un altro passaggio che secondo me è magnifico. Dopo la ricaduta di John (che si riammala perché ha sospeso la terapia farmacologica), il dottor Rosen gli intima di ricoverarsi nuovamente in ospedale. John si rifiuta, temendo che passerebbe troppo tempo lontano da casa, e comprende che forse è meglio proteggere la sua famiglia dai pericoli della schizofrenia: Alicia dovrebbe andare a vivere, insieme al loro bimbo, da sua madre.

Alicia, tuttavia, vuole eroicamente stare vicino al marito, così lo aiuta a imparare la differenza tra illusione e realtà, con una battuta indimenticabile[223]:

> *Vuoi sapere cosa è reale? Questo {gli accarezza la guancia sinistra}. Questo {gli prende la mano destra e la porta sulla propria guancia sinistra}. Questo {ora porta la di lui mano destra al proprio petto, come a indicare il cuore}, questo è reale. Forse quella parte che può riconoscere la realtà dal sogno, forse non è qui {indica, con la mano destra, la testa di lui}, forse è qui {poggia la mano destra sul petto di John, che sospira}. Io ho bisogno di credere [stringendo forte la mano sinistra di John con la propria mano destra] che qualcosa di straordinario sia possibile. {Si abbracciano con trasporto}*

---

[223] Secondo il regista, «questa è una battuta cruciale. Serve a dichiarare l'idea centrale del film, particolarmente in relazione al loro rapporto. Lei l'ha interpretata benissimo».

5.1.3 Spruzzate di Matematica

- Nash lavora all'*ipotesi di Riemann*, sia quando è in terapia, sia quando in seguito guarisce. Do qualche informazione su tale congettura nell'Appendice N, *Numeri*.

- Uno dei lavori Martin Hansen riguarda le equazioni non lineari. Do qualche informazione su questo argomento in Appendice E, intitolata *Le equazioni*.

- Nel film, Sol e Bender (i due collaboratori di Nash), si dedicano a delle congetture di Perron. Oskar Perron fu un matematico tedesco sul quale si possono trovare alcune informazioni su Internet. Voglio riportare il paradosso che porta il suo nome, che mette in guardia chi con superficialità si occupa di ottimizzazione, cioè la ricerca di massimi e minimi di funzioni:
  Sia N il numero intero più grande. Se $N > 1$, allora $N^2 > N$, in contraddizione con la definizione di N. Pertanto $N = 1$.
  Peraltro sono alquanto convinto che persino un indifferente alla Matematica sappia che non esiste alcun numero intero che sia il maggiore di tutti. La dimostrazione è semplice: se esistesse, gli aggiungerei 1, e perderebbe subito il titolo erroneamente attribuitogli.

5.2 "Proof – La prova"

5.2.1 I protagonisti

Debolmente ispirata alla vita di John Nash, la figura di Robert Llewellyn (animata da Anthony Hopkins) è centrale nel film "Proof – La prova". Come il protagonista di "A Beautiful Mind", egli fu un matematico acutissimo, ma non libero dalla malattia mentale: all'età di 27 anni il nostro docente universitario era già autore dei suoi lavori più importanti, ma si era anche già ammalato per la prima volta di schizofrenia.

Il film, ricco di *flashback* nei quali si ripercorrono alcune vicissitudini appartenenti al passato, è ambientato a Chicago e si focalizza sul periodo in cui le persone vicine al professore devono fare i conti con la sua morte. Si possono notare le dinamiche famigliari tra le due figlie di Robert – Catherine (Gwyneth Paltrow) e Claire (Hope Davis) – e Harold Dobbs (Jake Gyllenhaal), un giovane ricercatore, pupillo di Robert.

Ben spiccate sono le tensioni tra i tre: Cathy si è presa cura del padre per un lustro, non volendo che egli finisse in una clinica psichiatrica; ma così facendo ha interrotto i suoi studi universitari (in Matematica) e ha convissuto con la propria depressione.

Claire, durante la malattia del padre, si è invece costruita una vita a New York, dove ha lavorato sodo e ha intrecciato una relazione sentimentale che sta per sfociare nel matrimonio. Ella ha trascurato i suoi due parenti di Chiacago (solo qualche telefonata), e non ha mai nascosto che avrebbe preferito che il padre fosse ricoverato in una clinica e che Cathy proseguisse gli studi invece di fare l'infermiera inesperta.

Morto il padre, tuttavia, Claire mette in evidenza la sua forte volontà di sistemare le cose a modo proprio: vuole che si venda la casa di Chicago e che Cathy si trasferisca a New York, dove può rifarsi una nuova vita e dove potrebbe essere anche ben assistita qualora avesse ereditato dal padre, oltre al genio matematico, l'instabilità mentale.

A complicare le cose c'è Hal (Harold), che ammirava a tal punto il suo mentore da voler esaminare il centinaio di quaderni manoscritti da Robert: pur se i contenuti sembravano privi di senso, Hal sperava che ci fosse qualcosa di prezioso da pubblicare per celebrare ulteriormente il genio del professore, anche quando sembrava aver perso il senno. Hal ha un debole per Cathy fin dal primo giorno in cui la vide, nell'ufficio di Robert, suo relatore del dottorato di ricerca.

Inizialmente poco interessata, anche Cathy si invaghisce del giovane, ma rimane profondamente delusa quando egli dubita che ella possa essere l'autrice della dimostrazione matematica che dà il titolo alla pellicola.[224]

5.2.2 La Dimostrazione

Negli ultimi 5 anni di vita di Robert, c'è stata una parentesi di tempo (durata 12 mesi) nella quale la salute mentale sembrava essersi ristabilita. In questa "pausa", padre e figlia hanno iniziato, per passione, a dedicarsi alla bozza di una Dimostrazione matematica molto avanzata[225].

Nel film non si entra nei dettagli: si parla genericamente di una «dimostrazione di un teorema matematico sui numeri primi, qualcosa che i matematici tentano di dimostrare da quando esistono i matematici, più o meno». Ma chi n'è l'autore? Robert o Catherine?

Solo alla fine dell'opera (che, prima di essere trasposta sul grande schermo, era una pièce teatrale, sempre con Gwyneth Paltrow nei panni di Cathy) si saprà la risposta, grazie anche all'analisi fatta da alcuni matematici tra cui Hal.

Lungo tutto la pellicola l'interrogativo rimane: poteva Robert, affetto da grafomania (produsse 103 quaderni manoscritti) e schizofrenia (temeva che gli alieni comunicassero con lui attraverso centinaia di libri che chiedeva a Cathy di prendere in prestito alla biblioteca), compiere uno sforzo intellettuale del genere? Poteva Cathy, priva di una istruzione formale in Matematica avanzata, scrivere quei passaggi che anche gli specialisti trovavano tanto geniali quanto elaborati? Poteva Robert, che aveva "rivoluzionato il campo due volte prima dei 22 anni", continuare a elaborare teorie innovative, padroneggiando le tecniche matematiche più recenti, presenti nella dimostrazione? E se Cathy si fosse solo immaginata di aver scritto quelle 40 pagine, dato che continuava ad avere allucinazioni (vede e sente il padre, anche dopo la morte di lui)? Poteva Cathy essere così abile e prolifica mentre passava quasi tutte le giornate a letto, soffrendo anche di depressione?

Non esplicito l'epilogo della trama; approfitto però di questa occasione per mostrare che, per estensione, la Dimostrazione riguarda anche come i matematici presenti in "Proof - La prova" intendono applicare la logica anche nei rapporti umani.

Ho già accennato al fatto che Cathy volesse essere creduta quando affermava di avere la paternità della Dimostrazione presente su uno dei quaderni di suo padre (l'unico

---

[224] "Proof" è stato tradotto con "La Prova", ma forse sarebbe stato meglio volgerlo in "La Dimostrazione".
[225] Nel Paragrafo 2.4, intitolato *La Dimostrazione matematica,,* ho cercato di dare, a chi non l'avesse, un'idea di che cosa sia appunto la Dimostrazione.

chiuso in un cassetto, la cui chiave era custodita gelosamente da Cathy, quindi Hal non l'avrebbe mai scoperto senza che ella gliel'o avesse rivelato). Ripeto: voleva essere creduta, non voleva che fosse riconosciuta l'autenticità della propria grafia (straordinariamente simile a quella del padre) attraverso delle prove inconfutabili.

Un altro "braccio di ferro" logico avviene all'inizio del film, quando Robert dice alla figlia che non deve preoccuparsi di essere o di diventare pazza, come è successo a se stesso: a suo dire, «chi è davvero pazzo non sta lì seduto a chiedersi se è pazzo. [...] Uno dei segni più sicuri di pazzia è l'incapacità di porsi questa domanda: 'Sono forse pazzo?' [...] I pazzi non se lo chiedono.»

Cathy, esperta di logica, gli fa notare che «Tutto questo non ha senso. [...] Il problema è che tu sei pazzo. [...e....] tu hai detto che chi è davvero pazzo non ammetterebbe mai di esserlo.» Di fronte a questa evidente difficoltà logica, il padre si svicola con un grandioso escamotage: io posso ammetterlo, rispose, «perché sono anche morto», facendo tornare alla consapevolezza di Cathy che un aneurisma lo aveva stroncato a 63 anni, quindi ella stava dialogando con lui in un'allucinazione o in uno stato onirico.

Un sapore matematico si può percepire anche quando, a una specie di festa organizzata dalle sorelle Llewellyn dopo il funerale del genitore, Hal si complimenta con Cathy per come il vestito a tubino nero le stia bene. Lei, poco avvezza a sentirsi a suo agio e a riconoscere veritieri gli apprezzamenti che riceve, risponde che non lo si può dimostrare. La replica di lui è tagliente e matematica: si può cercare di confutare il contrario, ossia che non è vero che non cade bene; ad esempio, si può organizzare una votazione sull'argomento. Qui il riferimento alla "dimostrazione per assurdo" (di cui abbiamo già parlato nel paragrafo 2.4, e con cui siamo anche divertiti grazie alla barzelletta nel paragrafo 7.2) è evidente.

La logica aristotelica viene scomodata persino all'indomani della festa, dopo che i due hanno passato la notte insieme. Hal chiede, quasi con una domanda retorica: «Sarebbe imbarazzante se dicessi che per me è stato meraviglioso?». La risposta: «Sarebbe imbarazzante se non fosse stato lo stesso per me». Hal, sulle spine, domanda nuovamente: «Quindi?». Arriva immediata la rassicurazione di Cathy: «Non mi sembra imbarazzante». Possiamo quindi "dedurre logicamente" che entrambi hanno apprezzato il tempo (e non solo il tempo) consumato insieme.

Anche l'ultimo dialogo ha a che fare con sillogismi e dimostrazioni per assurdo, ma non ve lo rivelo per non farvi scoprire come termina la trama di questo giallo.

5.2.2 Spruzzate di Matematica

- Robert Llewellyn, prima dei 26 anni, avrebbe (stando a quanto Hal riferisce a Cathy) «portato contributi decisivi in tre campi diversi: teoria dei giochi, geometria algebrica, operatori[226] non lineari». Inoltre, secondo un collega che prende la parola al funerale, Robert fu «un uomo che, quando ancora viveva nel Regno Unito, all'età di 22 anni, praticamente inventò le tecniche matematiche per lo studio del comportamento razionale, e che fornì argomenti di riflessione ai nostri astrofisici quando venne qui da noi».

- Il pregiudizio secondo cui solo in verde età – massimo 25 anni – si possa completare un capolavoro in Matematica è molto diffuso in questo lavoro cinematografico. Ad esempio, Hal si lamenta che, a 26 anni, stia già vivendo il declino delle facoltà intellettuali[227]. Il giovane matematico spiega poi che alcuni suoi colleghi anziani, pur di tornare a produrre i lavori originali di un tempo, sono disposti addirittura a ricorrere all'uso della droga per rimettere in moto quella che Robert chiamava la "Macchina", ossia la sua capacità mentale di fare Matematica. Nel Paragrafo 2.5, intitolato *Il carattere dei matematici*, abbiamo avuto occasione di evidenziare come molti professionisti della logica condividano questa idea del picco creativo intorno ai 23 anni. In sintonia con questa visione sul rapporto tra età e Matematica, Robert frequentemente incita Cathy a impegnarsi in qualche dimostrazione per sfruttare il picco temporaneo della propria abilità, diventando così un padre-insegnante che si impone sulla figlia-allieva, anche quando questa recalcitra («Non mi viene in mente nulla di peggiore» rieccheggia due volte nel film, in seguito all'invito di dedicarsi alla Matematica). Pure questa dinamica l'abbiamo già incontrata nel Paragrafo 2.5, *Il carattere dei matematici*, quando ho riportato l'esperienza di Stendhal e il personaggio fantasioso che Tolstoj descrive in Guerra e Pace.

- Bisogna ammettere che Robert, pur nel suo stachanovismo («Il lavoro ha la priorità» dirà alla figlia per indicarle che perfino l'attenzione alla famiglia viene dopo la Matematica), ha regalato a Cathy un importante insegnamento su come creare le dimostrazioni: si dovrebbe procedere «Passaggio, per passaggio, discutendone a voce alta». Sempre lei ricorderà le lezioni paterne: «Non è questione di grandi idee: conta il lavoro. Ogni problema si affronta un pezzetto per volta. [...] [Mio padre] cominciava ad aggredire il problema da un lato, partendo da una qualche strana angolazione. Ci si avvicinava piano piano e poi rimuginava». Hal, il dottorando prediletto di Robert, essendo solito ammirare le dimostrazioni solo dopo la loro stesura definitiva, non pensava che il professore adottasse tali metodi, ma ciò non deve sorprendere: anche Gauss rivelò che c'è una differenza notevole tra la dimostrazione finale pubblicata e i tentativi di redigerla, quasi che solo alla fine andassero eliminate le

---

[226] Nel doppiaggio in italiano si dice "operazioni", ma sarebbe "operatori".
[227] Lavorando in università, potremmo dire facoltà nella Facoltà.

"impalcature" di cui ci si serviva per fare i passi *in itinere*. Penso che questo sia il miglior punto del libro per inserire la seguente citazione:

> *Ammirando con entusiasmo giovanile il perfetto concatenamento delle dimostrazioni sintetiche nelle quali Archimede e Newton avevano costretto le loro ispirazioni, Gauss aveva risolto di seguire il loro grande esempio e di non lasciar dietro di sé che lavori ben finiti e rigorosamente perfetti, ai quali non si potesse aggiungere né togliere niente senza sfigurare l'intera opera: secondo la sua opinione questa deve sostenersi da sé, completa, semplice e convincente, senza che resti in essa nessuna traccia del lavoro compiuto per costruirla; una cattedrale non è una cattedrale, diceva, finché l'ultima impalcatura non sia scomparsa.*[228]

- Il riferimento a Gauss merita di essere approfondito: in Appendice I, intitolata *L'unità Immaginaria e i numeri complessi*, parliamo proprio di una delle più famose dimostrazioni di Gauss, a proposito delle soluzioni di equazioni algebriche di grado *n* qualsiasi. Coincidenza vuole che l'unità immaginaria *i* abbia un altro riferimento al film su cui ci stiamo concentrando: Hal fa parte di una rock-band composta unicamente da studiosi di Matematica, per cui hanno composto una canzone, intitolata appunto "*i*", nella quale rimangono in silenzio per 3 minuti. Naturalmente questa canzone viene prescelta alla festa delle sorelle Llewellyn per ricordare il padre, in un momento di raccoglimento. Vedremo nel capitolo 7, a proposito dell'opera teatrale *Infinities*, che anche il musicista John Cage ebbe un'idea analoga, con il brano intitolato «4' 33''», composto da 273 secondi di non suono. Come dice il prof. Bhandari – il tutor di Cathy quando frequenta la NorthWestern University – «La matematica non è Jazz».

- Robert, quando da malato era assistito da Cathy, vuole scuoterla per contrastare la depressione e l'ozio che si erano impadroniti di lei. In un dialogo serrato, le chiede quanti giorni abbia passato rimanendo a letto inanemente, esigendo un numero preciso, nella convinzione che la figlia li abbia contati. La risposta (33 giorni e 6 ore, ossia $33 + \frac{1}{4}$) attiva l'eccitazione del matematico, poiché se ogni giorno perso coincidesse con un anno e poi si contassero le settimane (ossia se si moltiplicasse 33.25 giorni per 52 settimane all'anno), si otterrebbe il numero 1729. Esso è un gran numero: «Il più piccolo numero esprimibile come la somma di due cubi in due modi diversi», pronunciano all'unisono i due, per poi spiegare a turno: «12 al cubo più 1 al cubo» (Robert) e «10 al cubo più 9 al cubo» (Cathy). La scenetta si chiude con una sferzata paterna tragicomica: «Lo vedi? Eh, anche la tua depressione è matematica. Smettila di commiserarti, e mettiti al lavoro».

---

[228] [Bel50], pag. 234.

- Chiudo questa sezione con un apprezzamento al mondo matematico tinto di rosa. Durante un dialogo, Hal finge di ricordare di aver intravisto a un convegno, senza averne fatto la conoscenza, una collega in gamba che lavora a Stanford; Cathy gli tende una trappola alla quale egli non riesce a sfuggire: gli suggerisce il nome Sophie Germain ed egli conferma che potrebbe essere lei. Cathy allora lo smaschera con perfidia: «è nata a Parigi nel 1776». Questa informazione accende una lampadina nella mente di Hal: i numeri primi di Germain, dedicati proprio alla studiosa francese dell'800. La definizione formale di tali numeri è in Appendice N, *I numeri*. Qui possiamo limitarci a tratteggiarli con le parole, un po' approssimative, dello stesso Hal: «Li raddoppi, aggiungi 1, e hai un altro numero primo». E subito dopo egli acclude l'esempio: il 2 è un numero primo di Germain, poiché il doppio di 2, sommato a uno, dà 5 (il "primo sicuro" associato a 2). Cathy, che come da copione deve esibire la sua competenza, rivela addirittura il più grande numero primo di Germain conosciuto: 92305 per 2 alla 16998esima più 1. Naturalmente la corsa a conoscere numeri primi sempre più grandi non si arresta mai, quindi l'informazione di Cathy non è più corretta: oggi (gennaio 2015) il più grande numero primo di Germain conosciuto è $18543637900515 \cdot 2^{666668} - 1$ che, per la cronaca, consta di 200701 cifre ed è stato scoperto nel 2012 da Philipp Bliedung[229].

---

[229] http://it.wikipedia.org/wiki/Numero_primo_di_Sophie_Germain

5.3 "Will Hunting - Genio ribelle"

> *La libertà è il diritto dell'anima di respirare,*
> *e se essa non può farlo*
> *le leggi sono cinte troppo strette*
> *perché senza libertà l'uomo è una sincope.*
> Will Hunting

5.3.1 Il genio colpisce ancora

Il genio colpisce ancora, ma stavolta colpisce con violenza chi non gli va... a genio! Will Hunting (interpretato da uno strepitoso Matt Damon) è il protagonista di questo film: un giovane orfano di Boston con un passato di abusi e di violenze subiti, anche dalle famiglie putative a cui veniva affidato dai servizi sociali. La sua risposta a queste esperienze è il disprezzo della legge: aggressioni, furto d'auto, resistenza aggravata, lesioni, sono solo alcuni dei reati che macchiano la sua fedina penale. John Nash (il personaggio principale di "A beautiful mind"), di famiglia alto-borghese, schiva la violenza e usa un linguaggio intellettuale anche nella vita quotidiana; Robert Llewellyn ("Proof") è solito imporsi con la propria intelligenza e con schiaccianti verità comunicate in modo perentorio e sofisticato; Will Hunting (il "genio ribelle"), invece, è abituato a risolvere le dispute con i pugni, e indulge al turpiloquio quando deve esprimersi, pur potendo vantare comunque una grande abilità dialettica. John soffre di schizofrenia, per cui il dottor Rosen, psichiatra, gli somministra elettroshock e psicofarmaci; la sofferenza psichica di Robert è lenita solo dall'amorevole presenza della figlia Catherine; ma il forte disagio psicologico di Will non è facilmente guaribile: l'unico terapeuta a far breccia nello scudo invisibile che porta al cuore del ragazzo è il prof. Sean McGuire (interpretato da un ispirato Robin Williams). Non è un caso che Sean e Will vengano dallo stesso quartiere degradato di Boston ("Southy") e abbiano avuto entrambi padri violenti.

Nel film di Ron Howard viene scandagliata gran parte della vita di John, che proviene da una famiglia dell'alta borghesia americana; la pellicola di John Madden si focalizza sugli ultimi anni di vita di Robert; invece il regista Gus Van Sant ci illustra solo il ventesimo anno della vita di Will. Llewellyn è un professore universitario eccezionale ma perfettamente inquadrato nel suo ruolo; invece Nash è uno studente "fuori classe" nella duplice accezione: sia "fuori dal comune", sia "fuori dall'aula" davvero, visto che disertava le lezioni, come abbiamo già avuto modo di dire; anche Will è un "fuori classe" in due modi: è un vero genio (in Storia, Giurisprudenza, Filosofia, Arte, Economia, Chimica, ma soprattutto in Matematica) e allo stesso tempo non è abbastanza ricco da permettersi di iscriversi al MIT (Massachusetts Institute of Technology) di Boston[230].

---

[230] Ad essere precisi, si trova a Cambridge, MA, ma è solo il fiume Charles a dividere le due città.

È proprio questo luogo tanto ambito da aspiranti studenti di tutto il mondo che diventa, dopo i preamboli dei titoli di testa, il teatro di inizio del film: siamo in un'aula universitaria dove il prof. Gerard Lambeau, esperto di una branca della Matematica chiamata "Calcolo combinatorio", spiega la formula di Parceval per le serie di Fourier. Sfida gli studenti con un problema su una "Serie di Fourier avanzata", il cui testo viene scritto su una delle lavagne poste sui corridoi della facoltà. Per ingolosire gli studenti, ricorda che chi riuscirà a superare la prova verrà nominato su una prestigiosa rivista, dove in passato sono comparsi importanti personalità come premi Nobel e vincitori della medaglia Fields[231].

Will trova la soluzione in un battibaleno e la scrive, di soppiatto, alla lavagna. Ma – si chiederà il lettore – come fa un giovane veramente povero a bazzicare quegli ambienti? Semplice: un giudice, invece di mandarlo in prigione, ha disposto che facesse un lavoro socialmente utile, e quindi l'ha spedito alla "Manutenzione uffici e giardini" dell'università: deve lavare i pavimenti dei corridoi, proprio quelli sui cui muri sono appese le lavagne di sfida matematica. Nessuno riesce in quello in cui Will è riuscito, e Will risolve anche la successiva, ben più ardua, prova che il professore propone all'anonimo genio[232]; ma stavolta il nostro sfuggente viene intravisto da lontano e, dopo alcune ricerche, Lambeau riesce a rintracciarlo, nonostante Will si sia subito licenziato per evitarlo.

Nel frattempo, la squattrinata mente brillante è stata a bere con gli amici presso il bar dell'università di Harvard. Chuckie, il miglior amico di Will, nell'intento di fare colpo su due ragazze, si finge un loro compagno di studi nel corso di Storia. Un terzo studente sente il dialogo, capisce che Chuckie sta mentendo e lo umilia chiedendogli nozioni sul corso; quindi arriva il nostro protagonista, che ha la meglio sullo studente arrogante, mostrando di avere una cultura ancora superiore.

Sembra che l'episodio si risolva così (stranamente, senza arrivare alle mani), ma in seguito Skylar, una delle due ragazze, affascinata da quella personalità, dà il proprio numero di telefono a Will. Così com'è accaduto a John Nash, sembra che il destino dei geni della Matematica sia di attendere che sia l'anima gemella a farsi avanti!

A questo punto il film si svolge su due tracce: la prima è il rapporto sentimentale di Will e Skylar, che ha alti e bassi per la scarsa capacità di Will di aprirsi all'amore; per la determinata volontà di evitare la sofferenza che deriverebbe da una storia d'amore finita male; per il rifiuto di farsi aiutare dagli altri, ritenendosi non bisognoso di supporto esterno.

---

[231] Abbiamo introdotto la medaglia Fields nel Paragrafo 2.5, intitolato *Il carattere dei matematici*.
[232] Mentre Lambeau lancia il guanto di sfida, alle sue spalle ci sono le formule di autovalori e autovettori di matrice.

La seconda traccia è l'evoluzione del rapporto tra Will, Sean e Gerard. Quest'ultimo riesce a far uscire dalla galera Will (andatoci per una nuova zuffa, verificatasi subito dopo aver risolto i due problemi di Matematica) a patto che il ventenne collabori con Gerard stesso in università su problemi di calcolo combinatorio specialistici e che veda un terapeuta.

I primi cinque psicologi[233] si rivelano inadatti all'arduo compito. Sarà Sean, dopo quattro sedute apparentemente vane, a perforare la corazza del ribelle. Insieme, si confronteranno su cosa significhi perdere l'anima gemella: Sean era felicemente sposato ma, da due anni, la sua Nancy è morta. Anche se in seguito a tale perdita ha perso l'entusiasmo di vivere e ha ridotto la sua inclinazione a buttarsi in nuove avventure, rifarebbe tutto: davvero quella donna lo meritava.

Penso che valga la pena riportare il dialogo tra Will e Sean, battuta per battuta:

W: «Quando ha saputo che lei era la donna giusta?»

S: «Il 21 ottobre 1975.»

W: «Cristo santo! Sa perfino la data!»

S: «Oh, sì! Era la sesta partita del World Series, la decisiva per i Red Sox.»

W: «Sì, è vero!»

S: «Io e i miei amici avevamo dormito tutta la notte sul marciapiede per prendere i biglietti.»

W: «Avevate i biglietti?»

S: «Sì! Il giorno della partita eravamo seduti in un bar in attesa dell'inizio. Ed ecco che entra questa ragazza. Partita memorabile! Alla fine dell'ottavo inning, si pareggiò: 6 a 6. Arrivarono a 12 innings. Alla fine del dodicesimo toccò a Carlton Fisk, il vecchio bassotto. Va alla battuta, sai, assume la strana posizione poi… Bang! Un colpo che è una cannonata! Vola alta lungo la fascia sinistra! 35 mila persone scattano in piedi urlando alla palla, mentre lui – Fisk – sventola le braccia alla palla, gridando: "Supera! Supera! Supera!"»

W: «Sì, l'ho visto! Era così, così!»

S: «E poi la palla colpisce il palo! Ahhh! Lui impazzisce e trentacinquemila tifosi invadono il campo, sai?»

W: «Sì! E lui si fa strada a spintoni!»

S: «Sì! Corre come un invasato gridando: "Levatevi di mezzo! Levatevi di mezzo!"»

W: «Non ci posso credere che avevi i biglietti per quella partita, cazzo!»

S: «Già!»

W: «Aveva invaso il campo?»

S: «No, io non ho invaso il campo: io non c'ero.»

---

[233] Sulla pellicola però si vedono solo due psicoterapeuti: uno che Will taccia di essere gay; un altro, ipnotista, a cui Will fa credere di essere ipnotizzato.

W: «Cosa?»

S: «No, io ero nel bar a bere con la mia futura moglie.»

W: «Si è perso la battuta di Fisk "il bassotto", per bere qualcosa con una tizia che neanche conosceva!»

S: «Sì, ma avresti dovuto vederla: ti toglieva il fiato!»

W: «Non me ne frega un tubo se…»

S: «Oh, no no no! Illuminava il locale!»

W: «Poteva entrare anche Elena di Troia nel locale! Era la sesta partita!»

S: «Oh, Elena di Troia non era niente!»

W: «Mio Dio! E chi erano quei suoi amici del cazzo? Gliel'hanno lasciato fare?»

S: «Non avevano scelta!»

W: «Ma che cosa gli ha detto?»

S: «Ho fatto scivolare il mio biglietto sul tavolo e ho detto: "Spiacente, amici, devo occuparmi di una ragazza".»

W: «Ah! "Devo occuparmi di una ragazza". Ha detto questo?»

S: «Sì, ho dovuto.»

W: «E gliel'hanno lasciato fare?»

S: «Oh sì! Hanno visto nei miei occhi che non scherzavo.»

W: «Mi prende in giro.»

S: «No, non ti prendo in giro, Will. È per questo che ora non parlo di una ragazza che ho visto in un bar di 20 anni fa e di come mi rammarico sempre di non averla conosciuta. Non mi rammarico dei 18 anni di matrimonio con Nancy, né dei 6 anni in cui ho rinunciato all'assistentato perché stava male. E non mi rammarico degli ultimi anni in cui si è aggravata. E certo non mi rammarico di aver perso la partita. Lo rifarei.»

W: «Wow. [Pausa] Sarebbe stato bello esserci, però.»

S: «Non sapevo che avrebbe giocato così!»

Il paradosso che emerge dal film è che Sean, mentre aiuta Will, aiuta se stesso: alla fine del film deciderà di fare un lungo viaggio per "rimettere i miei soldi sul tavolo e vedere quali carte mi arrivano". Will si trasferirà in California con Skylar. Lambeau rimarrà deluso dal fatto che Will non abbia voluto lavorare con lui in università o per una delle aziende che gravitano attorno alla sua ricerca matematica; inoltre, Lambeau dovrà anche fare i conti con la propria presunzione e la rigidità nei confronti dei valori in cui crede, tra i quali al primo posto risiedono il successo professionale e il conseguente trofeo: la medaglia Fields' di cui abbiamo già parlato.

Il film, pur se apparentemente ricco di dialoghi triviali e leggeri, contiene – a mio avviso – autentiche perle di saggezza. Mi piace molto come il regista abbia voluto insistere sul fatto che la conoscenza intellettuale della vita è sopravvalutata dalla nostra società: a scuola e sul lavoro siamo abituati ad acculturarci, ma le emozioni e le esperienze concrete che ci fanno maturare non vengono viste con altrettanto interesse.

Vediamo ad esempio che nella prima parte del film, Sean dopo aver subito un'offesa da Will, gli parla usando parole che vanno dritto al cuore:

Tu sei solo un ragazzo, non hai la minima idea delle cose di cui parli. [...] Non sei mai stato fuori Boston. [...] Se ti chiedessi sull'arte, probabilmente mi citeresti tutti i libri di arte mai scritti. Michelangelo: sai tante cose su di lui. Le sue opere, le aspirazioni politiche - lui e il Papa -, le sue tendenze sessuali, tutto quanto, vero? Ma scommetto che non sai dirmi che odore c'è nella Cappella Sistina. Non sei mai stato lì con la testa rivolta verso quel bellissimo soffitto. Mai visto. Se ti chiedessi sulle donne, probabilmente mi faresti un compendio sulle tue preferenze. Potrai perfino aver scopato qualche volta. Ma non sai dirmi che cosa si prova a risvegliarsi accanto a una donna e sentirsi veramente felice. Sei uno tosto. E se ti chiedessi sulla guerra, probabilmente, mi getteresti Shakespeare in faccia: «Ancora una volta sulla breccia, cari amici!»[234] *Ma non ne hai mai sfiorata una. Non hai mai tenuto in grembo la testa del tuo miglior amico, vedendolo esalare l'ultimo respiro, mentre con lo sguardo chiede aiuto. Se ti chiedessi sull'amore, probabilmente mi diresti un sonetto, ma guardando una donna non sei mai stato del tutto vulnerabile, non ne conosci una che ti risollevi con gli occhi, sentendo che Dio ha mandato un angelo sulla Terra solo per te, per salvarti dagli abissi dell'Inferno. Non sai cosa si prova a essere il suo angelo. Avere tanto amore per lei vicino a lei per sempre in ogni circostanza, incluso il cancro. Non sai cosa si prova a dormire su una sedia d'ospedale per due mesi tenendole la mano, perché i dottori vedano nei tuoi occhi che il termine "orario delle visite" non si applica a te.*

Non sai cosa è la vera perdita, perché questa si verifica solo quando ami una cosa più di quanto ami te stesso. Dubito che tu abbia osato amare qualcuno a tal punto. Io ti guardo e non vedo un uomo intelligente, sicuro di sé. Vedo un bulletto che si caga sotto per la paura. Ma sei un genio Will, chi lo nega questo? Nessuno può comprendere ciò che hai nel profondo. Ma tu hai la pretesa di sapere tutto di me perché hai visto un mio dipinto e hai fatto a pezzi la mia vita del cazzo.

Sei orfano, giusto? Credi che io riesca a inquadrare quanto sia stata difficile la tua vita, cosa provi, chi sei, perché ho letto "Oliver Twist"? Basta questo a incasellarti? Personalmente me ne strafrego di tutto questo, perché - sai una cosa? - non c'è niente che io possa imparare da te che non legga in qualche libro del cazzo. A meno che tu non voglia

---

[234] Dall' *Enrico V* di William Shalespeare.

> *parlare di te, di chi sei. Allora la cosa mi affascina: ci sto. Ma tu questo*
> *non vuoi farlo, vero campione? Sei terrorizzato da quello che diresti.*

Più avanti nella pellicola, quando il rapporto tra i due è diventato una salda amicizia, si riprende la questione dell'importanza di non esaurire la propria esperienza di vita confrontandosi solo coi "grandi personaggi" della cultura (Shakespeare, Nietzsche, Frost, O'Connor, Kant, Pope, Locke,…), ma di fare esperienze con persone vive, anche non famose, che diano la vera conoscenza e facciano correre dei rischi: il riferimento è a Skylar, la ragazza che Will vede troppo perfetta finché la conosce poco, e non vuole andare a vivere con lei perché teme di scoprirne poi i difetti.

Nella migliore tradizione delle trame a lieto fine, l'opera si conclude con Will che prende coraggio e va a vivere in California con Skylar, e usa la battuta di Sean ("Spiacente, dovevo occuparmi di una ragazza") per informare il prof. Lambeau che ha deciso di non lavorare più alla McNeil.

5.3.2 Spruzzate di Matematica

- Nel quarto minuto del film, sulle lavagne del prof. Lambeau, compare il teorema di Parceval, un caposaldo importantissimo della teoria dei segnali in ingegneria. Compaiono anche una serie di Fourier (collegata alla teoria dei grafi) e, verso il 13° minuto, anche autovalori e autovettori.

- In diversi momenti (5° minuto e 33° minuto del primo tempo; 11° minuto e 40° minuto del secondo tempo), si parla della medaglia Fields[235], guadagnata dal prof. Lambeau per i suoi successi sul calcolo combinatorio.

- All'inizio del secondo tempo, Sean e Lambeau discutono a proposito del futuro di Will: Sean non vuole che Will sia obbligato a diventare un matematico professionista, per timore che non diventi come Theodore John "Ted" Kaczynski, l'Unabomber americano (non quello italiano), che fu un grande matematico (nonché professore universitario) ma diventò anche un terrorista per contrastare l'evoluzione tecnologica, non priva di pericoli per l'umanità.

- Al 28° minuto del secondo tempo, Will tiene un colloquio di lavoro presso l'NSA (molto famosa di questi tempi, per aver spiato l'attività on line di milioni di persone, non solo in territorio americano). Per assumere Will, lo alletta con paroloni legati alla Matematica, alla Fisica e all'Informatica teorica: teoria della superstringa, matematica del caos, algoritmi avanzati.

---

[235] Premio nominato più volte in questo libro, fin dal Paragrafo 2.5, intitolato *Il carattere dei matematici*.

- Al 35° minuto, Lambeau parla dello straordinario caso del matematico indiano (asiatico) Ramanujan che, privo di una vera istruzione formale avanzata, fu in grado di "formulare alcune delle più eccitanti teorie della Storia" (della Matematica, naturalmente), insieme all'inglese G. H. Hardy, che lo invitò a vivere a Cambridge, nel Regno Unito. La storia di Srinivasa Aiyangar Ramanujan è davvero avvincente e romantica[236], pur se non a lieto fine: morirà giovane (trentatreenne), forse per lo stress dovuto ai suoi anni di attività matematica febbrile in terra straniera con il suo mentore inglese.

---

[236] [Kan91].

5.4 "21"

5.4.1 La strategia matematica vincente

Forse l'approccio matematico ai giochi non è mai così utile come nel Blackjack. Per spiegare tale gioco, userò le parole stesse del prof. Micky Rosa, uno dei personaggi del film, interpretato da un ottimo Kevin Spacey:

> *Tu giochi contro il banco. Ti danno due carte. Le figure valgono 10 punti. Chi arriva più vicino a 21, vince. Se invece vai oltre, hai perso; se il banco va oltre, perde lui.*

Molti ricercatori, soprattutto al MIT, hanno esaminato le caratteristiche del gioco e hanno elaborato una "strategia di base" per poter dedurre quale azione intraprendere a seconda delle carte che si hanno in mano. Se poi si ha l'abilità di "contare le carte", ossia tenere a memoria quali siano uscite e quali no, si può davvero adottare una condotta di gioco virtualmente priva di possibilità di perdere: come si dice in una battuta nella pellicola, il gioco è "battibile".

È proprio di questi temi che tratta il film "21". Il protagonista, Ben Campbell (interpretato da un valente Jim Sturgess) è un autentico genio della Matematica. Come evidenziato nel film, può vantare risultati eccellenti, così snocciolati:
- 1590 su 1600 al test attitudinale (S.A.T.)
- 44 al test d'ammissione all'università (MCATs)
- Ammesso a Propedeutica medica a pieni voti (4.0 GPA from MIT)
- Era presidente del circolo matematico "American legion"
- È stato assistente dei professori Wilkins e Sanders

Forse non crederete ai vostri occhi quanto state per leggere: a differenza dei personaggi dei film che abbiamo già recensito, Ben ha una personalità equilibrata (non si rivolge a nessuno strizzacervelli! Almeno: non durante il film...) e sta preparando gli ultimi esami per laurearsi al MIT; eppure anch'egli deve misurarsi con una difficoltà: per realizzare il suo sogno (frequentare la scuola di medicina di Harvard, alla quale peraltro è già stato ammesso, ma non si è immatricolato) gli servono 300 mila dollari.

L'unica strada percorribile gli sembra quella di vincere la prestigiosa borsa di studio Robinson, che copre tutte le spese dello studente che la merita. Il prof. Phillips, responsabile della selezione della borsa Robinson, rimane impressionato favorevolmente dal curriculum di Ben, ma fa presente che ci sono tanti altri studenti altrettanto meritevoli: si aggiudicherà il premio solo quel giovane talentuoso che, con un'esperienza di vita singolare e illuminante, sarà in grado di "stregarlo", di "saltare subito ai suoi occhi". Alla fine del film, Ben comunicherà la sua esperienza di vita al professore, che rimarrà sbalordito, letteralmente senza parole.

Tutto inizia al corso di Equazioni Non Lineari al MIT, dove Ben manifesta sia le sue spiccate capacità logiche, sia la sua notevole cultura scientifica, che abbraccia anche la Storia della Matematica.

Il docente del corso, il professor Micky Rosa, non vuole lasciarsi sfuggire quel talento, che ha anche superato il suo esame con un punteggio di 97 su 100: lo convoca in una riunione segreta, di notte, nell'aula di chimica, dove il docente stesso e altri quattro allievi (Kianna, Fisher, Choi, Jill) si esercitano nel gioco del Blackjack. Anzi: si esercitano a sviluppare, come team, la capacità di vincere ai casinò, con una miscela di strategie matematiche e gestualità codificate per cooperare senza che nessun altro se ne accorga; soprattutto tengono allenata la capacità summenzionata di "contare le carte".

Il professore adula la giovane mente, avendone comprese le qualità, affinché si aggreghi al gruppo per le "scorribande" a Las Vegas:
> *Senti, tu non solo hai una mente brillante, sei anche equilibrato. Tu non cedi alle emozioni. Ragioni logicamente. Ben, sei perfetto per questo. Ti divertirai come mai in tutta la tua vita. È il massimo.*

Ben inizialmente rifiuta le lusinghe dell'ingente quantità di denaro facile, ma quando Jill (che è anche la "più bella ragazza della scuola") torna da lui, al negozio di abbigliamento dove fa il commesso per 8 dollari all'ora, egli cede: si unisce al team. Ben si rivela un autentico campione in questa attività, e più volte dichiara che si fermerà quando raggiungerà la somma necessaria per pagare la retta di Harvard.

Il prof. Rosa intanto mostra alcune ombre del proprio carattere: mette zizzania tra Ben (continuamente lodato) e alcuni compagni di squadra (soprattutto umilia Fisher, che verrà poi allontanato dal gruppo); rassicura Ben sulla mancanza di pericoli e sulla legalità di quello che fanno, quando invece c'è un conto in sospeso tra Micky Rosa e Cole Williams, uno dei controllori che lavorano per la sicurezza dei casinò di Las Vegas; intima a Ben che non dovrà mai perdere il controllo di quello che fa: «Noi contiamo le carte, non giochiamo d'azzardo. Seguiamo una precisa serie di regole e applichiamo un sistema. Io la conosco la follia del tavolo da gioco e qualche volta le persone perdono il controllo. Si abbandonano alle proprie emozioni. A te non deve succedere. Siamo intesi?»; infine, dimostra che la vita di Ben godrà di vari vantaggi anche in università: non deve più preparare il saggio di dialettica matematica, perché il prof. O'Reilly ha deciso di dargli il massimo dei voti (ossia il giudizio "A") sulla parola del prof. Rosa stesso. È il più forte segnale della condizione privilegiata di chi è in affari con lui.

Alla prima avventura a Las Vegas, Ben ottiene una nuova prova del carattere ambiguo del suo insegnante: Micky Rosa accoglie i suoi ragazzi, citando i loro nomi fittizi (Burt, Moishe, Vladimir, Mona, Miss Sommers) e consegnando loro documenti falsi di identità. Ben si chiede come mai i nomi falsi, visto che si era detto che tutto fosse legale. Michy risponde che così i croupier si tranquillizzano circa l'età giusta per giocare e poi così si rende possibile per tutti di essere persone diverse nei distinti casinò. Ben torna a dubitare di Micky: gli chiede come mai quest'ultimo non giochi, e ottiene ancora una risposta apparentemente buona ("Ero il migliore, ma ormai sono in pensione: meglio ritirarsi all'apice del successo") ma evidentemente non del tutto onesta. Ad ogni modo, la prima comparsata di Ben ai tavoli produce una vittoria eccezionale per tutto il team, che si divide equamente la vincita in denaro. Man mano che le vincite a Las Vegas si accumulano, il carattere di Ben cambia: inizia a gustare il piacere dei soldi facili, tiene nascosta la sua attività ludica ai suoi amici e a sua madre, alla quale arriva pure a mentire dichiarando di aver vinto la borsa Robinson.

In effetti, le partite di Blackjack fruttano a Ben molta pecunia: come lui stesso rivela, fa più soldi in un week end a Las Vegas che quanti ne avrebbe guadagnati lavorando in 5 anni, 9 mesi, 12 giorni e 6 ore di onesto lavoro al negozio. Sembra che tutto vada ottimamente, per lui: riesce persino a conquistare Jill, anche se il loro rapporto d'amore risulterà ondivago. Devo dire che da questo punto di vista non vale quello che pensavo fosse un teorema (era invece solo una congettura, anzi, una confettura): Jill non fa la prima mossa per sedurre Ben, a differenza di quanto accade per le figure femminili dei film "A beautiful mind" e "Will Hunting – Genio ribelle". Ad ogni modo, un grosso problema sta per abbattersi sul nostro Ben-iamino: Cole Williams è sulle sue tracce, e ha capito che dietro quel manipolo di ragazzini c'è un "pesce" molto più grosso da friggere, una vecchia conoscenza: il prof. Michy.

Anche il rapporto tra quest'ultimo e il giovane genio s'incrina, quando Ben – preso dall'emotività – passa una notte a Las Vegas giocando senza criterio e senza attenersi alla segnaletica delle compagne di squadre: perde 200.000 dollari. Ne nasce un diverbio tra Ben e Micky, il quale – furioso – intima al giovane di restituire i soldi persi. Per tutta risposta Ben evidenzia che Micky non gioca e non prende rischi. Il risultato è che il professore abbandona il team, e i ragazzi vanno a giocare senza il loro leader; ma Micky aveva solo finto di rientrare a Boston: di nascosto, osserva gli studenti giocare, e segnala a Cole che ci sono dei tipi che stanno svaligiando il casinò.

Ben viene catturato e picchiato da Cole, mostrando che, oltre all'intelligenza, è dotato di una grande capacità di provare paura, specie davanti a una montagna di muscoli; presto, comunque, si accordano per tendere un tranello a Micky Rosa e assicurarlo così all'Agenzia delle Entrate, a cui occorre spiegare certi guadagni in nero... A tal fine, Ben dovrà fingere il pentimento per poter tornare nelle grazie del professore, e costringerlo a fare un grosso colpo finale dove anche lui parteciperà, a differenza del solito.

Non voglio rivelare troppi dettagli del film, specie del finale; consiglio comunque caldamente di vederlo, anche perché c'è qualche dialogo spassoso.

Eccone un brano:

Prof. Phillips: «Ben, l'anno scorso la borsa Robinson è andata a Hyum Jae Wook, un immigrato coreano con una gamba sola.»

Ben: «Beh, io le ho tutt'e due.»

Prof. Phillips: «E non ha mai pensato di tagliarsene una? [Pausa in cui Ben sospira] Era una battuta.»

In un'altra scena, quando Ben dichiara che al negozio di abbigliamento guadagna 8 dollari all'ora, il suo amico Miles gli domanda ironicamente se, per guadagnare così "tanto", sia sceso a certi compromessi con il capo (il sig. Worren).

5.4.2 Spruzzate di Matematica

- Il numero 21 compare più volte: oltre ad essere il titolo del film (legato al punteggio massimo ottenibile al Blackjack), è anche l'età di Ben. Quando questi compie il ventunesimo compleanno soffia le candeline su una torta dove è decorata la scritta "HAPPY 0,1,1,2,3,5,8,13,... BIRTHDAY". Un occhio allenato potrà riconoscere la regolarità della sequenza numerica: ogni nuova cifra (a parte le prime due) è ottenuta sommando la precedente e quella immediatamente prima. È facile quindi convincersi che il prima valore che andrebbe aggiunto è 21, ossia la somma di 13 e di 8. Questo oggetto è molto noto presso i matematici: prende il nome di *Successione di Fibonacci*[237]. I puristi farebbero notare che lo zero iniziale è estraneo alla successione, ma noi siamo flessibili, vero?

- Pungolato dal professor Rosa, il giovane cervellone risolve brillantemente il problema di Monty Hall.[238] Tale problema viene citato anche nella serie televisiva sulla matematica utile a risolvere casi polizieschi intitolata *Numb3rs*.

- In una scena del lungometraggio si parla anche dell'algoritmo iterativo di Newton-Raphson, utile a risolvere le equazioni non lineari. Purtroppo il copione ha qualche sbavatura: quando ci si riferisce al punto iniziale che non deve essere troppo lontano dallo zero (non il numero zero, ma il valore che azzera la funzione eguagliata a zero), si usa impropriamente il termine "punto di zero" e, addirittura, nei sottotitoli "zero assoluto" (quet'ultimo termine è

---

[237] L'enigma numero 6 del paragrafo 4.10 si intitola proprio *Regolarità della successione di Fibonacci*.

[238] http://it.wikipedia.org/wiki/Problema_di_Monty_Hall

usato in fisica per un ben altro significato). Si svela anche una diatriba di attribuzione, poiché Ben sa che Newton pubblicò tale algoritmo 50 anni dopo che Joseph Raphson lo elaborasse in modo indipendente. Il tutto si chiude con una battuta del docente: «Raphson non aveva un ufficio stampa buono quanto quello di Newton; Raphson scoprì la Cabbala 300 anni prima di Madonna».

- Le lusinghe del professore a Ben si allungano fino a paragonare il cervello del giovane al microprocessore Pentium della Intel.[239]

- In una regolare lezione universitaria, Micky spiega che Cauchy fu il primo ad effettuare studi rigorosi sulle condizioni di convergenza di una serie infinita[240] e a occuparsi dello sviluppo dei teoremi fondamentali del calcolo, nel modo più rigoroso possibile. Ben interviene polemicamente sostenendo che Cauchy rubò tutte le idee (e le soluzioni alle equazioni) ai suoi studenti più brillanti, facendo allusione a quanto stia facendo lo stesso prof. Rosa che sfrutta i suoi brillanti studenti per svaligiare le case da gioco. L'insegnante replica di aver sentito dire spesso di queste accuse da parte degli studenti, e cita Vladimir Stupnitsky, allievo di Cauchy, come caso esemplare di attriti tra mentore e allievo. Mentre Augustin-Louis Cauchy fu davvero un esimio matematico e ingegnere (molti studenti apprendono definizioni e teoremi accompagnati dal suo cognome), Valdimir Stupnitsky sarebbe un personaggio inventato, ma il prof. Rosa finge che esista per dare dei messaggi intimidatori a Ben: l'allievo non deve contrastare il maestro. Sulla stessa lunghezza d'onda, l'altra frase sibillina del professore al giovane protagonista del film: «Quante cose belle capitano a chi è introdotto», per lasciar intendere che, quando lo studente rispetta il docente, tanti ostacoli svaniscono. A confermare il carattere subdolo del docente, c'è anche il raggiro: Micky rassicura Ben sulla liceità del conteggio delle carte.

- La confidenza (o l'ossessione?) per i numeri emerge quando Ben realizza che fa più soldi in un week end ai casinò di Las Vegas di quanti ne avrebbe guadagnati lavorando in 5 anni, 9 mesi, 12 giorni e 6 ore di onesto lavoro al negozio di abbigliamento dove era impiegato in precedenza. Anche il suo desiderio di sperimentazione e mascheramento affiora nitidamente: «La cosa bella di Las Vegas è che li puoi diventare quello che vuoi». Infine, l'esaltazione della razionalità è un elemento percepibile in diversi momenti del film, anche quando si parla del "tener conto del cambio di variabile", come a intendere che anche gli imprevisti devono essere inseriti in schemi logici.

---

[239] http://it.wikipedia.org/wiki/Pentium
[240] In appendice G, *La progressione geometrica e le serie*, offro alcune spiegazioni sulle serie.

CAPITOLO 6

Escursioni prese alla Lettera

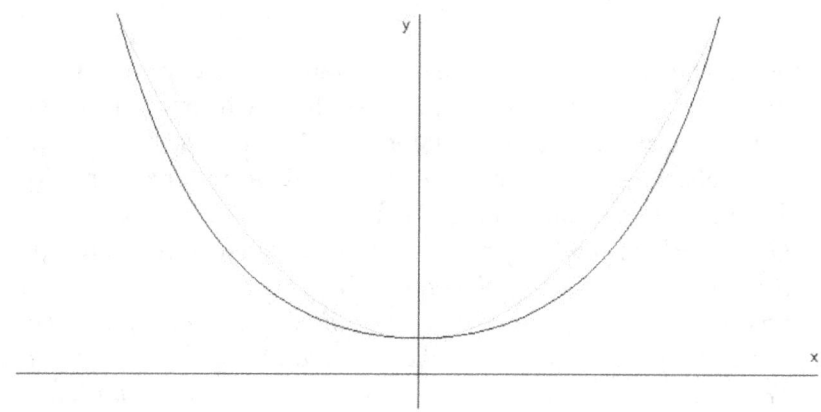

**La catenaria di Huygens (in nero)
e la parabola (in grigio)**

6.1 Calcolo... letterale!

> *Non vi è alcuna incompatibilità tra l'esatto e il poetico. Il numero*
> *è nell'arte come nella scienza. L'algebra è nell'astronomia e*
> *l'astronomia confina con la poesia. L'anima dell'uomo ha tre chiavi che*
> *aprono tutto: la cifra, la lettera, la nota. Sapere, pensare, sognare.*
>
> Victor Hugo[241]

> *La matematica formale è come la*
> *grammatica: una questione di*
> *applicazione corretta di regole*
> *locali. (...) La matematica migliore è*
> *come la letteratura: fa vivere una*
> *storia davanti ai vostri occhi e vi*
> *coinvolge dal punto di vista*
> *intellettuale ed emotivo.*
>
> Ian Stewart[242]

Con quale incredulità avete letto le parole di Ian Stewart, ossia «La matematica migliore è come la letteratura»? Avete pensato che sia troppo audace costruire un ponte fra argomenti tipicamente ritenuti lontani? Se siete scettici, vi consiglio di approdare a una delle opere di Bruno D'Amore[243], dove al terzo capitolo (intitolato "La matematica è un umanesimo") si ritrova che

> *Gabriele Lolli nel suo profondo libro* Discorso sulla matematica *(2011),*
> *dimostra come gli stessi valori individuati da Calvino [nelle* Lezioni
> americane, *NdA] per la letteratura siano perfettamente attribuibili alla*
> *matematica. Il linguaggio della matematica ha le stesse caratteristiche:*
> *l'atteggiamento scientifico e quello poetico coincidono, entrambi sono*
> *atteggiamenti insieme di ricerca e di progettazione, di scoperta e di*
> *invenzione. Lolli lo dimostra ricorrendo al linguaggio e al senso che*
> *nella matematica hanno i teoremi, le dimostrazioni, i paradossi. Vi sono*
> *stringenti analogie discorsive nei tempi narrativi veloci, tra la*
> *dimostrazione che* $\sqrt{2}$ *è irrazionale,[244] data dai Pitagorici nel VI sec.*
> *a.C., e i racconti polizieschi noir dello scrittore francese Léo Malet*

---

[241] [Dam12], pag. 17.
[242] Dalla prefazione alla seconda edizione di *Che cos'è la matematica?*.
[243] [Dam12].
[244] Ho inserito questa dimostrazione in Appendice D, *Dimostrazioni*. Inoltre questo stesso argomento si presta a diventare una barzelletta: esattamente la barzelletta #3 del paragrafo 8.2, *Barzellette*. Nel paragrafo 8.3, *Barzellette svelate*, la medesima barzelletta viene spiegata e arricchita di particolari.

(1909-1996), ben tre volte trasformati per il cinema. Le analisi prendono in esame la lentezza del Signore degli anelli, *la singolare e profonda relazione di affinità linguistica che lega il matematico David Hilbert al poeta Paul Valéry, la comprensione delle trame dell'assiomatica della teoria degli insiemi di Ernst Zermelo e Abraham Fraenkel e quelle narrative, intriganti e ossessive, dei due giganti Franz Kafka e Robert Musil.*

Contrariamente a quanto ci si accanisce a sostenere dal balcone sempre aperto dell'ignoranza, la cultura è una e i due linguaggi, sempre che siano due, interagiscono e si sostengono mutuamente. Essere colti in uno dei due versanti e ignorante nell'altro fa pendere la bilancia della somma verso l'ignoranza...

Se chiedessimo al cosiddetto "uomo della strada" quali cose ci siano in comune tra Matematica e poesia o teatro, immagino che risponderebbe con qualche riferimento alla metrica e al ritmo delle opere letterarie, che quindi si prestano ad essere strutturate in schemi numericamente e logicamente descrivibili; gli esempi, poi, affiorerebbero alla mente qualora si cercassero termini contenenti numeri: ecco l'endecasillabo, i cento canti della Divina Commedia, i numeri delle pagine su cui si dispiega un'opera letteraria, la poesia *Cinque Maggio* di Alessandro Manzoni e *L'Infinito* di Giacomo Leopardi. Potrebbe accadere che il nostro interlocutore abbia una buona cultura di base, magari accompagnata da una memoria formidabile per quanto riguarda i versi del Sommo poeta, così che dimostrerebbe che davvero la descrizione del viaggio dantesco è sempre ritmata da 11 sillabe, come ad esempio i due versi: «Fatti non foste a viver come bruti, // ma per seguir virtute e canoscenza»[245]. Il nostro amico potrebbe aver approfondito gli aspetti matematici dell'opera di Dante, come abbiamo provato a fare noi nel Paragrafo 6.9, intitolato *Pronti a ricevere da... Dante.* Forse il nostro intervistato potrebbe sapere quanto Lambert-Adolphe-Jacques Quételet, statistico e astronomo belga del XVIII secolo, fosse amante della poesia e del teatro.[246] Mi immagino: quale espressione del viso assumerebbe, il mio interlocutore, a contatto con le parole del poeta Isidore Lucien Ducasse, conte di Lautréamont:

Aritmetica! Algebra! Geometria! Grandiosa trinità! Luminoso triangolo! Colui che non vi ha conosciute è un insensato! Meriterebbe la prova dei massimi supplizi; [...] ma colui che vi conosce e vi apprezza non vuole più nulla dei beni della terra; si accontenta dei vostri magici piaceri [...].[247]

Si divertirebbe, il nostro sodale, compulsando i quattro versi della poesia "L'ombra" del grande poeta-ingegnere Leonardo Sinisgalli, che seguono?

---

[245] Parole pronunciate da Ulisse nel XX canto dell'Inferno. Citazione in [Tof11], pag. 7.

[246] [Liv09], da pag. 177.

[247] Tratto da *I canti di Maldoror.* Citazione in [Dam12], pag. 47.

> *L'ombra di una retta*
> *è sempre una retta;*
> *non è quasi mai un cerchio*
> *l'ombra di un cerchio.*[248]

Forse preferirebbe il divertimento sonoro (aritmetico ma non aritmico) di Aldo Palazzeschi

> *Uno due tre*
> *caffè caffè caffè.*
> *Quattro cinque sei*
> *lei lei lei.*
> *Sette otto nove*
> *piove piove piove.*
> *Zero.*
> *Nero.*[249]

E come reagirebbe, il nostro unico campione statistico, venendo a conoscenza che i classici della letteratura «ci propongono svariati modelli di società matematiche, come l'isola del terzo viaggio di Gulliver, sperduta tra le nuvole e popolata di abitanti goffi e sbadati»[250]?

Potremmo mai instillare, nel nostro uomo della strada, il desiderio di leggere (o rileggere) i grandi autori della letteratura che si sono cimentati nel rapportarsi alla Matematica, come Fëdor Dostoevskij, Jorge Luis Borges, Lewis Carroll, Robert Musil, Raymond Queneau e tanti altri?

Un'idea è emersa sempre più viva, man mano che componevo quest'opera: non solo grandi matematici hanno amato la letteratura; anche grandi letterati hanno amato la Matematica! Proverò a dare qualche lume su questi personaggi nelle pagine che seguono. Ne avevo già scritte parecchie, attingendo alle mie esperienze personali e a vari libri che offrono spunti interessanti, quando mi imbatto, in libreria, in un'opera che mi sembra possa dare un aiuto formidabile: *L'aritmetica di Cupido* di Carlo Toffalori.

Essa contiene un numero cospicuo di riferimenti e citazioni, e inizia[251] proprio introducendo ciò che egli riscontra, in Italia:
> *una rivalità annosa che oppone la cultura scientifica a quella*
> *umanistica. [...] Così anche matematica e letteratura, che possono*

---

[248] [Dam12], pag. 49.
[249] [Dam12], pag. 48.
[250] [Tofl1], seconda di copertina.
[251] [Tofl1], pag. 5.

ritenersi a ragione degne rappresentanti dei due campi avversi, risentono di una distinzione manichea e vengono catalogate come nemiche inconciliabili. Quale delle due debba considerarsi, in questa antitesi, il principio del bene, e quale invece il male assoluto, è presto detto e ognuno può facilmente riscontrarlo per conto proprio. Ma quale ne sia la ragione, se la pigrizia di ascoltare gli argomenti del campo opposto, o la riforma Gentile dell'educazione, o motivi ancora più antichi e radicati, resta un dato di fatto: secondo la mentalità corrente, matematici e letterati se ne stanno rigorosamente separati, gli uni appartati nell'empireo sdegnoso dei loro teoremi, gli altri immersi nel mondo «civile» a ignorarli o dileggiarli – né questa loro avversione manca di radici profonde o autorevoli o si restringe soltanto all'Italia di oggi.

E ancora: Raymond Queneau, nel suo romanzo *Odile*, scrive che in molti circoli culturali, persino nella Francia degli anni '30, si sosteneva che «Le matematiche sono disumane». Sempre nello stesso volume, c'è un botta e risposta tra un poeta e un matematico:

> Matematico: «Lei è senza dubbio di quelli... che si vantano di non capir niente di matematica»
> Poeta: «Per quel che mi riguarda»
> Matematico: «E non la rattrista?»
> Poeta: «Dovrei?»[252]

Anche lo scrittore Andrea Camilleri, in un'intervista[253], avrebbe ammesso senza troppo imbarazzo di non sapere svolgere la somma $2 + 2$, letteralmente.

Eppure Giacomo Casanova – un altro scrittore e poeta, ma conosciuto maggiormente per la sua capacità di seduttore – non disdegnava l'abilità nella logica e nelle operazioni tra numeri, anche perché se ne servì per conquistare la ricca marchesa d'Urfé: fu in grado di violare la segretezza del di lei crittogramma (oggi diremmo: l'ha "craccato") e quindi si ammantò di un'aura di genialità, oltre che di fascino sensuale. Come disse egli stesso: «Quando la lasciai portai con me la sua anima, il suo cuore, la sua mente e quel po' di buon senso che le restava...»[254].

Vi sembra un controesempio poco significativo? Allora leggiamo cosa vergò Thomas Mann in *Altezza Reale*: «La matematica? Non conosco nulla di più divertente. È un gioco dell'aria, per dir così.»[255]

---

[252] [Tof11], pag. 6.
[253] [Tof11], pag. 6.
[254] [Tof11], pag. 8.
[255] [Tof11], pag. 11.

Per dovere di onestà, bisognerebbe riportare qui tutto il "caleidoscopio di opinioni" che pazienti studiosi come Toffalori[256] hanno raccolto. Ma questo libro non può essere troppo ricco di citazioni, quindi mi limito a parlarvi di un libro di Peter Høeg, *Il senso di Smilla della neve*, che non solo serve qui a sostenere la tesi sulla vicinanza di matematica e lettere, ma è utile anche per un tuffo nel mio passato personale. Infatti, quando il libro uscì nel 1992 ottenendo un buon successo, lo comprai e rimasi stupito dei continui riferimenti alla Matematica e alla Geodesia[257].

A quel tempo, ero ignaro del fatto che, nel 2005, avrei conseguito un Dottorato di ricerca proprio in *Geodesia e Geomatica*[258], a sei anni di distanza dalla laurea in ingegneria informatica. Il passaggio che Carlo Toffalori ha inteso recuperare dal lavoro di Høeg è il seguente: «Se qualcuno mi chiedesse che cosa mi rende davvero felice, io risponderei: i numeri. La neve, il ghiaccio e i numeri. E sai perché? Perché il sistema numerico è come la vita umana».

Provo ad allargare la citazione. Ecco un frammento più ampio.

> *«Sai cosa c'è alla base della matematica?» dico. «Alla base della matematica ci sono i numeri. Se qualcuno mi chiedesse che cosa mi rende davvero felice, io risponderei: i numeri. La neve, il ghiaccio e i numeri. E sai perché?» [...]*
>
> *«Perché il sistema numerico è come la vita umana. Per cominciare ci sono i numeri naturali. Sono quelli interi e positivi. I numeri del bambino. Ma la coscienza umana si espande. Il bambino scopre il desiderio, e sai qual è l'espressione matematica del desiderio?» [...]*
>
> *«Sono i numeri negativi. Quelli con cui si dà forma all'impressione che manchi qualcosa. Ma la coscienza si espande ancora, e cresce, e il bambino scopre gli spazi intermedi. Fra le pietre, fra le parti di muschio*

---

[256] [Tofl1], pagine 248, 249 e 250.

[257] La Geodesia è la scienza che ufficialmente studia la forma, le dimensioni e la rappresentazione cartografica del nostro amato pianeta.

[258] Da Wikipedia: Geomatica è un neologismo di recente diffusione che riguarda le varie discipline per lo studio del territorio e dell'ambiente e sottolinea il ruolo determinante che oggi ha l'Informatica negli sviluppi delle relative attività. Si tratta dell'approccio sistemico integrato multidisciplinare per selezionare gli strumenti e le tecniche appropriate per acquisire (in modo metrico e tematico), integrare, trattare, analizzare, archiviare e distribuire dati spaziali georiferiti con continuità in formato digitale. Alla geomatica afferiscono la topografia nei suoi aspetti più aggiornati collegati alle tecniche di misurazione con strumenti elettronici (stazioni totali, laser scanner, ecc.), ai metodi di analisi dei dati, al posizionamento satellitare, ecc.), la fotogrammetria digitale, il telerilevamento da aerei e satelliti, la cartografia numerica, i sistemi informativi territoriali, la geostatistica e i geoservizi.
Il termine Geomatica (geos: Terra, matica: Informatica) è stato coniato all'inizio degli anni ottanta all'Università Laval in Canada, abbracciando il principio che l'incremento delle potenzialità del calcolo elettronico generava un nuovo approccio nel rilevamento e nella rappresentazione del territorio: la georeferenziazione con coordinate piane e altimetriche di ciascun elemento posto sulla superficie terrestre.

sulle pietre, fra le persone. E fra i numeri. Sai questo a cosa porta? Alle frazioni. I numeri interi più le frazioni danno i numeri razionali. Ma la coscienza non si ferma lì. Vuole superare la ragione. Aggiunge un'operazione assurda come la radice quadrata. E ottiene i numeri irrazionali.» [...]

«È una sorta di follia. Perché i numeri irrazionali sono infiniti. Non possono essere scritti. Spingono la coscienza nell'infinito. E addizionando i numeri irrazionali ai numeri razionali si ottengono i numeri reali.» [...]

«Non finisce. Non finisce mai. Perché ora, su due piedi, espandiamo i numeri reali con quelli immaginari, radici quadrate dei numeri negativi. Sono numeri che non possiamo figurarci, numeri che la coscienza normale non può comprendere. E quando aggiungiamo i numeri immaginari ai numeri reali abbiamo i sistemi numerici complessi. Il primo sistema numerico all'interno del quale è possibile dare una spiegazione soddisfacente della formazione dei cristalli di ghiaccio. È come un grande paesaggio aperto. Gli orizzonti. Ci si avvicina a essi e loro continuano a spostarsi. È la Groenlandia, ciò di cui non posso fare a meno! È per questo che non voglio essere rinchiusa.»

Sono finita davanti a lui.

«Smilla» dice. «Posso baciarti?»

Volutamente mi sono fermato qui: sembra proprio che anche una ragazza della Groenlandia possa sedurre tramite la Matematica, così come fece Casanova; oppure, forse, la proposta del bacio è un modo per interrompere argomentazioni che possono riuscire noiose?

6.2 La πoesia della Szymborska

> *Non ho difficoltà a immaginare*
> *un'antologia dei più bei frammenti*
> *della poesia mondiale in cui*
> *trovasse posto anche il teorema di*
> *Pitagora. Li c'è [...] una grazia*
> *che non a tutti i poeti è stata*
> *concessa.*
> Wislawa Szymborska[259]

> *Le strutture del matematico, come*
> *quelle del pittore o del poeta,*
> *devono essere belle; le idee, come i*
> *colori o le parole, devono*
> *accordarsi armoniosamente. La*
> *bellezza è il primo test: non c'è*
> *posto permanente nel mondo per la*
> *matematica brutta. [...] Può essere*
> *difficilissimo definire la bellezza*
> *matematica, ma come definire*
> *qualunque altro genere di*
> *bellezza; se possiamo non sapere*
> *che cosa intendiamo per una bella*
> *poesia, questo non ci impedisce di*
> *riconoscerne una quando la*
> *leggiamo.*
> Godfrey Harold Hardy[260]

Non so perché la poetessa polacca Wislawa Szymborska non abbia la celebrità che merita. Ha scritto poesie di straordinarie bellezza e semplicità; poi ha ritirato il premio Nobel per la letteratura (nel 1996) accompagnandosi con un discorso davvero umile, oltreché arguto e ironico[261].

Anche alcuni giganti della Matematica hanno vissuto coltivando l'umiltà. Oltre a John Nash (di cui abbiamo parlato a proposito del film *A beautiful mind*), mi vengono

---

[259] [Dam12], pag. 47.
[260] [Hof99], pag. 23.
[261] Consiglio di leggere l'intero testo del discorso. Lo si può trovare in italiano nel libro [Szy04], oppure sul web, in inglese, presso il sito:
http://nobelprize.org/nobel_prizes/literature/laureates/1996/szymborska-lecture.html

in mente Niels Henrik Abel e Évariste Galois, due stelle straordinarie del firmamento della Matematica. Il primo fu ricordato dai suoi amici (nel 1829) con un necrologio che finisce con queste parole:

> *Non fu solo il suo grande talento a [...] rendere la sua perdita infinitamente deplorevole. Si distinse sia per la purezza e la nobiltà del suo carattere, sia per la singolare modestia che faceva apprezzare la sua persona tanto quanto il suo genio.* [262]

Galois, invece, benediceva la modestia cercando di redimere l'ambiente scientifico del suo tempo:

> *Quando la competizione, cioè l'egoismo, non dominerà più nel mondo delle scienze e quando ci si assocerà per ragioni di studio, e non per inviare pacchetti sigillati alle accademie, le persone saranno ansiose di pubblicare anche i minimi risultati, purché nuovi, aggiungendo: "Non conosco il resto".* [263]

Anche un famoso matematico brasiliano, noto con lo pseudonimo di Malba Tahan, scrisse alla fine del secolo scorso: «La Matematica insegna all'uomo l'umiltà e l'obbiettività; essa è il fondamento di tutte le scienze».[264]

Contributi molto recenti ci arrivano pure da autori a noi contemporanei come Furio Hansell e Carlo Toffalori. Il primo, già professore di Informatica nell'università di Udine, prima di diventarne sindaco, evidenzia – in un divertente libro divulgativo sulla Matematica[265] – l'importanza dell'umiltà quale ottima compagna nel cammino della vita in generale e in quello scientifico in particolare.

Toffalori ci mette in guardia contro la superbia a più riprese: dapprima, citando *Micromega* di Voltaire, dove «gli infinitamente piccoli» abitanti della Terra «hanno un orgoglio infinitamente grande»[266]. In seguito, con un lungo testo, spiega le proprie emozioni di fronte agli uomini geniali e agli uomini semplici ma comunque dotati di una straordinaria "luce":

> *so d'aver spesso incontrato nelle cose di matematica colleghi così brillanti e profondi che quei risultati, che a me costavano giorni di studio e fatica, loro erano capaci di vederli in un attimo, che una soluzione, che a me sfuggiva ostinata, loro sapevano buttartela lì, sotto gli occhi, quasi senza pensarci, tanto sottile e superiore era la loro intelligenza; di non aver mai capito quale virtù o genio li ispirasse; ma di aver toccato con mano che le cose andavano proprio così, che la loro*

---

[262] [Liv05], pag. 145.
[263] [Liv05], pag. 177.
[264] [Tah96], pag. 58.
[265] [Han07], pag. 19.
[266] [Tof11], pag. 108.

*mente era di un altro livello rispetto alla mia e a me non restava altro
che prenderne atto e godere anch'io di quella luce, finché possibile.*

*E allo stesso modo so d'aver incontrato, io che mi ingegno di
accumulare citazioni di Shakespeare, Dante e Dostoevskij e mi illudo
per questa via di mostrare la mia confidenza con le lettere, d'aver
dunque incontrato persone che erano colte davvero, e di un altro,
superiore livello, signori della frase e del pensiero, cui non occorreva
riempirsi la bocca di aforismi altrui per mostrare la loro levatura e la
ricchezza del loro sapere; di non aver compreso neppure in questo caso
quale magia, o costanza di studio e applicazione comunicasse loro
quello stile e quella apertura mentale; ma di aver preso atto, e con
meraviglia, che così era e non poteva essere altrimenti; e, al loro
confronto, d'essermi un po' vergognato del mio dilettantismo.*

*Ma, ancora allo stesso modo, so di aver incontrato persone — anime, se
è lecito dire anime — limpide e trasparenti, come sa esserlo solo il cielo
di montagna; non professori, o uomini di cultura; semplici, invece, e di
fede; sereni anche di fronte alle disgrazie; di non aver mai capito da
dove venissero loro quella fiducia e quella forza e quale miracolo gliele
concedesse; di avere invidiato, questo sì, quelle loro «virtù», purtroppo
senza mai condividerle; tuttavia d'averle avvertite, chiare e
inequivocabili, seppure segnali di un mondo e di una sensibilità a me
lontani; di non poterle giudicare, come non mi sogno di valutare quelle
menti e culture che vedo enormemente più brillanti e profonde di me;
d'avvertirne comunque forse imbarazzo, e certamente ammirazione.*[267]

La consapevolezza della propria limitata conoscenza è, secondo la Szymborska, un
atto di sincerità e al tempo stesso il motore della creatività, dell'innovazione e del
progresso culturale (anche scientifico):

*[...] Per questo apprezzo tanto due piccole paroline: "non so". Piccole,
ma alate. Parole che estendono la nostra vita in territori che si trovano
in noi stessi e in territori in cui è sospesa la nostra minuta Terra. Se
Isaac Newton*[268] *non si fosse detto "non so", le mele nel giardino
sarebbero potute cadere davanti ai suoi occhi come grandine e lui, nel
migliore dei casi, si sarebbe chinato a raccoglierle, mangiandole con
gusto. Se la mia connazionale Maria Sklodowska Curie non si fosse
detta "non so" sarebbe sicuramente diventata insegnante di chimica per
un convitto di signorine di buona famiglia, e avrebbe trascorso la vita
svolgendo questa attività, peraltro onesta. Ma si ripeteva "non so" e
proprio queste parole la condussero, e per due volte, a Stoccolma, dove
vengono insignite del premio Nobel le persone di animo inquieto ed*

[267] [Tof11], pag. 231.
[268] Torneremo su Isaac Newton (e sulla sua dichiarazione di presunta umiltà) nel Paragrafo 6.7,
intitolato *Alexander Pope e Isaac Newton sulle spalle di giganti... pianeti.*

eternamente alla ricerca. Anche il poeta, se è vero poeta, deve ripetere di continuo a se stesso "non so". [...][269]

Questa donna ricca di talento ha scritto anche una poesia sul *Pi greco*. Sì, proprio la costante numerica, indicata con il simbolo π, che a scuola ci avevano insegnato essere pari a 3,14 e tramite la quale venivamo invitati a calcolare perimetro e area del cerchio, oppure superficie e volume della sfera. Un insegnante più onesto dovrebbe almeno mostrare qualche decina di decimali, come la seguente rappresentazione:

3,141592653589793238462643383279502884197169399375105820974944592307816406286208998628034825342117067982148086513282306647093844609550582 2317253594081284811174502841027...

Nel 1882 il matematico tedesco Ferdinand von Lindemann dimostrò che Pi greco è un numero *trascendente*: la sequenza dei decimali è in perenne espansione e non presenta mai una ricorrenza periodica. Potreste comunque voler memorizzare la parte iniziale di questo treno di cifre apparentemente casuali. Ci sono vari trucchi:

> *Per tenere a mente un valore approssimato del π in numero decimale sono stati escogitati vari artifici mnemonici. Il matematico francese Maurice Decerf, grande ricercatore di curiosità, scrisse un breve poema in cui ogni parola, per il numero di lettere che comprendeva, corrispondeva a una cifra del numero π espresso in decimali. Ecco i primi due versi: «Que j'aime à faire connaitre un nombre utile aux sages Glorieux Archimède artiste ingenieux». Contando il numero di lettere di ogni parola a partire dal Que iniziale si otterrà l'inizio dell'espressione decimale del π: 3,14159265358979. Il bizzarro poema di Decerf, considerato per intero, dà il valore del π con centoventisei cifre decimali. In queste prime centoventisei cifre decimali appare undici volte lo zero: per esprimerlo, l'ingegnoso poeta fece ricorso a parole di dieci lettere.*
>
> *Per memorizzare il valore del π esistono artifici simili anche in lingua spagnola, tedesca e inglese. In portoghese la frase più semplice che può servire allo scopo è la seguente: Sou o melo e temor constante do menino vadio (`Son paura e timor costante del bambino vagabondo').[270]*

Possiamo usare anche delle frasi in italiano, per lo stesso scopo: «Ave o Roma o Madre gagliarda di latine virtù che tanto luminoso splendore prodiga spargesti con la tua saggezza»; oppure «Che n'ebbe d'utile Archimede da ustori vetri sua summa scoperta ?». Comunque ricordiamo che oggi ci sono le tecnologie che ci permettono di ottenere, senza sforzo, il valore di pi greco con grandissima precisione. Invece

---

[269] [Szy04], pag. 17.
[270] [Tah96], pag. 201.

quindi di spremere le meningi per ricordare, possiamo rilassarci per lasciarci rapire dalla poesia. Eccola[271].

PI GRECO

È degno di ammirazione il Pi greco
Tre virgola uno quattro uno.
Anche tutte le sue cifre successive sono iniziali,
cinque nove due, poiché non finisce mai.
Non si lascia abbracciare *sei cinque tre cinque*
                                 dallo sguardo,
otto nove dal calcolo,
sette nove dall'immaginazione,
e nemmeno *tre due tre otto* dallo scherzo, ossia
                                   dal paragone
quattro sei con qualsiasi cosa
due sei quattro tre al mondo.
Il serpente più lungo della terra dopo vari metri
                                   s'interrompe.
Lo stesso, anche se un po' dopo, fanno
                               i serpenti delle fiabe.
Il corteo di cifre che compongono il Pi greco
Non si ferma sul bordo della pagina,
è capace di srotolarsi sul tavolo, nell'aria,
attraverso il muro, la foglia, il nido, le nuvole,
                                diritto fino al cielo,
per quanto è gonfio e senza fondo il cielo.
Quanto è corta la treccia della cometa, proprio
                                 un codino!
Com'è tenue il raggio della stella, che si curva
                                 a ogni spazio!
E invece qui *due tre quindici trecentodiciannove*
il mio numero di telefono il tuo numero di collo
l'anno millenovecentosettantatré sesto piano
il numero degli inquilini sessantacinque centesimi
la misura dei fianchi due dita sciarada e cifra
in cui *vola e canta usignolo mio*
oppure *si prega di mantenere la calma,*
e anche *la terra e il cielo passeranno,*
ma non il Pi greco, oh no, niente da fare,
esso sta lì con il suo *cinque* ancora passabile,
un *otto* niente male,

---

[271] [Szy04], pag. 143.

un *sette* non ultimo,
incitando, ah, incitando l'indolente
eternità
a durare.

La poetessa, come i buoni matematici sanno, ci ricorda che Pi greco è un numero irrazionale[272].

Cosa significa questo, in parole povere? Significa che se considero la lunghezza di una circonferenza qualsiasi e la lunghezza del suo diametro, non troverò mai una unità di misura che vada bene per ricoprire interamente entrambe le due lunghezze! In altre parole: il rapporto fra le due lunghezze è un po' più di 3, ma non è possibile conoscere perfettamente questo numero.

Come ci ricordano varie fonti[273], non esiste una frazione semplice, come 22 / 7, che corrisponda esattamente a pi greco, poiché le sue cifre continuano all'infinito, senza regolarità o alcuno schema che si ripeta![274] Quindi contiene tutti i numeri di telefono del mondo e, se codificassimo lettere con numeri, tutte le opere letterarie che si possano produrre.

Vediamo come si è evoluto nel tempo, questo simbolo essenziale della Matematica:
- [4000-2000 AC] Secondo gli antichi Egizi era pari a $16^2/9^2$, cioè 3,16 se ci si arresta alla seconda cifra decimale, ossia la prima a essere sbagliata.[275] Tali informazioni si ritrovano nel famoso "Papiro di Rhind", uno dei più datati documenti della storia della Matematica.[276] Nelle piramidi egizie, il perimetro di base è 2π volte l'altezza, ovvero: la circonferenza di un cerchio avente come raggio l'altezza della piramide è lunga quanto la base.

- [1500 AC circa] Nella Bibbia, in particolare nel *Libro dei re* e nel *Libro delle Cronache*, π è dato come 3, ossia un numero intero.[277] Possiamo riportare un passo preciso dal *Libro dei re*: «Fece un bacino di metallo fuso di dieci cubiti da un orlo all'altro, rotondo; la sua altezza era di cinque cubiti e la sua circonferenza di trenta cubiti». Si fa dunque riferimento a un minuscolo pozzo per lavarsi (probabilmente riservato ai sacerdoti egizi) avente sezione circolare:

---

[272] Per i più rigorosi: è un numero *irrazionale* e in particolare è *trascendente*, come mostreremo in Appendice N, intitolata *I numeri*.
[273] [Bal05], pagine 17, 42, 63, 76. [Pap02], pagine 30, 31. [Sau07], pagina 205.
[274] Una curiosità: 22 / 7 è la mia data di nascita: 22 luglio!
[275] [Bal05], pag. 42; [Pap02], pag. 30; [Tah96], pag. 200.
[276] [Tah96], pag. 200. Oppure: http://it.wikipedia.org/wiki/Papiro_Rhind
[277] [Pap02], pag. 30.

dividendo la circonferenza di 30 cubiti per il diametro di 10 cubiti (trovati misurando da un orlo all'altro) si ottiene appunto il valore 3 intero.[278]

- [1650 AC] Uno scriba egizio di nome Ahmes riusce a calcolare il numero fino alla sesta cifra decimale. I risultati di Ahmes però non ebbero molto seguito.[279]

- [250 AC] Il filosofo greco Archimede, tramite poligoni di 96 lati (probabilmente disegnati sulla sabbia!), stabilì che era compreso tra 3+1/7 (cioè 223/71 ≈ 3,140845) e 3+10/71 (cioè 220/70 ≈ 3,142857), indovinando tre decimali (poiché il valore medio tra i due valori è circa 3.1419, ossia indovinando le prime 3 cifre decimali). Il metodo si può descrivere graficamente con poligono inscritti e circoscritti alla circonferenza.[280]

- [150 AC] Tolomeo ne calcola un valore approssimato[281]: 3,1416.

- [800 DC circa] Muhammad ibn Musa al-Khwarizmi manifesta i suoi dubbi circa la correttezza dei risultati raggiunti da Archimede e dai suoi successori circa il calcolo della costante sfuggente.[282]

- [XII Secolo] Bhaskara II (che abbiamo già incontrato nella sezione 4.12) stima π pari a 3+17/120, ossia 3,1416.[283]

- [XIV Secolo] Nei primi anni del '300, Dante Alighieri si riferisce al π nella sua *Comedìa*, come vedremo nel paragrafo 6.9, per indicare un mistero sfuggente simile alla quadratura del cerchio.

- [XVI Secolo] Il matematico olandese Adrian Anthonisz (1527-1607) detto Metius da Metz, sua città natale, avrebbe proposto la frazione 355/113 per approssimare la costante sfuggente.[284]

- [XVI Secolo] Ludolph van Ceulen[285] spese gran parte della sua vita nel calcolo di π usando essenzialmente l'algoritmo usato da Archimede per approssimare la circonferenza con dei poligoni regolari arrivando ad usare poligoni con 2 miliardi di lati. Nel libro *Sul cerchio*, del 1596, espresse le prime 20 cifre decimali della famosa costante. In seguito riuscì a calcolare anche le successive

---

[278] [Tah96], pag. 200.

[279] [Tah96], pag. 200. Oppure:
http://www.corriere.it/scienze/10_marzo_14/pi-greco-compleanno_593a9a2c-2f90-11df-a29d-00144f02aabe.shtml

[280] [Bal05], pag. 42.

[281] [Pap02], pag. 30.

[282] [Tah96], pag. 83.

[283] [Tah96], pag. 201.

[284] [Tah96], pag. 201.

[285] [Bal05], pag. 42.

15 cifre. Poiché non riuscì a pubblicarlo in vita, desiderò che 3.14159265358979323846264338327950288 fosse inciso sulla sua tomba (tra l'altro smarrita e poi ritrovata nel 2000). π viene talvolta chiamato anche *Costante Ludolphina* in suo onore.[286]

- [1706] L'astronomo inglese John Machin[287] scopre una formula molto complessa per trovare le prime 100 cifre decimali:

$$\frac{\pi}{4} = 4\,arctg\frac{1}{5} - arctg\frac{1}{239}$$

- Il vantaggio di questa formula è di essere rapidamente convergente. Deriva dalla formula di Leibniz[288] (si noti l'alternanza dei segni), che converge molto più lentamente:

$$\frac{\pi}{4} = \sum_{n=0}^{+\infty} \frac{(-1)^n}{2n+1} = 1 - \frac{1}{3} + \frac{1}{5} - \frac{1}{7} + \dots$$

Anche una formula con le frazioni continue ebbe grande fortuna in quel periodo[289]:

$$\frac{\pi}{4} = \cfrac{1}{1 + \cfrac{1^2}{2 + \cfrac{3^2}{2 + \cfrac{5^2}{2 + \cfrac{7^2}{\dots}}}}}$$

Queste, ed altre formule derivate, sostituirono il metodo di approssimazione di Archimede, divenendo la base per il calcolo di π fino all'avvento del computer.[290] Per stabilire la potenza dei calcolatori (supercomputer) si misurano i tempi necessari per svolgere tali calcoli.

- [1761-1767] Il tedesco Johann Heinrich Lambert (1728-1777) dimostra che π non è rappresentabile da una frazione.[291] Trovò comunque la pazienza di precisare una frazione approssimante con un numeratore di 16 cifre e un denominatore 15 cifre.[292]

---

[286] http://it.wikipedia.org/wiki/Ludolph_van_Ceulen
[287] [Bal05], pag. 43.
[288] [Tah96], pag. 202.
[289] [Pap02], pag. 31.
[290] http://it.wikipedia.org/wiki/John_Machin
[291] [Sau07], pag. 205. Anche:
http://www.corriere.it/scienze/10_marzo_14/pi-greco-compleanno_593a9a2c-2f90-11df-a29d-00144f02aabe.shtml
[292] [Tah96], pag. 201.

- [1873] Il matematico inglese William Shanks[293] passa 15 anni a cercare le prime 707 cifre, ma indovina solo le prime 527.

- [1882] Si dimostra che π è un numero che non può essere ricavato neppure come la soluzione a una delle equazioni che Cardano e gli altri studiosi a lui coevi cercavano di risolvere. Leibniz denominò tali numeri *trascendenti*, per il loro carattere elusivo. [294]

- [1897] Lo stato dell'Indiana (USA) tenta di approvare una legge che stabilisce che π vale 3,2. Il mondo avrebbe così pagato allo Stato i diritti per usare tale valore. Un matematico fece notare l'assurdità della cosa, quindi poi non se ne fece niente.[295]

- [1987] L'osservatorio di San Francisco istituisce il «Pi day» nel giorno 14 marzo, proprio perché in USA tale data si scrive come 3.14. Concidenza vuole che tale giorno sia anche il compleanno di Albert Einstein.[296] Nel 2009 il Congresso americano ha consacrato il 14 marzo come giornata del π con un voto quasi unanime dei parlamentari.

- [XX secolo] Il genio prodigioso indiano Srinivasa Aiyangar Ramanujan intuì un'enorme quantità di formule su π, poi rivelatesi dimostrabili da altri studiosi. Ad esempio[297]:

$$\frac{1}{\pi} = \frac{2\sqrt{2}}{9801} \sum_{0}^{+\infty} \frac{(4n)!(1103 + 26390\,n)}{(n!)^4 396^{4n}}$$

- [1950] Nel libro *Les Mathématiques et l'Imagination*, pubblicato a Parigi, ad opera dei matematici Edward Kasner e James Newman, si riporta[298]:

    Ricorrendo alle serie convergenti, Abraham Sharp nel 1669 calcolò il π con settantuno decimali. Dase, calcolatore rapido come un lampo, sotto la guida di Gauss calcolò, nel 1824, il numero π con duecento decimali. Nel 1854 il tedesco Richter arrivò a trovarne cinquecento e Shanks, algebrista inglese, si guadagnò un posto immortale nell'olimpo dei geometri determinando per il numero π settecentosette cifre decimali.

In seguito, in una nota del suo libro, il matematico francese F. Le Lionnais mutila e oscura impietosamente la gloria di Shanks scrivendo che i suoi calcoli,

---

[293] [Bal05], pag. 43.

[294] [Sau07], pag. 205.

[295] [Bal05], pag. 43.

[296] http://www.corriere.it/scienze/10_marzo_14/pi-greco-compleanno_593a9a2c-2f90-11df-a29d-00144f02aabe.shtml

[297] http://it.wikipedia.org/wiki/Srinivasa_Ramanujan

[298] [Tah96], pag. 202.

dalla cinquecentoventottesima cifra in poi, erano errati, proprio come abbiamo segnalato sopra, relativamente all'anno [1873].

- [XX secolo] il matematico ungherese George Polya (1887 – 1985) escogita la frase «How I need a drink, alcoholic of course, after the heavy chapters involving quantum mechanics!»[299]. Contando il numero delle lettere che compongono ogni parola, si scandisce la sequenze delle cifre di π: 3,14159265358979. La traduzione italiana, che naturalmente fa perdere la connessione con il pi greco, è: «Quanto ho bisogno di bere, qualcosa di alcolico ovviamente, dopo i pesanti capitoli sulla meccanica quantistica!».

- [1998] La Givenchy, azienda francese (nata nel 1952) che produce capi di abbigliamento, accessori, profumi e cosmetici, crea il profumo per uomo denominato "Pi Greco".

- [2004] Yasumasa Kanada, di Tokyo, usa il computer per trovare i primi 1,24 trilioni di cifre.[300]

- [2006] Akira Haraguchi ha recitato pubblicamente per oltre 16 ore ben 100 mila decimali. Per farlo ha cominciato alle 9 del mattino e ha proseguito, senza errori, fino all'una e trenta di notte.[301]

- [2012] Nel film *Vita di Pi* (*Life of Pi*), il protagonista, un giovane indiano di nome Piscine Molitor Patel, decidere di abbreviare il proprio appellativo in Pi (in modo da scongiurare gli insulti dei compagni di scuola) e, per corroborare questo *nickname* nella loro mente, memorizza numerose cifre di π. In una divertente scena si vede proprio lui mentre elenca in ordine tutte le cifre, sotto l'incitazione dei compagni e la supervisione di uno di loro che controlla simultaneamente su un manuale la correttezza delle cifre.

La Costante Ludolphina (detta anche Costante di Archimede) si ritrova pure in diversi argomenti di Teoria della probabilità e Statistica. Ad esempio, la probabilità che due numeri interi scelti a caso siano primi tra loro[302] è $\frac{6}{\pi^2}$ (risultato ottenuto nel 1904 da R. Charles[303]), ossia circa il 61%.

La sua utilità è diffusissima, specialmente per scienziati e ingegneri:

---

[299] http://it.wikipedia.org/wiki/George_Polya
[300] [Bal05], pag. 43.
[301] http://www.corriere.it/scienze/10_marzo_14/pi-greco-compleanno_593a9a2c-2f90-11df-a29d-00144f02aabe.shtml
[302] La definizione di *numeri primi tra loro* è in Appendice N, intitolata *Numeri*.
[303] [Pap02], pag. 31.

> *Ogni cosa circolare (come un barattolo di fagioli) e ogni cosa che si muove in modo circolare (come una ruota o un pianeta) si può ricondurre a π. Senza di esso, gli uomini non potrebbero capire l'orbita dei pianeti né sapere quanti fagioli contiene un barattolo».*[304]

E ancora, secondo un altro autore:

> *È sbalorditivo scoprire la versatilità di π, che attraversa l'ampio spettro della geometria, del calcolo infinitesimale e del calcolo delle probabilità. Si ritrova in fisica, biologia e in tutto ciò che è segnale periodico (persino nel calcolo delle onde marine).*[305]

---

[304] [Bal05], pag. 43.
[305] [Pap02], pag. 31.

6.3 Omar Khayyam, un eclettico che studia fenomeni eclittici

> *Ah, amore! Tu e io cospiriamo con il fato*
> *per afferrare questo mesto schema delle cose tutte,*
> *perché non farlo a pezzi... e poi*
> *ricomporlo più vicino ai desideri del cuore?*
> 'Umar Khayyām[306]

Nella cultura occidentale, arguti e importanti personaggi hanno evidenziato la felicità che prova colui che è padrone tanto dei numeri quanto delle lettere. Tanto per fare qualche esempio:

> *È proprio nella sintesi tra matematica e poesia che risiedono il genio e l'ingegno.*
> *La lettera rubata* di Edgar Allan Poe[307]

> *Per il linguaggio accade come per le formule matematiche [...che...] costituiscono un mondo a sé, giocano solo con sé stesse, non esprimono altro che la loro meravigliosa natura.*
> Novalis[308]

> *L'autentico piacere, l'esaltazione, il senso di essere qualcosa di più di un uomo... si ritrovano nella matematica con altrettanta certezza che nella poesia.*
> *Lo studio della matematica* di Bertrand Russell[309]

Difficile è quindi dare torto a Carlo Toffalori, quando afferma che la «La poesia, dunque, si combina provvidenzialmente coi numeri, come un gioco di intarsio combinatorio»[310].

Possiamo trovare anche nella cultura orientale una percezione analoga su Matematica e Poesia? Permettetemi di presentarvi un personaggio sorprendente: fu tanto un grande scienziato, quanto un eccezionale poeta e filosofo. Un carattere grintoso e controcorrente: visse in Persia (oggi dovremmo dire Iran), dal 1048 al 1131, in una condizione dove l'Islam è l'unica religione ed è l'unica legge. Egli osa attenersi al proprio pensiero e quindi non sempre si conforma alla società in cui vive.

---

[306] Poesia tratta dalla raccolta *Quartine*, il cui autore ha nome latinizzato in Omar Khayyam.
[307] [Tofl1], pag. 12.
[308] [Tofl1], pag. 12.
[309] [Tofl1], pag. 13.
[310] [Tofl1], pag. 13.

Questo spirito libero non rinuncia a manifestare la sua sensibilità e a coltivare i suoi piaceri; non seppe mai che, dopo la sua morte, avrebbe scosso milioni di coscienze, grazie ai suoi pensieri filosofici e, soprattutto, per mezzo delle sue "Quartine" (tale è il significato della parola araba Rub'ayyāt, latinizzata in Rubaiyyat, che è anche il titolo della raccolta dei componimenti poetici a lui attribuiti).

Non a caso, tali versi – commentati persino da Mark Twain ed Ezra Pound – stimolarono il confronto tra il Cristianesimo puritano e il secolarismo, soprattutto nei Paesi anglosassoni a cavallo del XIX e del XX secolo.

Per inquadrare meglio la figura, si può ricorrere a una monografia su di lui, scritta da Mehdi Aminrazavi[311]:

> *C'è un'incomprensione della natura del pensiero di Omar Khayyam, [...] In qualche modo [egli] è emerso come il profeta degli edonisti, degli agnostici e degli atei; ed è stato acclamato da altri come un libero pensatore, il "Voltaire orientale" del mondo islamico, le cui ciniche prospettive sulla religione lo resero l'eroe dell'Europa del XIX secolo. [Ma] L'immagine stereotipizzata di questo grande filosofo-scienziato [...] è una pura distorsione [...], solidificata dal senso vittoriano delle esotiche, romantiche e spesso erotiche nozioni che sono annesse all'Oriente, nozioni che la poesia di Khayyam, riguardo a vino e donne, tende a rafforzare. [Pertanto] La presentazione di un serio pensatore come Omar Khayyam al lettore occidentale, e la depurazione della sua immagine infangata, costituiscono, quindi, il mio obiettivo primario. [...] Le sue poesie mandano un potente messaggio rinfrescante: vivere è vivere in un'eterna presenza. Il dolore e la tristezza del passato e le preoccupazioni per il futuro, comunque, ci impediscono di sperimentare il qui e ora; da qui, il ripetuto sollecito di Khayyam sulla transitorietà della vita. Vedere la vita come un fiume che è in un costante stato di flusso, Khayyam ci dice, è un rimedio all'essere continuamente colpiti dalle spietate forze della vita.*

Ci pensate? In quei tempi e in quei luoghi, «Khayyam sfidò le dottrine religiose, alluse all'ipocrisia del clero, gettò il dubbio su quasi ogni sfaccettatura dei riti religiosi e sostenne un nuovo umanesimo. [...Promosse...] il libero pensiero, [...] lo spiritualismo e il vivere nel "qui e ora"».[312]

E ancora:

> *Molte delle quartine di Khayyam, se considerate letteralmente, si prestano a credere alla prospettiva dell'edonista. Ma gli studiosi occidentali di Khayyam hanno completamente trascurato i suoi lavori*

---

[311] [Ami07], pagine dell'introduzione.
[312] Ibidem.

filosofici. Contrariamente al Ruba'iyyat (la cui paternità di alcuni versi è in qualche modo stata messa in dubbio), gli scritti filosofici e scientifici, ciascuno dei quali inizia con una lode a Dio e al profeta Maometto e finisce con saluti e preghiere, sono attribuiti decisamente a lui.

Inoltre, il vero tessuto del suo pensiero filosofico, che generalmente ha ricevuto poca attenzione sia in Oriente che in Occidente, chiaramente indica che Khayyam era ben inserito in un paradigma filosofico monoteistico molto similmente al suo predecessore Avicenna che egli chiama "suo maestro". Soprattutto, c'è l'ultimo giorno della sua vita, la scena della sua morte, che è stata ritratta in qualche dettaglio. Si tramanda che Khayyam pronunciò le sue preghiere islamiche durante tutto il giorno precedente alla sua morte.

Questa figura storica è così complessa che ha spinto qualcuno (ad esempio, l'eminente studioso iraniano Muhit Tabatabai) a ritenere che vi sia più di un Omar Khayyam: quello teista, aderente quindi alla fede, e quello agnostico-edonista, incurante della spiritualità e interessato essenzialmente alla ricerca del proprio benessere.

Questo potrebbe spiegare come mai un tale ribelle sia vissuto così tanto, in un periodo e in un luogo che tendeva a reprimere pensieri liberali come il suo; ma forse la sua longevità si può spiegare con il proverbio arabo che recita "Gli arabi non perdonano le loro mogli e i loro cavalli, ma perdonano i poeti": la licenza poetica può avergli risparmiato la collera degli ortodossi.

Altri osservatori hanno visto in Khayyam venature di sufismo (il misticismo islamico), sostenendo che egli fosse

> *un mistico che si affidava spesso all'allegoria, alla metafora e al simbolismo; e come molti altri grandi maestri Sufi, se il simbolismo esoterico delle sue quartine è compreso correttamente, un differente Khayyam emerge, la cui padronanza della gnosi e dell'esoterismo impressionerà l'intelletto di coloro che sono familiari con la tradizione spirituale del Sufismo.*

Di certo egli non era un Sufi come Hallaj, Rumi o Ahmad Ghazzali: «In base alle prove attuali, Khayyam non aveva un maestro spirituale, non apparteneva a un ordine Sufi; nessun suo biografo ha riportato una affiliazione al sufismo»; ma comunque ammise in un suo lavoro ("*Sulla conoscenza dei principi dell'esistenza*"):

> *I Sufi sono coloro che non cercano la conoscenza intellettualmente o verbalmente ma pulendo il loro sé interiore e il purgare i loro comportamenti ha ripulito la loro anima razionale dalle impurità della natura e dal corpo fisico. Quando la sostanza [l'anima] è purificata e diventa un riflesso del mondo spirituale, le forme in tale condizione sono*

davvero svelate senza alcun dubbio o ambiguità. Questo è il migliore di tutti i cammini.

Qualcuno ha avanzato persino ipotesi davvero improbabili: che Khayyam non sia stato davvero l'autore delle *Quartine* oppure che egli fosse un nazionalista persiano. Ma, secondo gli studi approfonditi di Aminrazavi,

La sua penna matura, il suo intelletto eccezionale e la sua implacabile ricerca di risposte a domande filosofiche ed esistenziali hanno prodotto una persona il cui nettare di saggezza trasuda da ogni fibra del suo essere sia poeticamente che filosoficamente.

Khayyam non era un Sufi praticante, sebbene non si opponesse ad esso; non era un musulmano ortodosso, sebbene professasse l'Islam e rispettasse la legge religiosa (shari'ah) nella sua vita personale; neppure era un semplice scienziato come Biruni e Khwarazmi poiché rimase attento a molti altri domini di conoscenza. Egli era un esemplare del miglior dono che un uomo possiede – nous (intelletto) – che egli applicò così abilmente attraverso i suoi lavori scientifici. Allo stesso tempo, egli dimostrò l'applicazione della sophia *(saggezza), non solo nella sua ristretta accezione razionale, ma come essa compete alla vita stessa e ai dilemmi esistenziali verso cui gli uomini sono esposti.*

Khayyam era un filosofo e le sue quartine erano una cronaca filosofica sulla vita e sulla condizione umana. Egli non vedeva il dubbio e la perplessità come il contrario della fede, ma piuttosto come parte del processo di essere (un) umano, un processo infinito di intellezione tra i due poli esistenziali della vita dell'uomo: ragione e fede.

A dispetto delle fonti testuali e biografiche disponibili, una risposta decisiva e definita della questione e della ricerca del "Khayyam storicamente vero" non è né possibile né prudente per i nostri scopi. [...] Non si può stabilire con certezza l'esatto carattere e il pensiero del "Khayyam storico". Ciò che può essere detto, comunque, è che un modello "aut/aut" per avvicinarsi a lui – che sia un edonista-agnostico, un devoto musulmano o un maestro Sufi – è una prospettiva fallace che può essere rifiutata. [...] Egli può essere tutto ciò che si è detto su di lui. Magari, a volte, egli era un agnostico e in altri momenti un uomo di fede, e ancora potevano esserci momenti in cui egli trascese entrambi fede e ragione. [...] Un americano appassionato di Khayyam, J. Brigham, ci ricorda: «Per qualcuno, egli è poco più di un ubriacone da taverna; per un altro, un poeta la cui anima è imbevuta di filosofia epicureista; per un altro ancora, è un pagano agnostico che scruta attraverso la nebbia alla vana ricerca di Dio; per un altro ancora, egli è come un distratto che in angoscia strilla "Signore, io credo, aiuta tu la mia miscredenza!"». Infine, c'è la spinosa questione riguardante l'autenticità della produzione poetica di Khayyam [...]. È virtualmente impossibile distinguere le poesie autentiche da quelle non autentiche. [...]

Potremmo dire (parafrasando Allamah Tabatabai, che similmente parlò dell'opera "The Path of Eloquence" rispetto al presunto autore Imam Ali), che chi ha composto le Ruba'iyyat è per noi Khayyam. [...] Preferisco non cercare il messaggero, ma aprire la porta al messaggio. [...]

In effetti:

1. *Khayyam rappresenta una scuola di pensiero, una voce di protesta contro quello che egli riteneva fondamentalmente un mondo ingiusto. [...]*

2. *Più che una persona, egli rappresenta un particolare modo di vedere il mondo, che tradizionalmente non ha avuto un luogo prominente nell'universo islamico. La teodicea[313] fu messa a riposo nell'iniziale periodo del dibattito teologico islamico e persino sollevare la questione sull'origine del male era spesso visto come un segno di debolezza nella fede. Khayyam non ebbe problemi nel sollevare e meditare l'argomento usando la sua licenza poetica.*

[...] Egli era dunque non solo una figura storica, ma anche una scuola di pensiero che [...] proclama l'inconciliabilità tra fede e ragione, entrambe rispettandole e mettendole in dubbio, simultaneamente. Questa figura unica compie un tentativo sincero non di riconciliare fede e ragione, ma di riconoscere questi due inconciliabili poli dell'esistenza umana, la lotta eterna tra cuore e mente. La questione per lui non era come questi due discorsi possano essere riconciliati, ma come una persona può vivere in mezzo a una tale tensione, senza dare facili risposte prefabbricate o cadere nel nichilismo e nell'eresia. [...] [314]

L'Occidente deve ringraziare questo genio della Matematica per i contributi che fornì alla geometria e all'algebra:

I suoi trattati scientifici sono molto brevi, ma ciononostante davvero innovativi; i suoi lavori sono stati tradotti in numerose lingue e recepiti seriamente da matematici russi, europei e, recentemente, americani. Khayyam era sia un pensatore originale in campo scientifico, sia un importante interprete degli scritti matematici greci, trasmettendoli al mondo islamico. Nel caso della geometria euclidea, per esempio, offrì grandi miglioramenti ai postulati di Euclide.[315]

---

[313] Da Wikipedia: La teodicea è una branca della teologia che studia il rapporto tra la giustizia di Dio e la presenza nel mondo del male.

[314] Ibidem.

[315] Ibidem.

Omar Khayyam ebbe un ruolo anche nella storia delle equazioni di terzo grado (dette "cubiche")[316]. Ecco cosa scrive Marcus Du Satoy[317] a proposito di questo gigante:

> *Omar Khayyam raccolse la sfida della risoluzione della cubica. Purtroppo, però, non godeva delle condizioni ideali in cui lavorare: la sua casa, nella città persiana di Nishapur, era sotto il controllo dell'impero turco, che aveva invaso la regione alcuni decenni prima. Durante i primi anni in cui aveva lavorato alla Casa della Sapienza, l'attività intellettuale era stata tenuta nel più alto grado di considerazione, ora invece Khayyam si trovava costantemente a competere con ciarlatani e astrologi per ottenere le attenzioni di dominatori diventati sempre più superstiziosi. «I nostri contemporanei sono per lo più pseudo-scienziati, usi a mescolare il vero e il falso» scrisse.*
>
> *Khayyam aveva una cultura davvero enciclopedica. Scrisse un trattato sulla musica. Impiantò uno dei principali osservatori della regione, a Isfahan, attraverso il quale calcolò la lunghezza dell'anno con una precisione straordinaria, e le sue misurazioni condussero a una correzione del calendario in uso all'epoca. Scrisse anche uno dei classici della letteratura persiana, le cosiddette* Quartine (Rubaiyyat). *Il titolo deriva dal nome della forma metrica usata da Khayyam. Ogni strofa consiste di quattro versi con schema AABA. I poeti dell'epoca si sbizzarrivano nelle loro composizioni con rime e strutture intrecciate. Talvolta il terzo verso della strofa veniva ripreso per generare lo schema ritmico della strofa successiva BBCB; così le strofe si concatenavano e manifestavano una simmetria ciclica.*
>
> *Con la sua rigida logica di concatenazione delle rime e la sua metrica regolare, la poesia è una delle forme regolari più affini alla costruzione di dimostrazioni matematiche. Per questo non dovrebbe sorprendere che Khayyam trovasse diletto nella Matematica, così come nella composizione poetica. Nonostante avesse compiuto qualche progresso nella risoluzione dell'equazione di terzo grado, o cubica, la soluzione completa continuò a sfuggirgli. «Forse qualcun altro dopo di noi riuscirà a trovarla», ebbe a scrivere.*
>
> *Le equazioni comprendenti termini di terzo grado erano il massimo che Khayyam fosse disposto a concepire. Il fatto che queste fossero ancora riferibili a una geometria tridimensionale gli permetteva di essere certo*

---

[316] Trattiamo le equazioni con dovizia di particolari in Appendice E, *Le equazioni*. Limitatamente alle equazioni cubiche, in [Liv05], a pag. 88, si trova un riferimento diretto a pag. 362 (voce 19), che a sua volta rimanda a due lavori:

- Yardley, P.D., *Graphical Solution of the Cubic Equation Developed from the Work of Omar Khayyam*, «Bull. Inst. Math. Appl.», 26, 5/6, 1990, p.122.
- Amir-Moéz, A.R., *Khayyam, Al-Biruni, Gauss, Archimedes, and Quartic Equations*, «Texas Journal of Science», 46, No. 3, 1994, p. 241.

[317] [Sau07], da pag. 166.

che la sua matematica avesse un senso. Per Khayyam, è ancora essenziale che vi sia una geometria nascosta dietro alle equazioni: «Chiunque pensi che l'algebra non sia altro che un trucco per ottenere incognite, pensa male. Le algebre sono un fatto geometrico». Khayyam accantona come prive di significato le equazioni con quarte potenze: esse descrivono oggetti con più di tre dimensioni, di cui egli non può concepire l'esistenza.[318] *Lo studioso riconobbe che esistevano essenzialmente 14 tipi differenti di cubica con cui si potesse avere a che fare.*

In verità, il numero 14 scaturì dal fatto che per lui (ignorando i numeri negativi) certe equazioni non potevano considerarsi equivalenti. Con le conoscenze moderne, invece, la generica equazione di terzo grado è una sola:

$$ax^3 + bx^2 + cx + d = 0$$

Oggigiorno, grazie alle nozioni di manipolazione algebrica (in Appendice E, *Le equazioni*) e alla padronanza dei numeri negativi (in Appendice N, *I numeri*), è noto che due equazioni, apparentemente diverse, possono essere in verità equivalenti. Ad esempio, le seguenti due equazioni sono la medesima, espressa in forme diverse:

- $x^3 + 2x^2 + 5 = 0$
- $x^3 + 2x^2 = -5$

Si spiega quindi facilmente come mai non fu Khayyam a trovare la definitiva soluzione generale all'equazione cubica. Vedremo nel prossimo paragrafo che, invece, fu tutta italiana la scoperta del generico procedimento per risolvere *tutte* le equazioni di terzo grado.

Vorrei aggiungere che il protagonista di questo paragrafo mostrava una visione limitata quando asseriva che le equazioni di grado superiore al terzo dovevano essere trascurate perché il loro equivalente geometrico conduceva a spazi geometrici irreali, ritenendo che l'Universo abbia tre dimensioni. Le teorie fisiche più recenti dimostrano che l'Universo può essere descritto con un numero di dimensioni ben maggiore di tre (Einstein, nella *Teoria della Relatività*, includeva il tempo come quarta dimensione, ma i fisici a noi contemporanei ipotizzano, tramite la *Teoria delle Stringhe*, un numero di dimensioni dell'ordine della decina!).

Prima di concludere questa sezione, vi lascio ancora qualche verso di questo poeta immortale.

---

[318] Anche Du Sautoy, in [Sau07] a pag. 205, rivela che «Omar Khayyam aveva scartato numeri di questo tipo ritenendoli privi di significato».

Innanzitutto, una quartina che ci ricorda il "carpe diem" (ossia "cogli il momento presente", che fugge e non ritorna più), argomento tanto discusso anche nel film "L'attimo fuggente":

> *Non ricordare il giorno trascorso*
> *e non perderti in lacrime sul domani che viene:*
> *su passato e futuro non far fondamento*
> *vivi dell'oggi e non perdere al vento la vita.*

La stessa quartina, in un'altra traduzione, è:

> *Scorda il giorno che è stato tagliato via*
> *dalla tua esistenza;*
> *non darti pensiero per il domani,*
> *che non è ancora giunto,*
> *non soffermarti su ciò che non è più;*
> *vivi felicemente un istante,*
> *e non gettare la tua vita al vento.*

Un'altra forma di esortazione per vivere felicemente, può essere quest'altra quartina:

> *Il Dito mobile scrive; e avendo scritto*
> *prosegue; né la tua pietà, né la tua intelligenza*
> *potranno lusingarlo a tornare indietro*
> *per cancellare anche solo mezza riga,*
> *e neppure tutte le tue lacrime*
> *potranno dilavarne una sola parola.*

Penso che amarezza verso il passato e ansia per il futuro siano talmente diffuse, che vale la pena riportare il commento a questi versi scritto da un famoso psicoterapeuta americano, Wayne Dyer:

> *Questa quartina che proviene dal* Rubaiyat *contiene una lezione di cui il tempo non ha minimamente scalfito l'importanza. Queste parole famose abbracciano una verità sottile che sfugge a molta gente.*
>
> *Un modo di comprendere la saggezza di questa quartina è immaginare il proprio corpo a bordo di un motoscafo che incrocia sul mare alla velocità di quaranta nodi all'ora. Voi vi trovate a poppa e guardate l'acqua. Quel che vedete in questa scena immaginaria è la scia. Ora, io vi chiedo di fare un po' di filosofia su queste tre domande.*
>
> *Domanda n. 1: Che cos'è la scia? Potreste concludere che la scia non sia altro che la traccia che vi lasciate alle spalle.*
>
> *Domanda n. 2: Che cosa governa lo scafo? (Lo scafo rappresenta voi stessi che «navigate» nella vostra vita.) La risposta è «L'energia generata nel momento presente dal motore è ciò che fa andare avanti la barca». Oppure, nel caso della vostra vita, sono i pensieri del momento presente che spingono il vostro corpo a muoversi in avanti e nient'altro!*
>
> *Domanda n.3: È possibile che sia la scia a governare la barca? La*

risposta è ovvia. La traccia che la barca si lascia a poppa non potrà mai spingerla in avanti. È solo una scia e nient'altro. «Il Dito mobile scrive; e avendo scritto, prosegue...»

Una delle maggiori illusioni consiste nel credere che il passato sia responsabile della condizione attuale della nostra esistenza. Spesso ricorriamo a spiegazioni di questo tipo per capire perché non riusciamo a uscire dai nostri soliti binari. Insistiamo ad attribuire la responsabilità di ciò a tutti i problemi che abbiamo affrontato nel passato. Prendiamo le ferite che abbiamo sofferto in gioventù, ci leghiamo a esse, e diamo a quelle sfortunate esperienze la responsabilità delle nostre attuali miserie. Queste, insistiamo, sono le ragioni per cui non possiamo progredire, procedere oltre. In altre parole, viviamo nell'illusione che sia la nostra scia a guidare la nostra esistenza.

Pensate a quando siete feriti, ad esempio avete un taglio a una mano. La natura del vostro corpo si ridesta immediatamente e comincia a rimarginare la ferita. Naturalmente, dovete pulire la ferita perché guarisca, e la stessa cosa vale per le ferite emotive. Ma a quel punto la guarigione avviene piuttosto rapidamente perché la vostra natura dice: «Chiudi tutte quelle ferite e sarai guarito». Eppure, quando la vostra natura vi ordina: «Chiudi tutte le ferite del tuo passato», spesso la ignorate e, invece, create una sorta di dipendenza da quelle ferite, vivendo tra i ricordi e alimentate in voi l'illusione che siano le onde di quel passato la fonte della vostra immobilità, della vostra incapacità di andare avanti.

Il dito mobile di cui parla 'Omar Khayyàm è il vostro corpo. Quel che ha scritto è completo e non c'è assolutamente nulla da fare per tornare indietro, per riscriverlo. Nessuna delle vostre lacrime potrà cancellare una sola parola della vostra storia così com'è stata scritta. Tutta l'intelligenza, tutta la preghiera e la pietà del mondo non possono mutare una sola goccia della vostra scia. È la strada che vi siete lasciata alle spalle. Sebbene possiate ricavare un beneficio dalla contemplazione di quell'itinerario, è necessario che arriviate alla consapevolezza che solo i pensieri del vostro presente possono influire sulla vostra vita odierna.

Si dice spesso che le situazioni particolari non fanno un uomo, ma lo rivelano. La tendenza ad accusare il nostro passato per i nostri guai odierni ci tenta. È la strada più semplice, perché ci fornisce un'ottima scusa per evitare di assumerci i rischi collegati al fatto di governare per conto nostro la barca. Ognuno, e sottolineo ognuno, ha nel suo passato situazioni ed esperienze che possono essere utilizzate come scuse per l'inattività. La scia di tutte le nostre vite è piena di detriti provenienti dalla nostra storia passata. Le insufficienze dei nostri genitori, le dipendenze, le fobie, gli abbandoni, i contrasti con gli altri membri della famiglia, le occasioni perdute, la sfortuna, le condizioni economiche *insoddisfacenti, e persino il fatto di essere primogeniti o ultimogeniti, di avere o non avere fratelli tutto ciò ci osserva minaccioso dalla scia che ci siamo appena lasciati alle spalle. Eppure, il dito mobile ha scritto la storia e nulla può riscriverla.*

'Omar Khayyàm, anche se è vissuto in un altro luogo, in un altro tempo e ha parlato un'altra lingua, ci ricorda la semplice nozione che il passato è passato e non si può farlo rivivere. Inoltre, è una grossa illusione credere che il passato sia ciò che ci guida o ci impedisce di dare alla nostra esistenza la direzione che vogliamo oggi. Il dito è ancora attaccato al vostro cuore, e oggi può scrivere quel che preferisce, indipendentemente da quel che ha scritto ieri. E allora, svegliatevi, lasciate perdere la scia e ascoltate la saggezza di 'Omar, il costruttore di tende!

La lezione essenziale di questa quartina è qui riassunta:

• *Vivi oggi. Abbandona il tuo attaccamento al passato e non farne una scusa per le condizioni in cui vivi oggi. Sei il prodotto delle scelte che compi proprio oggi, e nulla nella tua scia può influenzarti, se solo presti attenzione a questa semplice indicazione di buon senso.*

• *Elimina il rimpianto dal tuo vocabolario. Se ti sorprendi a utilizzare il tuo passato per cercare di darti una ragione della tua incapacità di agire oggi, di' a te stesso: «Sono libero di staccarmi da quello che ero».*

• *Scrollati di dosso le lacrime che sono state il simbolo del tuo attaccamento al passato. La tristezza e l'autocommiserazione non riusciranno a cancellare un solo frammento, per quanto minuscolo, del tuo passato. Ricorda alle parti ferite di te stesso che il passato è passato, e che oggi è ora. Impara da quelle esperienze, ringraziale per averti insegnato molte cose e quindi torna al tuo lavoro quotidiano, ora! C'è un passato, ma non è ora. C'è il futuro, ma non è ora. Afferra questa semplice verità che ti arriva da mille anni fa e utilizzala per scrivere la tua vita.*[319]

Come dare torto a Dyer[320], sia a proposito di come conviene guardare al nostro passato, sia a proposito di considerare il corpo come sinonimo del "Dito mobile" che scrive le immutabili pagine della nostra esperienza terrena?

Anche Carlo Toffalori[321] riprende alcuni versi di Omar Khayyam, a proposito della transitorietà di quello che io chiamo il nostro "veicolo biologico". Nella seconda delle sue *Quartine* leggiamo:

Che sia di duecento, trecento o mille anni la tua vita

---

[319] [Dye02], pag. 66.
[320] Ho avuto il privilegio di conoscerlo in Assisi, il 22 giugno 2011.
[321] [Tof11], pag. 59.

> *da questo vetusto palazzo sarai fatalmente cacciato.*
> *Il sultano e il mendico del bazar:*
> *tutti e due avranno un valore solo, alla fine.*

E ancora, nella quartina 60:

> *O ignari! Questa forma corporea è nulla.*
> *E nulla è questa volta di nove cieli ricolma di segni.*
> *Stai lieto, perché in questa dimora di vita e di nulla*
> *siamo legati a un soffio, un soffio che è nulla.*

Oppure, nella quartina 42, dopo avere nuovamente deprecato l'illusorietà dei grandi numeri:

> *Perché parlare dei Cinque Sensi e dei Quattro Elementi,*
> *   o coppiere?*
> *Che importa se è Uno il Problema o se son centomila.*
> *Siamo fatti di polvere: prendi il liuto, o coppiere!*
> *Siamo fatti di vento: porta il vino, o coppiere!*

Leggendo questi versi mi vengono in mente quelli (forse più famosi) di Emily Dickinson:

> *Questa polvere quieta fu signori e fu dame*
> *E giovani e fanciulle*
> *Fu riso, arte e sospiro*
> *E bei vestiti e riccioli.*
> *E questo inerte luogo fu la dimora estiva*
> *Dove api e fiori*
> *Il loro ciclo orientale compirono,*
> *Poi anch'essi ebbero fine.*

Anche Malba Tahan[322] offre due tributi al grande matematico, astronomo, poeta e filosofo persiano. Il primo di essi è un'esortazione di tipo etico, verso il genere umano:

> *Bada a che la tua sapienza non danneggi il tuo prossimo.*
> *Vigila con cura su te stesso e non cedere alla collera.*
> *Se vuoi la pace, sorridi al destino che ti ferisce.*
> *Non fare del male ad alcuno.*

Il secondo è invece una lode alla Vita, all'Amore e a Dio:

> *Se serbasti una rosa d'amore stretta al cuore...*
> *Se in umile preghiera ti volgesti al giusto e supremo Iddio...*
> *Se un dì, levando il calice, canterai la lode della vita...*
> *Non avrai, allora, vissuto invano...*

---

[322] [Tah96], pag. 123 e pag. 180.

6.4 Ta... ta... ta... Tartaglia

> *Innumerevoli poeti, nell'antichità, hanno esaltato il numero.*
> *Perché esso possiede un'essenza divina.*
> M.A. Aubry[323]

La storia della Matematica rivela tanti aneddoti intriganti tra coloro che si sono distinti come pionieri di questa scienza. In particolare la storia delle equazioni algebriche è davvero entusiasmante, perché per secoli (potremmo dire dal IV millennio a.C., se pensiamo alle prime civiltà sumere in Mesopotamia) l'Uomo ha tentato di organizzare la contabilità degli scambi commerciali e, pertanto, l'*homo matematicus* ha provato a definire il concetto di «problema risolubile tramite equazione algebrica» e di trovare anche la «soluzione generale» di una equazione algebrica, ossia la ricetta numerica che porti a trovare la risposta al problema. Nelle appendici[324] il lettore volenteroso può inquadrare meglio e approfondire questi temi.

Niccolò Fontana (detto "Tartaglia" per la balbuzie di cui soffrì dalla tenera età di 12 anni, allorché un soldato francese lo ferì alla mandibola e al palato durante la presa di Brescia del 1512), pur essendo povero e autodidatta[325], diede contributi significativi alla ricerca delle soluzioni di una generale equazione di terzo grado o *bicubica*, ossia della forma canonica

$$ax^3 + bx^2 + cx + d = 0$$

nella quale l'unica condizione da rispettare è che sia $a \neq 0$, perché, se così non fosse, allora il grado massimo dell'incognita non sarebbe tre.

Nelle scuole di tutto il mondo, il personaggio bresciano è citato anche per il Triangolo di Tartaglia (detto anche triangolo di Pascal o Khayyàm o Yanghui), utile per scrivere lo sviluppo della generica potenza di un binomio (tramite il cosiddetto coefficiente binomiale) e per svolgere alcuni calcoli nell'ambito della statistica e della probabilità che si basano su un argomento del calcolo combinatorio denominato *Combinazioni semplici*.

---

[323] [Tah69], pag. 200 (in Appendice).

[324] Appendice A (Algebra); Appendice E (Equazioni); Appendice M (Monomi e polinomi).

[325] Come riportato a pag. 92 di [Liv05]: Suo padre Michele, corriere postale, morì quando Niccolò aveva circa sei anni, lasciando la vedova e i figli in condizioni di penosa indigenza. Poiché la famiglia non poteva più permettersi di pagare il maestro privato che gli insegnava a leggere e a scrivere, Tartaglia dovette interrompere gli studi alla lettera k dell'alfabeto. In seguito, ripensando al passato, descrisse così il completamento della sua educazione: «Non ritornai mai da un insegnante privato, ma continuai a lavorare da solo sulle opere degli antichi, accompagnato solo dalla figlia della miseria che si chiama operosità». Malgrado queste sfortunate circostanze, Tartaglia si rivelò un matematico di talento.

Tornando alle equazioni di terzo grado, egli non fu il primo a risolverle in forma generale: questo traguardo fu tagliato da Scipione del Ferro (o Dal Ferro) nel 1505, che trovò la formula per l'equazione bicubica (denominata a quei tempi «incognite e cubi equivalenti a numeri»[326])

$$x^3 + px = q$$

che ai tempi sembrava un caso particolare di quella summenzionata, mentre oggi sappiamo che, tramite il cambio di variabile $x = z - b/3a$, dalla versione a 4 parametri a,b,c,d si può arrivare a quella con solo 2 parametri p,q senza perdere generalità.

Sembra inverosimile, ma nel XVI secolo (ai tempi di questi personaggi) non erano contemplate tante nozioni, proprietà e consuetudini che nel nostro secolo sono invece liquidate con banalità dagli insegnanti di Matematica delle scuole:

- Data la trascuratezza con cui venivano considerati i numeri negativi, non era noto che le seguenti due equazioni sono equivalenti:

$$ax + b = 0$$
$$ax = -b$$

- I numeri immaginari[327] e il piano cartesiano (che rientrano a vario titolo nella soluzione delle equazioni algebriche) non erano ancora stati concepiti.

- Il grado di una equazione algebrica[328] non era stato ancora messo in relazione con il numero di possibili soluzioni.

- I matematici non esibivano le loro conoscenze specifiche, ma erano riluttanti a divulgarle (se non a pochi fidati).

- Come riporta Mario Livio,
  La Bologna del XVI secolo sperimentò un'ondata d'interesse per la matematica. Matematici e altri studiosi venivano coinvolti in pubblici dibattiti e dispute verbali che attiravano folle di persone, e a cui presenziavano non solo funzionari accademici e giudici designati, ma anche studenti, sostenitori dei contendenti, e spettatori venuti per divertirsi o scommettere. Sovente, gli stessi disputanti puntavano considerevoli somme di denaro sulla loro vittoria. Secondo uno storico della matematica del XIX secolo, i matematici erano interessati a questi confronti tra intelletti poiché dal loro esito dipendeva non soltanto la loro reputazione in città e nell'università, ma anche la permanenza in carica e l'aumento di stipendio. Le dispute avevano luogo nelle pubbliche piazze, nelle chiese, e nelle corti di nobili e principi, che giudicavano un onore

---

[326] [Liv05], pag. 90.
[327] Appendice I.
[328] Appendice E.

annoverare nel loro seguito eruditi abili non solo a trarre predizioni astrologiche, ma anche a discutere di ardui e insoliti problemi matematici.[329]

Accadde così che Del Ferro[330] tenne a lungo segreta la formula (se ne servì per aumentare il proprio prestigio e le proprie entrate economiche durante le sfide matematiche che vinceva sotto il portico della Chiesa di Santa Maria dei Servi a Bologna). Solo poco prima della morte, avvenuta nel 1526, rivelò la formula a due suoi studenti: Annibale Della Nave (suo genero) e Antonio Maria (del) Fior(e), latinizzato in *Floridus*, il quale a sua volta la utilizzò per propri vantaggi, non potendo contare sulle sue capacità matematiche tutt'altro che geniali.

Anche Tartaglia cercò, probabilmente senza aiuti, di trovare la stessa soluzione. Il suo fu un percorso graduale: nel 1530 riuscì a risolvere l'equazione $x^3 + 3x^2 = 5$, su stimolo del matematico bresciano Zuanne de Tonini da Coi. Nel 1541, con una notevole innovazione rispetto a Del Ferro e Del Fiore, comprese che la soluzione di $x^3 + px = q$ è la chiave per risolvere qualunque altro caso di equazione cubica, come abbiamo accennato sopra.

Anche Tartaglia volle custodire gelosamente i dettagli di questa sua scoperta, ma non fece mistero di averla conseguita. Del Fiore, credendolo un impostore, gli mandò un cartello di "matematica disfida"[331]. Tartaglia approfittò dell'imminente disfida per perfezionare le sue conoscenze su questi argomenti, arrivando preparatissimo all'appuntamento svoltosi nel febbraio 1535:

> *stimolato dall'incombere della contesa, nelle prime ore del 13 febbraio 1535, otto giorni prima del duello con Fior, Tartaglia riuscì a sintetizzare le proprie idee in un metodo generale che avrebbe risolto tutte le equazioni cubiche. Manipolando le equazioni per mezzo di astute sostituzioni, Tartaglia capì che in realtà esistevano solo due tipi differenti di cubiche, e che egli era in grado di risolvere entrambi.[332]*

Fu così che il matematico balbuziente risolse in due ore (invece che la quarantina di giorni previsti come termine ultimo) tutti i problemi posti dallo sfidante, mentre il matematico della scuola bolognese non portò a termine nemmeno un quesito del bresciano, che appositamente aveva offerto equazioni cubiche di tipi diversi, includendo anche il tipo $x^3 + bx^2 = q$, assolutamente oscuro al Fior. Va detto che

> *per quanto i problemi che Fior aveva preparato per Tartaglia fossero abbigliati in una varietà di fogge differenti (dal calcolo del profitto sulla vendita di zaffiri alla determinazione dell'altezza di un albero tagliato in*

---

[329] [Liv05], pag. 90.
[330] [Boy90], pag. 327.
[331] http://www.treccani.it/enciclopedia/del-fiore-antonio-maria/
[332] [Sau07], pag. 172.

pezzi), tutte le 30 equazioni si riducevano di fatto allo stesso tipo: la forma $x^3 + bx = c$, dove b e c assumevano semplicemente un diverso valore numerico a seconda del quesito. Fior mise tutte le sue uova in un solo paniere, persuaso che Tartaglia non avesse alcuna possibilità di vittoria. [...] In contrasto con la strategia di Fior, che aveva basato tutti i suoi quesiti su un solo tipo di cubica, Tartaglia aveva proposto un intero campionario di cubiche differenti, che Fior non era in grado di decifrare. Si mostrò quindi per quel mediocre matematico che era, incapace di estendere il metodo appreso dal maestro al di là dell'unico tipo di cubica di cui gli era stata offerta la spiegazione. Nonostante il trionfo, Tartaglia rinunciò signorilmente alle 30 cene vinte a spese di Fior.[333]

Ecco cosa Tartaglia scrisse in proposito, vent'anni dopo l'accaduto:

Et la causa che io resolse li suoi 30 [problemi] con tanta brevità è questa che lui propose tutti li detti suoi 30 quesiti, che conducevano l'operante per Algebra in cosa, è cubo egual à numero [equazioni della forma $ax^3 + bx = c$], credendosi che de quelli non ne dovesse risolvere alcuno, perché frate Luca [Pacioli] nella sua opera afferma esser impossibile à risolvere tal capitolo con Regola generale, & io che per mia bona sorte, solamente 8 giorni avanti al termine di portar li 30 & 30 quesiti sotto bolla dal notaro. Io haveva ritrovata la regola generai a tal capitolo.[334]

In effetti è interessante notare che almeno da Omar Khayyam (come visto, massimo esponente della matematica persiana) fino Frate Luca Pacioli (al 1494 risale la sua *Summa de arithmetica, geometria, proportioni et proportionalità*) si sosteneva l'inesistenza di un metodo risolutivo generale per le cubiche (a parte qualche caso, come ad esempio quando si riesce ad abbassare di grado l'equazione di terzo grado portandola a un grado inferiore). Per fortuna, Del Ferro e Tartaglia ignorarono (non sappiamo con quanta volontà e consapevolezza) tali posizioni autorevoli e, raccolta l'eredità dei matematici che prima di loro tentarono invano, riuscirono nell'ardita impresa.

L'idea su cui fecero leva era

usare le radici cubiche allo stesso modo delle radici quadrate. L'idea sembra oggi banale, ma le radici quadrate avevano una realtà fisica che conferiva loro credibilità, mentre le radici cubiche non l'avevano. Grazie al teorema di Pitagora già si sapeva che le radici quadrate erano lunghezze di lati di triangoli. Di fatto, le radici quadrate rappresentano il limite di ciò che è possibile costruire geometricamente usando

---

[333] [Sau07], da pag. 172 a pag. 173.
[334] [Liv05], pag. 93.

nient'altro che una riga e un compasso. Per questo, l'idea di utilizzare radici cubiche aveva per i matematici un che di irreale.[335]

In pratica Tartaglia imparò velocemente come aggredire tre tipi di bicubica:

- $x^3 + bx^2 = q$
- $ax^3 + bx = q$
- $x^3 = mx + q$

Essendo le formule trovate tutt'altro che semplici, compose una poesia per ricordare i passi dell'algoritmo risolutivo (ossia il procedimento). Noterete diverse rime e sarà facile riconoscere gli elevamenti alla terza potenza ("cubi").[336] Eccola:

> *Quando che 'l cubo con le cose appresso*
> *Se agguaglia à qualche numero discreto*
> *Trovan dui altri differenti in esso.*
>
> *Dapoi terrai questo per consueto*
> *Che 'llor produtto sempre sia eguale*
> *Al terzo cubo delle cose neto,*
>
> *El residuo poi suo generale*
> *Delli lor lati cubi ben sottratti*
> *Varrà la tua cosa principale.*
>
> *In el secondo de cotesti atti*
> *Quando che 'l cubo restasse lui solo*
> *Tu osservarai quest'altri contratti,*
>
> *Del numer farai due tai part'à volo*
> *Che l'una in l'altra si produca schietto*
> *El terzo cubo delle cose in stolo*
>
> *Delle qual poi, per commun precetto*
> *Torrai li lati cubi insieme gionti*
> *Et cotal somma sarà il tuo concetto.*
>
> *El terzo poi de questi nostri conti*
> *Se solve col secondo se ben guardi*
> *Che per natura son quasi congionti.*

---

[335] [Sau07], pag. 170.
[336] In Appendice E, *Le equazioni*, ho riportato l'equivalente di questo procedimento in una lingua che mi sento di definire "Matematichese moderno".

Questi trovai, et non con passi tardi
Nel mille cinquecent' e quatro e trenta
Con fondamenti ben sald' e gagliardi

Nella citta dal mar'intorno centa.

Girolamo Cardano fu un controverso medico e matematico del XVI secolo. Venuto a sapere che Tartaglia era riuscito laddove egli non era mai arrivato, nel 1539 invitò quest'ultimo a Milano (dove Cardano era un brillante e ben introdotto professore), con l'intento di ottenere la formula tanto agognata. Per indurlo a incontrarlo, il giocatore d'azzardo e astrologo pavesino fece leva sulle scarse condizioni economiche di Tartaglia, il quale faceva fatica a prosperare come docente a Venezia, forse anche per la sua pronuncia imperfetta. Questi, dopo un lungo "corteggiamento" dove gli fu persino prospettata la protezione da parte di qualche mecenate milanese[337], confidò la poesia, probabilmente dietro il giuramento di non divulgarla. Cardano mantenne la parola: pubblicò nel maggio 1539 la *Practica arithmeticae*, senza riferimenti alla formula del bresciano.

Tuttavia, quando Cardano ottenne da Annibale della Nave (genero di Del Ferro) il manoscritto contenente la formula originaria di Del Ferro stesso, si sentì autorizzato a rielaborarla insieme al suo brillante studente Lodovico Ferrari. Il sodalizio tra Cardano e Ferrari portò alla formulazione più completa e generale dell'equazione di terzo grado (oggi detta di Cardano-Tartaglia)[338] e, addirittura, anche a quella dell'equazione di quarto grado (attribuita al solo Lodovico Ferrari): Cardano firmò un'opera straordinaria, intitolata *Artis Magnae, sive de Regulis Algebraicis*, data alle stampe nel 1545, nella cui prefazione riconobbe i crediti verso Ferrari e Tartaglia. Quest'ultimo rimase comunque insolentito da quella che gli sembrava una rottura del patto di segretezza stretto dal professore e medico pavesino.

Riporto qui due citazioni dall'*Ars Magna*[339]:
- [Secondo paragrafo del primo capitolo]
  Nei nostri giorni Scipione Dal Ferro di Bologna ha risolto il caso del cubo e della prima potenza pari a una costante, impresa eccellente e assai mirabile. Poiché tale arte supera ogni umana sottigliezza ed evidenza di talento mortale ed è un dono invero

---

[337] Ad esempio Alfonso d'Avalos, viceré spagnolo e comandante in capo di Milano, a cui Tartaglia poteva esser utile per le conoscenze di geometria e meccanica da applicare alla balistica per l'artiglieria.

[338] In precedenza, i matematici «trattavano separatamente ciascuna delle tredici diverse forme di equazione cubica», come spiegato in [Liv05], pag. 97.

[339] [Liv05], pag. 99.

celeste e una prova chiarissima della capacità della mente degli uomini, chiunque vi si applichi crederà che non vi è nulla che non possa comprendere. In emulazione di lui, il mio amico Niccolò Tartaglia da Brescia, non volendo essere da meno, trovò la soluzione al medesimo caso quando affrontò in una disputa il suo [di Scipione] allievo, Antonio Maria del Fiore, e, mosso dalle mie molte suppliche, me la diede. Poiché io ero stato ingannato dalle parole di Luca Pacioli, il quale negava che qualunque regola più generale della sua potesse venir scoperta. A dispetto delle molte cose che avevo già scoperto, com' ben noto, mi ero abbandonato allo sconforto e avevo rinunciato a cercare oltre. Poi, tuttavia, avendo ricevuto la soluzione di Tartaglia e cercando la dimostrazione di essa, compresi che c'erano molte altre cose che si potevano ottenere. Seguendo questa idea e con accresciuta fiducia, scoprii queste altre, in parte da me e in parte per mezzo di Ludovico Ferrari, già mio allievo.

- [Capitolo XI, intitolato «Del cubo e della prima potenza pari al numero»]
  Scipio Ferro da Bologna quasi trent'anni fa scoprì questa regola e la consegnò ad Antonio Maria del Fiore da Venezia, la cui disputa con Niccolò Tartaglia da Brescia diede a Niccolò l'occasione di scoprirla. Egli [Tartaglia] la diede a me in risposta alle mie suppliche, seppur trattenendo la dimostrazione. Armato di questa assistenza, trovai la sua dimostrazione in [diverse] forme. Fu assai arduo. Segue la mia versione di essa.

Ecco una chicca per gli amanti dei numeri complessi[340]: nell'*Ars Magna*, l'autore si servì occasionalmente di tali numeri (definendole quantità «sofistiche»); solo Rafael Bombelli consacrerà la loro importanza e investigherà approfonditamente le loro proprietà nell'opera *L'Algebra* (composta da 5 libri, di cui i primi 3 pubblicati nel 1572, poco prima di morire).[341] In effetti Bombelli, ingegnere idraulico, aveva apprezzato molto la fatica di Cardano, ma voleva migliorarne la forma espositiva: a proposito dell'autore dell'*Ars magna* dichiarò che «In ciò che diceva, era oscuro»[342].

---

[340] I numeri complessi sono argomento trattato in Appendice I, *L'unità Immaginaria e i numeri complessi.*

[341] [Da Wikipedia] A differenza di diversi autori matematici a lui contemporanei, nella pubblicazione a stampa e nei suoi manoscritti viene utilizzata una sofisticata forma di notazione matematica. Introdusse, in particolare, gli esponenti per indicare le potenze dell'incognita. L'opera costituisce il risultato più maturo dell'algebra cinquecentesca, configurandosi per oltre un secolo come il testo di algebra superiore più autorevole. Attraverso lo studio dell'Algebra Leibniz completerà la propria formazione matematica.

[342] [Liv05], pag. 106.

Davvero l'argomento dei numeri complessi[343] non è separato dalla risoluzione delle equazioni algebriche (fatta esclusione per quelle di primo grado):

> *la soluzione dell'equazione cubica talvolta prevedeva la radice quadrata di un numero negativo come passo intermedio, anche quando la soluzione finale era un numero reale. Cardano, che era disorientato da questi numeri «sofistici», aveva concluso che erano «così astrusi da essere inutili», e quando se ne serviva per eseguire dei calcoli diceva che lo stava facendo «mettendo da parte la tortura mentale». Bombelli, dal canto suo, possedeva il notevole intuito di comprendere che questi nuovi numeri, che chiamava «più di meno», erano un veicolo indispensabile per colmare la distanza tra l'equazione cubica (espressa in numeri reali) e le soluzioni finali (anch'esse numeri reali). In altre parole, sebbene sia l'inizio sia la fine implicassero dei numeri reali, la soluzione doveva attraversare il nuovo mondo dei numeri «immaginari». La radice quadrata di −1 venne indicata con i, nel 1777, dal grande matematico svizzero Leonardo Eulero. I numeri, nella nuova prospettiva indicata dal lavoro di Bombelli, sono ora definiti numeri complessi: somme di numeri reali (tutti i numeri ordinari) e numeri immaginari (che implicano radici quadrate di numeri negativi).*[344]

Per gli appassionati di vite improbabili: Cardano fu un personaggio davvero bizzarro, come ritroviamo dalla sua autobiografia *De vita propria liber* (Della mia vita). In essa riporta:

> *Sebbene la felicità suggerisca uno stato contrario alla mia natura, posso dire con sincerità che ho avuto di tanto in tanto il privilegio di raggiungere e condividere un certo grado di letizia. Se esiste qualcosa di buono nella vita con cui abbellire la scena di questa commedia, non ne sono stato defraudato.*[345]

Propongo qui qualche informazione, premettendo che su Internet e in libreria[346] si può accedere a una quantità sconfinata di dettagli sulla sua vita. Amante delle liti e degli insulti e poco diplomatico nelle relazioni umane, giocatore d'azzardo incallito (applicando la conoscenza della teoria delle probabilità, riuscì soprattutto da giovane a guadagnare molto giocando a carte, a scacchi e a dadi) ed eretico (si occupò di occultismo e calcolò gli oroscopi di cento personaggi illustri del suo secolo, tra cui il pittore tedesco Albrecht Dürer e, soprattutto, Gesù Cristo; questo fatto, insieme alla

---

[343] Per ulteriori approfondimenti, rimandiamo all'Appendice I, intitolata *L'unità Immaginaria e i numeri complessi*. Ulteriori divagazioni e lazzi sui numeri complessi si trovano in [Tof11], nel capitolo 15 (da pag. 133 a pag. 136).

[344] [Liv05], pag. 107.

[345] Citazione da [Liv05], pag. 104.

[346] Per chi si accontenta, già [Liv05] e [Sau07] sono fonti bibliografiche soddisfacenti. Sul web, oltre a Wikipedia segnalo: http://www.cardano.unimi.it/

scrittura di un libro che lodava Nerone per avere tormentato i martiri, lo portò a essere processato dall'Inquisizione e quindi incarcerato verso la fine della sua vita).

Figlio illegittimo di un padre colto (l'avvocato milanese Fazio Cardano, che fu anche consulente di geometria per Leonardo da Vinci), studiò matematica, lettere classiche e medicina nelle università di Pavia e di Padova[347]. Aggiungiamo che

> *Cardano fu uno dei primi a rendersi conto che il lancio dei dadi poteva essere regolato da principi scientifici. Tentò di mettere in pratica la sua analisi delle probabilità di uscita di un doppio sei, ma il demone del gioco iniziò a prevalere sulla sua analisi razionale della matematica applicata al gioco dei dadi, e finì con il dilapidare il patrimonio che il padre gli aveva lasciato.*
>
> *In una serata di gioco particolarmente disperata, accusò un giocatore di avere barato alle carte. La matematica gli aveva detto che avrebbe dovuto vincere, perciò Cardano non riuscì ad accettare la sconfitta e sguainò il coltello, colpendo il suo avversario al volto.*
>
> *A causa di tali incresciosi episodi, perse del tutto credibilità e le basi della sua professione medica furono irreparabilmente minate. Quando le autorità scoprirono la sua condizione di figlio illegittimo, colsero il pretesto per espellerlo dal Collegio dei Medici. Avendo dato in pegno i gioielli della moglie e perfino i mobili per finanziarsi il vizio del gioco, Cardano finì dritto all'ospizio dei poveri nel 1535.*
>
> *I matematici vennero in suo soccorso. I suoi talenti non erano passati inosservati, cosicché fu risollevato dalle ristrettezze e gli fu offerta una posizione di docente a Milano. Continuò a praticare la medicina, con alcuni notevoli successi, ma furono i suoi scritti sulla matematica ad assicurargli la celebrità.*[348]

Generò tre figli nonostante avesse sofferto, tra le altre infermità, di impotenza (dai ventuno ai trentuno anni d'età). La prole gli procurò molto dolore:

> *il suo figlio maggiore, Giambattista, aveva sposato segretamente "una donna indegna e svergognata", interessata soltanto a estorcere quanto più denaro possibile al ricco e famoso suocero. La relazione fra i coniugi iniziò presto a deteriorarsi, e la donna prese a insultare il marito in pubblico, dichiarando l'estraneità di lui al concepimento dei loro tre figli. Giambattista non resse l'onta, e uccise la moglie avvelenandola.*
>
> *Al processo per uxoricidio, il giudice disse che avrebbe risparmiato il patibolo a Giambattista se suo padre fosse riuscito a patteggiare una*

---

[347] [Liv05], pag. 94. Però in [Sau07], a pag. 173, si trova una precisazione contrastante, a proposito degli studi universitari di Cardano in Matematica: «Aveva compiuto studi di medicina, non di matematica, presso le università di Pavia e di Padova.»
[348] [Sau07], pagine 174 e 175.

> *riconciliazione con i familiari della donna uccisa. Costoro però, avidi di denaro quanto la loro congiunta, fissarono un prezzo ben superiore a quanto Cardano fosse in grado di pagare e pertanto non riuscì a salvare il figlio, che fu torturato in prigione e poi giustiziato il 13 aprile 1560.*
> *Inoltre il suo figlio più giovane, che aveva ereditato la passione del padre per il gioco, perse ogni suo avere e si ridusse a rubare denaro e gioielli al padre. Cardano denunciò il figlio alle autorità e lo fece esiliare.*[349]

Oltre ai dolori procurati dai figli, Cardano scrisse nella propria autobiografia di altre due tragedie che dovette sopportare: il matrimonio e la prigionia, a cui abbiamo già accennato. Papa Gregorio XIII, suo vecchio collega all'Università di Bologna, gli concesse un vitalizio quando il matematico si trasferì a Roma, dove visse i suoi ultimi anni.

> *Cardano morì il 21 settembre 1576. Qualcuno ha avanzato l'ipotesi di suicidio, non tanto per la disperazione indotta dalle pene sofferte, quanto per comprovare una sua predizione astrologica fatta alcuni anni prima sulla data del proprio trapasso.*[350]

Concepì la serratura a combinazione e la sospensione cardanica (utile per una bussola o un giroscopio) e inventò (secondo alcuni reinventò) il giunto cardanico, oggi usato da milioni di veicoli per trasmettere un movimento rotatorio tra due assi che non formano un angolo piatto. Sembra che abbia inventato anche la griglia cardanica, un metodo semplice ma efficace di steganografia (ossia un modo per trasmettere un messaggio segreto mascherandolo con un altro messaggio in chiaro che non desta sospetti). Infine, lui si attribuisce la paternità del primo testo sul calcolo della probabilità, intitolato *Liber de ludo aleae* (Libro dei giochi di fortuna).

Cardano si mantenne sempre neutrale rispetto alle schermaglie[351] che scaturirono quando Ferrari rispose, in difesa del proprio affezionato mentore, con polemiche e sfide (6 in circa 2 anni), agli attacchi di Tartaglia che, a causa della promessa da cui Cardano si sarebbe svincolato, non esitò a definirlo pubblicamente "huomo di poco

---

[349] [Sau07], pag. 185.

[350] [Sau07], pag. 186.

[351] Da [Liv05], pag. 100: Cardano era in una fase della vita in cui si preoccupava di promuovere un temperamento più equilibrato (sosteneva che gli studiosi dovessero prendere l'abitudine di «leggere storie d'amore»), e rimase in silenzio. Questo segna forse un passaggio di maturazione del controverso personaggio, poiché in precedenza ammise: «Questo io riconosco come peculiare e preminente tra tutti i miei difetti: l'abitudine, in cui persisto, a dire soprattutto le cose che sono spiacevoli per gli orecchi dei miei ascoltatori. Sono consapevole di ciò, eppure persevero deliberatamente a farlo, senza ignorare affatto quanti nemici questa abitudine mi procuri.»

sugo"[352] e a denunciare tale violazione (oggi utilizzeremmo il termine inglese *Non Disclosure Agreement*) nell'opera *Quesiti et invenzioni diverse* (1546).

Le schermaglie dovettero essere davvero al vetriolo, se Mario Livio[353] riporta che

> *Ludovico Ferrari fu ben lieto di calarsi nel ruolo del gladiatore intellettuale per difendere il proprio «creatore» (così lo definiva). In risposta al libro di Tartaglia, Ferrari scrisse un cartello — una lettera di sfida — che distribuì a cinquantatré studiosi e dignitari di tutta Italia, adottando uno stile decisamente provocatorio: «Leggendo le vostre stupidaggini, si ha l'impressione di leggere le facezie del Piovano Arlotto [un prete del Quattrocento famoso per le sue burle]». Proseguì in tono sprezzante, ritorcendo contro Tartaglia l'accusa di plagio: «Tra gli oltre mille errori del vostro libro, noto come prima cosa che date un risultato di Giordano [il matematico tedesco Giordano Nemorario] come vostro, senza menzionarlo, e questo è un furto». Il primo* cartello *fu spedito il 10 febbraio 1547. Tartaglia lo ricevette il 13, e impiegò soltanto sei giorni a contrattaccare. Dapprima si lamentò del fatto che Cardano non si fosse preso la briga di rispondere di persona:*
>
>> *Vi avviso di nuovo che nel caso il detto Signor Gerolamo Cardano non intenda scrivermi, ammettendo saggiamente di essere in errore, allora non ha ragione di lagnarsi con me [...]. Dovreste almeno accertarvi che anch'egli firmi il vostro cartello di suo pugno come vostro compare in questa disputa.*

Marcus Du Sautoy aggiunge che

> *La varietà dei quesiti posti da Ferrari a Tartaglia rivela che la sua soluzione alla quartica non era un fuoco di paglia: il giovane aveva la stoffa di un pensatore profondo e filosofico. Oltre alle equazioni cubiche, Ferrari sfidava Tartaglia a risolvere problemi di geometria «dimostrando tutto», a spiegare brani di Platone e anche a discutere del problema filosofico insito nella proposizione «l'unità è un numero».*
>
> *Nonostante il suo disprezzo per Ferrari, Tartaglia non poté resistere alla sfida di risolvere problemi che gli erano stati inviati, e gradualmente si lasciò trascinare in una vasta corrispondenza. Le discussioni filosofiche su Platone e il concetto di numero furono rifiutate da Tartaglia come questioni indegne di un matematico: un atteggiamento non infrequente anche tra molti matematici moderni, disdegnosi di chi dedica il proprio tempo alla riflessione filosofica sulla loro materia. In risposta alle sfide*

---

[352] Umberto Bottazzini, *La "grande arte": l'algebra del rinascimento* in *Storia della scienza moderna e contemporanea*, diretto da Paolo Rossi, Vol. 1: Dalla rivoluzione scientifica all'età dei lumi, p. 72. ISBN 88-02-04152-0.

[353] [Liv05], pag. 100.

matematiche di Ferrari, Tartaglia spesso insinuava che il rivale tentasse di estorcergli risposte a quesiti che non sapeva risolvere, nella speranza di rubare qualcun'altra delle sue idee. «È una gran vergogna proporre un tale problema in pubblico e non sapere come risolverlo.»

Ferrari rispondeva biasimando il fatto che Tartaglia omettesse la dimostrazione quando presentava le sue soluzioni: «Come un falsario, voi omettete la parte importante, in particolare ignorate quelle due parole "provando tutto"». E la riluttanza di Tartaglia a discutere di più profondi argomenti di interesse matematico era da lui bollata come caratteristica di chi «passa tutto il suo tempo su radici, quinte potenze, cubi e altri gingilli. Se stesse a me ricompensarvi, prendendo esempio dall'usanza di Alessandro, vi caricherei talmente di radici e ravanelli che non potreste più mangiare nient'altro in tutta la vostra vita».[354]

Tartaglia si riteneva superiore a Ferrari, e puntava quindi a confrontarsi pubblicamente con Cardano, non con il suo allievo: il prestigio che sarebbe arrivato sconfiggendo Cardano in un pubblico dibattito avrebbe giovato enormemente, data la notorietà crescente di quest'ultimo. Vediamo come si conclude la diatriba[355]:

Nel 1548, a Tartaglia venne offerto l'incarico di professore di geometria nella sua città natale, Brescia. Visto l'alto profilo della controversia con Ferrari, tuttavia, la nomina molto probabilmente era condizionata dall'esito vittorioso in un pubblico dibattito con Ferrari. Di conseguenza Tartaglia, pur riluttante, fu costretto ad accettare la sfida. L'argomento della disputa, concordato in precedenza, erano sessantadue problemi proposti dai due contendenti (trentuno a testa) — quelli presentati nei cartelli. I problemi erano perlopiù di matematica, ma secondo lo spirito rinascimentale c'erano anche quesiti inerenti altre discipline, come architettura, astronomia, geografia e ottica.

La disputa ebbe luogo il 10 agosto 1548 nella chiesa dei Frati Zoccolanti a Milano. Intervennero tutte le personalità cittadine, incluso il governatore, don Ferrante Gonzaga, in veste di arbitro. Ferrari si presentò con un folto seguito di sostenitori, mentre Tartaglia, a quanto pare, era accompagnato solo dal fratello. Cardano fece in modo di trovarsi fuori città durante il dibattito. Sfortunatamente, non esistono atti ufficiali della disputa o del verdetto finale. In due libri successivi, Tartaglia offre un resoconto piuttosto confuso dell'evento. In particolare, se la prende con il pubblico per aver interferito ad alta voce, impedendogli di esporre per intero le sue argomentazioni. I nudi fatti, tuttavia, dipingono un quadro alquanto diverso. Tartaglia abbandonò la disputa prima della sua conclusione, subito dopo la fine del primo giorno. Sappiamo anche che gli venne negato lo stipendio

---

[354] [Sau07], pagine 182 e 183.
[355] [Liv05], pag. 101.

dopo un anno di docenza a Brescia, e che fu obbligato a tornare al suo modesto posto di insegnante a Venezia. Tutti gli indizi indicano perciò che Tartaglia subì a Milano una dolorosa e umiliante sconfitta.

Cosa accadde a Ferrari?

Quanto al trionfante Ludovico Ferrari, la sua carriera salì alle stelle. In seguito alla vittoria, piovvero le proposte di lavoro. Declinò persino l'offerta di fare da precettore al figlio dell'imperatore per la più remunerativa carica di funzionario del fisco per il governatore di Milano. La sua vita, tuttavia, era destinata a finire in modo inaspettato, fornendo l'atto conclusivo di questo dramma.

Ferrari tornò a Bologna nel 1556, in compagnia della sorella Maddalena, una povera vedova. Benché non esistano prove dirette che la donna quell'anno lo abbia avvelenato, il suo comportamento e le circostanze successive destano seri sospetti. Maddalena si sposò due settimane dopo la morte di Ludovico, trasferendo al marito tutto il denaro e i beni ereditati dal fratello. Quando Cardano si recò a Bologna per recuperare alcuni suoi libri e appunti, non trovò nulla. Il marito di Maddalena si era impossessato di tutto, con l'apparente intenzione di pubblicare parte del materiale a nome del figlio avuto da un precedente matrimonio.[356]

Inoltre,

Ferrari fu dichiarato vincitore e tempestato da offerte di impiego, tra cui la richiesta da parte dell'imperatore Carlo V (il cui nonno aveva scacciato i mori dall'Alhambra) di far da tutore a suo figlio. Ferrari preferì privilegiare il proprio tornaconto economico e divenne così assessore alle tasse del governatorato di Milano. Quanti matematici, da allora, sono stati sedotti dagli allettamenti della sicurezza borghese! Il bolognese si arricchì grazie alla sua formula per la risoluzione della quartica, ma morì a soli 43 anni dopo essere stato avvelenato con l'arsenico dalla propria sorella.[357]

L'ultimo personaggio degno di nota nella storia delle equazioni di terzo grado è François Viète (1540-1603), avvocato francese, che nella seconda metà del XVI secolo inventò il termine *coefficiente* e raffinò la risoluzione delle cubiche con un metodo un po' più evoluto, come spiegato in Appendice E, *Le equazioni*.

Insieme a Viète, l'astronomo inglese Thomas Harriot (1560-1621) migliorò la formulazione delle equazioni, fino ad allora ancora prolissa.

---

[356] [Liv05], pag. 102.
[357] [Sau07], pag. 184.

6.5 Destini annodati: James C. Maxwell e Peter G. Tait

> *Dipana la tua matassa ingarbugliata*
> *in una treccia perfetta,*
> *chiudendo nodi e curve*
> *che si compenetrano.*
> J. C. Maxwell[358]

James Clerk Maxwell, il padre della teoria classica dell'elettromagnetismo, dedicò questa poesia al fisico matematico scozzese Peter Guthrie Tait. Anche Lord William Thomson, conosciutissimo come barone Kelvin, nutrì sempre dell'affetto per Tait, come attestano le parole che pronunciò durante una cerimonia al Peterhouse College di Cambridge, dove veniva presentato un ritratto del fisico nato a Dalkeith:

> *Ricordo che una volta Tait osservò che la scienza era l'unica cosa per cui valesse la pena di vivere. Era sincero, ma egli stesso ha dimostrato come ciò non fosse vero. Tait era un gran lettore. Sapeva a memoria Shakespeare, Dickens e Thackeray. La sua memoria era prodigiosa. Se leggeva qualcosa che gli piaceva, se lo ricordava per sempre.*[359]

Tait ebbe un ruolo di primo piano nella teoria matematica dei nodi, un chiaro esempio (non isolato) in cui Matematica e Fisica interagiscono portando a mutui benefici per quanto attiene la ricerca delle due materie. Provo a dare qualche cenno a tale teoria.

Un nodo è definito come una curva chiusa senza estremità libere. Questo enunciato comporta alcune conseguenze: mentre un nodo "reale", ottenuto con una corda, ha uno spessore (il diametro della corda), nel nodo matematico tale spessore è zero. Inoltre, non c'è un punto di inizio o di fine della curva: è possibile continuare a percorrerla infinite volte, poiché – pur limitata nello spazio – non ci sono né inizio né fine della curva; è come se, rispetto ai nodi reali, si considerassero solo quelli in cui i due capi sono congiunti. Infine, mancano spigoli vivi nel tracciato nel nodo: i matematici dicono che non vi sono *punti angolosi*. Può però capitare che vi siano punti in cui la curva attraversa se stessa. Tali punti di *intersezione* vengono chiamati *punti non semplici*, ovvero "punti con molteplicità superiore a uno".

Si possono adottare due prospettive diverse per analizzare gli incroci:
1) Si tiene conto del fatto che, in un incrocio, un tratto di corda passi sopra l'altro

2) Non si tiene conto di quale tratto sia sopra e quale sotto: si tiene in considerazione solo l'incrocio, come se – invece del nodo – ci si focalizzasse sulla sua ombra.

---

[358] [Liv09], pag. 274.
[359] [Liv09], pag. 275.

Si può dire che la teoria dei nodi fu concepita nel 1771, quando il matematico francese Alexandre-Théophile Vandermonde pubblicò un saggio su tale argomento. Come pioniere in questo campo, riconobbe che qui si possono trascurare lo spessore e le lunghezze delle curve, poiché l'unica cosa che conta è la posizione dei punti non semplici: si può quindi parlare di «geometria di posizione».

Anche il matematico tedesco Carl Friedrich Gauss – considerato il "principe della matematica" – si dedicò alle proprietà dei nodi; ma la presenza più interessante, in queste vicende, è quella di Thomson (Lord Kelvin, come sopra accennato) che accostò i nodi a un modello di atomo che, al suo tempo, sembrava perfettamente plausibile, benché oggi sia considerato inattendibile. Egli propose di considerare ogni elemento chimico – come idrogeno e ossigeno – simile a tubi di etere annodati. L'etere (ai giorni nostri considerato inesistente, in base alle interpretazioni del famoso esperimento di Michelson e Morley) era nel XIX secolo reputato una sostanza invisibile presente ovunque nell'universo.[360]

La congettura di Lord Kelvin derivava da due importanti proprietà del mondo subatomico, tuttora pilastri importanti di ogni teoria dell'atomo: la stabilità e la vibrazione dei costituenti intimi della materia. In effetti, complessi anelli di fumo, capaci di vibrare e di rimanere stabili, avevano indotto il famoso fisico inglese a proporre la sua ipotesi; analogamente, oggi, secondo la teoria vigente, gli elettroni che orbitano attorno al nucleo di ogni atomo sono in grado di vibrare e di rimanere stabilmente lungo i loro *orbitali*.

Per Thomson, riuscire a comprendere la natura dei nodi equivaleva a comprendere gli atomi e quindi la materia. Occorreva quindi capire proprietà importanti dei nodi, come ad esempio distinguere quando nodi apparentemente diversi sono in realtà lo stesso nodo. Infatti, tramite opportune manipolazioni, si potrebbe alterare un nodo per renderlo quasi irriconoscibile da quello di partenza, pur essendo in realtà lo stesso. In definitiva, esistono differenze tra nodi di tipo essenziale (che rendono due nodi diversi) e di tipo superficiale (che riguardano solo l'aspetto, ma non la natura dei due nodi, che quindi coincidono).

Tait cercò pertanto di classificare la congerie dei nodi che via via riusciva a studiare faticosamente: stese lunghi elenchi di curve, senza però sistematizzare la sua ricerca, ovvero rinunciando a un criterio di tipo matematico che lo accompagnasse nell'impresa; gli fece compagnia Thomas Penyngton Kirkman, reverendo che si occupava di Matematica nel tempo libero. In modo del tutto autonomo, il professore Charles Newton Little, dell'Università del Nebraska, pubblicò altre tavole di nodi nel 1889, quattro anni dopo che Tait diede alle stampe un lavoro simile.

---

[360] Per dovere di completezza, alcuni scienziati non sono convinti che l'esperimento di Michelson e Morley abbia decretato l'inesistenza dell'etere. Ad esempio: Gregg Braden in "Divine Matrix, Bridging Time, Space, Miracles and Belief" lo definisce il più grande esperimento fallimentare.

Nel frattempo, la teoria dell'atomo di Thomson fu considerata superata, ma ciò non comportò l'arresto dello studio dei nodi: alcuni matematici continuarono ad approfondirla, per il semplice gusto di farlo, come è tipico nello spirito dei cultori di questa materia. Il matematico Michael Atiyah avrebbe detto: «lo studio dei nodi divenne una branca esoterica della matematica pura».

Altri personaggi hanno contribuito allo studio dei nodi, nel secolo scorso: negli anni '20, il matematico americano James Waddell Alexander; negli anni '60 dal matematico inglese John Horton Conway; negli anni '70, l'avvocato e matematico newyorchese Kenneth Perko; nel 1984, fatto straordinario (ma non raro nella storia della scienza), l'americano di origine neozelandese Vaughan Jones, esplorando le «algebre di von Neumann» (una branca della Matematica molto astratta), trovò, anche grazie alla prof.ssa Joan Birman (Columbia University), nuove importanti proprietà utili a classificare i nodi. In un libro di Mario Livio[361] si può leggere come si *snoda* (la battuta è d'obbligo) ulteriormente la storia della teoria dei nodi, ma per gli scopi di questo testo interessa un'altra cosa: il lavoro di Jones «mise in collegamento una stupefacente varietà di aree della matematica e della fisica, che andavano dalla meccanica statistica (comportamento di grossi insiemi di molecole) ai gruppi quantici (matematica della fisica del mondo subatomico)».[362]

E ancora:

> *Il fatto sorprendente è che questo studio astratto ha trovato inaspettate applicazioni moderne in ambiti che spaziano dalla struttura molecolare del DNA alla teoria delle stringhe, che tenta di conciliare il mondo subatomico con la gravità. [... Tale] circolarità rappresenta forse la miglior dimostrazione di come alcune branche della matematica possano emergere da tentativi di spiegare la realtà fisica, si perdano poi nel regno astratto della matematica e alla fine ritornino inaspettatamente alle loro origini ancestrali.*[363]

Un altro aspetto da sottolineare è che tutte queste ricerche non erano sospinte dall'intenzione di applicarle a usi pratici: comprendere i nodi era una passione fine a se stessa. Mario Livio[364] paragona questa spinta a quella sfida che provava l'alpinista George Mallory che disse di voler scalare l'Everest semplicemente «Perché è lì».

---

[361] [Liv09].
[362] [Liv09], pag. 281.
[363] [Liv09], pag. 20.
[364] [Liv09], pag. 278.

6.6 Verso le stelle, versi sulle stelle: Thomas Segget e Galileo Galilei

> *Colombo diede all'uomo terre da conquistare col sangue,*
> *Galileo nuovi mondi che a nessuno recano danno.*
> *Chi è il migliore?*
> Thomas Seggett[365]

> *La Matematica è la grammatica della scienza.*
> Alexandre Koyré[366]

Forse sorprenderà, ma trovare poesie legate a Galileo Galilei è molto più semplice di quello che si possa pensare. Indovinando la scelta di qualche libro[367] nella sterminata piana delle pubblicazioni su di lui, infatti, si possono gustare molte composizioni poetiche scritte dai suoi contemporanei.

Benché questo personaggio si presti molto di più a essere inserito in un volume dal titolo "Accanto alla Fisica", ho deciso di includere Galileo nel libro che avete in mano poiché le enormi conquiste scientifiche furono da lui conseguite con un approccio secondo cui la Matematica viene usata in modo così appropriato da mostrarne tutta la potenza espressiva e predittiva. Non poteva essere altrimenti: egli fu enormemente influenzato dalle opere di Archimede. Per chi volesse informarsi meglio sulla vita, sulle scoperte e sulle invenzioni del maestro pisano, esistono varie opere interessanti[368].

In precedenza (paragrafo 3.1, *Il capitolo tre nell'Uno*) ho presentato Galileo rispetto alla sua idea di Matematica. Ora desidero evidenziare alcuni dettagli su come usava la Matematica per indagare sui fenomeni fisici. Innanzitutto, Galileo riteneva poco raccomandabile il rimanere troppo legati alle osservazioni empiriche, «poiché esse offrono a prima vista una certa parvenza di verità»[369]. Infatti, dai tempi di Aristotele fino ai suoi giorni, la centralità delle «esperienze sensoriali» aveva portato molti scienziati e filosofi a commettere errori, talvolta grossolani, in merito alle leggi della natura derivate dagli esperimenti.

Oggi, noi diremmo che Galileo osteggiava l'approccio scientifico *induttivo*, cioè quello che parte dal particolare e arriva al generale; egli proponeva un approccio più astratto, ragionato, poiché la mente è in grado di rovesciare il processo induttivo per

---

[365] Il poeta scozzese Segget è citato in [Liv09], pag. 101.
[366] [Liv09], pag. 102.
[367] Come ad esempio: [Nic35], [Res05], [Fav39].
[368] Oltre alle già citate [Nic35] e [Res05], c'è anche, ad esempio, [Liv09].
[369] [Liv09], pag. 91.

renderlo *deduttivo*: bisogna identificare le relazioni di causa ed effetto, quindi un eccessivo attaccamento agli esempi e agli esperimenti può essere fuorviante.

Perché Galileo era in polemica con l'approccio aristotelico, arrivando a dire che «Aristotele ignorava le profonde e più oscure scoperte della geometria, ma anche i più elementari principi della scienza»? Perché, per il Principio di autorità (*ipse dixit*), nessuno provò mai, per tanti secoli, a mettere in dubbio le tesi dello stagirita.

Una delle leggi aristoteliche che Galileo confutò (addirittura con un esperimento mentale) fu quella secondo cui gli oggetti più pesanti cadono più velocemente. Il pisano immaginò che, se fosse stata vera tale legge, allora Madre Natura si sarebbe trovata di fronte a un paradosso.

Vediamolo insieme. Consideriamo due oggetti O_1 e O_2, tali che O_1 pesi meno di O_2. Pertanto, lasciati cadere dalla stessa altezza, O_2 raggiungerà il suolo in minor tempo, poiché secondo Aristotele O_1 sarebbe più lento. Ma cosa succederebbe se si lasciassero cadere O_1 e O_2 dalla stessa altezza e nello stesso istante, ma solo dopo averli vincolati (ad esempio con una corda, con della colla, o con qualche altro modo)? Il nuovo oggetto composto, O_3, è ora dotato di maggior peso sia di O_1, sia di O_2, quindi dovrebbe impiegare addirittura meno tempo di O_2. Tuttavia, per la legge che qui vogliamo mettere in crisi, O_1 dovrebbe rallentare la caduta di O_3, poiché pesa meno di O_2. Deduciamo quindi che non è vero che due corpi con pesi diversi impieghino tempi diversi per coprire la stessa altezza durante la caduta libera.

Immagino già le obiezioni del lettore: ma come? Se O_1 fosse una piuma e O_2 fosse un sasso, sarebbe evidente la conferma della legge aristotelica! Invece no: ciò che determina una diversa velocità di caduta dei corpi è la loro resistenza all'aria. La piuma offre una grande resistenza all'aria: le barbe e le barbule si oppongono al movimento di penetrazione verso strati di fluidi come l'aria.

A conferma della tesi galileana, si può prendere un cilindro di vetro, nel quale – dopo aver posto una piuma e una biglia d'acciaio – si aspiri tutta l'aria con una pompa a vuoto. Si proverà in tal modo che, mancando l'aria, la resistenza ad essa non rallenterà più il moto dei due oggetti: piuma e biglia cadranno perfettamente allo stesso modo, coprendo uguali spazi in medesimi tempi!

Ricapitolando: per Aristotele, in base a osservazioni presunte fatte sugli esperimenti di oggetti in caduta libera, un corpo arriva al suolo spontaneamente (cioè solo per il suo peso, ossia senza ulteriori forze applicate) più rapidamente di uno leggero lasciato cadere dalla stessa altezza. Al contrario, Galileo, in base a osservazioni più attente e accompagnate da una riflessione speculativa, ritenne che tutti i corpi, a prescindere dal proprio peso, dovessero impiegare lo stesso tempo per arrivare al suolo spontaneamente. Le piccole differenze registrabili sui tempi di caduta sono dovute all'intervento di un fattore aggiuntivo sfuggito ad Aristotele: l'azione di disturbo procurata dall'interazione con l'aria (dotata, come ogni fluido, di una certa viscosità) rallenta i corpi aventi forme e materiali particolari.

Può giovare al lettore che io riporti quanto scritto da Galileo stesso[370], in forma dialogica, a proposito di tali esperimenti:

> *Sagredo:* Ma io, Sig. Simplicio, che n'ho fatto la prova, vi assicuro che una palla d'artiglieria, che pesi cento, dugento e anco più libbre, non anticiperà di un palmo solamente l'arrivo in terra della palla d'un moschetto, che ne pesi una mezza, venendo anco dall'altezza di dugento braccia. […]
>
> *Salviati:* […] la maggiore anticipa due dita la minore, cioè che quando la grande percuote la terra, l'altra ne è lontana due dita.

Non si sa se sia vera la leggenda secondo cui Galileo avrebbe fatto cadere dalla torre pendente di Pisa due palle, una di ferro e l'altra di legno, ed abbia così convinto gli increduli che le due palle toccavano il suolo quasi contemporaneamente. Ci sono invece le prove che Galileo compì numerose osservazioni per dimostrare che

> *le velocità de' mobili dell' istessa materia, disegualmente gravi, movendosi per un istesso mezzo, non conservano altrimenti la proporzione delle gravità loro, assegnatali da Aristotele, anzi che si muovon tutti con pari velocità.*[371]

Come sappiamo, fu un ragionamento a sconfessare la teoria della caduta dei gravi aristotelica:

> *Ma se questo è, ed è insieme vero che una pietra grande si muova, per esempio, con otto gradi di velocità, ed una minore con quattro, adunque, congiungendole ambedue insieme, il composto di loro si muoverà con velocità minore di otto gradi: ma le due pietre, congiunte insieme, fanno una pietra maggiore che quella prima, che si muoveva con otto gradi di velocità: adunque questa maggiore si muove meno velocemente che la minore; che è contro vostra supposizione.*[372]

Infine, ecco come il maestro toscano introduce la resistenza all'aria per spiegare come la teoria si armonizzi con gli esperimenti:

> *e perché solo uno spazio del tutto voto d'aria e di ogni altro corpo, ancor che tenue e cedente, sarebbe atto a sensatamente mostrarci quello che ricerchiamo, già che manchiamo di cotale spazio, andremo osservando ciò che accaggia ne i mezzi più sottili e meno resistenti, in comparazione di quello che si vede accadere ne gli altri manco sottili e più resistenti: ché se noi troveremo, in fatto, i mobili differenti di gravità*

---

[370] [Gal80], da pag. 36.
[371] [Fav39], sezione II.
[372] [Gal80], pag. 37.

meno e meno differir di velocità secondo che i mezzi più e più cedenti si troveranno, [...], parmi che ben potremo con molto probabil coniettura credere che nel vacuo sarebbero le velocità loro del tutto eguali.[373]

Perché Galileo Galilei è considerato il padre della scienza moderna? Perché i fisici a noi contemporanei hanno portato alle estreme conseguenze l'approccio del pisano! Consideriamo Einstein, che agli inizi del '900 sbalordì il mondo con le sue teorie della Relatività (quella ristretta e quella generale): in principio, le sue idee erano intuizioni quasi pure, non molto suffragate da esperimenti che le confermavano. Neppure le sue descrizioni matematiche erano convincenti, inizialmente: le sue elucubrazioni richiedevano delle geometrie non convenzionali (in precedenza studiate per puro diletto da Riemann[374]), per cui dovette rivolgersi a un esperto matematico, ossia Marcel Grossmann, compagno di studi giovanili. Non poté quindi rinunciare ad ammettere:

Nutro ormai il massimo rispetto per la matematica, le cui parti più astruse giudicavo in precedenza un puro e semplice lusso.[375]

Questo è quindi un ottimo esempio di *efficacia passiva della Matematica* (ne abbiamo accennato nel paragrafo 2.3 intitolato "L'irragionevole efficacia"). Non a caso, il grande fisico e filosofo tedesco (naturalizzato statunitense) arrivò a dire:

Come è possibile che la matematica, un prodotto della mente umana che è indipendente dall'esperienza, si accordi in maniera tanto eccellente agli oggetti della realtà fisica?.[376]

Davvero è importante capire che le conferme sperimentali delle sue teorie arrivarono in seguito (ad esempio studiando eventi celesti come l'eclissi oppure oggetti astronomici come le *doppie pulsar*[377]). Possiamo, con una battuta di Einstein stesso, capire quanto la Matematica sia servita a sistematizzare e a far maturare le sue idee per una comprensione migliore dell'universo fisico:

Da quando i matematici hanno invaso la teoria della relatività, non la capisco più io stesso.[378]

Infatti fu proprio Hermann Minkowski – suo ex insegnante di Matematica – a sviluppare con "tutti i crismi" le equazioni della teoria della relatività speciale. Persino i fisici quantistici di oggi, prima di compiere esperimenti (si pensi all'LHC presso il CERN di Ginevra, Svizzera), fissano *a priori* alcune particelle da cercare,

---

[373] [Gal80], pag. 41.

[374] In Appendice P, *I postulati delle geometrie*, mi soffermo sulla geometria di Riemann nel più ampio contesto delle geometrie non euclidee.

[375] [Liv09], pag. 292.

[376] [Liv09], pag. 14.

[377] [Liv09], pag. 292.

[378] [Sch49], pag. 102, nella sezione intitolata *To Albert Einstein's Seventieth Birthday*, di Arnold Sommerfelt.

ossia prima ancora di trovarle! Infatti, tramite la consapevolezza delle numerose simmetrie connaturate alle leggi della Fisica e grazie anche a deduzioni ottenute dalla logica e persino dal gusto estetico, essi focalizzano la loro attenzione e "preparano il terreno" in modo da ottenere le conferme sperimentali attese.

Ma torniamo a Galileo: con le sue idee innovative egli ebbe rivoluzionato l'astronomia e si schierò a favore della dottrina eliocentrica (di Copernico), che all'epoca non godeva di grande stima, per dirla eufemisticamente. Come già detto, il genio pisano non considerava le osservazioni scientifiche improduttive! Anzi, le utilizzò ripetutamente per "scrutare meglio" la volta celeste, specie avvalendosi dell'aiuto del cannocchiale, che cominciò a diffondersi nel 1608 (inventato dall'occhialaio Hans Lippershey in Olanda), e che il nostro amante della Matematica migliorò nei mesi successivi (nel 1610 il potere di ingrandimento passò da 8 a 20).

La poesia di T. Seggett (presentata all'inizio di questo paragrafo) celebra la prima volta in cui l'uomo riesce ad avventurarsi, con lo sguardo, in luoghi presenti oltre il sistema solare:

> *Quello che in terzo luogo osservammo, è l'essenza o materia della Via Lattea, la quale attraverso il cannocchiale si può vedere in modo così palmare che tutte le discussioni, per tanti secoli cruccio dei filosofi, si dissipano con la certezza della sensata esperienza, e noi siamo liberati da sterili dispute. La Galassia non è altro che un ammasso di innumerabili stelle disseminate a mucchi; ché in qualunque parte di essa si diriga il cannocchiale, subito si offre alla vista un grandissimo numero di stelle, parecchie delle quali si vedono abbastanza grandi e molto distinte, mentre la moltitudine delle piccole è affatto inesplorabile.*[379]

Per onestà intellettuale bisogna ammettere che anche Galileo fu protagonista di qualche scivolone: nel *Saggiatore* affermò che le comete sarebbero fenomeni causati da qualche scherzo della rifrazione ottica nel mondo sublunare[380]; inoltre compì l'errore di sostenere che la catenaria (il luogo geometrico dei punti su cui si dispone una catena, composta da anelli rigidi, fissata su due punti estremi) si configura come una parabola.[381]

Ad ogni modo, vorremmo focalizzarci sulla grandezza di quest'uomo, una grandezza pressoché infinita: lo ritroveremo ancora nel Capitolo 7, dove mostreremo le sue speculazioni sull'infinito in Matematica.

---

[379] [Liv09], pag. 100.
[380] [Liv09], pag. 105.
[381] [Liv09], pag. 162. Mostriamo i grafici di catenaria e parabola nel diagramma che accompagna l'inizio del capitolo corrente.

6.7 Alexander Pope e Isaac Newton sulle spalle di giganti... pianeti

La natura e le leggi di natura giacevano nascoste nella notte:
Sia Newton, disse Dio! E tutto fu luce.
Alexander Pope[382]

Cosa intendeva il poeta, in questo celebre distico, quando si riferiva alla *luce* di Isaac Newton? Non certo all'illuminazione artificiale (di cui Thomas Alva Edison fu protagonista, negli ultimi vent'anni del 1800). La mia ipotesi è che Pope alludesse alle ammirevoli conquiste che Isaac Newton ottenne nei campi della Fisica e della Matematica. Riguardo alla prima disciplina, mi sento di annoverare la scoperta della cosiddetta *legge di gravitazione universale*, mentre per la Matematica è importantissimo il contributo che diede alla definizione e all'invenzione del calcolo integro-differenziale. Il moto dei pianeti e la natura della luce divennero, grazie a lui, argomenti di facile studio.

Non ho la pretesa di spiegare come il genio inglese abbia potuto raggiungere tali successi, né soffermarmi sugli oppositori[383] che lo criticarono senza aver compreso la portata dei suoi risultati, ma mi interessa – nell'economia di questo libro – evidenziare il suo rapporto con la Matematica, rapporto che secondo Mario Livio, probabilmente

> *cominciò quando Newton era ancora giovane, con l'incontro non proprio felice con gli* Elementi *di Euclide. Inizialmente non capiva «come qualcuno si potesse divertire a scrivere [delle proposizioni] le dimostrazioni».[...]*
> *Il libro che esercitò forse la maggiore influenza sul pensiero matematico e scientifico di Newton fu nientemeno che* La geometria di Cartesio *[...].*
> *La flessibilità offerta dal concetto di funzioni e delle loro variabili libere sembrava aprirgli infinite possibilità. Non solo la geometria analitica preparò la strada alla creazione da parte di Newton del calcolo infinitesimale e allo studio a esso associato delle funzioni, delle loro tangenti e curvature, ma lo stesso spirito scientifico che animava Newton ne fu letteralmente infiammato. Fine delle noiose ricostruzioni geometriche fatte con riga e compasso; il loro posto veniva preso da curve arbitrarie che potevano essere rappresentate per mezzo di espressioni algebriche.[384]*

---

[382] [Liv09], pag.139. Epitaffio che Pope volle dedicare ad Isaac Newton. In lingua originale:
Nature and Nature's laws lay hid in night:
God said, Let Newton be! And all was light.
[383] Ad esempio, il filosofo irlandese George Berkeley, vescovo d Cloyne, come si trova in [Liv09], pag. 200.
[384] [Liv09] pag. 146.

In seguito ad attente osservazioni e dopo aver analizzato un fenomeno, era solito esibire una straordinaria perizia nell'usare il linguaggio dei numeri e delle equazioni (con anche simboli inventati appositamente per i suoi scopi) per descrivere icasticamente il sistema in istudio e, soprattutto, per poter compiere previsioni sul comportamento futuro del sistema stesso!

Sicuramente egli raccolse l'eredità di Cartesio[385] (un altro gigante della Matematica) e di Galileo (tra l'altro Newton nacque nello stesso anno in cui Galileo morì), riuscendo nell'impresa titanica di dare all'astronomia una rifondazione notevole al "sapore" di Matematica: comprese che i pianeti si attraggono con una forza (dovuta alla massa, cioè alla quantità di materia) che si riduce con il quadrato della distanza, e dedusse che le orbite dei pianeti sono ellittiche, non necessariamente circolari.[386]

Le sue idee si intrecciarono anche con quelle di Robert Hooke e Gottfried Wilhelm von Leibniz, suoi rivali. Infatti, Hooke reclamò il giusto riconoscimento per alcune proprie scoperte (su teoria della luce e su gravità) che in seguito Newton avrebbe sviluppato (dando ad esse anche una riformulazione matematica), ma quest'ultimo usò una dichiarazione quantomeno originale per esprimere il suo debito verso coloro le cui idee grezze egli raffinò: «Se ho visto più lontano è perché stavo sulle spalle dei giganti». Decontestualizzata, questa ammissione può risultare un atto di umiltà, facendo così pensare a una solidarietà verso i grandi personaggi che promossero questa virtù (ne abbiamo trovato qualcuno nel paragrafo 6.2); ma qualche osservatore ha ipotizzato che essa può anche essere un'allusione sarcastica alle condizioni fisiche di Hooke (come direbbe qualcuno: un grande fisico... senza un gran fisico): egli era basso e soffriva di scoliosi, dunque poco riconducibile alla categoria dei giganti; se tale interpretazione fosse corretta, significherebbe che Newton non si sentiva di dovergli alcunché.

Comunque, ciò che è importante rispetto alle tesi di questo libro, viene ben espresso da Livio:

> *Newton pensava che Hooke non meritasse alcun credito, poiché non era in grado di formulare le sue idee nel linguaggio della matematica. In effetti, la qualità che davvero distingueva le teorie di Newton – la caratteristica insita che le trasformava in ineluttabili leggi della natura – era proprio l'esprimerle in forma di relazioni matematiche cristalline e coerenti. Al confronto, le idee teoriche di Hooke, per quanto geniali, non sembravano che una raccolta di intuizioni, congetture e speculazioni. [...] Newton prese la concezione di Cartesio (la possibilità*

---

[385] [Liv09], pagg. 140 e 146.
[386] Il lettore curioso può trovare ulteriori approfondimenti in Appendice K.

di descrivere il cosmo tramite la matematica) e la tradusse in una realtà operativa.[387]

Per quanto riguarda invece Leibniz, il terreno dello scontro era il calcolo integro-differenziale (detto anche calcolo infinitesimale), già citato poc'anzi. In effetti, entrambi avevano capito come svolgere alcuni calcoli considerando le quantità in gioco sempre più piccole (o, invertendo, sempre più grandi). Questo è di grande utilità quando si vogliono calcolare le rette tangenti passanti per un punto di una curva: idealmente, è come se si partisse dalla retta secante (cioè che attraversa la curva in due punti vicini, ma distinti) e si facesse in modo tale da congiungere i due punti di intersezione. Al limite, appunto, si ha che i due punti collassano in uno solo: il punto di tangenza, poiché ora la retta è tangente, non più secante.

Con analoghe tecniche, anche il grado di curvatura di una linea diventa calcolabile numericamente: si può trovare il raggio di curvatura, cioè il raggio di quel cerchio che meglio approssima una curva in una certa zona. Per coloro che vogliono appropriarsi di alcuni termini tecnici: i matematici chiamano *intorno* la zona vicina a un punto, e chiamano *osculatore* il cerchio che approssima una curva (poiché il verbo latino *osculari* significa baciare).

Permettetemi di dare ancora la parola a Mario Livio, a proposito del calcolo infinitesimale:

> *Il mondo non sta fermo. Gran parte delle cose che ci circondano o è in movimento o in cambiamento continuo. Persino la Terra che sembra immobile sotto i nostri piedi in realtà ruota sul proprio asse, orbita attorno al Sole e – insieme al Sole – attorno al centro della nostra galassia, la Via Lattea. L'aria che respiriamo è composta da milioni di milioni di molecole che si muovono senza sosta in modo casuale. Nel frattempo le piante crescono, le sostanze radioattive decadono, la temperatura atmosferica sale e scende durante il giorno in base alle stagioni, e l'aspettativa di vita dell'uomo non cessa di crescere. Tutta l'irrequietezza cosmica, tuttavia, non ha disorientato la matematica. Newton e Leibniz introdussero la branca della matematica chiamata «calcolo infinitesimale» proprio per permettere un'analisi rigorosa e una descrizione precisa mediante modelli tanto del movimento quanto del cambiamento. Oggi, questo incredibile mezzo è diventato così indispensabile e onnicomprensivo che vi si può attingere per esaminare problemi diversissimi, dal moto dello* space shuttle *alla diffusione di una malattia infettiva. Come un film può catturare il movimento suddividendolo in una sequenza di singoli fotogrammi, così il calcolo infinitesimale può misurare il cambiamento su un reticolo tanto*

---

[387] [Liv09], pag. 142.

capillare da permettere di calcolare quantità dall'esistenza effimera, come la velocità, l'accelerazione o il tasso di variazione istantanei.

Seguendo i passi da gigante compiuti da Newton e Leibniz, i matematici dell'Età della Ragione (che va dagli ultimi decenni del XVII fino a tutto il XVIII secolo) ampliarono il calcolo infinitesimale aggiungendovi la nuova branca ancora più importante e universale delle «equazioni differenziali». Muniti di questa nuova arma, gli scienziati erano ora in grado di proporre precise teorie matematiche di fenomeni che variavano dalla musica prodotta dalla corda di un violino al trasporto del calore, dal moto della trottola al flusso di liquidi e gas. Per un certo periodo, le equazioni differenziali divennero lo strumento d'elezione per compiere progressi nella fisica.[388]

Vorrei indugiare sulle ricerche di Newton nei confronti della legge di gravità. Questo argomento mi è particolarmente caro, sia perché – come già accennato altrove – ho conseguito un dottorato di ricerca in *Geodesia e Geomatica*, sia perché negli ultimi tempi sto proprio sviluppando algoritmi numerici che approssimano l'integrale di Newton per il calcolo degli effetti gravitazionali. Desta davvero grande meraviglia pensare che Newton, senza calcolatori (né moderni,... né antichi!) poté svolgere calcoli sul campo gravitazionale con estreme precisioni[389].

Nel *De Motu Corporum in Gyrum* (risalente al 1684) Newton dimostrò buona parte delle caratteristiche dei corpi che si muovono lungo orbite ellittiche (il lettore preparato sa che le orbite circolari sono un caso particolare di quelle ellittiche) e tutte le tre leggi di Keplero[390]; inoltre aveva felicemente attaccato il problema del moto di una particella in un mezzo viscoso. Edmond Halley, esortò Newton a pubblicare i suoi risultati in quella che sarebbe presto diventata, nel luglio 1687, l'opera intitolata *Philosophiae Naturalis Principia Mathematica*. Due questioni intricate erano ancora da sbrogliare:

1. La legge dell'attrazione gravitazionale doveva essere un'approssimazione, poiché Sole e pianeti erano considerati puntiformi (cosa ben diversa dalla realtà). Calata poi nel caso più quotidiano della reciproca attrazione che si verifica tra il nostro pianeta e una mela, le cose sembrano prendere una piega ancora peggiore: come calcolare l'attrazione risultante da tutti i contributi? Ci sono infatti contributi dovuti alle parti della Terra che si trovano vicino alla mela (quando non a contatto con essa); ci sono anche contributi dovuti alle parti del pianeta più lontane (presenti cioè sul lato opposto). Oggi queste difficoltà ci fanno sorridere (abbiamo la teoria del calcolo integrale e potenti elaboratori per svolgere velocemente calcoli molto sofisticati), ma a quei tempi questi erano problemi di grossa portata. Solo nella primavera del 1685 Newton

---

[388] [Liv09], da pag. 160.

[389] Il lettore curioso può approfondire in [Liv09], da pag. 151.

[390] Rimando all'Appendice K, intitolata *Le leggi di Keplero*.

dimostrò un teorema fondamentale che risolse tutto: «per due corpi sferici, l'intera forza, per effetto della quale una di tali sfere attira l'altra, è inversamente proporzionale al quadrato della distanza dai loro centri». Cioè, l'azione gravitazionale è esattamente quella che si verificherebbe se, invece dei corpi sferici, si ponessero due corpi puntiformi aventi la stessa massa dei due precedenti, a patto di posizionare i due corpi puntiformi nei centri dei corpi sferici. Non c'era dunque approssimazione, ma grande precisione, da parte dell'analisi matematica applicata alla legge di attrazione gravitazionale! Ecco le parole di Mario Livio:

> *L'importanza di questo magnifico teorema fu messa in evidenza dal matematico James Whitbread Lee Glaisher, in un discorso in occasione delle celebrazioni per il bicentenario dei* Principi *(1887): «Non appena Newton ebbe dimostrato il suo superbo teorema — e noi sappiamo dalle sue parole che non si aspettava affatto un risultato così bello finché non emerse dalle sue indagini matematiche — tutta la meccanica dell'universo gli si spalancò di colpo davanti [...]. Quanto diverse dovettero sembrare quelle proposizioni agli occhi di Newton quando si rese conto che quei risultati, che aveva ritenuto solo approssimativamente corretti se applicati al sistema solare, erano in realtà esatti! [...] Possiamo immaginare l'effetto che questa improvvisa transizione dall'approssimazione all'esattezza ebbe per stimolare la mente di Newton a compiere sforzi ancora più grandi. Adesso aveva la possibilità di applicare l'analisi matematica con assoluta precisione al vero problema dell'astronomia.»*[391]

2. Un altro problema riguardava come computare l'effetto dell'attrazione esercitata dai pianeti sul Sole. Ipotizzare che il Sole sia "fermo" conduce a contraddire la terza legge della dinamica, secondo cui *le azioni dei corpi attraenti e attratti sono sempre mutue ed uguali.* Pertanto, in ultima analisi, nello studio dell'attrazione di due corpi, nessuno dei due è solamente attratto e nessuno dei due è solamente attraente. Se i due corpi sono la Terra e il Sole, si deve dedurre che anche il Sole si muove: entrambi ruotano intorno al loro comune centro di gravità; ma al posto del pianeta Terra, la simmetria delle leggi fisico-matematiche permette di considerare egualmente qualunque altro pianeta! Pertanto anche gli altri pianeti attraggono il Sole e e ne sono attratti... Anzi: ogni pianeta attrae ed è attratto da ogni altro pianeta; per di più, questa interazione non si limita ai pianeti interi, ma anche a solo una loro minima parte, come una mela... In definitiva arriviamo alla considerazione finale:

> *La conclusione è strabiliante nella sua semplicità: c'è un'unica forza di gravità, che agisce tra ogni coppia di masse, ovunque nell'universo. (...) Newton compì osservazioni ed esperimenti con*

---

[391] [Liv09], pag. 152.

un'accuratezza di appena il 4 percento e ne trasse una legge matematica della gravitazione che si rivelò più precisa che al milionesimo. Unì per la prima volta spiegazioni *di fenomeni naturali al potere di* predire *i risultati delle osservazioni. Tra fisica e matematica si formò un intreccio che non si sarebbe più sciolto, mentre divenne inevitabile la rottura definitiva tra scienza e filosofia.*

Per dovere di completezza, dobbiamo riportare che fu intorno al 1666 che

Newton fece i primi tentativi per dimostrare che la forza che tratteneva la Luna nella sua orbita intorno alla Terra e la gravità terrestre (che fa cadere la mela) erano, in realtà, esattamente la stessa cosa. Appunti di Newton del 1714:

«*E lo stesso anno [il 1666] cominciai a pensare alla gravità che si estende fino all'orbita della Luna, e avendo scoperto come calcolare la forza con cui [un] globo che ruota all'interno di una sfera preme contro la superficie della sfera, dalla Legge di Keplero dei periodi dei Pianeti che sono in proporzione sesquialtera con le distanze dal centro delle loro Orbite, dedussi che le forze che trattengono i Pianeti nelle loro Orbite devono [essere] reciproche ai quadrati delle loro distanze dai centri attorno a cui ruotano: e così paragonai la forza richiesta per trattenere la Luna nella sua Orbita con la forza della gravità sulla superficie della Terra e trovai che esse corrispondevano piuttosto bene. Tutto ciò avvenne nei due anni della peste del 1665 e del 1666, poiché in quegli anni ero nel fiore della mia età creativa e mi dedicavo alla Matematica e alla Filosofia più di quanto abbia mai fatto in seguito.*»

Qui Newton fa riferimento alla sua importante deduzione (tratta dalle leggi di Keplero sul moto dei pianeti) del fatto che l'attrazione gravitazionale di due corpi sferici varia in modo inverso al quadrato della loro distanza.[392]

Dovendo rispettare la vocazione di questo libro, e in particolar modo questo paragrafo dedicato alle relazioni tra Newton e la poesia, devo tributare al lettore ancora una composizione lirica:

And this is the sole mortal who could grapple,
Since Adam, with a fall or an apple.
[E questo è il solo mortale che, dai tempi di Adamo,
poteva aggrapparsi alla caduta di una mela.][393]

---

[392] [Liv09] Pag. 147.
[393] [Liv09], pag. 139.

Sono i versi di Lord Byron, che quasi un secolo dopo la morte di Newton apparvero sul poema satirico (incompiuto) *Don Juan*.

È molto famoso l'aneddoto secondo cui l'intuizione di Newton sulla gravità sarebbe stata altrettanto poetica: «A occasionarla era stata la caduta di una mela, mentre egli sedeva in uno stato d'animo meditativo». Così si espresse William Stukeley, amico e primo biografo di Newton.[394]

Come ha scritto Mario Livio,

> *indipendentemente dal fatto che nel 1666 l'episodio si sia verificato davvero, l'aneddoto della mela non rende giustizia al genio di Newton e all'inarrivabile profondità del suo pensiero analitico: indubbiamente non aveva bisogno di vedere cadere il frutto, né ciò sarebbe stato sufficiente. (...) Un'idea di tale portata così rara negli annali della scienza doveva sorgere attraverso una lunga serie di tappe intellettuali.*[395]

E ancora:

> *fu la sua opera sulla gravità che lo fece salire in cima al podio dei più grandi scienziati mai vissuti. Quell'opera colmò il divario tra il Cielo e la Terra, fuse i campi dell'astronomia e della fisica e pose l'intero cosmo sotto un unico ombrello matematico.*[396]

Per chiudere il paragrafo, cosa c'è meglio di un epitaffio? Secondo Chafi Haddad,

> *l'epitaffio di Newton, nell'abbazia di Westminster a Londra, è la formula che esprime il binomio a + b elevato alla potenza m. L'apice della gloria di Newton consistette nell'avere sulla propria tomba una formula algebrica.*[397]

---

[394] [Liv09], pag. 144.

[395] [Liv09], pag. 145.

[396] [Liv09], pag. 144.

[397] Chafi Haddad fu professore di Matematica alla Scuola di Filosofia presso l'Università del Brasile (oggi UFRJ). Visse nel ventesimo secolo e fu anche avvocato, imprenditore ed educatore. Citazione in [Tah96], pag. 207. Per quanto riguarda la potenza del binomio, altro argomento legato fortemente a Newton, rimando all'Appendice A, intitolata *Algebra*.

6.8 Il lusso di Shaw e lo show di Trilussa

> *"Durante la mia istruzione non ci fu detta una sola parola*
> *sul significato o l'utilità della Matematica"*
> George Bernard Shaw[398]

Due branche[399] della Matematica si sono rivelate eccezionalmente utili, ai limiti della prodigiosità, specialmente ai giorni nostri: la Statistica e la Teoria della probabilità. Possiamo considerarle due gemelli siamesi, poiché, nelle applicazioni, si completano e si integrano vicendevolmente. La prima cerca di estrarre informazioni sintetiche da un'immensa mole di dati sperimentali (che possiamo chiamare anche osservazioni). È come se "impariamo dai dati", evidenziando andamenti e individuando correlazioni tra le informazioni; l'altra disciplina cerca invece di fare previsioni, ossia intende misurare la probabilità, cioè "l'inclinazione", di ciascuno dei possibili esiti di un esperimento. Risulta chiara la connessione tra le due materie: posso tentare predizioni cercando di *modellizzare*[400] un fenomeno che ha una certa stabilità nel tempo, quindi ipotizzo che a parità di stimoli si ottengano gli stessi esiti finali. Un esempio: le previsioni meteorologiche. Raccolgo le statistiche di dati ritenuti utili, come temperatura e pressione in diversi luoghi e in diversi tempi; creo un modello di probabilità che fornisce la distribuzione di verosimiglianza degli esiti in base ai dati di ingresso; esprimo la previsione meteo come la condizione meteorologica più probabile in base ai dati raccolti.

Nel mio piccolo percorso personale ho avuto modo di apprezzare particolarmente questi due fratelli: per motivi "casuali" (ma esiste il caso? Oppure chiamiamo così solo la nostra ignoranza?) ho incontrato, al secondo anno di università (era il 1995), un professore che ha risvegliato in me una passione latente per l'elaborazione dei segnali con approccio *stocastico*[401]. In quel periodo non pensavo certo alla tesi di laurea, eppure muovevo i primi passi per comprendere la mia carriera: al terzo anno scelsi – nell'ambito dell'ingegneria informatica – proprio l'indirizzo *Ambiente e territorio*, un'offerta formativa concepita e promossa da lui stesso, per specializzarmi in materie ad alto contenuto matematico: Analisi matematica III, Trattamento delle osservazioni, Misure geodetiche, Telerilevamento, Cartografia numerica e Sistemi

---

[398] [Liv09], pag. 199.

[399] Raccomando al lettore: *branche*, non branchie, come talvolta si sente dire! Solo chi ha il cognome da pesce o frutto di mare come me (Triglione) potrebbe permettersi la licenza poetica di usare branchia in luogo di branca! ;-)

[400] Già: *modellizzare*. Questo neologismo è ormai accettato anche nei dizionari, pur se il classico *modellare* va sempre bene!

[401] Trovo molto evocativo l'aggettivo *stocastico*: questa parola dotta ha origine dal verbo greco *stocazomai*, ($\sigma\tau o\chi\alpha\zeta o\mu\alpha\iota$), che non è l'urlo di una donna che rifiuta i piaceri della carne, ma significa «lanciare frecce (o giavellotti) contro un bersaglio», ossia, in senso lato, «tentare di indovinare».

informativi. La mia tesi di laurea (conseguita nel 1999, quando ancora il percorso era costituito da 5 anni non frazionati nel cosiddetto 3 + 2) riguardò proprio il trattamento statistico di dati territoriali per eliminare i dati erronei (in gergo: *outliers*). Dopo qualche escursione in aziende private, tornai con il vecchio gruppo universitario per conseguire un ulteriore titolo di studio, il Dottorato di Ricerca in *Geodesia e Geomatica* (un'altra tesi, discussa nel 2005, ancora sugli *outliers*). Dal 2006 ho lavorato come libero professionista o assegnista di ricerca per diversi valenti professori universitari e stimolanti aziende, ma sarà sempre il calcolo numerico a scaldarmi il cuore di ingegnere. Anche il primo libro "serio" in cui sono stato co-autore venne alla luce in questo vivaio. Era il 2011 e la casa editrice Maggioli lo pubblicò con il titolo *Metodi Monte Carlo e delle Catene di Markov: una introduzione*.

Tutto questo discorso serve a dire che, a differenza di George Bernard Shaw, a me è capitato spesso di recepire il significato e l'utilità della Matematica, a volte tramite grandi insegnanti, altre volte con il mio semplice intuito. Trovo quindi esilarante l'aforisma che introduce questo paragrafo, il quale serve a corroborare i motivi per i quali mi sono sentito ispirato a scrivere i primi paragrafi del capitolo 2, a proposito dell'enorme – ma non sempre riconosciuta – efficacia della Matematica.

Su Statistica e Probabilità, il celebre drammaturgo irlandese compose un articolo, intitolato *Il vizio del gioco e la virtù dell'assicurazione*, dove mostra che la Matematica può essere usata per fini onorevoli o tutt'altro che onorevoli. A tal proposito, l'*incipit* è dedicato alle assicurazioni:

> *L'assicurazione, sebbene fondata su fatti che sono inesplicabili e su rischi che sono calcolabili soltanto da matematici professionisti chiamati attuari, è nondimeno più simpatica a studiarsi degli argomenti della banca e del capitale, che sono più facili. Questo perché nel nostro paese per ogni uomo politico competente ci sono almeno 100000 giocatori che fanno scommesse ogni settimana, con i bookmakers dei campi di corse.*[402]

In seguito, l'autore della commedia *Pigmalione* spiega che il *bookmaker* si prefigge lo scopo di accettare scommesse da parte di chiunque pensi che un certo cavallo vincerà una gara. Se tutte le scommesse fossero alla pari, il bookmaker avrebbe un mestiere molto redditizio,

> *ma la concorrenza fra i bookmakers li porta ad attirare i clienti con l'offrir loro quote alte sui cavalli che non hanno probabilità di vincere e quote basse sul cavallo che ha le maggiori probabilità, e che si suole chiamare il favorito. Il ben conosciuto grido, che imbarazza i novizi, di*

---

[402] [New56], Volume 3, pag. 1524: *The Vice of Gambling and the Virtue of Insurance*. Un'altra fonte è: *The World of Mathematics* di J. R. Newman, edito da Simon & Schuster nel 1956 in New York.

«due a uno», significa che il bookmaker scommetterà sulla quota di due a uno contro tutti i cavalli della corsa eccetto il favorito. In genere, però, egli farà scommesse a quote di dieci a uno e anche più sul cavallo considerato "outsider". In questo caso, se vince l'outsider, come talvolta è accaduto, il bookmaker può perdere in questa scommessa tutto quello che ha guadagnato nelle scommesse contro i favoriti. Tra le possibilità estreme di vincere o perdere, egli può cavarsela sempre basandosi sul numero dei cavalli iscritti alla corsa, sul numero delle scommesse fatte su di loro e sulla sua abilità nell'offrire le quote. In genere egli guadagna quando vince un outsider, poiché normalmente vi è più denaro su favoriti e sui probabili che sugli outsider; ma può succedere anche il contrario: vi possono essere infatti diversi outsider così come diversi favoriti, e poiché gli outsider vincono abbastanza spesso il tentare i clienti con l'offrire quote troppo favorevoli costituisce un azzardo; e il bookmaker non deve mai giocare d'azzardo, sebbene egli viva nel gioco. Vi sono sempre in pratica sufficienti fattori variabili nel gioco per buttare in palio tutte le abilità finanziarie del bookmaker. Egli deve fare il suo bilancio in modo da riuscire, anche nel caso peggiore, a essere sempre solvibile. Un bookmaker che giochi d'azzardo si rovinerà certamente, proprio come accade a un fornitore di liquori che beva o a un commerciante di quadri che non sappia separarsi da un buon quadro.[403]

Il vincitore del premio Nobel (conseguito nel 1925 per la letteratura) si pone poi la domanda riguardante la possibilità di fare un bilancio di solvibilità, trattando questioni di probabilità. In altri termini: come può, una valutazione numerica a priori sull'inclinazione di un certo evento ad accadere, aiutare una persona che deve capire la strategia verso le scommesse da accettare per guadagnare invece di perdere denaro? Egli risponde affermando un principio importantissimo: con una serie enorme di esperimenti identici, le probabilità possono essere considerate certezze, quindi un'organizzazione di milioni di persone (come lo Stato) può riuscire in ciò che un singolo individuo non può sperare di fare. Per sostenere questa tesi, viene fatto un riferimento al passato: una volta, il viaggio era pieno di pericoli, al punto che chi doveva affrontarne uno si sentiva indotto a fare testamento e a pregare come se la morte fosse imminente. A differenza di oggi,

il commercio con i paesi stranieri era un affare rischioso, specialmente quando il commerciante, invece di starsene a casa e di consegnare le mercanzie a una agenzia straniera, doveva accompagnarle a destinazione per venderle sul posto. Per fare questo, egli doveva stipulare un contratto con un proprietario di nave oppure direttamente col capitano della nave.[404]

---

[403] Ibidem.
[404] Ibidem.

Entra così in gioco il concetto di "percezione del pericolo", che – come ogni altro aspetto psicologico – caratterizza fortemente gli individui, evidenziando le differenze riguardanti le loro convinzioni e il loro modo di intendere la vita e di provare paura.

Ora, i capitani delle navi, che vivono sul mare, non vanno soggetti al terrore che esso ispira agli uomini di terra. Per loro il mare è più sicuro della terra; i naufragi sono infatti meno frequenti delle malattie e dei disastri in terra. I capitani delle navi guadagnano sia portando passeggeri sia portando merci. Immaginate quindi un discorso di affari tra un commerciante avido di commerciare con l'estero, ma terribilmente pauroso di fare naufragio o di essere divorato dai selvaggi, e un comandante di nave avido di merci e di passeggeri. Il capitano assicura il commerciante che le sue merci arriveranno sane e salve, e che anche lui arriverà perfettamente a destinazione, in caso le voglia accompagnare. Ma il commerciante, che ha la testa piena delle avventure di Giona, san Paolo, Ulisse e Robinson Crusoe, non osa avventurarsi. Le loro conversazioni si svolgeranno più o meno in questo modo.

CAPITANO: Venite! Scommetto quante sterline volete che, se partite con me, tra un anno sarete ancora vivo e vegeto.
COMMERCIANTE: Se dovessi scommettere, scommetterei piuttosto che morirò entro l'anno.
CAPITANO: Perché no? Tanto perderete certamente la scommessa.
COMMERCIANTE: Ma se io affogo, affogherete anche voi, e allora che cosa accadrà della nostra scommessa?
CAPITANO: Giusto. Ma vi troverò qualcuno a terra che farà la scommessa con vostra moglie e con la vostra famiglia.
COMMERCIANTE: Questo cambia la situazione; ma, e il mio carico?
CAPITANO: Puh! Si può fare la scommessa anche sul carico. Oppure due scommesse: una sulla vostra vita e un'altra sul carico. Ambedue le cose saranno sicure, ve lo garantisco. Non accadrà nulla; e voi vedrete tutte le meraviglie che si possono vedere all'estero.
COMMERCIANTE: Ma se le mie merci e io arriviamo sani e salvi dovrò pagarvi il valore della mia vita e quello delle merci. Insomma, se non affogo io sarò rovinato.
CAPITANO: Anche questo è vero, ma non crediate che per me le cose andrebbero molto meglio. Se voi affogate, io affogherò per primo; devo essere infatti l'ultimo uomo a lasciare la nave. Tuttavia voglio persuadervi a tentare. Faremo la scommessa dieci contro uno. Vi tenta?
COMMERCIANTE: Oh, in questo caso...

> *Il capitano ha scoperto l'assicurazione così come l'orefice scoprì le operazioni di banca.*[405]

Ecco il trucco matematico per le scommesse: creare una proporzione (tra costo della scommessa e premio in caso di vittoria) che invogli gli scommettitori a puntare in modo da vincere molto qualora si verificasse un evento molto raro, e vincere poco qualora si verificasse un evento che si presume molto probabile. Vediamo ora a quali estreme conseguenze arriva il ragionamento di Shaw. Dapprima estende il concetto di assicurazione, mostrando che in certi termini esso non rimane più un'attività imprenditoriale rischiosa, bensì può cambiare la sua fisionomia fino a diventare un'impresa sicura. Per di più, tale attività può anche non richiedere grandi investimenti iniziali: ad esempio, si può usare, come oggetto di scommesse, anche beni altrui!

> *L'assicurazione è un affare lucrativo, e se il giudizio dell'assicuratore e le sue informazioni sono buone è anche un affare sicuro. Esso non è però così semplice come fare il bookmaker sui campi di corse: mentre infatti in una corsa tutti i cavalli eccetto uno devono perdere e il bookmaker guadagna, in un naufragio tutti i passeggeri possono vincere e l'assicuratore andarsene in rovina. Egli deve quindi avere non una ma più navi, in modo che, quante più navi arriveranno in porto invece di affondare, egli guadagnerà in proporzione e perderà soltanto su una. Ma in effetti l'assicuratore marittimo non ha bisogno di navi proprie, così come il bookmaker non ha bisogno di propri cavalli. Egli può assicurare i carichi e le vite affidati a migliaia di navi che appartengono ad altra gente, anche se non ha mai posseduto o nemmeno visto qualcosa di più di una canoa. Quante più navi egli assicura, tanto più sicuri sono i suoi profitti; una mezza dozzina di navi può infatti naufragare nello stesso tifone o essere spazzata via dalla stessa ondata di fondo, ma su mille navi la maggior parte sopravvivrà. Quando i rischi sono accresciuti dalla guerra le quote di scommessa possono diminuire. Quando il commercio estero si sviluppa al punto che gli assicuratori marittimi possono impiegare più capitale di quello che possano fornire i singoli individui, per soddisfare la domanda si formano società come i Lloyds britannici. Queste società si accorgono subito che vi sono nel mondo molti altri rischi oltre a quello del naufragio. Gli uomini che non viaggiano e che non spediscono merci per mare possono perdere la vita o parte del corpo in un incidente, oppure le loro case possono essere distrutte da incendi o depredate dai ladri. Sorgono allora da tutte le parti compagnie di assicurazioni, e gli affari si sviluppano e si estendono fino a che non esiste più alcun rischio che non possa essere assicurato. I Lloyds assicureranno non soltanto contro i naufragi ma anche contro qualsiasi rischio che non sia specificamente coperto dalle*

---

[405] Ibidem.

società per azioni, ma purché sia un rischio assicurabile, ovvero sia un rischio sicuro.
Questo sembra costituire una contraddizione in termini: come può infatti un affare sicuro comportare un rischio o un rischio essere corso sicuramente? [406]

Ora il nostro famoso autore sta per spiegare – senza ricorrere a formule – la cosiddetta *distribuzione binomiale* (o *di Bernoulli*), ossia quel modello matematico che descrive l'andamento probabilistico degli esiti di un numero qualsivoglia di lanci di una moneta (non truccata). Tale distribuzione di probabilità è legata anche al triangolo di Tartaglia, come si può leggere in Appendice A.

La risposta ci porta in una regione misteriosa in cui i fatti non possono essere razionalizzati da nessun sistema di raziocinio finora scoperto. L'esempio tipico è costituito dalla più semplice forma di gioco, ovverossia quello di lanciare una moneta in aria e scommettere quale sarà il lato visibile quando si sarà fermata dopo la caduta. Testa o coda, si dice in Inghilterra, testa o croce in Italia. Ogni volta che la moneta è lanciata in aria, sia l'una che l'altra parte hanno le stesse probabilità di vincere. Se vince la testa è probabile vincere anche la volta dopo e ancora la prossima e così fino a mille volte; dal punto di vista teorico è possibile che si verifichi una serie di mille teste o di mille croci; il fatto che la testa vinca a ogni colpo non fa sorgere la più ragionevole probabilità che la croce vincerà la prossima volta. Tuttavia i fatti smentiscono questo ragionamento. Chiunque possiede un nichelino e lo lancia per aria cento volte, trova che la stessa parte ritorna successivamente varie volte; ma il risultato finale sarà di cinquanta teste e cinquanta croci o giù di lì. Mi sono trovato ora in tasca dieci soldi e li ho gettati dieci volte di seguito sul pavimento. Risultato: 49 teste 51 croci, sebbene il risultato 5 contro 5 si sia verificato soltanto due volte in 10 tiri, e le teste abbiano vinto all'inizio per tre volte consecutive. Così, sebbene in due lanci il risultato sia del tutto incerto, in dieci esso può dare abbastanza spesso un 6 a 4 o un 7 a 3 e ci si può quindi scommettere sopra; ma in cento lanci il risultato sarà di 50 a 50 e lascerà i due giocatori, di cui uno strilla testa e l'altro croce ogni volta, esattamente allo stesso punto o molto vicino a quello in cui erano quando cominciarono, né più ricchi né più poveri, a meno che le poste siano così alte che soltanto dei giocatori pazzi osino azzardarle.
Una compagnia di assicurazione ben diretta, che fa decine e decine di migliaia di scommesse, non gioca affatto d'azzardo; essa conosce con sufficiente esattezza a quale età moriranno i suoi clienti, quante loro case bruceranno ogni anno, quanti furti si verificheranno, quanto denaro sarà sottratto dai cassieri, quanti indennizzi dovranno pagare

---

[406] Ibidem.

alle persone infortunate sul lavoro, quanti incidenti capiteranno alle automobili e ai clienti stessi, quante malattie o periodi di disoccupazione essi dovranno affrontare e quante spese faranno per nascite e morti: in breve, ciò che accadrà a ogni mille o diecimila o un milione di persone, e ciò benché la compagnia non possa dire quel che accadrà a ognuna di loro.[407]

La Statistica e Teoria della probabilità mirano, tra le altre cose, a effettuare *predizioni*, ossia cercano di calcolare il *valore atteso* di una grandezza che non si conosce, o perché è riferita a un tempo futuro, o perché riferita a un punto dello spazio su cui non abbiamo misurato osservazioni; ma ogni predizione è affidabile solo in senso statistico! Ecco perché i valori attesi andrebbero accompagnati da un secondo parametro, l'*errore di stima*, affinché si raggiunga la consapevolezza che la stima potrebbe essere molto lontana dall'esito reale dell'esperimento.

Abbiamo visto al paragrafo 5.4, a proposito del film intitolato *21*, che il Blackjack è uno dei pochi giochi di carte (forse l'unico) che si presta bene a un approccio matematico allo scopo di vincere al di là di come le carte vengono mescolate e poi distribuite ai giocatori. Shaw, giustamente, fa notare che di regola accade il contrario: un giocatore incapace può, se assistito dalla fortuna, vincere avversari talentuosi ma sventurati. Egli fa poi notare che addirittura gli assicuratori possono essere sostituiti da macchinari.

> *I giochi di carte sono giochi di fortuna; sebbene i giocatori amino infatti far credere che usano abilità e discernimento nello scegliere la carta da giocare, la pratica stabilisce subito regole mediante le quali anche il più stupido giocatore può imparare quale carta scegliere correttamente: cioè non scegliendola affatto, ma ubbidendo a certe regole. In conseguenza di ciò, la gente che gioca ogni giorno a sei pence o a uno scellino al punto si trova alla fine dell'anno a non aver guadagnato né perduto somme di grande importanza e ad avere ucciso piacevolmente il tempo invece di essersi annoiata a morte. In realtà non si è esposti a rischi maggiori di quanto abbiano sostenuto le compagnie di assicurazione. Fu infine scoperto che non soltanto non è necessario che gli assicuratori posseggano navi o cavalli o case o alcuna delle altre cose che essi assicurano, ma che non c'è neppure bisogno che essi esistano. I loro posti possono essere presi da macchine. Sui campi di corse il bookmaker vestito in modo vistoso, e impudentemente loquace, è sostituito dal totalizzatore, dove i giocatori depositano le somme che sono disposti a scommettere sui cavalli che essi immaginano vincitori. Dopo la corsa tutti i vincitori sono pagati mediante questo fondo. La macchina ne trattiene una parte per il costo d'esercizio e il suo profitto. Sulle navi che fanno crociere di divertimento, giovani donne con molto più denaro di quanto sappiano utilizzare gettano scellini e scellini nelle*

---

[407] Ibidem.

macchine da gioco costruite in modo tale che molto di rado lo scellino ritorna moltiplicato per dieci o venti. Queste macchine sono gli ultimi successori della roulette, dei cavallini e di tutti gli altri trucchi che vendono probabilità di far denaro per niente. Come il totalizzatore e la lotteria, esse non rischiano assolutamente nulla, sebbene i loro clienti non abbiano altra certezza se non quella che presi tutti insieme debbono perdere, dato che ogni vincita di Giacomo e Maria è una perdita per Tom e Susanna.[408]

Il prolungamento del ragionamento di Shaw lascia sicuramente sorpresi, se non perplessi: mette in risalto il destino irreparabilmente funesto del singolo incallito giocatore d'azzardo, ma gli contrappone la possibilità dello Stato di essere un giocatore d'azzardo con la prospettiva felicissima di vincere sicuramente, poiché Statistica e Teoria della probabilità sono uno strumento affidabile quando si è in presenza dei grandi numeri. A questo punto il nostro scrittore compie un ulteriore passaggio, a dir poco audace: secondo lui, affinché lo Stato possa con tranquillità affrontare le ingenti spese a esso pertinenti, dovrebbe diventare un gigantesco centro di scommesse che lo porteranno a vincite certe e ad assistere tutti i cittadini sui quali si abbatteranno tutti i generi di sventure matematicamente modellizzate e previste.

In che modo tutto questo riguarda gli uomini di Stato? In questo modo. Giocare d'azzardo o tentare di far denaro senza guadagnarlo è un vizio che economicamente (e cioè fondamentalmente) è rovinoso. Nei casi estremi è una pazzia alla quale neppure le persone più intelligenti sanno resistere; esse scommetteranno, infatti, tutto ciò che posseggono, sebbene sappiano che le probabilità sono contro di loro. Quando si sono rovinati in mezz'ora o in mezzo minuto, si meravigliano della follia della gente che sta facendo la stessa cosa e della loro stessa follia.

Ora lo Stato, potendo fare milioni di scommesse laddove un singolo cittadino non ne può affrontare che una, può tentare i suoi cittadini a giocare senza correre il minimo rischio di perdere finanziariamente; infatti, come ho già detto prima, si sa con certezza ciò che accadrà in un milione di casi sebbene nessuno possa invece prevedere ciò che accadrà nel singolo caso. Di conseguenza ogni Governo essendo in continuo e assillante bisogno di denaro a causa delle sue fortissime spese e dell'antipatia popolare per le tasse, è fortemente tentato a cercar di riempire il Tesoro tentando i cittadini a giocare contro di lui. Nessun delitto verso la società potrebbe essere più perverso e più dannoso. È un categorico dovere pubblico creare una salda coscienza popolare contro di ciò, facendo una questione di pura e semplice onestà civica il non spendere ciò che non si è guadagnato e il non consumare ciò che non si è prodotto; una questione di alto onore civico il guadagnare più di quello che si spende, il produrre più di quello che si consuma, e il

---

[408] Ibidem.

lasciare così il mondo in condizioni migliori di come lo si era trovato. Nessun altro vero titolo di nobiltà è concepibile al giorno d'oggi.

Sfortunatamente, il nostro sistema di considerare la terra e il capitale una proprietà privata non soltanto rende impossibile tanto allo Stato quanto alla Chiesa di inculcare questi fondamentali concetti, ma li spinge in realtà a predicare proprio l'opposto. Il sistema può spingere l'imprenditore attivo a lavorare duro e a sviluppare al massimo i suoi affari, ma il risultato finale è quello di farlo diventare un membro della nobiltà terriera o della plutocrazia, che vive sul lavoro degli altri e che mette i suoi figli nelle condizioni di fare lo stesso senza aver mai lavorato un momento. La ricompensa del successo nella vita è di diventare un parassita e di fondare una stirpe di parassiti. Il parassitismo è il chiodo della ruota del carro capitalista; ovvero il principale incentivo, senza il quale, come ci è stato insegnato, la società umana cadrebbe a pezzi. Il più audace dei nostri arcivescovi, il più democratico dei nostri ministri delle Finanze non osa denunziare apertamente che il parassitismo, tanto per i pari quanto per i giocatori, è un male che finirà per corrompere anche la più forte civiltà, e che affermare l'opposto è semplicemente diabolico. I nostri più eminenti uomini di Chiesa predicano ora con grande chiarezza e decisione contro la tendenza a fare dell'egoismo l'elemento motore delle civiltà; ma essi non si sono ancora arrischiati a seguire le orme di Ruskin e Proudhon e ad affermare definitivamente che un cittadino che non produce beni o non presta servizi è in effetti un mendicante o un ladro. Il punto più alto che si sia raggiunto in Inghilterra è l'abolizione del lotto di Stato e la messa fuori legge delle lotterie sulle corse dei cavalli in Irlanda.

Ma anche qui il problema non è così semplice da poter essere risolto secondo le norme di un'astratta perfezione socialista. Vi sono periodi nella vita di ciascuno durante i quali uno deve consumare senza produrre. Ogni bambino è un vorace e impudente parassita. E per trasformare il bambino in una persona bene educata e capace di produrre, e fare della sua vita di adulto una vita degna di essere vissuta, bisogna prolungare il suo parassitismo fino a circa 18 anni. Anche le persone anziane non possono produrre. Alcune tribù, che prendono troppo sul serio l'economia della scuola di Manchester, risolvono facilmente la difficoltà uccidendo i vecchi o lasciandoli morire di fame.

In una moderna civiltà non è necessario che questo avvenga. È possibilissimo organizzare la società in modo tale da mettere ogni persona intelligente e forte in condizioni di produrre abbastanza da pagare non soltanto ciò che consuma, ma risarcire anche il costo dei venti anni di educazione, e provvedere al più lungo intervallo tra l'inabilità al lavoro per vecchiaia e la morte naturale. Questo è anzi uno dei primi doveri del moderno uomo di Stato.

Ora la giovinezza e la vecchiaia sono due certezze. Ma come bisogna comportarci con gli incidenti e le malattie, che per i singoli cittadini non sono certezze ma probabilità? Ebbene, abbiamo visto che quelle che sono probabilità per il singolo diventano certezze per lo Stato. Il singolo cittadino può partecipare a queste certezze soltanto giocando su di esse. Per assicurarmi contro gli accidenti e le malattie devo fare una scommessa con lo Stato che queste disgrazie mi capiteranno: e lo Stato deve accettare la scommessa, dopo che i suoi attuari hanno fissato matematicamente il tasso che devo pagare. Mi si domanderà subito: perché con lo Stato e non con una compagnia di assicurazioni privata? Semplicemente perché lo Stato può fare ciò che un'assicurazione privata non può. Esso può obbligare ogni cittadino ad assicurarsi, benché imprevidente e fiducioso nella sua buona fortuna, e facendo così un gran numero di scommesse combinare il massimo profitto con la più grande certezza e versare i profitti al tesoro pubblico per il bene di tutti. Può inoltre causare un immenso risparmio di lavoro, sostituire a una dozzina di organizzazioni in lotta tra di loro un'unica organizzazione. Infine, può fare assicurazioni a prezzo di costo e, includendo quei prezzi nelle normali tasse, pagare per tutti gli incidenti e le malattie direttamente e semplicemente senza quell'enorme lavoro di radunare gli specifici contributi o di aver a che fare con quella massa di cittadini che perdono le loro scommesse non avendo malattie né incidenti a ogni dato momento.

La stranezza di questo stato di cose è che lo Stato, per rendere l'assicurazione sicura e abolire il gioco, deve costringere tutti a giocare, diventando un supertotalizzatore per tutta la popolazione.[409]

Dopo la feroce critica al parassitismo, quindi, ecco la lode sperticata all'assicurazione di Stato e alla capacità della Matematica (e dei matematici) di portare notevoli risultati concreti benefici all'umanità:

Come l'assicurazione marittima portò alla assicurazione sulla vita, l'assicurazione sulla vita a quella sul fuoco e così via fino alla assicurazione contro la tassa di successione e la disoccupazione, la lista dei rischi assicurabili aumenterà ancora, e la polizza di assicurazione diventerà col passare del tempo sempre più larga fino a non lasciare senza copertura più nessun rischio che possa preoccupare un cittadino ragionevolmente imprudente. E quando le assicurazioni saranno rilevate dallo Stato e conglobate nelle tasse generali, ogni cittadino nascerà con una polizza di assicurazione contro tutti i rischi comuni e potrà fare a meno di dipendere dalle penose virtù della previdenza, della prudenza e dell'abnegazione che sono ora così oppressive e demoralizzanti, alleggerendo in tal modo grandemente il fardello della moralità

---

[409] Ibidem.

borghese. I cittadini saranno protetti, piaccia loro o meno, così come ora i loro figli sono educati e le loro case sorvegliate dalla polizia, piaccia o non piaccia loro, anche quando non abbiano figli da educare né case da far sorvegliare. Il guadagno che faremo nel liberarci da queste piccole noie sarà immenso. Non dovremo più perdere tempo né tormentarci coll'assillante interrogativo se vi sarà da mangiare per la famiglia nella prossima settimana o se avremo lasciato sufficiente denaro per pagare il nostro funerale quando morremo.

In tutto questo non vi è nulla di impossibile o anche di irragionevolmente difficile. Eppure, mentre scrivo questo libro, un modesto e ben pensato piano di assicurazione nazionale progettato da Sir William Beveridge, il cui valore come autorità in fatto di scienza politica nessuno discute, è fortemente ostacolato non soltanto dalle compagnie di assicurazioni private che questo piano dovrebbe sostituire, ma dalla stessa gente che esso dovrebbe beneficiare; gli stessi suoi difensori in massima parte non lo capiscono e non sanno difenderlo. Se l'educazione impartita ai nostri legislatori avesse compreso lo studio dei principi dell'assicurazione, il piano Beveridge sarebbe stato trasformato in legge o messo in attuazione entro un mese. Così come stanno le cose, saremo fortunati se ne resterà qualcosa dopo anni di sciocche contese, a meno che il panico di qualche guerra lo faccia approvare in poche ore dal Parlamento senza discussione ed emendamenti. Comunque ciò possa essere, è chiaro che chi non capisce l'assicurazione e le sue enormi possibilità non può essere in grado di occuparsi di affari nazionali. Nessuno può arrivarvi senza almeno una larvata conoscenza del calcolo delle probabilità, non dico da giungere al punto di farne i calcoli e riempire di equazioni tipiche fogli d'esame, ma da sapere abbastanza da poter giudicare quando ci si possa fidare o meno. Quando infatti i loro numeri immaginari corrispondono a esatte quantità di monete stampate con testa e croce, questi numeri sono entro certi limiti sicuri: abbiamo infatti una assoluta certezza e due semplici possibilità, che possono diventare pratiche certezze, in un'ora di prova (cioè una certezza costante e una variabile, che in realtà non varia); ma quando il calcolo non include costanti e ha invece parecchie variabili capricciose, entrano in gioco a tal punto i giudizi soggettivi arbitrari, le inclinazioni personali e gli interessi pecuniari, che coloro i quali dapprima scioccamente immaginavano che la statistica non possa mai mentire finiscono col credere altrettanto scioccamente che essa menta sempre.[410]

Ma la Statistica non ha stimolato solo i drammaturghi: ci sono anche i poeti. Pensiamo a Carlo Alberto Salustri, in arte *Trilussa* (anagramma del cognome), che visse a cavallo tra '800 e '900, anni durante i quali egli usò il proprio umorismo per

---

[410] Ibidem.

produrre un giornalismo originale e persino favole memorabili. La sua satira aveva il registro sia arguto che dialettale (borghese romano). Pochi giorni prima di morire fu nominato senatore a vita: con una straordinaria ironia, e con la lucida consapevolezza del proprio imminente trapasso, non esitò a mutare tale titolo in *senatore a morte*. La prima opera che dobbiamo annoverare ha un titolo autoesplicativo: la *Statistica*.[411]

> *Sai ched'è la statistica? È na' cosa*
> *che serve pe fà un conto in generale*
> *de la gente che nasce, che sta male,*
> *che more, che va in carcere e che spósa.*
>
> *Ma pè me la statistica curiosa*
> *è dove c'entra la percentuale,*
> *pè via che, lì,la media è sempre eguale*
> *puro co' la persona bisognosa.*
>
> *Me spiego: da li conti che se fanno*
> *seconno le statistiche d'adesso*
> *risurta che te tocca un pollo all'anno:*
>
> *e, se nun entra nelle spese tue,*
> *t'entra ne la statistica lo stesso*
> *perch'è c'è un antro che ne magna due.*

Ecco spiegato in modo insuperabile che l'indice statistico denominato *media* non è un descrittore attendibile di una variabile statistica. Chi studia questi argomenti sa che occorre accompagnare la *media* (o altri indici di posizione come la *mediana*) con ulteriori descrittori statistici, come la *varianza*, lo *scarto quadratico medio*, il *MAD* (Median Absolute Deviation) e altri. In ogni caso, sempre di numeri stiamo parlando. Anzi: di *Nummeri*.

> *- Conterò poco, è vero:*
> *- diceva l'Uno ar Zero -*
> *ma tu che vali? Gnente: propio gnente.*
> *Sia ne l'azzione come ner pensiero*
> *rimani un coso voto e inconcrudente.*
> *Io, invece, se me metto a capofila*
> *de cinque zeri tale e quale a te,*
> *lo sai quanto divento? Centomila.*
> *È questione de nummeri. A un dipresso*
> *è quello che succede ar dittatore*
> *che cresce de potenza e de valore*
> *più so' li zeri che je vanno appresso.*

---

[411] Le poesie di Trilussa si possono trovare facilmente sia su Internet che su libri in formato cartaceo. Ad esempio, [Tof11], pag. 60 e pag. 56.

Nell'ottica di mettere in relazione la scienza dei numeri con la sociologia e la politica rientra anche l'apporto di Robert Musil, lo scrittore austriaco che diede alla luce tanti successi editoriali, ma non riuscì a terminare *L'uomo senza qualità*, un «romanzo matematico»[412] come è stato definito. Il protagonista Ulrich (un ingegnere non sprovvisto di doti, ma che non riesce ad applicarle alla propria vita quotidiana) corteggia la giovane Gerda citando riferimenti alla teoria statistica dei gas raffrontata all'etica:

> *«Supponiamo che in campo morale le cose procedano come nella teoria cinetica dei gas... Ebbene, supponiamo anche che in questo momento una data quantità di idee voli nell'aria; essa dà una certa media probabile la quale si sposta lentamente e automaticamente, e questo è il cosiddetto progresso ossia la situazione storica; l'importante però è che il nostro movimento singolo, personale non conta per nulla, noi possiamo agire verso destra o verso sinistra, verso l'alto o verso il basso, in senso nuovo o vecchio, con ponderazione o senza: per il valore medio ciò è indifferente, e Dio e il mondo badano soltanto a lui, non a noi!»*
>
> *Con queste parole fece il gesto di prenderla tra la braccia... Gerda andò in collera.*
>
> *«Prima incomincia sempre con ragionamenti seri... e poi non ne viene fuori che l'insulso schiamazzo di un gallo!»* [413]

In un altro punto dell'opera si riformulerà un analogo concetto: «La vita di una singola persona non è che una piccola oscillazione intorno al più probabile valore medio di una serie».[414] E ancora Ulrich userà un approccio ingegneristico anche per modellizzare il "destino":

> *«In tempi futuri e meglio informati la parola destino acquisterà probabilmente un contenuto statistico... ciò che oggi si chiama destino personale sarà costituito da eventi collettivi e interpretabili mediante la scienza statistica.»*

---

[412] [Tof11], pag. 242.
[413] [Tof11], pag. 243.
[414] Ibidem.

6.9 Pronti a ricevere da… Dante

Apri la mente a quel ch'io ti paleso
e fermalvi entro; ché non fa scïenza,
sanza lo ritenere, avere inteso
Dante Alighieri[415]

Pensa, lettor, se quel che qui s'inizia
non procedesse, come tu avresti
di più savere angosciosa carizia
Dante Alighieri[416]

Caro lettore, questo è il paragrafo dove rischio di essere più pe… Dante! Bisogna infatti prepararsi a ricevere da… Dante! È il personaggio che meglio si presta a rappresentare l'intersezione, il connubio, la reciprocità tra Matematica e Letteratura. Naturalmente egli non è solo: anche Robert Musil, Bertrand Russell, Raymond Queneau, Italo Calvino, Aleksandr Solženicyn furono (come ben ci ricorda Carlo Toffalori) insigni matematici ed esimi scrittori; eppure Alighieri è considerato l'esempio più luminoso, stando anche all'importanza che gli viene tributata dalla scuola italiana.

Sempre a scuola, veniamo formati approcciando il concetto di numero partendo dai numeri *naturali* (ne abbiamo già accennato al paragrafo 2.2 e vi torneremo in Appendice N, *I numeri*) e il Sommo Poeta trova e rende immortale – nel saggio dottrinario intitolato *Convivio* – un parallelismo tra il Sole e l'aritmetica di tali numeri:

> *e lo cielo del Sole si può comparare a l'Arismetrica per due proprietadi: l'una si è che del suo lume tutte l'altre stelle s'informano: l'altra si è che l'occhio nol può mirare. E queste due proprietadi sono ne l'Arismetrica: ché del suo lume tutte s'illuminano le scienze, però che li loro subietti sono tutti sotto alcuno numero considerati… L'altra proprietade del Sole ancor si vede nel numero, del quale è l'Arismetrica: che l'occhio de lo 'ntelletto nol può mirare; però che 'l numero, quant'è in sé considerato, è infinito, e questo non potemo noi intendere.*[417]

Nella stessa opera, l'autore afferma la centralità della filosofia per raggiungere la massima consapevolezza dell'Universo e raggiungere Dio con la comprensione razionale: «Dico e affermo che la donna di cui io innamorai appresso lo primo amore fu la bellissima e onestissima figlia de lo imperatore de lo universo, a la quale

---

[415] [Dam12], pag. 76. Citazione da: *Divina Commedia*, Canto V del Paradiso, versi 41-43.
[416] [Dam12], pag. 167. Citazione da: *Divina Commedia*, Canto V del Paradiso, versi 111-113.
[417] [Tof11], pag. 43. Citazione dal *Convivio*, II, XIII.

Pitagora pose nome Filosofia». Ancora un rimando quindi ai numeri naturali, ossia l'essenza del Reale nella visione pitagorica.

Abbiamo già dato, nel paragrafo 3.3, uno scorcio agli scritti di Dante dotati di riferimenti matematici per alludere al numero inconcepibilmente elevato degli angeli al servizio di Dio. Riprendiamo allora tali stimoli, partendo dall'affascinante mondo del gioco degli scacchi, anzi, proprio dall'incantevole leggenda che narra la sua origine. In sintesi,[418] il sapiente Lahur Sessa (o Sissa) propose il gioco degli scacchi a un sovrano indiano per distrarlo dal dolore della perdita del figlio. Riuscito ad affascinarlo, il saggio ottenne una ricompensa che inizialmente apparve modestissima: un chicco di grano per la prima casella della scacchiera; due chicchi per la seconda; quattro per la terza; otto per la quarta, e così via, fino alla sessantaquattresima casella che avrebbe dovuto contenerne un numero uguale a due elevato alla sessantatreesima. Solo dopo aver svolto gli opportuni calcoli, il re e i suoi consiglieri riconobbero di aver sottovalutato la richiesta dell'inventore del gioco e quindi di non poter assolvere al debito che avevano contratto con lui, debito che i matematici chiamerebbero «Progressione geometrica di ragione 2 e fattore di scala 1»[419].

Dante preferisce aumentare da 2 a 1000 il fattore della progressione geometrica quando illustra la moltitudine degli angeli ricorrendo all'analogia con gli scacchi:

> *L'incendio suo seguiva ogne scintilla*
> *ed eran tante che 'l numero loro*
> *più che 'l doppiar de li scacchi s'inmilla.*[420]

Anche su π (ossia il numero Pi greco, di cui già trattato abbondantemente nel paragrafo 6.2) il poeta fiorentino tratteggia in endecasillabi la sua visione, esprimendo lo stupore di fronte alla costante numerica *trascendente*, collegandola all'inspiegabile mistero (ancora *trascendente*, ma in un altro senso) dell'Incarnazione del figlio di Dio:

> *Qual è 'l geomètra che tutto s'affige*
> *per misurar lo cerchio, e non ritrova,*
> *pensando, quel principio ond' elli indige,*
> *tal era io a quella vista nova*[421]

---

[418] Quella che tradizionalmente è considerata l'origine degli scacchi è presentata, con diversi dettagli, in [Tah96], pag. 87.

[419] In Appendice G, *La progressione geometrica, le serie geometrica e armonica*, ho inserito maggiori informazioni.

[420] *Divina Commedia*, Canto XXVIII del Paradiso, versi 91-93.

[421] [Tof11], pag. 115. Citazione tratta dalla *Divina Commedia*, Canto XXXIII del Paradiso, versi 133-136.

L'idea notevole è questa: lo studioso di geometria (geometra) concentra tutti i suoi sforzi (s'affige) per trovare la quadratura del cerchio, ossia misurare perfettamente l'area racchiusa dalla circonferenza esprimendola in rapporto all'area di un quadrato[422]. Ma i tentativi sono vani (non ritrova) poiché gli manca (indige) la capacità (quel principio) per arrivare a tale risultato. Così si sente Dante quando cerca di comprendere la *consustanzialità del Padre e del Figlio*, ossia il dogma religioso secondo cui Gesù incarna la natura umana e quella divina.

Dante conosceva bene i limiti degli strumenti in uso al suo tempo, ossia riga (non graduata) e compasso, evidentemente inadeguati per certi scopi della geometria; era anche consapevole dei limiti che la mente umana mostra quando si cerca di accedere ai misteri teologici. Non stupisce che il Sommo poeta misuri una bolgia (assunta di forma circolare) dell'Inferno usando la frazione che approssima π, ossia 22/7, commettendo così un errore inferiore al due per mille.

Sono altresì convinto che egli fosse anche consapevole che con strumenti matematici più raffinati (ad esempio il calcolo infinitesimale) si possa comprendere meglio (e risolvere con un certo grado di approssimazione, cioè tollerando un errore piccolo a piacere) la quadratura del cerchio; allo stesso modo, un'anima evoluta (ad esempio quella di un mistico) può avvicinarsi alla comprensione (ancora imperfetta, ma con un errore piccolo a piacere) del mistero dell'incarnazione.

Un altro argomento matematico proposto da Dante riguarda i triangoli rettangoli, cioè quei triangoli che hanno un angolo retto (e, come vedremo, mai più di uno). Ecco come l'ispirazione poetica gli ha suggerito di esprimere due famosi teoremi:
1. Ogni triangolo iscritto in una semicirconferenza (avente un lato coincidente con il diametro) è un triangolo rettangolo avente l'ipotenusa coincidente con il diametro.
   > *o se del mezzo cerchio far si puote*
   > *trïangol sì ch'un retto non avesse.*[423]

   Questo teorema deriva da un teorema più generale: l'angolo alla circonferenza è sempre la metà dell'angolo al centro che insiste sullo stesso arco di circonferenza.

2. In un triangolo non si possono avere due (o più) angoli retti.
   > *... come veggion le terrene menti*
   > *non capere in trïangol due ottusi.*[424]

   Questo teorema è legato a un altro famoso enunciato dimostrabile: la somma degli angoli (interni) di un triangolo è sempre 180 gradi, ossia un angolo piatto;

---

[422] Oppure, in modo equivalente, trovare un quadrato che abbia esattamente la stessa area del cerchio di partenza.
[423] *Divina Commedia*, Canto XIII del Paradiso, versi 101-102.
[424] *Divina Commedia*, Canto XVII del Paradiso, versi 14-15.

pertanto, se ci fossero due angoli retti (ciascuno di 90 gradi), il terzo angolo dovrebbe essere di 0 gradi!

Il lettore dotato di un po' di familiarità con la geometria (di scuola media o superiore) troverà questi asserti del tutto condivisibili e magari scontati, eppure vi sono geometrie (cosiddette *non euclidee*) – con la stessa dignità di quella *euclidea* insegnata a scuola – dove essi perdono validità. Euclide, vissuto nella Grecia antica (introno al terzo secondo a.C.), fu un gigante della Matematica e tentò di sistematizzare la geometria piana cercando di capire quale fosse l'insieme minimo di affermazioni a priori (*postulati* o *assiomi*) dalle quali far discendere, in qualità di teoremi, tutte le verità di tale disciplina. I postulati rappresentano idee valide prive di dimostrazioni, perché sono come "regole di base" ispirate dal buon senso o utili per convenzione; se uno di essi può essere dedotto dagli altri, allora va eliminato dalla rosa degli assiomi. In Appendice P ho enumerato i cinque postulati di Euclide, e ho mostrato quello che succede quando, in più di un modo, non si rispetti l'ultimo di essi. Sempre su tali spazi alternativi si riferisce un'altra segnalazione di Carlo Toffalori: egli rinvia al libro *Geometrie non euclidee* di Silvia Benvenuti qualora si volesse comprendere nel dettaglio la visione dantesca dell'Universo (almeno così come ci viene tramandata dai testi). In estrema sintesi:

> *Ci spiega dunque Dante che il mondo si suddivide in due parti sferiche, l'Universo visibile e l'Empireo. La prima ha al suo centro la Terra e la circonda di sfere mobili sempre più grandi, le quali ospitano il Sole, la Luna, gli altri pianeti e le stelle fisse. La seconda sfera, invece, ha al centro una luce accecante, attorno a cui si trovano sfere sempre più grosse, a rappresentare i vari ordini angelici. C'è poi un bordo comune tra i due mondi, ed è il primo mobile, la sfera più grossa di entrambi. Dante la attraversa guidato da Beatrice, passando in questo modo dall'Universo visibile ad affacciarsi nell'Empireo.*[425]

Avete un giramento di testa? Forse conviene vedere il film *Upside Down* per apprezzare il materializzarsi di improbabili giochi geometrici ed enigmi gravitazionali tra pianeti.

Torniamo ora al divino poeta toscano. Nel *Convivio* egli magnifica le qualità della geometria (l'unica conosciuta e ammessa ai suoi tempi: quella euclidea), così: «bianchissima, sanza macula d'errore e certissima per sé e per la sua ancella, che si chiama Perspettiva».[426] E ancora, sempre nel *Convivio*: nuove correlazioni tra geometria e teologia, quasi a proseguire il nostro paragrafo 3.3, intitolato *Trasalire per la trascendenza*:

> *La Geometria si muove... tra '1 punto e lo cerchio; ché, sì come dice Euclide, lo punto è principio di quella, e, secondo che dice, lo cerchio è perfettissima figura in quella, che conviene però avere ragione di fine. Sì*

---

[425] [Tof11], pag. 151.
[426] *Convivio* di Dante, capitolo tredicesimo del secondo trattato. Citato in [Tof11], pag. 146.

che tra '1 punto e lo cerchio sì come tra principio e fine si muove la
Geometria... ché lo punto per la sua indivisibilitade è immensurabile, e
lo cerchio per lo suo arco è impossibile a quadrare perfettamente e però
è impossibile a misurare a punto.[427]

Il punto geometrico viene ancora recuperato da Dante per rappresentare la divinità
nel momento in cui essa si manifesta nel Paradiso:

un punto vidi che raggiava lume
acuto sì, che 'l viso ch'elli affoca
chiuder conviensi per lo forte acume.[428]

L'argomento di questo paragrafo, *Dante e la Matematica*, è anche il titolo di
un'opera[429] di Bruno D'Amore, prolifico, attento e appassionato ricercatore di
didattica della Matematica. Vorrei anche offrire ai miei lettori un brano che ho
trovato interessantissimo, proveniente da un altro libro di D'Amore, *Matematica*
come farla amare. Mi sembra il modo migliore per concludere questo paragrafo[430]:

Di norma, i versi del Paradiso *sono assai più profondi, eleganti,*
armoniosi, musicali e — in pochi semplici aggettivi — belli e perfetti che
non quelli dell' Inferno.
Ma ci sono stupendi versi anche nell' Inferno, *tra i quali spiccano quelli*
del canto XXVII, da 112 a 123, dedicati alla tremenda vicenda di Guido
da Montefeltro, convinto a peccare gravemente dal papa Bonifacio VIII.
La storia è ben nota a tutti gli ex studenti liceali italiani, per cui la
riassumiamo qui solo per doveri di completezza narrativa. Lo sventurato
frate francescano, ex grande condottiero, Guido, narra a Dante la sua
tragedia. Il papa lo convince al tradimento ma lo rassicura,
assolvendolo in anticipo. Guido si lascia convincere, pecca, cioè dà il
consiglio fraudolento, e poi, pochi anni dopo, muore ad Assisi. A quel
punto lo stesso Francesco lo va a prelevare scendendo dal Paradiso
sulla Terra, per portarlo con sé, come era d'uso per le anime dei
fraticelli dell'ordine; ma appare un "nero cherubino". Narra Guido a
Dante:

Francesco venne poi, comici fu' morto,
per me; ma un de' neri cherubini
li disse: "Non portar: non mi far torto.
Venir se ne dee giù tra' miei meschini
perché diede il consiglio fraudolente,
dal quale in qua stato li sono a' crini;
ch'assolver non si può chi non si pente,

---

[427] Citato in [Tofl1], pag. 146.

[428] *Divina Commedia*, Canto XXVIII del Paradiso, versi 16-18. Citato in [Tofl1], pag. 147.

[429] [Dam11]. È anche interessante il link: www.youtube.com/watch?v=RReQ3p4o5iI.

[430] [Dam12], Pag. 167.

né pentere e volere insieme puossi
per la contraddizion che nol consente".
Oh me dolente! Come mi riscossi
quando mi prese dicendomi: "Forse
tu non pensavi ch'io loico fossi" !

Questo aggettivo finale, «loico», è una tentazione troppo forte: come non credere a un ironico, sottile, coinvolgente invito da parte di Dante a verificare che il nero cherubino abbia ragione, e a non fidarsi dell'apparente evidenza?

Dunque si svolge una lotta a suon di logica tra Francesco d'Assisi (il fondatore dell'ordine, un santo, anzi il santo dei santi, uno che ha rivoluzionato la Chiesa, l'unico santo amato da tutti, credenti e non credenti, ben famoso in tutti i continenti) e uno qualunque dei neri cherubini.

I versi sono appassionati, straordinariamente efficaci, molto profondi e belli, belli senza alcun dubbio. Perfetti. E alla fine quel nero cherubino trionfa, trasportandosi la sua preda all'inferno in virtù di un ragionamento schiacciante che lascia il povero Francesco senza parole. Ma si sa che i diavoli hanno come priorità comportamentale la menzogna, l'imbroglio, la cattiveria. Chi ci assicura che davvero il nero cherubino abbia ben argomentato e che, a ragione, si sia appropriato dell'anima di un francescano la quale, per norma, sarebbe spettata al santo?

Dante è stupendamente bravo in questi inarrivabili versi, ma il suo sembra un invito a ragionare, a fare i calcoli, a usare la logica. E allora accettiamo la sfida e facciamo i conti con un simbolismo moderno ma molto ingenuo, visto che la matematica ce lo permette. Siano:

- U l'insieme-universo degli esseri umani;
- $V(x)$ il predicato a un posto: x ha gravemente peccato;
- $P(x)$ il predicato a un posto: x si è pentito;
- $A(x)$ il predicato a un posto: x è stato (validamente) assolto;
- g la costante: Guido da Montefeltro.

Le premesse del nero Cherubino sono tre:

1. $V(g)$ cioè: g ha gravemente peccato (dando il consiglio fraudolento);
2. $(\forall x) \neg[A(x) \wedge \neg P(x)]$ cioè: «assolver non si può chi non si pente»;
3. $(\forall x) \neg[P(x) \wedge V(x)]$ cioè: «né pentere e volere insieme puossi».

La tesi del nero Cherubino è:

- T: $\neg A(g)$ cioè: Guido non è stato (validamente)

assolto.

Ora, è indubitabile che le premesse del demonio sono accettabili e che le dobbiamo accettare come vere; in più, se applichiamo la regola di particolarizzazione a 2. e a 3. (cioè: sostituiamo la costante g al posto della generica x), abbiamo:

2'. $\neg[A(g) \wedge \neg P(g)]$

3'. $\neg[P(g) \wedge V(g)]$

Consideriamo ora l'implicazione: $(1 \wedge 2' \wedge 3') \rightarrow T$.

Facendo conti piuttosto facili (trattando le formule chiuse come enunciati) si scopre che si tratta di una tautologia; inoltre, usando la regola di congiunzione, essendo 1, 2', 3' premesse vere, anche $1 \wedge 2' \wedge 3'$ è vera. Ora, con la regola Modus Ponens, essendo l'implicazione vera e l'antecedente vero, è vero il conseguente, cioè è vera la tesi del nero cherubino. Il diavolo ha quindi perfettamente ragione e il povero Guido sconterà una pena eterna... per non aver fatto lui stesso questo ragionamento, prima di cedere alle lusinghe dell'infingardo papa (i cui resti riposano in una bellissima tomba nei sotterranei vaticani).

Dante avrebbe potuto ragionare così? A parte il simbolismo moderno, a parte l'evidenza e il nome dati alle regole utilizzate (evidenza che è di stile moderno, dato che i logici medievali spesso davano per scontata l'applicazione delle regole), la risposta è positiva: tutto ciò si basa in fondo sulla regola Modus Ponens molto usata in quel periodo e il cui nome è proprio medievale, quello usato dal sommo logico Pietro Ispano (in realtà era portoghese, nato fra il 1205 e il 1220 e morto tragicamente nel 1277), papa Giovanni XXI (per un errore di conteggio ordinale, sarebbe stato in realtà il XX) per 8 mesi, dal 1276 alla morte.

Dante cita questo favoloso personaggio in Paradiso, *XII, vv. 134-135:*

> [...] e Pietro Ispano,
> lo qual giù luce per dodici libelli

Si noti che Dante parla direttamente di Pietro Ispano logico, e non del papa Giovanni XXI, con un richiamo esplicito a un testo che Dante doveva amare e ben conoscere; quei "dodici libelli" sono i dodici capitoli (allora si diceva libri) che compongono le Summulae logicales di Pietro, il capolavoro su cui si fonda la sua fama di massimo logico medioevale.

A lui si deve una definizione di logica che, sebbene del tutto inaccettabile oggi, consente ancora qualche meditazione critica:

> Dialectica est ars artium et scientia scientiarum ad omnium methodorum principia viam habens.

Dante conosceva dunque questa imponente opera di logica, a lui contemporanea e di respiro quasi moderno.

Si pensi che nel I volume si trova già traccia di quello che oggi viene chiamato "calcolo degli enunciati" (per quanto ingenuo), mentre nel IV trova posto la sillogistica.

È in quest'opera che si trovano i famosissimi versi mnemonici dei sillogismi validi: «barbara, celarent, darii ferion» *(tanto per limitarci alla prima figura), così diffusi che oggi si usa dire "un sillogismo in barbara" per indicare la forma "universale affermativa — universale affermativa — universale affermativa": "ogni B è A, ogni C è B; dunque ogni C è A".*

[...] Dante conosceva tutte queste cose, avendo studiato logica al massimo livello per i suoi tempi, come abbiamo già mostrato altrove. Non è quindi da escludere che egli avrebbe saputo argomentare in modo simile al precedente, anche se mettendo certo meno enfasi nei singoli passaggi e, certamente, senza alcun simbolismo.

Ma non basta. Sappiamo bene che Dante conosceva i sillogismi, anche quelli di logica modale (per esempio, si veda Paradiso, XIII, vv. 98-99); *ebbene è possibile argomentare che il nero cherubino ha ragione, anche con un adeguato semplice sillogismo, come faremo subito, in seguito; ma, per aiutare un po' il lettore più disarmato nel ragionamento, useremo il simbolismo semiotico dei cerchi di Leonhard Euler.*

Sia ancora U l'insieme-universo degli esseri umani. «Assolver non si può chi non si pente» *significa che "ogni assolto è un pentito". In termini di insiemi, se A è l'insieme degli assolti (validamente) e P quello dei pentiti: A ⊂ P (l'insieme A è contenuto in P).*

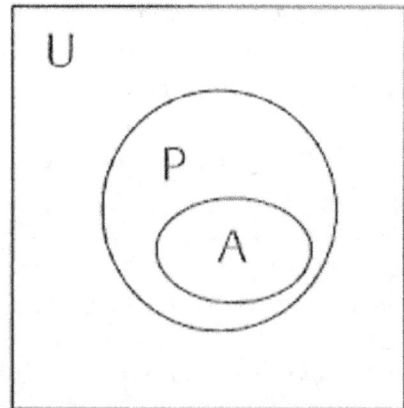

«Né pentere e volere insieme puossi» significa che "nessun pentito è un peccatore volontario". Se con V indichiamo l'insieme dei peccatori consapevoli, abbiamo: P⊂CV (cioè: P è incluso nel complementare di V, cioè P è esterno a V):

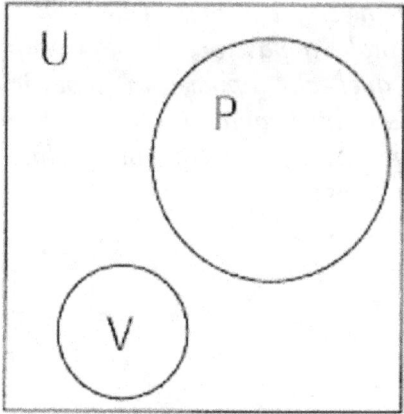

Se ne deduce, con un banale sillogismo, che A⊂CV, cioè che l'insieme degli assolti è incluso nel complementare dei peccatori volontari o, meglio, che nessun assolto può essere un peccatore volontario.

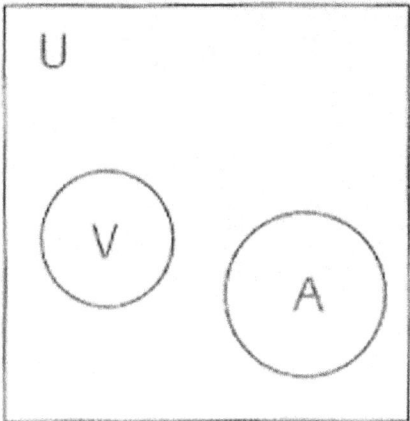

In modo esplicito: se g è un elemento di A, allora è anche elemento di CV, cioè non può essere elemento di V. Anche i sillogismi incatenano Guido al suo destino! Quei versi immortali di Dante sono di una poesia finissima, inarrivabile, eterna; scuotono e conquistano qualsiasi persona sensibile e sufficientemente colta. Ma sapere che il ragionamento matematico che contengono è corretto, non ne aumenta forse la forza, il prestigio, la profondità? Non ci permettono di vedere Dante in tutta la sua poderosa grandezza, non solo lirica, ma anche razionale, come ultimo bagliore del Medioevo e prima avvisaglia del Rinascimento? Avere il dominio su tutti e due gli aspetti coinvolti (la poesia, la matematica) non dà forse un'ebbrezza culturale, una soddisfazione intima, una magia ammaliante più profonde?
Perché rinunciare all'una in favore dell'altra? Perché non credere definitivamente e per sempre che una cultura senza l'altra è zoppa e

storpia e che solo l'insieme delle "due culture" dia "una cultura" unica, umana, totale, appassionante? Perché privarci di capire e accontentarci solo di quel che appare in superficie, decidendo di autolimitarci, accettando e anzi vantandoci di essere ignoranti?

Perché privare di queste potenzialità i nostri allievi, privandone in primis *noi stessi?*

CAPITOLO 7

La mia ∞ (infinita) esperienza al ε (Piccolo) Teatro di Milano

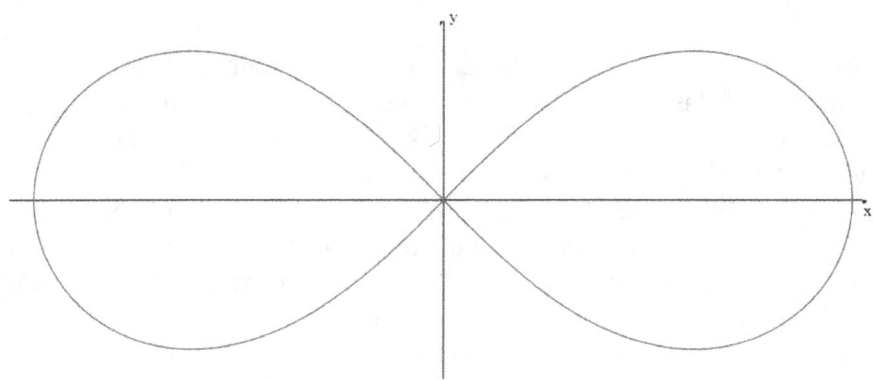

La lemniscata di Jacques Bernoulli

7.0 Introduzione

Raramente si capisce quanto sia preziosa ogni amicizia. Un mio compagno di studi universitari, poi diventato amico, mi suggerì di frequentare con lui un corso di teatro nella nostra città, Como. Fin dalla prima lezione capii subito che stavo per vivere una grande trasformazione: la timidezza e il timore di parlare davanti a una platea stavano per lasciare il posto a una capacità comunicativa che mi avrebbe in seguito aiutato in tante occasioni, come spettacoli teatrali (sia seri, sia di cabaret e di clownerie), oppure durante le ore di insegnamento nei vari istituti in cui ho lavorato (scuole pubbliche superiori e medie, scuole private e soprattutto università). Ma non avrei mai pensato che l'esercizio interpretativo e le letture drammaturgiche (come dimenticare Carlo Goldoni, Oscar Wilde, Edgar Lee Masters, Moliere e gli altri autori immortali?) mi avrebbero poi riportato al mondo della Matematica, che per tante persone è avulso anche dal teatro!

Nel 2002 un altro mio amico, ricercatore al Politecnico, mi segnalò la costituzione di un gruppo di attori professionisti del Piccolo Teatro di Milano che, in collaborazione con professori e ricercatori del Politecnico di Milano, avrebbero allestito uno spettacolo sull'infinito, inteso nel senso scientifico! Purtroppo quell'anno non potei partecipare, ma alla seconda (ed ultima edizione), nel 2003, riuscii a figurare tra i… figuranti.

La regia di Luca Ronconi e il copione dell'astrofisico John D. Barrow avevano un chiaro intento: non didascalico, non didattico, bensì… quasi intimidatorio. Il pubblico non avrebbe avuto un'esperienza divulgativa simile alle altre, dove si cerca di rendere facilmente intelligibile il contenuto culturale; ossia, non sarebbe stato edotto su conoscenze che tipicamente mancano a chi ha una formazione prevalentemente umanistica, ma sarebbe stato colpito da quanti argomenti ed espressioni e riferimenti alla Fisica e alla Matematica si possano mettere in scena per produrre stupore e sgomento: davvero si voleva portare in scena il fascino straordinario e misterioso dei numeri e delle vicende dei maestri della logica.

Infinities (questo il titolo dello spettacolo – unico nel suo genere – ambientato in un edificio quasi abbandonato nel quartiere Bovisa) era concepito in 5 stadi diversi: cinque stanze, visitate dal pubblico errante in cascata; una sequenza che però poteva essere ulteriormente prolungata (stiamo parlando dell'infinito, quindi la ciclicità è comune!), permettendo agli spettatori di rientrare nella prima stanza dopo la quinta, per rivedere lo stesso spettacolo ma con eventualmente qualche dettaglio cambiato! Vediamo i singoli scenari.

7.1 Lo Scenario 1: L'Albergo Infinito

Gli attori sono viaggiatori, e uno di loro narra la sua esperienza in un albergo con un'insolita peculiarità: le stanze sono infinite. Si tratta di proporre un famoso paradosso: quello del Grand Hotel di David Hilbert[431], grande matematico tedesco del periodo tra il XIX e il XX secolo. È un ottimo esempio per mostrare come la nostra mente, addestrata nella palestra della realtà concreta quotidiana, non è abituata a ragionare con categorie legate all'infinito, cioè a una disponibilità senza fine di una risorsa. Le operazioni logiche con insiemi dotati di infiniti elementi conducono a risultati ben diversi rispetto ai casi analoghi in cui si usano insiemi finiti.

Le suggestioni di Barrow – annotate nella bozza del copione – su come ornare l'Albergo Infinito sono geniali (pur se non sempre accolte dalla regia): una scenografia ricca di specchi contrapposti che rimandano le immagini riflesse all'infinito; la forma dell'albergo a nido d'ape gigantesco; assegnare numeri a tutti gli oggetti dell'albergo (chiavi, stanze, personale, biglietti del guardaroba, mobili, orologi...); affiggere immagini di Escher come il *Limite del cerchio*.

Figura: Una delle opere *Limite del cerchio* di Escher

Anche i dialoghi potrebbero intrattenere e spiazzare:
> *I proprietari delle squadre di calcio hanno deciso di attribuire a tutti i giocatori uno stipendio infinito, che i rimborsi spese per le trasferte siano infiniti, che i biglietti d'ingresso abbiano un costo infinito, e che anche le multe per aver ricevuto il cartellino rosso o giallo siano*

---

[431] Anche Theoni Pappas parla dell'Albergo infinito di Hilbert, a pag. 50 di [Pap02].

infinite. In questo modo si pensa che i bilanci saranno sempre perfetti (uscite infinite = entrate infinite). Oppure i politici potrebbero aver avuto l'idea che stabilire prezzi e salari infiniti sia l'unico modo per evitare l'inflazione in futuro.

I paradossi magistralmente raccontati dagli attori (e schematicamente illustrati su un tabellone elettronico che torreggia nel primo luogo in cui gli spettatori si radunano) vertono sulla possibilità dell'Albergo Infinito di accogliere nuovi clienti. Infatti, se anche fosse tutto pieno, tale albergo potrebbe comunque accettare un nuovo cliente: è sufficiente che quest'ultimo occupi la stanza numero uno; ma che fine farebbe il cliente che già la occupava? Andrebbe nella stanza d'albergo numero due, per scalzare il cliente che andrebbe quindi nella tre, a danno del cliente che ora deve andare nella quattro, che quindi induce il cliente che già vi stava ad andare nella cinque, e così via... all'infinto.

Se mi posso permettere di usare un piccolo formalismo matematico, si potrebbe scrivere

$$\text{Cliente}[i] \rightarrow \text{Cliente}[i+1]$$

per indicare che il cliente numero i va a occupare la nuova stanza che prima era occupata dal cliente numero $(i+1)$. Questo procedimento non è mai problematico, da punto di vista logico, poiché l'indice i può assumere qualunque valore intero (non negativo), quindi non capiterà mai che un cliente, la cui camera venga usurpata dal cliente della camera precedente, possa dire: «Non c'è una stanza libera per me». È evidente che, in un albergo reale, esiste un valore massimo che i può assumere! Ad esempio, se la capienza di un albergo fosse di 100 stanze, accadrebbe che – usando il procedimento illustrato – il cliente della stanza 100 non trovi più posto per sé, visto che la stanza 101 non esiste.

Lo spettacolo procede mostrando cosa potrebbe accadere se, invece di un solo nuovo cliente (con l'Albergo Infinito pieno), arrivi una comitiva di infiniti nuovi clienti a cui fare il *check in*.
Il direttore, che ha letto libri come quello che avete in mano, non mostra alcun nervosismo. Adotta la regola

$$\text{Cliente}[i] \rightarrow \text{Cliente}[2i]$$

ossia: il cliente della stanza 1 va nella 2; quello della 2 nella 4; quello della 3 nella 6; quello della 4 nella 8; quello della 5 nella 10, e così via... all'infinito. In questo modo vengono occupate dai vecchi cliente solo le stanze di numero pari (che sono infinite), e i nuovi infiniti clienti possono occupare le stanze associate a numeri dispari (che sono infinite), e quindi ancora il gioco è fatto.

Tutto questo è possibile perché, se dai numeri cosiddetti *naturali* (1, 2, 3, 4, 5, ...), che sono infiniti, tolgo una quantità infinita (come i numeri pari), rimane una quantità ancora infinita (i numeri dispari) e... le tre quantità infinite sono equivalenti! Sono concetti quantitativi a cui non siamo abituati, vero?

Naturalmente, vale anche l'inverso: se dall'albergo se ne vanno infiniti clienti (ad esempio tutti quelli delle stanze pari), è banale evitare che vi siano camere vuote! Basta usare la regola

$$\text{Cliente}[2i - 1] \rightarrow \text{Cliente}[i]$$

ossia: quello della 1 rimane dov'è; quello della 3 va nella 2; quello della 5 va nella 3; quello della 7 va nella 4; quello della 9 va nella 5; e così via... all'infinito.

Viene anche prefigurato uno scenario in cui tutti gli infiniti alberghi dell'universo chiudono, tranne il nostro Grand Hotel, che quindi deve prepararsi a ospitare un numero infinito di clienti proveniente da un numero infinito di alberghi. Dopo numerosi tentativi errati (sui quali soprassediamo) si trova la soluzione più elegante con una specie di procedimento a "cornici concentriche".

Se Cliente[*n,m*] rappresenta l'ospite che occupava la stanza *n* dell'albergo *m*, allora la stanza nuova che gli verrà assegnata sarà regolata dalla seguente legge:

$$\text{Cliente}[n, m] \rightarrow \begin{cases} (m-1)^2 + n & \text{se } n \le m \\ n^2 - m + 1 & \text{se } n > m \end{cases}$$

Tradotto in una rappresentazione tabulare[432], si avrebbe:

	Albergo di provenienza: 1	Albergo di provenienza: 2	Albergo di provenienza: 3	...	Albergo di provenienza: m
Stanza di provenienza: 1	Stanza 1	Stanza 2	Stanza 5	...	Stanza m
Stanza di provenienza: 2	Stanza 4	Stanza 3	Stanza 6	...	Stanza $1+m$
Stanza di provenienza: 3	Stanza 9	Stanza 8	Stanza 7	...	Stanza $4+m$
...	...	...	...	...	...
Stanza di provenienza: n	Stanza n^2	Stanza $n^2 - 1$	Stanza $n^2 - 2$	...	...

---

[432] Si noti che nella bozza del copione le formule per la stanza di destinazione hanno, rispetto alla tabella stampata, i due indici *n* e *m* scambiati.

L'ultima suggestione, dopo diverse argomentazioni, è nella sezione *Finale*: fra le varie possibilità c'è l'epilogo che consiste nel trasformare l'albergo in qualcosa di minimalista: l'Albergo Zero, un po' come un concerto di John Cage. Nel copione, egli viene identificato come il compositore del brano intitolato *4' 33''*, ossia 273 secondi di silenzio: tutti gli strumenti rimangono completamente muti. Qualcuno ha pensato a un riferimento ai −273 gradi centigradi che rappresentano lo zero assoluto nella temperatura (la temperatura minima raggiungibile: non si può raffreddare ulteriormente la materia), o una tela vuota incorniciata (come faceva il suo amico pittore Robert Rauschenberg). Sembra che Cage dicesse invece che il titolo fu uno scherzo del caso: sulla tastiera della sua macchina da scrivere, il singolo apice e il doppio apice corrispondevano rispettivamente ai tasti 4 e 3. Consiglio vivamente il lettore di approfondire la figura di John Cage, poiché fu un personaggio straordinario: musicista, scrittore, filosofo, ambientalista, perfino esperto di funghi (in tale veste, vinse 5 milioni di lire partecipando al telequiz *Lascia o Raddoppia* di Mike Bongiorno, nel 1959).

7.2 Lo Scenario 2: Vivere in eterno

Questa stanza è la più buia delle cinque. Qui vediamo, sopra le nostre teste, uomini e donne anziani che discutono di una realtà per noi inconcepibile: la morte scompare; si vive per sempre. Questa situazione porta a meditare sulle conseguenze che se ne avrebbero, e persino a speculare sull'eventuale funzione della morte per noi esseri viventi. Cosa accadrebbe alle assicurazioni sulla vita? Si estinguerebbero anch'esse? E come cambierebbe l'amministrazione della giustizia? Si verificherebbero meno reati, visto che prima o poi verrebbe scoperto il colpevole? Converrebbe mantenere la pena dell'ergastolo? In caso affermativo, bisognerebbe dar da mangiare e ospitare un numero sempre maggiore di persone, per sempre! Sarebbe sostenibile un sistema pensionistico qualsivoglia? E che fine farebbe il matrimonio? Si riuscirebbe davvero a dimostrare che l'Amore (quello vero!) è eterno? Quali impatti si avrebbero sulle religioni, che promettono una vita eterna nell'aldilà? Nascerebbe un nuovo bisogno religioso che prometta la vita finita, invece che eterna?

C'è anche una citazione da *Einstein's Dreams* (pag. 117) di Alan Lightman, che descrive un mondo in cui gli uomini vivono in eterno: un mondo stranamente bipolare.

> *Supponete che si viva in eterno. Stranamente, la popolazione di ogni città si dividerebbe in due: i Dopo e i Subito. Secondo il ragionamento dei Dopo non c'è nessuna fretta di andare all'università, di imparare un'altra lingua, di leggere Voltaire e Newton, di cercare di far carriera nel proprio lavoro, di innamorarsi e di mettere su famiglia. Per tutte queste cose c'è un tempo infinito. In un tempo infinito tutto si può realizzare. Quindi tutto può aspettare. Anzi, la fretta porta a commettere errori. E chi può mettere in discussione la loro logica? I Dopo si riconoscono subito nei negozi e nelle strade. Camminano con un'andatura rilassata e indossano abiti comodi. Provano piacere a leggere tutte le riviste che vengono pubblicate o a cambiare la disposizione dei mobili di casa, oppure a scivolare in una conversazione come una foglia scivola via da un ramo. I Dopo siedono nei bar sorseggiando caffè e discutendo le possibilità della vita.*
> *I Subito pensano che con una vita infinita possono fare tutto quello che riescono a immaginare. Faranno un numero infinito di mestieri, si sposeranno un numero infinito di volte, cambieranno le loro idee politiche all'infinito. Tutti saranno avvocati, muratori, scrittori, contabili, pittori, medici, contadini. I Subito leggono continuamente nuovi libri, imparano nuovi mestieri e nuove lingue. Per poter gustare gli infiniti aspetti della vita, cominciano presto e non rallentano mai il ritmo. E chi può contestare la loro logica? Anche loro possono essere identificati immediatamente. Sono i proprietari dei bar, i professori delle università, i medici e gli infermieri, i politici, quelli che agitano continuamente le gambe quando sono seduti. Passano da una vita*

all'altra ansiosi di non perdersi nulla. Quando due di loro si incontrano per caso accanto al pilastro esagonale della Fontana Zahringer, confrontano le vite che hanno vissuto, si scambiano informazioni, e guardano continuamente l'orologio. Quando due Dopo si incontrano nello stesso posto, riflettono sul futuro e seguono la parabola dell'acqua con lo sguardo.

I Subito e i Dopo hanno una sola cosa in comune. La vita infinita comporta un numero infinito di parenti. I nonni non muoiono mai, e neanche i bisnonni, le prozie e i prozii, le pro-prozie e così via, per generazioni e generazioni, tutti sono vivi e offrono consigli. I figli non si allontanano mai dall'ombra dei loro padri. Né le figlie da quella delle madri. Nessuno diventa mai indipendente.

Quando un uomo avvia un'impresa, sente la necessità di parlarne con i genitori, i nonni e i bisnonni, all'infinito, per apprendere dai loro errori. Perché nessuna nuova impresa è veramente nuova. Tutto è stato tentato da qualche antenato della famiglia. Anzi, tutto è già stato realizzato. Ma c'è un prezzo da pagare. Perché in un mondo del genere, la moltiplicazione dei successi è in parte limitata dalla diminuzione delle ambizioni.

E quando una figlia chiede un consiglio alla madre, questo non può che essere diluito.

La madre deve chiedere a sua madre, che deve chiedere a sua madre, e così via all'infinito. Se non possono prendere decisioni da soli, i figli e le figlie non possono neanche rivolgersi ai loro genitori per chiedere un consiglio sicuro. I genitori non sono fonte di certezza. Esiste un milione di fonti.

Quando ogni azione deve essere verificata un milione di volte, la vita è incerta. I ponti vengono lanciati sui fiumi e poi interrotti a metà strada. Gli edifici arrivano al nono piano ma mai al tetto. Le provviste di zenzero, sale, merluzzo e manzo dei negozi cambiano a ogni cambiamento di idea, dopo ogni consultazione. Le frasi restano incomplete. I fidanzamenti finiscono qualche giorno prima del matrimonio. E sulle strade e nei viali, la gente gira la testa e si guarda alle spalle per vedere se qualcuno la sta spiando.

Questo è il prezzo dell'immortalità. Nessuno è completo. Nessuno è libero. Nel corso del tempo, alcuni hanno deciso che l'unico modo per vivere è morire. Nella morte, un uomo o una donna si liberano dal peso del passato. Queste poche anime, con i loro cari parenti che le osservano, si gettano nel Lago di Costanza o si lanciano giù dal Monte Lema, mettendo fine alla loro vita infinita. In questo modo, il finito trionfa sull'infinito, a milioni di autunni non segue nessun autunno, a milioni di nevicate non segue nessuna nevicata, a milioni di consigli non ne segue nessuno.

E come si acutizzerebbe ogni atteggiamento delle persone?

In *How to Live Forever*, a pagina 12, il filosofo inglese Stephen R. L. Clark spiega vantaggi (pochi) e svantaggi (molti, a suo avviso) dell'immortalità, riportati da alcuni racconti di fantascienza. Inizia citando *I Viaggi di Gulliver* di Jonathan Swift, specificando il terzo viaggio, quello alle isole di Laputa, Balnibarbi e altre, dove viene a conoscenza degli Struldbruggs, una razza di mutanti che non muore mai. Spontaneamente verrebbe da invidiare questa condizione privilegiata, eppure gli Struldbruggs convivono con difficoltà veramente esasperanti:

> *Gli Struldbruggs invecchiano, hanno tutti i problemi della vecchiaia e (per amore dei loro discendenti mortali) nessuno dei suoi privilegi. Sono i più infelici tra gli esseri umani, destinati a sopravvivere al loro tempo, ai loro amici, al linguaggio della loro giovinezza, e soggetti a tutti i dolori e a tutte le umiliazioni dell'età avanzata. Se venisse loro concesso di avere delle proprietà le accumulerebbero avidamente, oltre ogni ragionevole necessità... [Ma] vivere per sempre sarebbe comunque una cattiva idea, anche se si potesse godere di tutti i vantaggi della salute e del senno? Un problema molto più serio è che un immortale solitario continuerebbe a perdere amici, case, civiltà. Gli Struldbruggs di Swift non possono neanche comunicare con gli immortali nati dopo di loro, perché la loro lingua è drasticamente cambiata, e hanno perduto ogni capacità di apprenderne una nuova... Che dire poi degli amici, della famiglia e del mondo a loro familiare? Forse gli immortali dovrebbero farsi compagnia soprattutto tra di loro: gli effimeri mortali non riuscirebbero a mantenere viva a lungo la loro attenzione, o sarebbero forse la peggiore delle compagnie, date le migliaia di anni che hanno avuto per trovare i reciproci difetti sempre più esasperanti?... [Potrebbero scoprire] di non avere nulla in comune a parte la loro immortalità. Coltiverebbero l'amicizia di semplici mortali per occupare il posto lasciato dai loro familiari, circondandosi di copie di esseri umani che un tempo conoscevano bene? Si accorgerebbero di quali individui ricoprono quei ruoli, e gliene importerebbe qualcosa? ... Emerge poi un altro serio problema: la noia. Come occupare tutto quel tempo che devono cercare di trasformare in qualcosa di familiare anche a costo di una soffocante monotonia? ... Solo una piccola percentuale di questi immortali riesce a trovare qualcosa di interessante da fare per un motivo che non sia semplicemente 'ammazzare il tempo'... Sono incapaci di vivere in modo sensato e coerente. Hanno fatto tutto tante di quelle volte che per loro non vale più la pena far nulla.*

Bisogna ammettere che il libro di Swift è una fonte ricca di spunti per un libro come quello che avete tra le mani ora. Anche Toffalori parla a più riprese delle isole di Laputa:

> *Ricorderete come quell'instancabile e appassionato turista, Gulliver appunto, percorra tutti gli arcipelaghi dei mari del Sud e incontri su*

quelle isole le più strambe varianti delle razze umane, dai minuscoli lillipuziani ai giganti di Brobdingnag. Nessuno di quei popoli e di quei governanti si rivela tuttavia più civile e illuminato dei loro contemporanei britannici, che pure Swift non ha affatto in simpatia e anzi bersaglia di ironie velenose — con un'unica eccezione, che è però quella dello stato dei cavalli, loro sì depositari di una saggezza e una ragionevolezza invidiabili ed esemplari. Conclusione tanto più desolante se si considera che nel corso dei Viaggi c'è stata pure l'occasione per una sosta nell'isola dei matematici, Laputa, la quale in verità se ne sta non in mezzo al mare ma sospesa tra le nuvole, tra la terra e il cielo, come appunto si conviene ai cervelli dei pensatori. Infatti, neppure ai matematici Swift risparmia i suoi strali. Apprendiamo così che la vita di quel mondo si sostanzia sì di matematica, tanto che c'è chi di matematica si ciba, ingerendo i teoremi a stomaco vuoto, a mo' di pasticche — una pratica che, se non fosse per l'obbligo del digiuno, si potrebbe facilmente instaurare ai giorni nostri come ottimo antidoto all'analfabetismo scientifico dilagante —; oppure chi alla matematica si ispira anche quando fa la corte a signore e signorine, non disdegnando complimenti quali «sei bella come un rombo» oppure «i tuoi occhi splendono come ellissi» — tecnica, questa, che forse funzionava bene in quei tempi e luoghi, ma non ci sentiremmo di consigliare ai moderni seduttori.

Ma il fatto è che un tale spolvero di scienza e sapienza non partorisce affatto i progressi che invece si vorrebbero auspicare. Tanto per cominciare, gli strani abitanti di Laputa sono così distratti e «immersi nelle loro speculazioni» che a ridestarli deve provvedere periodicamente un servitore che li accompagna, preposto allo scopo. La loro sbadataggine è tale che perfino il libero adulterio è ammesso e praticato tra le mura domestiche, addirittura sotto gli occhi di chi lo subisce, senza che questi dia il minimo segno di avvedersene, tanto preso è dalle sue speculazioni.

È lo stesso re dell'isola a dare per primo il cattivo esempio.

> *Sua Maestà era immerso nella soluzione di un problema e dovemmo attendere un'ora prima che lo portasse a compimento.*

È in questo modo inospitale che egli accoglie Gulliver e i suoi accompagnatori in occasione della prima udienza concessa al viaggiatore. Né i sudditi gli sono, appunto, da meno. I matematici di Laputa si rivelano in definitiva sì «espertissimi dinanzi a un foglio di carta e armati di righe, matite e compassi», ma inconcludenti in ogni pratica occasione, «goffi, inetti, impacciati nelle comuni azioni di tutti i giorni», «torpidi e lenti di fronte ad argomenti che non siano quelli di musica e di matematica», «pessimi ragionatori» con «un senso spiccato della contraddizione, salvo quando sono nel giusto, il che accade di rado».

C'è allora motivo di dubitare che, a chiamare i matematici a governare il mondo, se ne ricavi qualche vantaggio. O, almeno, così la pensavano Gulliver e Swift, il cui pessimismo si allarga a onor del vero a tutta la razza umana, compresi ovviamente politici professionisti, giudici e avvocati, tanto che alla fine i goffi matematici spersi tra le nuvole sembrano quasi — quasi! — miti e inoffensivi di fronte all'elenco di ribalderie assommate dalle altre categorie.[433]

Recuperiamo il copione di *Infinities* e le problematiche affrontate dagli Struldbruggs di Swift:

> *Quando sogna la vita dell'aldilà, in* Storia del mondo in dieci capitoli e mezzo, *Julian Barnes arriva a una conclusione molto simile. Ognuno, dice 'avrà il tipo di Paradiso che desidera... una continuazione della sua vita. Ma, è inutile dirlo, migliorata.' Sesso, golf, shopping, cene, incontri con persone famose, senza sentirsi mai male? Moriranno la loro seconda morte, quella definitiva, quando decideranno di averne avuto abbastanza, di aver fatto tutto quello che volevano e che potevano fare... Ma la noia è proprio inevitabile? Marco Aurelio riteneva che un quarantenne di media cultura avesse visto tutto quello che valeva la pena di vedere al mondo. La cosa non è tanto ovvia. In un mondo finito, gli immortali alla lunga possono annoiarsi, ma perché ipotizzare che il mondo in cui vivono sia finito?... Immaginiamo come potrebbe essere la società civile se esistessero gli immortali... Il problema più ovvio e immediato sarebbe che se nessuno morisse i giovani non diventerebbero mai maturi... In* La città e le stelle *di Arthur Clarke, la città di Diaspar, l'ultima e la più grande di tutte le città umane, è abitata da individui perenni la cui memoria può andare indietro per migliaia di milioni di anni. Un po' di movimento si ottiene facendo rientrare ogni perenne nella memoria del computer dopo mille anni di vita attiva, per riuscirne più tardi. Ma un vero giovane deve avere grandi difficoltà a trovare il proprio posto in una società del genere, e ancor più difficoltà... a cambiarla... Gli immortali di Clarke stanno ancora cercando di capire la struttura dei numeri primi, creando opere d'arte, esplorando fantasie... Non tutte le città eterne sono noiose, persino quelle che non cambiano molto valgono la pena di essere esplorate...*
>
> *Il desiderio di vivere per sempre è il desiderio di non finire mai e di non essere mai esclusi: è il desiderio, in fondo, di contenere tutto, che non ci sia nulla al di fuori di noi che prima o poi non potremo afferrare. Prendiamo una fiaba, ai limiti della fantascienza: un diavolo giovane ma ambizioso, avendo bisogno di un oggetto che si trova nella Palude della Disperazione, ingaggia un mortale perché glielo vada a prendere,*

---

[433] [Tof11], pag. 26.

permettendogli di stabilire quale sarà la sua ricompensa. Il mortale in questione esegue il compito (prendendo dei tranquillanti per evitare gli effetti della disperazione), ma rimanda la richiesta di pagamento. Il diavolo è convinto che l'accordo sia tutto a suo vantaggio: niente di quanto un mortale può chiedergli sarà altro che finito, e lui stesso trarrà un infinito vantaggio dall'oggetto, pensa. Il mortale presenta il suo conto solo sul letto di morte, dopo una vita lunga e prosperosa: come ricompensa chiede che il diavolo lo trasporti, ora che è morto, in giro per l'universo, in tutti i nuovi mondi che nascono, 'all'infinito'... il mortale lo ha ingannato. Viaggerà "all' infinito" sulle spalle del diavolo, imparerà sempre di più e non ci sarà mai nulla che non saprà. È, ed è sempre stato, da quando il diavolo gli si è avvicinato per la prima volta, una persona spiritualmente morta, testardamente convinta — senza prove concrete — della propria virtù, incapace di comprendere che la saggezza non si ottiene accumulando fatti. L'eternità, il desiderio di essere 'come Dio', forse è un modo di sfuggire a quello che dovremmo veramente desiderare.

Un altro tema sollecitato riguarda la donna che ha la possibilità di vivere in eterno e medita di suicidarsi: infatti, sta morendo di noia. D'altronde, la vita eterna potrebbe non includere l'eterna giovinezza!

Un ulteriore spunto di riflessione concerne il tipo di memoria su cui si potrebbe contare qualora si vivesse per sempre. Davvero la memoria è utile, in ogni circostanza e in ogni tempo? È un bene che la memoria che abbiamo ora (intesa come cerebrale, non quella elettronica usata in informatica) sia finita e fallibile? I mistici orientali dicono che ogni giorno rinasciamo e moriamo. Hanno ragione? Quanti ricordi possiamo accumulare nella mente? È come in informatica, in cui ad un certo punto si rischia la saturazione, per cui occorre cancellare dati obsoleti o comunque informazioni a cui si è disposti a rinunciare, in favore delle nuove?
Le questioni a proposito della vita terrena eterna sono davvero stimolanti: bisognerebbe ricordare un infinito numero di compleanni? Dovremmo accumulare infinite agende per gli infiniti anni che viviamo? Il nostro cuore riuscirebbe a battere infinite volte?

Però... abbiamo perso di vista la Matematica! Ecco che Barrow ci ricorda come i numeri possano tornarci utili in questa dissertazione: egli immagina che un immortale avrebbe bisogno di dormire sempre di più (le sue cellule sono sempre più affaticate!), ma allo stesso tempo vorrebbe godersi un tempo infinito da sveglio! Come potrebbe farlo? Sfruttando le serie armoniche! Vediamolo con precisione: consideriamo un periodo di riferimento, ad esempio un anno. Il nostro immortale potrebbe gestire il suo sonno in questo modo: nel primo anno, sempre sveglio; nel secondo anno, sveglio la metà del tempo; nel terzo anno, sveglio un terzo del tempo, e così via, all'infinito.

È evidente che, col passare del tempo, egli dorma sempre più: infatti nel primo anno non dorme, nel secondo dorme 1/2 del tempo, nel terzo dorme 1/3 del tempo e così via. Possiamo però dimostrare che – sebbene ciò sia controintutivo – egli stia sveglio per un tempo infinito!

Cerchiamo di capire come è fatta la somma di tutti i tempi:

$$1 + 1/2 + 1/3 + 1/4 + 1/5 + 1/6 + 1/7 + 1/8 + \dots$$

Tale somma è chiamata serie armonica ed è facile vedere che "diverge", ossia il risultato vale infinito. Ho confinato la dimostrazione e altri approfondimenti in Appendice G, intitolata *La progressione geometrica, le serie geometrica e armonica*.

Ribadiamo: il nostro immortale riuscirebbe a riposare sempre di più, pur vivendo un'infinità di tempo. È chiaro che più avanti si va nel tempo, più i suoi saranno microrisvegli, nei quali presto farà fatica a comprendere gli enormi cambiamenti avvenuti nel suo mondo!

7.3 Lo Scenario 3: Il paradosso della replicazione infinita

Nella terza stanza, il pubblico si ritrova in un ambiente labirintico, pieno di strutture in legno elevate, dove ante e lastre si muovono per permettere il passaggio di attori che hanno una peculiarità: sono vestiti e mascherati in volto, tutti allo stesso modo. Ciò ben si presta alle mire di questo scenario: si vuole rappresentare un mondo in cui niente è originale, poiché ogni idea, azione, cosa non può essere mai innovativa e mai rompere con il passato. Più che un doppio (doppelganger), ogni cosa ha un numero illimitato di copie. Il presupposto è che «in un universo di dimensioni infinite, qualsiasi cosa abbia una probabilità diversa da zero di accadere, deve accadere un numero infinito di volte». Per di più, in tale universo, copie diverse delle stesse entità possono compiere infinite azioni uguali e anche infinite azioni diverse.

Il paradosso della replicazione fu proposto da Friedrich Nietzsche in *La volontà di potenza* (1886), in cui si trova:

> *Nel grande gioco del caso che costituisce la sua esistenza, l'universo deve presentare un numero calcolabile di combinazioni... Nell'arco di un tempo infinito, in un momento o nell'altro, ogni possibile combinazione deve essersi realizzata almeno una volta; anzi, deve anche essersi realizzata un numero infinito di volte.*[434]

Si potrebbe pensare addirittura di portare nel campo della teologia queste supposizioni: se, ad esempio, la crocifissione di Gesù Cristo ha una probabilità finita (cioè non infinita ma neanche infinitesima) di verificarsi, allora si può dedurre che si sia verificata infinite volte in altri luoghi di questo ipotetico infinito universo. Ecco perché Sant'Agostino sosteneva che la vita deve esistere solo sulla Terra: altrimenti la crocifissione non sarebbe stata unico appannaggio del nostro pianeta. Barrow aggiunge: «Thomas Paine, viceversa, sostiene che la vita deve necessariamente esistere altrove, quindi la crocifissione non è mai avvenuta (o almeno non può aver ottenuto gli effetti che le vengono attribuiti)».

Altri stimoli: come reagiremmo se ci trovassimo di fronte al nostro doppio? Davvero ogni possibile nostra scelta sarebbe operata da uno dei tanti individui che sono la nostra copia? Arriva poi una deduzione acuta e ironica di Barrow: «Uno degli aspetti più curiosi di questa teoria è che, se è vera, non può essere originale. È stata già proposta infinite volte nel passato».

Che cosa accadrebbe se la probabilità che nell'universo si sviluppi la vita è uguale a zero? Allora, secondo il copione teatrale di *Infinities*, sarebbe indeterminabile a priori il numero di individui che esisterebbero: 0 (la probabilità della vita) *x* Infinito (il numero elevatissimo di esperimenti che avvengono nell'eterno Universo, ciascuno

---

[434] [Nie13], vol. IX, pag. 430.

dei quali può portare alla creazione della vita) sarebbe una forma indeterminata, cioè potrebbe valere qualunque numero. Quindi la vita avrebbe «un'origine miracolosa o soprannaturale».[435]

Mi permetto di notare che la moltiplicazione di zero per infinito richiede un po' di attenzione. Ho quindi pensato di creare l'Appendice L1, intitolata *Qualche concetto... limite*, per spiegare meglio questo passaggio.

Il paradosso della replicazione infinita può essere applicato al tempo, oltre che allo spazio. A pag. 31 del copione, ci si chiede quale sarebbe la forma dell'universo. In altre parole: avrebbe centro e confini, come la pagina di un libro, o sarebbe limitato ma privo di confini, come la superficie di una sfera? I nostri Dante o Shakespeare si lamenterebbero della diffusione di copie esatte delle loro opere, scritte dai loro alter ego, senza autorizzazione?

L'autore usato come maggior fonte di ispirazione di questi argomenti è Jorge Luis Borges (in special modo, si esorta alla lettura delle versioni ridotte de *La biblioteca di Babele* e *Il giardino dei sentieri che si biforcano*). Un'altra lettura consigliata è *La vita dell'Universo Infinito: il Paradosso della Duplicazione*, di Ellis e Brundit.

---

[435] Copione di *Infinities*, pag. 30.

7.4 Lo Scenario 4: L'infinito non è un grande numero

Questa è la stanza in cui ho lavorato. Vi si trovano diversi banchi di scuola, e un paio di enormi lavagne; gli attori comunicano verbalmente tra loro (a volte in modo simultaneo, caoticamente) e scrivono formule e numeri per aggiungere segni scritti alle parole pronunciate. Alcuni recitano in piedi, fermi o camminando; altri sono sorretti da una sedia a rotelle o appesi a testa in giù, lungo un binario che corre lungo il soffitto! Davvero l'originalità dello spettacolo e la genialità di chi l'ha concepito sono di primo ordine.

Eccomi tra i figuranti seduti presso i banchi, a stretto contatto con il pubblico; come i miei colleghi, sono dotato di un carboncino per schizzare alcuni frazioni disposte su schemi diagonali. Ho anche alcune battute da recitare! Un ricordo emozionantissimo, indelebile!

Per illustrare le peculiarità del simbolo matematico chiamato *infinito*, si parte presto dal paradosso dei numeri infiniti di Galileo.[436] Nessuno può negare che i cosiddetti numeri *naturali* (0, 1, 2, 3, ...) siano in numero infinito, poiché qualsiasi numero (scelto come candidato ad essere il massimo) ha sempre il suo successore, che è maggiore di un'unità. Cosa succede poi se si elevano al quadrato i numeri naturali, cioè se si prende ogni numero intero e lo si moltiplica per se stesso? Si trova una nuova successione infinita di numeri naturali, che appare "incompleta", poiché – confrontata con la successione iniziale – l'impressione è che mancano alcuni elementi. Avremmo infatti:

$$0, 1, 4, 9, 16, 25, 36, 49, 64, ...$$

ottenuti da $0 \times 0, 1 \times 1, 2 \times 2, 3 \times 3, 4 \times 4, 5 \times 5, 6 \times 6, ...$

Ecco che Galileo rileva il paradosso: i due elenchi infiniti sembrano avere la stessa dimensione (ossia, la medesima "lunghezza"), poiché ad ogni elemento del primo corrisponde uno e un solo elemento dell'altro elenco. Eppure la seconda lista appare come una riduzione della prima, poiché tutti i numeri del secondo insieme compaiono anche nel primo, ma non vale il viceversa: ci sono alcuni elementi del primo gruppo che mancano nel secondo gruppo! Come reagisce il grande pisano a questo paradosso? Si limita a dire:

> *Stimo che questi attributi di maggioranza, minorità ed egualità non convenghino a gl'infiniti, de i quali non si può dire, uno esser maggiore o minore o eguale all'altro.*[437]

Poi prosegue così:

---

[436] Abbiamo già dissertato su Galileo Galilei nel paragrafo 6.6, intitolato *Verso le stelle, versi sulle stelle: Thomas Segget e Galileo Galilei.*
[437] [Gal80], pag. 22.

Io suppongo che voi benissimo sappiate quali sono i numeri quadrati, e quali i non quadrati.

Simp. *So benissimo che il numero quadrato è quello che nasce dalla moltiplicazione d'un altro numero in se medesimo: e così il quattro, il nove, etc., son numeri quadrati, nascendo quello dal due, e questo dal tre, in se medesimi moltiplicati.*

Salv. *Benissimo: e sapete ancora, che sì come i prodotti si dimandano quadrati, i producenti, cioè quelli che si multiplicano, si chiamano lati o radici; gli altri poi, che non nascono da numeri multiplicati in se stessi, non sono altrimenti quadrati. Onde se io dirò, i numeri tutti, comprendendo i quadrati e i non quadrati, esser più che i quadrati soli, dirò proposizione verissima: non è così?*

Simp. *Non si può dir altrimenti.*

Salv. *Interrogando io di poi, quanti siano i numeri quadrati, si può con verità rispondere, loro esser tanti quante sono le proprie radici, avvenga che ogni quadrato ha la sua radice, ogni radice il suo quadrato, né quadrato alcuno ha più d'una sola radice, né radice alcuna più d'un quadrato solo.*

Simp. *Così sta.*

Salv. *Ma se io domanderò, quante siano le radici, non si può negare che elle non siano quante tutti i numeri, poiché non vi è numero alcuno che non sia radice di qualche quadrato; e stante questo, converrà dire che i numeri quadrati siano quanti tutti i numeri, poiché tanti sono quante le lor radici, e radici son tutti i numeri: e pur da principio dicemmo, tutti i numeri esser assai più che tutti i quadrati, essendo la maggior parte non quadrati. E pur tuttavia si va la moltitudine de i quadrati sempre con maggior proporzione diminuendo, quanto a maggior numeri si trapassa; perché sino a cento vi sono dieci quadrati, che è quanto dire la decima parte esser quadrati; in dieci mila solo la centesima parte sono quadrati, in un millione solo la millesima: e pur nel numero infinito, se concepir lo potessimo, bisognerebbe dire, tanti essere i quadrati quanti tutti i numeri insieme.*

Sagr. *Che dunque si ha da determinare in questa occasione?*

Salv. *Io non veggo che ad altra decisione si possa venire, che a dire, infiniti essere tutti i numeri, infiniti i quadrati, infinite le loro radici, né la moltitudine de' quadrati esser minore di quella di tutti i numeri, né questa maggior di quella, ed in ultima conclusione, gli attributi di eguale maggiore e minore non aver luogo ne gl'infiniti, ma solo nelle quantità terminate. E però quando il Sig. Simplicio mi propone più linee diseguali, e mi domanda come possa essere che nelle maggiori non siano più punti che nelle minori, io gli rispondo che non ve ne sono né più né manco né altrettanti, ma in ciascheduna infiniti: o veramente se io gli rispondessi, i punti nell'una esser quanti sono i numeri quadrati, in un'altra maggiore quanti tutti i numeri, in quella piccolina quanti sono i numeri cubi, non potrei io avergli dato sodisfazione col porne più in una che nell'altra, e pure in ciascheduna infiniti? E questo è quanto alla prima difficoltà.*

Sagr. *Fermate in grazia, e concedetemi che io aggiunga al detto sin qui un pensiero, che pur ora mi giugne: e questo è, che, stanti le cose dette sin qui, parmi che non solamente non si possa dire, un infinito esser maggiore d'un altro infinito, ma né anco che e' sia maggior d'un finito, perché se 'l numero infinito fusse maggiore, v. g.[438], del millione, ne seguirebbe, che passando dal millione ad altri e ad altri continuamente maggiori, si camminasse verso l'infinito; il che non è: anzi, per l'opposito a quanto maggiori numeri facciamo passaggio, tanto più ci discostiamo dal numero infinito; perché ne i numeri, quanto più si pigliano grandi, sempre più e più rari sono i numeri quadrati in esso contenuti; ma nel numero infinito i quadrati non possono esser manco che tutti i numeri, come pur ora si è concluso; adunque l'andar verso numeri sempre maggiori e maggiori è un discostarsi dal numero infinito.[439]*

L'autore del copione non si lascia sfuggire una nota interessante: il paradosso (nato dal confrontare la successione dei numeri naturali e la successione dei loro quadrati) si ripresenta quando confrontiamo i numeri naturali e i loro doppi. In altre parole, anche tra l'insieme degli interi (1, 2, 3, 4, 5, …) e quello dei numeri pari (2, 4, 6, 8, 10, …) si può istituire una perfetta corrispondenza tra ogni elemento del primo e ogni elemento del secondo insieme, eppure sembra che la seconda lista abbia la metà degli elementi della prima!

Anche Toffalori si è inerpicato sugli irti sentieri dell'infinito e dei paradossi che ne derivano:

Infiniti sono i numeri, come già si accennava: non ogni singolo numero, ma la loro collezione completa. Oppure, per altri versi, infiniti sono i punti di un'intera retta, così come quelli del più minuscolo dei suoi segmenti: perché anche «all'interno di un qualsiasi piccolo, esiguo intervallo, si può trovare l'infinito» (per citare non un manuale di filosofia ma, nuovamente, Il senso di Smilla per la neve*).*

E tuttavia, matematicamente parlando, pare proprio che questo sia tutto: quanto di meglio si può dire in tema di infinito. Che altro si può aggiungere? Quando si è detto che una realtà è infinita, tanto basta.

A indagarla oltre non c'è neppure da pensarci, perché l'infinito è una categoria che ci trascende, della quale alla scienza è impossibile disquisire: roba per teologi, o filosofi, o poeti, ma non per matematici, e

---

[438] V.G. è un acronimo che sta per l'espressione latina *verbi gratia*. Al pari della locuzione latina *exempli gratia*, significa "ad esempio".
[439] [Gal80], da pag. 22.

neanche per la gente comune; spazio di sogni e stupori, ma non di teoremi. L'infinito è «parola di spavento che abbiamo generato temerariamente e che una volta ammessa in un pensiero esplode e lo uccide»: così scrive alla fine della Perpetua corsa di Achille *e della* tartaruga *Jorge Luis Borges, che all'avvio di* Metempsicosi *della* tartaruga *provvede a rincarare ulteriormente la dose per chi non avesse inteso la lezione:*

C'è un concetto che corrompe e ammattisce tutti gli altri. Non parlo del Male... parlo dell'infinito.[440]

Da Galileo, l'astrofisico Barrow[441] passa a Georg Cantor, il grande matematico tedesco[442] che diede straordinari contributi alla teoria degli insiemi, alle successioni e alle serie infiniti. Cantor sistematizzò il concetto di cardinalità di un insieme, ossia il numero degli elementi che lo compongono, estendendolo al caso di insieme infinito. Ad esempio, la cardinalità dei colori dell'arcobaleno è 7 (rosso, arancione, giallo, verde, azzurro, indaco, violetto). Anche la cardinalità delle note musicali è 7 (do, re, mi, fa, sol, la, si). Pertanto è possibile comporre una corrispondenza biunivoca (cioè perfettamente uno a uno) tra i due insiemi:

Rosso	$\longleftrightarrow$	Do
Arancione	$\longleftrightarrow$	Re
Giallo	$\longleftrightarrow$	Mi
Verde	$\longleftrightarrow$	Fa
Azzurro	$\longleftrightarrow$	Sol
Indaco	$\longleftrightarrow$	La
Violetto	$\longleftrightarrow$	Si

Analogamente, se si indica con $\aleph_0$ (si legge: Alef con zero) la cardinalità, cioè la "numerosità" dei numeri naturali, allora, come abbiamo visto nelle pagine precedenti, anche i numeri pari (e – perché no? – i numeri dispari) e i quadrati perfetti dei numeri naturali hanno la stessa cardinalità, $\aleph_0$, perché è possibile istituire una corrispondenza biunivoca tra una coppia qualsiasi di questi insiemi infiniti di numeri interi. Il genio tedesco stabilì che siano denominati *numerabili* gli insiemi di numerosità $\aleph_0$. Si spinse oltre: dimostrò che anche l'insieme di tutte le frazioni è infinito e numerabile. Questa verità è difficile da accettare di primo acchito. Alle scuole elementari ci insegnano infatti che tra due numeri interi c'è sempre un'infinità di frazioni! Ad esempio, tra 0 e 1 ci sono infinite frazioni del tipo $1/n$ con n che può assumere qualunque valore intero positivo. Eppure siamo sempre nella cardinalità uguale alla quantità $\aleph_0$: l'infinito è dello stesso "peso", o "tipo".

---

[440] [Toffl1], pagg. 111 e 112.

[441] [Bar92].

[442] Come ben evidenzia Barrow nel copione teatrale, Cantor nacque a San Pietroburgo e vi visse fino al 1856, ma aveva studiato e lavorato nelle università tedesche: viene di solito considerato un matematico tedesco.

Il trucco che usò, per mostrare la corrispondenza biunivoca tra gli interi e le frazioni, consiste nell'elencare tutte le frazioni ordinatamente, sicché un tale ordine completo (cioè senza tralasciare alcuna frazione) e stretto (cioè ogni frazione avrebbe il suo unico posto nella lista) manifesterebbe la corrispondenza biunivoca. Come ordinarle, dato che una frazione ha due interi da gestire, ossia il numeratore e il denominatore? Egli usò un procedimento *diagonale*[443]:

> 1/1
> 1/2, 2/1
> 1/3, 2/2, 3/1
> 1/4, 2/3, 3/2, 4/1
> 1/5, 2/4, 3/3, 4/2, 5/1
> 1/6, 2/5, 3/4, 4/3, 5/2, 6/1
> …e così via, all'infinito…

È facile convincersi che, con questo stratagemma, ogni frazione viene citata una e una sola volta. Penso che sia facile ricostruire da soli questa piramide, notando alcune proprietà, riferibili alla generica riga n-esima della piramide:

- Vi sono esattamente n frazioni
- Ogni frazione è tale per cui la somma dei propri numeratore e denominatore risulta sempre $n+1$
- La prima frazione inizia sempre con il termine $1/n$ e finisce sempre con $n/1$
- Da una frazione a quella immediatamente a destra di deve incrementare il numeratore e decrementare il denominatore: da u/r si passa a $(u+1)/(r-1)$

Un attento lettore potrebbe chiedere cosa accade se si considerano anche le frazioni negative, come $-1/1$, $-1/2$, $-2/1$, … Ebbene, anche "raddoppiando" l'insieme di frazioni considerato (ossia ampliando l'insieme delle frazioni positive con quello delle frazioni negative) rimaniamo nel numerabile. La dimostrazione è banale: posso riordinare la lettura di tutte le frazioni con segno semplicemente intrecciando tra loro i termini, ossia alternando le frazioni positive e quelle negative! Quindi lo schema precedente diventa:

> 1/1, −1/1
> 1/2, −1/2, 2/1, −2/1
> 1/3, −1/3, 2/2, −2/2, 3/1, −3/1
> 1/4, −1/4, 2/3, −2/3, 3/2, −3/2, 4/1, −4/1
> …e così via, all'infinito…

Un altro quesito che potrebbe nascere riguarda l'eventualità in cui esistano infiniti più "pesanti", più "grandi" ed "estesi", ossia insiemi infiniti che non possono essere

---

[443] Si noti che nel copione dello spettacolo teatrale la diagonalizzazione è leggermente diversa, perché io preferisco disporre le frazioni nel modo che vi presento qui.

messi in corrispondenza biunivoca con un insieme infinito numerabile (cioè il tipo visto finora). Cantor dimostrò che, ad esempio, l'insieme *R* dei numeri reali non è numerabile, e battezzò *potenza del continuo* la nuova cardinalità trovata. In Appendice N, intitolata *I numeri*, ho preparato un breve riassunto sul nome e il contenuto degli insiemi numerici, congiuntamente alla dimostrazione di Cantor sulla non numerabilità dei numeri reali. Non sorprenderà che la cardinalità di *R* è stata definita dal simbolo $\aleph_1$, che indica quindi un *infinito di ordine superiore* a $\aleph_0$.

Cantor dimostrò, procedendo ulteriormente, che
> *la gerarchia ascendente degli infiniti è senza fine. A partire da un insieme infinito, se ne può generare un altro infinitamente più grande, considerando l'insieme che contiene tutti i suoi sottoinsiemi.*

L'insieme che contiene tutti i suoi sottoinsiemi viene chiamato l'*insieme potenza* (pur se nel copione è indicato come «serie di potenze», invece) dell'insieme di partenza. Il tipico esempio che si offre agli studenti è l'insieme
$$I = \{A, B, C\}$$

dal quale si ottiene l'insieme di tutti i sottoinsiemi
$$\boldsymbol{P}(I) = \{\varnothing, \{A\}, \{B\}, \{C\}, \{A, B\}, \{A, C\}, \{B, C\}, I\}$$

Qualche osservazione può essere utile:
1. L'insieme vuoto (indicato con il simbolo $\varnothing$) è sottoinsieme di qualunque insieme. Anche l'insieme di partenza (I, nel nostro caso), fa sempre parte dei sottoinsiemi possibili. Potremmo definirli i due sottoinsiemi banali, per di più in stretta analogia con la proprietà di tutti i numeri, che sicuramente sono divisibili per 1 e per se stessi.

2. Ogni sotto-insieme di I è ottenuto elencando ordinatamente gli elementi di I, e decidendo se includere o escludere, dal sottoinsieme in esame, ciascun elemento di I. Ad esempio, il sottoinsieme {A, C} è ottenuto prendendo il primo (A), escludendo il secondo (B), prendendo il terzo elemento (C) di I. Pertanto lo possiamo far corrispondere alla sequenza logica «Vero, Falso, Vero». Quindi il sottoinsieme vuoto $\varnothing$ corrisponderebbe alla sequenza logica «Falso, Falso, Falso», mentre il sottoinsieme {C} sarebbe associato a «Falso, Falso, Vero».

3. Dall'osservazione precedente, si comprende come mai *P*(I), l'insieme delle parti di I, ovvero l'insieme potenza di I, sia talvolta denominato il booleano di I: dato che la produzione di tutti i sottoinsiemi deriva da un approccio logico (Vero/Falso), si vuole riconoscere il giusto tributo a George Boole, grande pioniere della logica.

4. Sempre da quanto enunciato nelle osservazioni precedenti, si deduce che se I ha *n* elementi, allora $P(I)$ ha 2^n elementi. Infatti il primo elemento di I può essere preso o non preso (2 valori logici); il secondo elemento può – indipendentemente – essere preso o non preso (altri 2 valori logici), quindi si hanno 4 possibilità. Se c'è anche un terzo elemento che può essere preso o non preso (come nell'esempio sopra), allora sono 8 le possibilità, perché si raddoppia il numero di possibilità ogni volta che si aggiunge un elemento.

Cantor concluse che

> *da un insieme infinito come $\aleph_0$ possiamo creare un insieme infinitamente più grande (vale a dire un insieme che non presenta una corrispondenza biunivoca con il primo) che costituisce il suo insieme potenza l'insieme potenza, $P[\aleph_0]$. Ora possiamo fare la stessa cosa formando l'insieme di potenza di $P[\aleph_0]$, che sarà infinitamente più grande di $P[\aleph_0]$. E così via, all'infinito.*

Indicando con |I| la cardinalità dell'insieme I, possiamo scrivere:
$$\aleph_0 < |P[\aleph_0]| = \aleph_1 < |P[\aleph_1]| = \aleph_2 < \dots$$

Esiste quindi, tramite questa costruzione, una gerarchia interminabile di infiniti ascendenti.

Anche a proposito di Cantor possiamo proporre un brano di Toffalori:

> *Alla fine dell'Ottocento ci fu un matematico tedesco, di nome Georg Cantor, che si avventurò a trattare la matematica dell'infinito: con la dovuta prudenza, chiedendone in anticipo il nulla osta al Vaticano (perché Cantor era credente cattolico e sapeva che a trattare di simili argomenti si rischia sempre di sconfinare nell'eresia[444]); senza grandi soddisfazioni da parte dei colleghi, che lo compresero in pochi, e in molti lo avversarono e gli avvelenarono l'esistenza; ma col rigore che la scienza pretende e con conclusioni sorprendenti e imprevedibili. Come quella che l'infinito dei numeri non è lo stesso dei punti della retta: infiniti gli uni, infiniti gli altri e tuttavia non il medesimo infinito, ma due diversi livelli, il secondo superiore al primo. Oppure come l'altra, che sembra quasi contraddire la prima, secondo cui il minuscolo infinito del segmento e di Smilla non è meno popolato di punti dell'intera retta e perfino dell'intero mondo.*
> *Cantor scoprì dunque questi «numeri» infiniti che si aggiungono a quelli «naturali», come una specie di fratelli maggiori, che talora condividono le stesse regole, talora seguono altri codici di comportamento, spesso sorprendenti e imprevedibili — perché non sempre è facile capire i*

---

[444] Questo non ci meraviglia, vero? Soprattutto se abbiamo letto il capitolo 3, intitolato *La tensione verso l'Universale e il Divino.*

fratelli maggiori.

Tuttavia, pur sempre numeri; disponibili, per esempio, a farsi mettere in fila, ordinare, sommare, moltiplicare. «I vasti numeri che un uomo immortale non raggiungerebbe neppure se consumasse la sua eternità contando» li descrisse ed esaltò Borges nella Cifra — *[...] Alef è il nome che Cantor diede all'infinito dei numeri naturali, mutuandolo dalla prima lettera dell'alfabeto ebraico — numeri e lettere: un leitmotiv che ritorna. «Continuo» è invece il modo con cui egli chiamò l'altro infinito dei punti di una retta o di un segmento. Alef viene dopo i numeri naturali e prima del continuo. Ma dopo il continuo c'è una miriade di infiniti ancora più grandi, né è escluso che altri se ne trovino tra Alef e il continuo (Cantor riteneva di no, e questa sua congettura fu detta «ipotesi del continuo», ma né lui né altri riuscirono a provarla). Gerarchie di nuovi numeri, «dinastie immaginarie che hanno come cifre le lettere dell'alfabeto ebraico», per citare ancora Borges e* La cifra. *Non solo sogni, però, o astrazioni matematiche; perché, al contrario, le teorie di Cantor cooperarono, e non poco, alla nascita dell'informatica moderna. Anche questo è, in effetti, uno strano paradosso: che spesso i progressi più grandi dell'uomo, quelli che più lo spingono a migliorare e migliorarsi, quelli che meglio lo soccorrono persino nella pratica, non provengono dai bilanci di profitto, dall'ansia del guadagno, dalle speculazioni del mercato, dalla meschinità spicciola; ma dal pensiero, dalle teorie e dalle idee. Almeno in questo, matematici e letterati non possono che essere d'accordo.*[445]

La stanza numero 4 si distingue dalle altre perché si concentra sui grandi matematici: sulle loro vite, le loro diatribe, le loro infermità. Ad esempio, Karl Friedrich Gauss fu in polemica con Schimacher, nel 1831, circa l'uso che quest'ultimo aveva fatto del concetto di infinito in una dimostrazione:

Devo sollevare una vibrata protesta contro il vostro uso dell'infinito come qualcosa di concreto, perché questo in matematica non è mai permesso. L'infinito è solo una figura retorica, una forma abbreviata dell'idea che esistono limiti ai quali possiamo far avvicinare quanto desideriamo certe grandezze, mentre altri ordini di grandezza possono crescere oltre ogni limite... Non nasceranno contraddizioni finché l'Uomo Finito non scambierà l'infinito per qualcosa di preciso, finché non sarà spinto da un abito mentale acquisito a considerare l'infinito come qualcosa di limitato.

D'altronde, l'infinito (come abbiamo precedentemente visto, e come si può dedurre ad esempio dalla semplice uguaglianza $\infty + 1 = \infty$, nella quale l'infinito rimane se

---

[445] [Toff11], pagine 112 e 113.

stesso anche se lo si incrementa di uno) ha sempre provocato difficoltà nel suo uso e nella sua comprensione.

Un'altra aporia proposta agli spettatori di *Infinities* era quella della serie infinita ottenuta sommando infinite volte $(-1)^n$. Per i "non addetti ai lavori", si intende che n assume valori interi a partire da 0 (praticamente seguendo passo passo l'insieme N dei numeri naturali). Dato che -1 elevato a un esponente dispari risulta -1, mentre elevato a un esponente pari risulta $+1$, la serie in questione è:
$$S = 1 - 1 + 1 - 1 + 1 - 1 + \dots$$

Il matematico moderno sa che questa serie non converge ad alcun valore, poiché a seconda di come si interpreta la serie essa potrebbe essere assimilata al valore 0 al valore 1. Dimostriamolo.
Da un lato, possiamo scrivere
$$S = (1 - 1) + (1 - 1) + (1 - 1) + \dots = 0 + 0 + 0 + \dots = 0$$

ma, ponendo le parentesi in modo diverso, si ha
$$S = 1 + (-1 + 1) + (-1 + 1) + (-1 + 1) + \dots = 1 + 0 + 0 + 0 + \dots = 1$$

Quindi avremmo una deduzione contraddittoria e quindi assurda:
$$\{S=0 \text{ e } S=1\} \rightarrow 0 = 1,$$

Anche queste elucubrazioni venivano trasmesse al pubblico durante lo spettacolo teatrale milanese. Cantor viene messo in scena come un paziente psichiatrico, poiché il suo genio non lo teneva lontano da crisi di depressione e paranoia. Artista dotato[446], egli fu molto sensibile agli attacchi dei suoi colleghi matematici. In particolare, Leopold Kronecker gli fu aspramente avverso, perché – essendo finitista – contestava le idee sull'infinito che Cantor introdusse. Questa rivalità ebbe alti e bassi, ma curiosamente Kronecker sembra non aver mai criticato pubblicamente il lavoro di Cantor.

Nello spettacolo teatrale *Infinities*, le parole di David Burton[447] vengono citate per descrivere Kronecker:

> *[...] era un uomo minuscolo, il cui imbarazzo per la proprie dimensioni crebbe con l'età. Prendeva qualsiasi riferimento alla propria altezza come un tentativo di sminuire le sue capacità mentali. Esprimeva a gran voce le sue opinioni ed era velenoso e personale nei suoi attacchi contro coloro la cui visione della matematica disapprovava; e la sua reazione nei confronti della nuova teoria degli insiemi infiniti era di ira e di*

---

[446] Cantor fin dalla tenera età mostrò un'inclinazione verso la musica, ma la trascurò per dedicarsi alla Matematica.
[447] [Bur95], pag. 593.

> *indignazione... Kronecker rifiutò categoricamente le idee [di Cantor sugli insiemi infiniti] fin dall'inizio. Asseriva infatti dogmaticamente: "Una definizione deve contenere i mezzi per raggiungere una decisione in un numero finito di passaggi, e le prove di esistenza devono essere condotte in modo tale che la quantità in questione possa essere calcolata con il necessario grado di precisione".*

Qualsiasi discussione sugli insiemi infiniti era, secondo Kronecker, illegittima, perché partiva dal presupposto che in matematica esistano degli insiemi infiniti. Secondo Kronecker, la matematica doveva consistere solo di quelle deduzioni che, a partire dai numeri naturali (0, 1, 2, 3, 4, ...), dopo un numero di passaggi finiti potevano portare a una conclusione.

Questa sua convinzione è sintetizzata in un'affermazione che fece durante un discorso: «Dio ha creato i numeri naturali, tutto il resto è opera dell'uomo».

Cantor talvolta abbandonava temporaneamente la Matematica per studiare gli antichi sistemi di calcolo oppure per mettere in una prospettiva teologica la sua ricerca sull'infinito: come ben sappiamo l'attività del matematico si presta bene alla speculazione su Dio. A questo proposito, egli ebbe il sostegno compiaciuto da parte di Constantin Gutberlet, filosofo e teologo neotomista tedesco. I due si scambiarono una corrispondenza appassionata sulla

> *questione dell'infinità assoluta dell'esistenza di Dio. Cantor era molto interessato alle conseguenze teologiche delle sue teorie e sosteneva che le infinità superiori che aveva scoperto estendevano ulteriormente il dominio di Dio. Cantor era religioso ma era anche un platonista, e per lui la legittimità dell'infinito attuale era dimostrata dalla sua presenza nel mondo delle idee.*

Sempre dal copione dello spettacolo teatrale, possiamo apprendere altre informazioni[448]:

- Cantor voleva usare la sua conoscenza per impedire che la Chiesa commettesse gravi errori nella sua dottrina sull'infinito. Pensava che si trattasse di una missione alla quale era stato chiamato.

- «Ma ora ringrazio Dio, il più saggio e il più buono, per avermi sempre negato la realizzazione di questo desiderio [di ottenere una cattedra di Matematica a Gottinga o a Berlino], perché così mi ha costretto, occupandomi più a fondo di teologia, a servire Lui e la Sua Santa Romana Chiesa meglio di quanto non abbia potuto fare con la mia esclusiva preoccupazione per la matematica».[449]

- Secondo molti, Cantor era disperato per tutto quello che era successo e aveva

---

[448] Cito il copione da pag. 60 in poi.
[449] [Dau90], pag. 147.

deciso di dedicarsi a un'attività meno impegnativa e controversa, lontano da Kronecker e dalla rivalità con gli altri matematici. Aveva interpretato il suo crescente interesse per la teologia e la filosofia e la sua disaffezione per la matematica come un segno divino. Si vedeva come un servo di Dio, che gli aveva dato il talento per la matematica affinché potesse rendersi utile alla Chiesa. In una lettera a un amico, dichiarava: «Offrirò per la prima volta alla filosofia cristiana la vera teoria dell'infinito».[450]

- Interruppe tutti i rapporti con i suoi amici matematici ed era felice dei suoi contatti con i teologi e i filosofi, che si interessavano al suo lavoro e lo ritenevano significativo. La religione gli ridiede fiducia in se stesso e lo convinse che dopotutto il suo lavoro era importante, nonostante l'opposizione che aveva incontrato da parte di tanti matematici. Nel 1888, Cantor scriveva a Heman che era fiducioso di poter rispondere a qualsiasi critica e resistere a qualsiasi opposizione:

    La mia teoria è solida come una roccia, e ogni freccia rivolta contro di essa tornerà indietro verso chi l'ha scagliata. Come faccio a saperlo? Perché l'ho studiata da tutti i punti di vista per tanti anni; perché ho preso in esame tutte le obiezioni che sono state fatte contro i numeri infiniti; e, soprattutto, perché sono risalito alle sue radici, per così dire, fino alla causa prima e infallibile di tutte le cose create.

Il grande matematico tedesco si dilettava anche nello studio della storia del periodo elisabettiano. Durante queste incursioni nella storia egli si convinse che Francis Bacon aveva scritto le opere di Shakespeare.

Dopo il 1895, le idee di Cantor divennero sempre più supportate dai giovani matematici. Tornando al copione:

Fu solo dopo il 1900, quando ebbe completato la sua ricerca, che l'opera di Cantor cominciò a ottenere riconoscimenti internazionali, e lui a ricevere lauree ad honorem e premi, tra cui quello della Royal Society di Londra. Ma i riconoscimenti gli vennero soprattutto da fuori della Germania e, nel 1908, si lamentava dei matematici tedeschi «che non sembrano conoscermi anche se ho vissuto e lavorato con loro per 52 anni».

Chi volesse approfondire la figura di Cantor, può trovare una miniera di informazioni nel libro di Joseph W. Dauben che porta proprio il titolo *Georg Cantor*. Riportiamo qui l'*incipit* dell'introduzione:

Georg Cantor (1845-1918), l'autore della teoria degli insiemi transfiniti, è una delle figure più creative e controverse nella storia della

---

[450] Lettera a Esser del 15 febbraio, H. Meschkowski, Arch. History of Exact Sciences, 2, 503 (1965).

matematica. Verso la fine del diciannovesimo secolo il suo studio del continuo e dell'infinito lo portarono alla fine ad allontanarsi radicalmente dalle interpretazioni standard e dall'uso dell'infinito in matematica. Poiché i suoi punti di vista erano poco ortodossi, essi stimolarono vivaci dibattiti e talvolta denunce vigorose. Leopold Kronecker lo considerò un ciarlatano della scienza, un rinnegato, un "corruttore dei giovani", ma Bertrand Russell lo descrisse come uno dei più grandi intelletti del diciannovesimo secolo. David Hilbert sostenne che Cantor avesse creato un nuovo paradiso per i matematici, sebbene altri, in particolare Henri Poincare, pensassero che la teoria degli insiemi e i numeri transfiniti di Cantor rappresentassero una seria malattia matematica, una perversa patologica infermità che un giorno sarebbe guarita. Sia al suo tempo che negli anni successivi, il nome di Cantor fu sinonimo di controversia e divisione. [...] Come molte altre controverse figure storiche, egli fu spesso incompreso, non solo dai suoi contemporanei, ma più tardi anche da biografi e storici. Questo fu particolarmente evidente nei miti che nacquero riguardo alla sua personalità e ai suoi esaurimenti nervosi.[451]

Prima di concludere l'esposizione dei contenuti della quarta stanza, devo aggiungere che non solo Cantor concepì una piramide per costruire gerarchicamente infiniti ordini di infiniti a partire *dal basso* (avendo dedotto che non sarebbe stato possibile partire *dall'alto*), ma introdusse una distinzione di tre contesti dell'infinito[452]:

1) Infinito Assoluto: può essere compreso solo dalla mente di Dio (quindi è oltre ogni rappresentazione umana).

2) Infinito Matematico: è quello intuito dall'uomo, e comprende quindi gli infiniti matematici.

3) Infinito Fisico: è quello dell'universo fisico.

Il copione dello spettacolo *Infinities* ci dà ulteriori concetti, a pagina 64:

Cantor sosteneva 3 livelli di infinità [...] ma sosteneva anche che Dio ha instillato nella mente dell'Uomo il concetto di numero, sia finito che infinito. Gli piaceva fare appello all'esistenza di idee eterne nella mente di Dio che costituivano la base dell'esistenza di insiemi transfiniti nella mente dell'Uomo: Dio li aveva trasmessi per riflettervi la Sua perfezione[453]. Era contrario all'idea che i numeri transfiniti fossero una pura invenzione della mente umana o una categoria mentale.

---

[451] [Dau90], pag. 1 (traduzione di Damiano Triglione).
[452] [Ruc82], pag. 9.
[453] [Dau90], pag. 146.

Nella pièce teatrale, il quarto scenario si conclude con la presentazione (su una delle lavagne) di una tabella[454] che illustra agli spettatori 8 approcci diversi nel vedere i 3 tipi di infinito, dove ogni punto di vista è associato a un grande matematico o filosofo che ne era fautore:

	Infinito Matematico	Infinito Fisico	Infinito Assoluto
Abraham Robinson	No	No	No
Platone	No	Sì	No
Tommaso D'Aquino	No	No	Sì
Luitzen Brouwer	No	Sì	Sì
David Hilbert	Sì	No	No
Bertrand Russell	Sì	Sì	No
Kurt Gödel	Sì	No	Sì
Georg Cantor	Sì	Sì	Sì

---

[454] [Ruc82], pag. 309.

7.5 Lo Scenario 5: Da dove viene questa commedia?

L'ultima stanza riguarda i viaggi nel tempo, riferendosi così a un altro tipo di infinito[455]. In questo scenario, lo spettacolo teatrale punta a esplorare le idee più rilevanti circa tali viaggi, che hanno suggestionato esperti sia di scienza che di fantascienza. Sembrerebbe che, in questo senso, fu pioniera la fantascienza, allorché Herbert G. Wells scrisse il romanzo *La macchina del tempo*, nel 1895. Nel 1949 arrivò invece la replica da parte della scienza: Kurt Gödel sorprese la comunità scientifica quando, risolvendo le equazioni che stanno alla base della teoria della relatività generale di Einstein, trovò la soluzione associata a universi in rotazione (quindi alternativi al nostro) in cui il viaggio nel tempo è realizzabile[456].

La nostra mente razionale trova facilmente dei paradossi dai quali si potrebbe dedurre che i viaggi del tempo siano irrealizzabili (almeno nell'accezione comune del termine "viaggio"): ad esempio potremmo impedire in qualche modo a un nostro avo di generare il figlio appartenente alla linea di discendenza diretta che arriva fino a noi. In parole povere: torno nel passato, uccido il mio bisnonno prima che generi mio nonno, e così impongo al tempo di evolvere in modo diverso, evitando addirittura la mia stessa nascita; oppure potrei tornare indietro nel tempo e pagare una fotomodella affinché sposi il mio bisnonno, prevenendo così che egli si coniughi con quella che sarebbe stata la mia bisnonna.

Anche le informazioni avrebbero strane origini: potrei retrocedere ai tempi in cui Internet non esisteva, e brevettarne l'idea prima del 1990, cioè prima che Tim Berners Lee inventasse il World Wide Web, ne realizzasse i primi componenti e decidesse che la sua creazione debba essere liberamente fruibile dall'umanità. Nel copione dello spettacolo teatrale si allude a quanto accadrebbe se un matematico moderno andasse da Pitagora nel V secolo a.C. e gli suggerisse il teorema a cui gli viene attribuita la paternità. Ancora, come prima, abbiamo un'informazione che nasce apparentemente dal nulla.

Possiamo dedicare altro tempo, a fantascienza e a scienza, su questi temi. Per la prima, ci sarebbe il famoso autore Larry Niven che, nel saggio *The theory and practice of time travel* (La teoria e la pratica del viaggio nel tempo), sostiene che le leggi della Natura sono obbligate a impedire tali viaggi, perché altrimenti sorgerebbero «elementi di incoerenza inconciliabile».

---

[455] [Bar98].
[456] Kurt Gödel, *An example of a new type of cosmological solution of Einstein's equations of general relativity*, Reviews of Modern Physics, Volume 21, Number 3, July 1949, Pages: from 447 to 450.

Dello stesso avviso è il fisico Stephen Hawking, che propose la "Ipotesi della protezione cronologica"[457]: una eventuale macchina del tempo potrebbe portarci solo all'istante iniziale della vita dell'Universo, poiché solo allora non esiste alcun passato (e quindi non è necessaria alcuna protezione sulla coerenza degli eventi successivi).

Chiediamoci: sarebbe possibile viaggiare nel tempo e interagire con la realtà esistente nel passato, pur conservando la coerenza degli avvenimenti che intercorrono tra quel passato e quello che ci sembra il presente attuale? Affidiamoci ancora una volta al copione:

> *Un altro modo di risolvere i paradossi creati dai viaggi nel tempo è quello di consentire che si verifichino purché non diano luogo a paradossi logici o fisici — ad esempio, non devono produrre informazioni o energia dal nulla. Immaginate di viaggiare all'indietro nel tempo e di preparavi a sparare a voi stessi quando eravate bambini. Siete decisi a creare un paradosso del genere nell'Universo. Puntate la pistola contro voi stessi in braccio a vostra madre. Sparate, ma una vecchia ferita alla spalla, dovuta al fatto che quando eravate bambini vostra madre vi ha lasciato cadere, vi fa sbagliare la mira. Il colpo è però sufficiente a spaventare vostra madre che lascia cadere a terra il bambino il quale si fa male a una spalla.*
> *Forse il raggio delle nostre azioni è così limitato dalla coerenza che non è possibile modificare il passato, soprattutto tornandoci in viaggio.*

Strettamente associato alla macchina del tempo, c'è un altro tema appassionante: quello dei "turisti provenienti dal futuro", altrimenti chiamato, dagli scrittori di fantascienza, con il termine "il paradosso dell'accumulo degli spettatori".

Riportiamo dal copione:

> *Dato che i viaggiatori nel tempo si affollano nel passato, la preoccupazione è che un numero sempre crescente di persone si trovi presente nei momenti più significativi della nostra storia. Silverberg sostiene che eventi come la Crocifissione attirerebbero miliardi di viaggiatori, ma "una folla del genere non era presente" all'evento originario. Più in generale, troveremmo il nostro presente e il nostro passato sempre più affollati di curiosi venuti dal futuro:*
> > *"Arriverà un momento [in cui i viaggiatori nel tempo] affolleranno il passato a un punto tale da intasarlo. Riempiremo i nostri ieri di noi stessi e cacceremo via i nostri antenati".*
> *Questi visitatori sarebbero, in realtà, una sorta di dei: avrebbero il controllo del tempo e accesso a tutto lo scibile. Forse il livello delle conoscenze tecniche necessarie per rendere possibile questo modo di*

---

[457] [Vis96], pag.

viaggiare indica anche la profondità dei problemi che il loro sfruttamento creerebbe, e la saggezza garantisce che queste conoscenze non vengano mai sfruttate, perché ci offrirebbero la possibilità di distruggere la coerenza dell'Universo, proprio come la nostra conoscenza della fisica nucleare ci offre il modo di distruggere la Terra. Per questo, Varley, in un racconto di fantascienza intitolato Millennium (1983), esprime la sua preoccupazione:

> "I viaggi nel tempo sono così pericolosi da far apparire le bombe H oggetti perfettamente innocui da regalare a bambini e idioti. In fondo qual è la cosa peggiore che può capitare con un'arma nucleare? La morte di qualche milione di persone — sciocchezze. Con i viaggi nel tempo, almeno in teoria, possiamo distruggere l'intero Universo".

Dove sono tutti questi viaggiatori del tempo? L' argomento del "dove sono" usato per contrastare l'ipotesi che esistano persone che viaggiano nel tempo ricorda il famoso "dove sono?" di Enrico Fermi in risposta alle ipotesi dell'esistenza di extraterrestri più progrediti di noi.[458]

Il copione prosegue elencando alcuni probabili motivi che spiegano come mai non abbiamo osservato mai la presenza di extra-terrestri più evoluti di noi. In sintesi, eccone alcuni: non esiste ancora nessuno in grado di lanciare segnali; le civiltà tecnologiche non possono sopravvivere abbastanza a lungo da diventare super progredite (ad esempio: si auto-distruggono, vengono spazzate via dall'impatto con gli asteroidi, o soccombono a causa di altri problemi interni); gli extraterrestri più progrediti non hanno alcun motivo di interessarsi a noi oppure hanno un rigido codice di non interferenza nella storia di civiltà più primitive (quindi siamo una sorta di riserva naturale cosmica, veniamo studiati ma in modo non intrusivo) oppure comunicano solo utilizzando tecnologie molto superiori alla nostra.

C'è anche un'altra ipotesi suggestiva:

> *I viaggi nel tempo sono possibili ma estremamente improbabili. Richiedono percorsi che portino a storie logicamente coerenti. Questo requisito è così rigido che i viaggi nel tempo non producono mai risultati osservabili, tranne che nel campo della fisica delle particelle elementari.*

Anche il mondo della finanza si è interrogato sulla possibilità di riavvolgere il nastro del tempo. L'economista M.R. Reinganum, nell'articolo *È possibile viaggiare nel tempo? Una prova finanziaria*[459], deduce dai tassi di interesse costantemente strettamente positivi che i viaggi del tempo siano impossibili. La sua argomentazione risiede nel fatto che se esistessero turisti del tempo, userebbero informazioni del

---

[458] [Bar86], capitolo 9.
[459] [Bar09], pag. 203.

futuro per investire in modo ottimale nel passato, realizzando così profitti talmente elevati da azzerare i tassi di interesse.

Il testo dello spettacolo teatrale porge un nuovo riferimento presente in letteratura: si tratta de *Il ristorante al termine dell'Universo* di Douglas Adams:

> *C'è un ristorante situato nel lontano futuro — alla fine del tempo. Le persone arrivano con la macchina del tempo in questo ristorante, dove mangiano e bevono in abbondanza assistendo alla distruzione finale dell'universo dalle finestre del ristorante. Dopo cena tornano a casa con la macchina del tempo. Il conto che gli viene presentato per quella serata di divertimento è incredibilmente alto, ma tutti possono permettersi di pagarlo semplicemente depositando un penny su un conto corrente del loro tempo e raccogliendo gli interessi.*

Abbiamo un po' di nostalgia di numeri e algebra, in queste ultime pagine, vero? Sopperiamo subito alla mancanza:

> *Se i viaggi nel tempo diventassero possibili, un viaggiatore dell'anno 3001 potrebbe portare un dollaro nel 2001. Supponendo che il tasso di interesse fosse del 4 %, al suo ritorno a casa si accorgerebbe che, con gli interessi composti, il suo conto sarebbe diventato di:*
> $$\$1 \times (1+ 0{,}04)^{1000} = 108 \text{ miliardi di dollari!}$$

Come già detto, la quinta stanza è l'ultima in senso lineare, ma il pubblico può (se non sta seguendo l'ultima programmazione della giornata) reinserirsi in un nuovo ciclo di cinque scenari, aggregandosi ai nuovi spettatori appena arrivati. Si dà così al godimento dello spettacolo una geometria circolare che richiama l'infinito. Ad ogni modo, terminiamo questo settimo capitolo con la porzione di copione che conclude la quinta stazione:

> *Per concludere: i viaggi nel tempo aprono un vaso di Pandora di infinite possibilità che potrebbero sconvolgere l'intera gamma di possibilità dell'Universo. Fortunatamente è arrivato il momento di andare a casa. Se siete dei critici teatrali che viaggiano nel tempo e siete in grado di andare nel passato, potreste scrivere una recensione di questa commedia perché l'autore possa leggerla prima che venga scritta e rappresentata. Così gli consentireste di modificare le cose in modo da incontrare la vostra approvazione. Ma da dove sarebbe venuta la commedia?*

CAPITOLO 8

Risate a + non posso

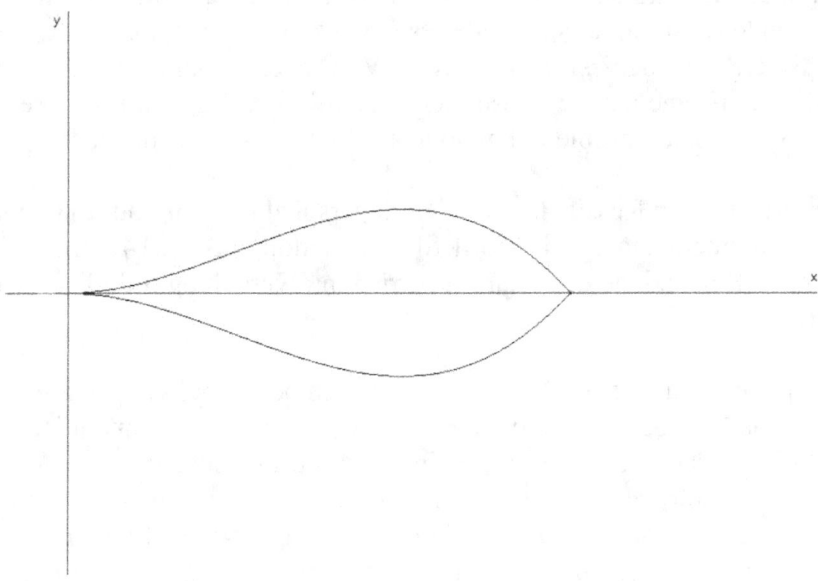

La perla di Sluse

8.1 Prologo

> Un matematico è una macchina
> che converte caffè in teoremi.
> *Paul Erdos*

Da tempo immemorabile (mi verrebbe da scrivere: fin dal primo vagito!) considero il buon umore non solo importante, ma addirittura essenziale per condurre una vita ad alti livelli. Spesso, quindi, invento (a mio e – spero – altrui beneficio) freddure e giochi di parole per tenere elevato il livello di serotonina di tutti i cervelli che sono nel raggio d'azione della mia parola.

Mi è stato poi naturale riconoscermi nel film *Patch Adams* (tratto da una storia vera), in cui il protagonista, interpretato da un magistrale Robin Williams, è un medico che introduce pionieristicamente il ruolo del clown nelle corsie d'ospedale (partendo dal reparto di Pediatria, ma non limitandosi ad esso).

Volendo imitare tale modello, nel 2002 mi sono unito ad altri clown d'ospedale italiani, vivendo così tante splendide esperienze di animazione e compassione, cercando di celebrare ogni sfumatura della Vita, anche quando la mente razionale induce a chiederti come mai certe esperienze di dolore affliggano il genere umano. A mio modesto avviso, tali problemi hanno una soluzione di tipo spirituale.

Nel Novembre 2003, in Russia, ho conosciuto personalmente il dottor Hunter "Patch" Adams, il vero americano che ispirò il film suddetto! Eravamo 40 artisti da tutto il mondo uniti dall'intenzione di portare il sorriso in diversi luoghi di disagio in Mosca e San Pietroburgo.

Ma perché parlo di tutto ciò? Perché per tanto tempo ho pensato di avere due parti distinte: l'anima dell'ingegnere e quella del clown. Due parti distinte, dicevo, ma non incompatibili! Sentiamo il pensiero illuminante di Furio Honsell:

> *Potrà sorprendere, ma comprendere una battuta di spirito, fosse anche una barzelletta di Totti, è l'esempio più quotidiano di ciò che accade dal punto di vista cognitivo quando si trova o si afferra la soluzione di un problema matematico o scientifico. Caro lettore, valuta tu stesso quale sensazione mentale provi quando comprendi le seguenti battute di spirito.*

> *"Volere è potere, volare è potare." (Totò)*

> *"Il fine giustifica i mezzi, il rozzo no." (Dino Verde)*

> *"C'è un ladro all'università!"*
> *"Ah sì.! E cosa studia?"*

"Io mi chiamo Furio e tu?"
"Io no."

RISERVATO AI PROFESSORI recitava una targhetta su un attaccapanni in sala professori. Qualcuno aggiunse: SERVE ANCHE PER I CAPPOTTI.

"Il luogo più pericoloso è il letto, perché vi muore la maggior parte delle persone." (Mark Twain)

L'operazione mentale cognitiva che si compie nel comprendere una battuta è quella di un salto gestaltico, di una discontinuità, di un capovolgimento di prospettiva, di una deviazione, di una mossa di cavallo... Sono proprio queste montagne russe psicologiche, questi spiazzamenti che, dopotutto, contribuiscono a farci ridere. Ma qui non vogliamo addentrarci nel problema del "perché si ride". Solo notare che vi è un'analogia tra scoprire la soluzione di un problema scientifico, o afferrarne la soluzione quando ci viene spiegata, e comprendere una battuta di spirito.
In tutti questi casi, sulle prime, non si capisce proprio niente. Si prova una sensazione di incompletezza, di impossibilità. Come se quanto ci hanno sottoposto — battuta, problema o soluzione che sia — fosse impenetrabile, non offrisse appigli. Come se non ci avessero dato abbastanza elementi, oppure si fossero improvvisamente dimenticati l'ultima riga della battuta. Come se mancasse qualcosa, proprio la cosa più importante. Viene da pensare: "Sì, questo l'ho capito... ma allora?... Non ho abbastanza informazioni". Forse è proprio vero che manca qualcosa. È il lampo dell'intuizione, della comprensione, del quid.
Ma quella ce la possiamo mettere solo noi. Chi ci pone il problema, o ci dà la sua soluzione o ci dice la battuta, non vuole o non può accompagnarci fin là. Può solo dirci: "Allora, ti torna?", oppure: "Hai capito la battuta?". E se noi continuiamo a guardare stralunati nel vuoto è solo perché sappiamo che la cosa da cercare è dentro di noi.
E quando la troviamo, quando ci arriva il lampo dell'intuizione, quando spostiamo la prospettiva, che prima impediva la vista all'occhio della mente, altrettanto improvviso ci viene da dire: "Aahà!". E se la grande risata scoppia veramente solo nel caso delle battute, comunque un sorriso, misto tra il divertito e il soddisfatto, si dipinge sempre sul nostro volto. "Trovata" e "arguzia" derivano pur sempre da "trovare" e "argomentare".
Afferrare una dimostrazione matematica o una battuta di spirito provoca esperienze simili. Sono forse un po' la stessa cosa.
L'ironia, però, è anche uno strumento potente per osservare la realtà. È

una combinazione di distacco e di gusto del paradosso. E queste sono doti importanti per uno scienziato, perché gli permettono di non essere facile preda di errori o pregiudizi. E poi, molti passaggi epocali nella storia della scienza sono stati compiuti proprio perché, spingendo il rigore fino al limite, si è giunti al paradosso.

Ma questa ironia va espressa con garbo, con discrezione, usando la formula dell'understatement, del sottinteso, perché è la voce che invita al dialogo critico. La verità scientifica, infatti, non trionfa attraverso la prepotenza!

Non deve essere solo l'ironia, però, ad accompagnarci. Deve essere soprattutto l'autoironia. Quella di colui che si accorge di quanto era sciocco prima di spostare la prospettiva, prima di togliersi il paraocchi e vedere la soluzione. Insomma, bisogna ragionare divertendosi (...) [e] divertirsi ragionando. [460]

Ecco, quindi, una carrellata di barzellette legate alla Matematica, le quali mi permetteranno di fare ulteriori divagazioni. Prevedendo che alcuni lettori non coglieranno immediatamente alcuni degli aspetti esilaranti, ho pensato di offrire le barzellette nel paragrafo 8.2, e gli indizi per comprenderle nel paragrafo successivo.

Ringrazio Diego Casadei, ricercatore del CERN di Ginevra (conosciuto nel luglio 2009, quando andai al centro di ricerche svizzero in visita con l'Ordine degli Ingegneri di Como): ci siamo scambiati alcune di queste barzellette, che egli ha collezionato, insieme ad altre, in una pagina web:

http://cern.ch/casadei/misc/sciencejokes.html

---

[460] [Hon07], pag. 22.

8.2 Barzellette

8.2.1 Barzelletta #1: Assurdo... non riderne!

Un aereo con una delegazione di scienziati precipita su un'isola deserta e i superstiti sono solo, guarda caso, un ingegnere, un fisico ed un matematico. Unico mezzo di sostentamento sono la scatolette di carne trasportate dall'aereo. Subito si scatena una rissa per la scelta del metodo con cui aprire le scatolette e alla fine decidono di dividere la carne in tre parti e di aprire separatamente le latte.

Dopo tre mesi arrivano i soccorsi e incontrano l'ingegnere, pingue, che con la fibbia dei pantaloni aveva costruito un apriscatole. I soccorritori cominciano le ricerche e poco dopo individuano il fisico, fortemente denutrito, che spiega di aver trovato la frequenza di risonanza a cui la scatoletta si apre da sola, quindi colpendo ripetutamente il coperchio con un sassolino prendeva la carne.

Dopo altre ricerche i soccorritori si imbattono in un cadavere che riconoscono subito come il matematico, morto di fame. Accanto al corpo trovano una grossa risma di fogli bruciacchiati pieni di formule ed equazioni. Sulla prima pagina si legge «Supponiamo per assurdo che le scatolette siano aperte...»

8.2.2 Barzelletta #2: Sicuramente esiste l'aspetto esilarante

Un miliardario ha il vizio di giocare ai cavalli e, stufo di non vincere mai, decide di investire del denaro nella ricerca di un modello matematico che gli assicuri la vittoria. Dà una grossa somma a un gruppo di matematici che si mettono a lavorare al progetto.

Dopo due mesi il capo ricercatore dice al miliardario: "Abbiamo finito e possiamo dire che la soluzione al problema esiste!" "E qual è?" domanda il giocatore. "Noi siamo matematici: siamo solo in grado di dirle che esiste!"[461]

---

[461] In verità questa barzelletta è un estratto di una più estesa. Se si vuole leggere quella originale, dove sono coinvolti anche fisici e ingegneri, rimando alla barzelletta numero 6 presente in: http://cern.ch/casadei/misc/sciencejokes.html

8.2.3 Barzelletta #3: Irrazionalità di radice di 2

La radice di due era molto preoccupata: ormai erano passati trenta decimali senza che le venisse il periodo. Temeva di essere incinta, anche se ciò le sembrava irrazionale.

8.2.4 Barzelletta #4: La qualità umoristica è nella media

Ci sono tre grandi ricercatori di Statistica che vanno a caccia. Vedono un capriolo. Sparano. Il primo statistico spara 10 cm a destra del capriolo, il secondo statistico spara 10 cm a sinistra del capriolo e il terzo statistico urla: "L'abbiamo preso, l'abbiamo preso!"

8.2.5 Barzelletta #5: Usare il ferro finché è caldo

Un matematico e un fisico vivono in un bilocale. Un giorno devono stirare, ma il ferro da stiro si trova in una stanza in cui non c'è la presa elettrica. Il fisico dice: «La soluzione al problema è semplice: prendiamo il ferro da stiro e andiamo nell'altra stanza, dove c'è la presa elettrica». Il matematico replica: «Sono d'accordo!».
L'indomani, devono ancora stirare, ma stavolta il ferro da stiro si trova nella stanza con la presa elettrica. Il fisico: «Dobbiamo solo collegare il ferro da stiro alla presa elettrica». Il matematico, invece, obietta: «Io preferirei portare il ferro da stiro nell'altra stanza, poiché così mi riconduco a un problema che ho già risolto».

8.2.6 Barzelletta #6: Le quattro operazioni fondamentali

Nella sezione 4.11 abbiamo accennato alla figura di Charles Lutwidge Dodgson, meglio noto come Lewis Carroll. Riporto qui una sua battuta di spirito, come ci viene regalata da Carlo Toffalori:

> *Che le ineluttabili identità aritmetiche suscitino poca simpatia tra gli scrittori è già ampiamente documentato. Ma le cose vanno anche peggio quando ai numeri si aggiungono le operazioni: l'addizione, dunque, e poi la sottrazione, la moltiplicazione e la divisione — perché, a essere onesti, il far di conto sarà anche facile da definire, ma è certo pesante da praticare, e in definitiva è una di quelle evenienze che si eviterebbero sempre volentieri. Persino un matematico come Lewis Carroll ci scherzava sopra, ricamandoci qualche brillante gioco di parole, ad esempio in Alice nel paese delle meraviglie quando uno dei personaggi, la Finta Tartaruga, elenca appunto le operazioni (in inglese «addition, subtraction, multiplication and division») ma finisce per storpiarle e ribattezzarle rispettivamente «ambition, distraction, uglification and derision»: variazioni che potremmo tradurre con qualche libertà, a sottolineare la gravosità dei calcoli aritmetici, «apprensione, frustrazione, mortificazione e derisione».[462]*

---

[462] [Tofl1], pag. 63.

8.2.7 Barzelletta #7: L'avvento dei venti

Una nave da guerra sta solcando le acque dell'oceano indiano, guidata da un capitano decisamente impreparato. All'improvviso sopraggiunge un marinaio che prorompe: «Capitano! Abbiamo un grosso problema! Stanno arrivando i monsoni!». Risponde il capitano: «Nessun problema! Siamo preparati per affrontarli: abbiamo uomini, cannoni e risorse militari sovrabbondanti!». Replica del marinaio: «Ma capitano, sono venti!». Definitiva l'esclamazione del capitano: «Fossero anche duecento, non mi spaventano!».

8.2.8 Barzelletta #8: Vietata ai deboli di cuore

Uno scienziato addestra un grillo a saltare quando lui dice di farlo. Lo scienziato ordina: «Salta!» e il grillo salta; in seguito, gli strappa una zampa e ancora intima: «Salta!». Il grillo obbedisce. Poi lo scienziato ne strappa un'altra, reiterando: «Salta!»; il grillo salta ancora. Si va avanti fino a quando tutte e sei le zampe sono rimosse. Lo scienziato nuovamente comanda «Salta!» ma stavolta il povero grillo non salta. Egli ripete: «Salta!» e ancora l'insetto rimane immobile.
Cosa deduce lo scienziato da questo ciclo di esperimenti? Il grillo senza le sei zampe diventa sordo.

8.3 Barzellette svelate

8.3.1 Barzelletta #1: Assurdo... non riderne!

Questa barzelletta esige a priori la conoscenza del concetto di *Dimostrazione per assurdo*. Ne abbiamo parlato nel paragrafo 2.4, intitolato *La Dimostrazione matematica* e ne abbiamo presentato qualche esempio in Appendice D, *Dimostrazioni*.

8.3.2 Barzelletta #2: Sicuramente esiste l'aspetto esilarante

Ho l'impressione che solo all'ultimo anno delle superiori (di liceo scientifico o istituto tecnico industriale) gli studenti addivengano alla consapevolezza che talvolta gli strumenti matematici presentano un limite: si può assicurare l'esistenza di una entità o di una proprietà, senza poterla caratterizzare meglio.

Il primo esempio che mi viene in mente si studia appunto a scuola (e all'università nelle facoltà scientifiche) è il *teorema di Rolle*, che afferma che, nelle ipotesi di continuità e derivabilità di una funzione $f(x)$ definita su un intervallo chiuso e limitato $[a, b]$, se $f(x)$ assume lo stesso valore agli estremi dell'intervallo, allora c'è almeno un punto interno all'intervallo che annulla la derivata $f'(x)$. Al di là dei tecnicismi, è evidente che si garantisce l'esistenza di un punto a tangente orizzontale senza dire dove si trova! Naturalmente non intendo sminuire l'importanza di questo risultato, ma desidero aumentarne... l'effetto ironico!

Nel paragrafo 3.3, *Trasalire per la trascendenza*, abbiamo accennato al *teorema della base* (di Hilbert), nel quale si ha un'importante proprietà algebrica che non può essere precisata più di tanto; abbiamo anche visto nello stesso paragrafo che non sappiamo costruire la partita perfetta di scacchi, pur nella consapevolezza che si può dimostrare che tale partita esista!

Un altro buon esempio ci viene offerto da Marcus Du Sautoy[463] che spiega che nelle sue ricerche sulle simmetrie è riuscito a capire che la sequenza di numeri 1, 2, 5, 15, 67, 504, 9310, ... ricalca perfettamente uno schema (per ogni n, è il numero di oggetti che possiedono esattamente 3^n simmetrie distinte), ma non è ancora in grado di stabilire la precisa formula sottostante che ne descrive lo schema! Gli piacerebbe una formula ricorsiva tipo quella dei numeri di Fibonacci, mostrata nell'Enigma 6 presso il paragrafo 4.10) Come ammette egli stesso, è come scoprire il DNA, ma non avere ancora gli strumenti per sequenziarlo esplicitamente.

---

[463] [Sau07], pag. 143.

8.3.3 Barzelletta #3: Irrazionalità di radice di 2

Questa (doppia) freddura si basa sull'uso di due parole che in italiano hanno un significato e in Matematica ne hanno un altro: parliamo della parola *periodo* e della parola *irrazionale*. Partiamo dalla prima. *Periodo*, in italiano, significa tipicamente intervallo di tempo, ma in Matematica, quando si parla di rappresentazione decimale di un numero, esso indica un gruppo di cifre che si ripete indefinitamente.

Ad esempio, la frazione 1/3 è esprimibile con la rappresentazione seguente:
$$0.333333333333333333... = 0.\overline{3}$$
cosicché il periodo è *3*. Analogamente, in 381/110 abbiamo:

$$3.46363636363636363636363... = 3.4\overline{63}$$
quindi il periodo è *63*.

Irrazionale, secondo il dizionario, significa sia privo di ragione o fondamento, sia – nell'accezione matematica – numero reale[464] che non è esprimibile tramite frazione. La radice di 2, che indichiamo con il simbolo $\sqrt{2}$, è proprio un numero irrazionale, poiché la sua espansione non produce mai alcun periodo di cifre. Ecco il suo valore approssimato alla cinquantesima cifra decimale è:
   1.41421 35623 73095 04880 16887 24209 69807 85696 71875 37694...

Sembra che la scoperta che la diagonale di un quadrato (di lato unitario) sia uguale a $\sqrt{2}$ abbia portato a uno scombussolamento nella setta pitagorica dell'antica Grecia:

> *Pitagora e i suoi seguaci avevano creduto che tutti i problemi della matematica potessero essere risolti usando numeri interi e le frazioni che dai numeri interi potevano essere create. Fu pertanto una sorta di trauma per loro accorgersi che la lunghezza dell'ipotenusa di un triangolo rettangolo isoscele, con i due cateti di lunghezza unitaria, non poteva essere espressa sotto forma di frazione. Il teorema di Pitagora sui triangoli implicava che la lunghezza fosse un numero il cui quadrato è 2 (figura). Di quale numero si tratta?*
> *Se si considera la frazione 7/5, allora il suo quadrato è abbastanza vicino a 2, ma 707/500 al quadrato ci va ancora più vicino. Per quanto si potessero trovare numeri sempre più grandi il cui rapporto fosse sempre più vicino alla lunghezza del lato del triangolo, i pitagorici dimostrarono che le frazioni non potevano esprimere quella lunghezza in modo esatto. La radice quadrata di 2 e gli altri numeri che non possono essere espressi come frazioni sono chiamati «numeri irrazionali», ossia numeri che non possono essere espressi come rapporto (ratio) tra numeri interi.*[465]

---

[464] In Appendice N, *I numeri*, potrete trovare meglio chiarite le definizioni degli insiemi numerici.
[465] [Sau07], pag. 203.

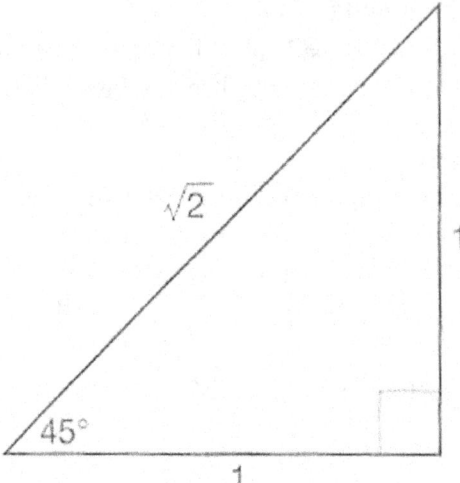

Figura: Un triangolo il cui lato maggiore (ipotenusa) misura la radice quadrata di 2

Per convincere il lettore che tale diagonale sia lunga radice di 2, basta pensare che la diagonale di un quadrato lo taglia formando due triangoli rettangoli isosceli (ossia con un angolo retto e con due angoli di 45°). Essendoci un angolo di 90° (quello retto), si può applicare il teorema di Pitagora, che porta a calcolare la lunghezza della diagonale come

$$\sqrt{1^2 + 1^2} = \sqrt{2}$$

Ripasseremo questo concetto in Appendice N, *I numeri*, dove riporteremo argomentazioni simili sulla radice di 2, tratte da un libro di Marcus du Sautoy.

In Appendice D abbiamo riportato la dimostrazione dell'irrazionalità di radice di 2. Sembra che sia stato Euclide di Alessandria a tramandarci tale documento. Alcune fonti attribuirebbero al pitagorico Ippaso[466] di Metaponto la scoperta sconvolgente della natura di tale costante numerica; sembra anche che la personalità più importante tra i seguaci di Pitagora abbia terminato i suoi giorni affogato nel mare di Calabria per mano violenta, proprio per aver diffuso una verità scomoda per la sua setta pitagorica. Persino la stessa setta si sarebbe sciolta in modo drastico, poiché la straordinaria autorità di Pitagora[467] sarebbe venuta meno in un batter d'occhio.

Come accadde per Pi greco, π, anche per questo numero irrazionale sono state tentate diverse approssimazioni nel corso della storia[468]:

- I babilonesi usarono: $1 + \dfrac{24}{60} + \dfrac{51}{60^2} + \dfrac{51}{60^3}$

---

[466] [Tof11], pag. 114.
[467] [Tof11], pag. 42.
[468] http://it.wikipedia.org/wiki/Radice_quadrata_di_2

- In un antico testo matematico indiano, il *Sulbasutras*, troviamo:

  «Aumenta la lunghezza [del lato] della sua terza parte, poi aggiungi la sua dodicesima parte, infine sottrai un trentaquattresimo della sua dodicesima parte»

  ossia: $1 + \dfrac{1}{3} + \dfrac{1}{12} - \dfrac{1}{12 \cdot 34} = \dfrac{577}{408}$

- Oggi si usa un algoritmo ricorsivo basato su un antico metodo babilonese: scelto un qualsiasi numero F_0, si itera tramite la formula ricorsiva

$$F_{n+1} = \frac{F_n + \dfrac{2}{F_n}}{2}$$

Usando un opportuno valore *n* sufficientemente grande, il risultato approssima bene il radicale.

Nel 2006 occorsero quasi due settimane per calcolare, con questo procedimento, duecento miliardi di cifre di radice di due. A parte π, è il miglior risultato in termini di precisione per il calcolo di un numero irrazionale.

8.3.4 Barzelletta #4: La qualità umoristica è nella media

La Statistica è oggi la branca della Matematica che sembra esser più promettente: l'era digitale (la tecnologia elettronica e informatica pervasiva che sperimentiamo attualmente) deve molto alla Statistica, poiché essa permette l'analisi numerica dei dati, la deduzione di informazioni e la modellizzazione degli errori di misura e la previsione della probabilità degli eventi. Per caratterizzare sinteticamente una moltitudine di dati, si usano diversi indici, ciascuno con le sue proprietà.

Ad esempio, la media di una popolazione è il baricentro della distribuzione dei dati, ossia è come se fosse il "punto di equilibrio", la *tendenza centrale*.

Mi aspetto che chiunque sappia calcolare la media aritmetica: si sommano i dati e poi si divide per il numero dei dati. Gli studenti sanno che il voto in pagella sarà grosso modo la media dei voti, ad esempio. Sebbene semplice da calcolare e utile in molte circostanze, bisogna tenere a mente alcune peculiarità di tale stimatore statistico:

- È sensibile agli errori nei dati (*outlier*). Se ai dati correttamente raccolti si aggiunge qualche dato errato (ad esempio molto maggiore o molto minore della media dei dati originali), la nuova media si discosta molto da quella calcolata dai soli dati di partenza. In certe applicazioni, questo comportamento è indesiderato.

- Non assume necessariamente un valore assunto dai dati stessi. Ad esempio, se in Storia si hanno i voti 5, 6, 9, 8, allora la media è 7, ma nessun voto è stato mai 7. Analogamente, il baricentro di una bottiglia di vetro vuota appartiene al centro dell'oggetto, ma in un punto dove non c'è vetro. A seconda delle applicazioni, anche questa caratteristica può essere considerata sgradita: si preferisce così usare, invece della media, la mediana campionaria, che tra l'altro è pure robusta verso gli *outlier*.

La barzelletta si riferisce proprio a quest'ultima proprietà: la media di +10 e −10 è zero, ma nessun dato di partenza era zero! Quindi non è vero che il capriolo è stato colpito dai ricercatori di Statistica che vanno a caccia.

8.3.5 Barzelletta #5: Usare il ferro finché è caldo

L'aspetto esilarante (e verosimile, per di più!) di questa barzelletta consiste nel fatto che il matematico, per prassi, quando deve risolvere un problema nuovo, cerca sempre di riportarsi a una situazione nota e di cui conosce la soluzione.

Ad esempio: avendo imparato la somma tra numeri naturali, il matematico diviene in grado di realizzare anche la somma di frazioni con ugual denominatore[469]: infatti si dimostra che

$$\frac{a}{b}+\frac{c}{b}=\frac{a+c}{b}$$

Ad esempio:

$$\frac{1}{5}+\frac{3}{5}=\frac{4}{5}$$

In tal modo, si scarica l'onere della somma di frazioni (con stesso denominatore) sulla somma di interi; analogamente, possiamo ricondurre la generica somma di frazioni (quindi anche con diverso denominatore) alla somma di frazioni con ugual denominatore: partendo da

$$\frac{a}{b}+\frac{c}{d}$$

cerco un numero opportuno *m*, ossia il *minimo comune multiplo dei denominatori*, cioè il più piccolo numero che è multiplo sia di *b* che di *d*. A questo punto, posso riscrivere le due frazioni di partenza come due frazioni (equivalenti alle precedenti) aventi stesso denominatore, cioè

$$\frac{a}{b}+\frac{c}{d}=\frac{\tilde{a}}{m}+\frac{\tilde{c}}{m}$$

Quindi mi sono riportato al caso della somma di frazioni con ugual denominatore, come si vede

$$\frac{a}{b}+\frac{c}{d}=\frac{\tilde{a}}{m}+\frac{\tilde{c}}{m}=\frac{\tilde{a}+\tilde{c}}{m}$$

Ad esempio:

$$\frac{3}{10}+\frac{1}{6}=\frac{9}{30}+\frac{5}{30}=\frac{14}{30}$$

dove si vede che il minimo comune multiplo tra 10 e 6 è *m*=30, poiché i multipli di 10 sono 10, 20, 30, 40, 50, … e quelli di 6 sono 6, 12, 18, 24, 30, 36, 42, …

In Matematica e Informatica, questo approccio alla risoluzione dei problemi – che possiamo chiamare rispettivamente *Riutilizzo di teoremi* e *Riutilizzo di algoritmi* – è molto proficuo, specialmente per le dimostrazioni matematiche (diventano molto eleganti e concise) e per i software (diventano ben modulari e facili da sottoporre a test di verifica, poiché si usano piccole porzioni di codice che, se validate, permettono di collaudare meglio i programmi sofisticati che le utilizzano).

Chi è abituato a lavorare in questo settore, comunque, noterà che tale approccio meccanico-procedurale sia più tipico dell'Informatica che della Matematica.

---

[469] Una frazione si scrive come $\frac{a}{b}$, dove *a* è detto *numeratore* e *b* è detto *denominatore*.

L'importante è stare attenti a non esportare questa attitudine a ogni ambito della vita, altrimenti si potrebbero generare effetti decisamente comici!

8.3.6 Barzelletta #6: Le quattro operazioni fondamentali

In questa battuta di spirito non c'è nulla di enigmatico, mi sembra.

8.3.7 Barzelletta #7: L'avvento dei venti

Anche qui c'è poco da spiegare, ma se sei un lettore poco pratico della lingua italiana, sappi che venti è sia il numero 20 che il plurale del sostantivo "vento".

8.3.8 Barzelletta #8: Vietata ai deboli di cuore

L'effetto esilarante di questa battuta viene limitato dalla diffusione di errori simili tra coloro che si ritengono scienziati.

CAPITOLO 9

Psicologia x Matematica

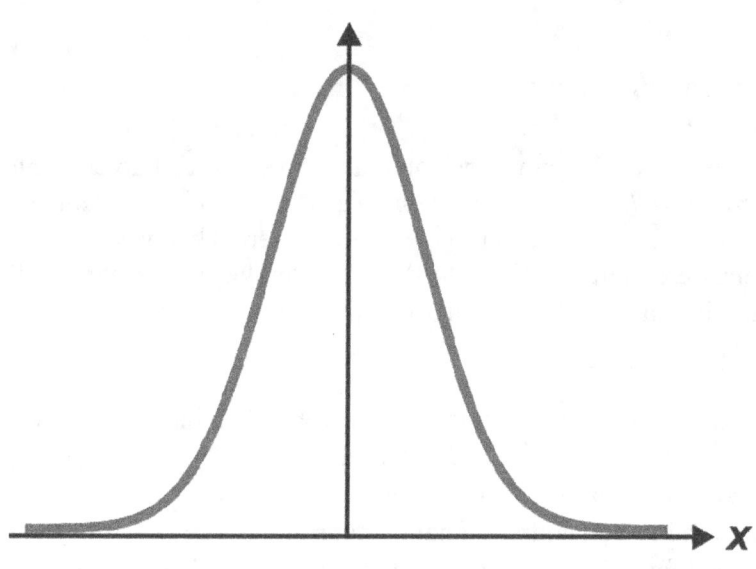

La campana di Gauss

9.0 Introduzione

> *Risolvere i problemi [di Matematica] è una questione di abilità vera e propria come, permettetemi il paragone, il nuotare. Qualunque abilità pratica può essere acquisita con l'imitazione e l'esercizio. Sforzandosi di imparare a nuotare si imitano i gesti e gli sgambettii di coloro che riescono a stare a galla nell'acqua e, a poco a poco, si impara a nuotare... nuotando. Per imparare a risolvere i problemi, è necessario osservare ed imitare come vi riescono altre persone ed infine si riesce a risolvere i problemi... risolvendoli.*
>
> George Polya[470]

9.1 Perché autosabotarsi?

Nutro un grande interesse verso la psicologia: sono sempre stato convinto che, con la consapevolezza di *Chi siamo veramente* (uso la maiuscola deliberatamente per indicare il grande rispetto che nutro per ogni Essere Umano) possiamo realmente vivere nel benessere, sotto ogni punto di vista. Perché queste parole? Perché anche una certa familiarità con la Matematica può essere il risultato di un percorso "interiore".

Trovo quindi non realistiche le frasi dei giovani che, inconsapevoli delle proprie potenzialità, indugiano su pensieri e dichiarazioni del tipo:
- «Sono sempre andato male in Matematica»
- «I numeri ed io non andremo mai d'accordo»
- «Nella mia famiglia c'è il gene della incapacità logica»
- «Un professore (del mio passato o del mio presente) me l'ha fatta odiare»

Forse non si rendono conto che frasi del genere non fanno altro che rinforzare la loro scarsa autostima su tale versante. Alimentando tali punti di vista, manterranno elevate le probabilità del loro insuccesso, perpetuando una realtà che non penso essi desiderino!

---

[470] Da *Come risolvere i problemi di matematica, logica ed euristica nel metodo matematico*, edizione Feltrinelli 1967. Citato in:
http://www.matematicamente.it/approfondimenti/220-problem-solving/7185--sp-1418

Come insegnante, ho avuto modo di seguire molti ragazzi (sia di scuola superiore che di università) che adottavano come *mantra* frasi poco costruttive, legate a risultati effettivamente scoraggianti nei loro studi di Matematica. Quando capitava loro di capire qualche argomento, e ottenere un buon voto in qualche verifica o interrogazione, etichettavano l'accaduto come un "fenomeno casuale", "un atto di generosità dell'insegnante" o "un evento raro che non si presenterà nuovamente nei riguardi di altri argomenti di Matematica".

Con questa attitudine, essi preparano per se stessi – inconsapevolmente – un futuro conforme al loro passato: frustrazioni e inadeguatezza verso l'universo numerico. È la classica "profezia che si autoavvera", come sostengono i fautori del noto *effetto Rosenthal-Pigmalione*, ossia – in parole povere – le convinzioni dell'osservato (studente) influenzano in modo sottile la percezione dell'osservatore (professore).[471] A sua volta, la percezione dell'osservatore rinforza le percezioni dell'osservato. Il risultato? La realtà aderisce alle percezioni, e anche i voti riflettono questo processo: ecco perché parliamo di auto sabotaggio.

Potrebbe essere che genitori, insegnanti, educatori – pur in buona fede – non abbiano saputo infondere stima e fiducia in questi ragazzi; i quali, pure, forse si sono lasciati convincere di non essere all'altezza. A me non interessa attribuire colpe e responsabilità alle presunte persone che avrebbero generato tali condizioni; per me è importate superare queste difficoltà: così come una giovane mente riceve *imprinting*[472] fin dalla tenera età, allo stesso modo può modificare queste convinzioni e – muovendosi in questa direzione – può letteralmente scoprire talenti nascosti e facoltà dormienti che lo porteranno a buoni risultati in Matematica.

Per coloro che dubitano delle straordinarie capacità del cervello (sia di assorbire ogni giorno nuove conoscenze e abilità, sia di riconfigurarsi in caso di problemi di salute), consiglio vivamente il libro[473] *Super Brain*, scritto da un famosissimo medico indiano naturalizzato americano (Deepak Chopra) e da un neurologo di Harvard (Rudolph E. Tanzi) che ha rivoluzionato le conoscenze sul morbo di Alzheimer.

Al lettore talmente allergico a queste posizioni da voler saltare questo capitolo, voglio solo suggerire: la Matematica che si fa a scuola è alla portata degli studenti! Solo all'università la Matematica è molto impegnativa, ma per fortuna ci si iscrive con un atto libero e orientato dalle proprie inclinazioni e dalle proprie passioni. Pertanto, se

---

[471] Naturalmente le aspettative influenzano la realtà anche in altri modi, ad esempio tramite l'*effetto Hawthorne* ossia la presenza degli osservatori (docenti) influenza lo stato psicologico degli osservati (allievi) e quindi il loro rendimento scolastico.

[472] Definiamo con questo termine quell'apprendimento che avviene in modo quasi inconsapevole quando siamo molto piccoli o molto recettivi nei confronti di coloro che ci stanno accanto e che – consapevoli o no – ci tramandano i loro insegnamenti.

[473] [Cho13].

sei uno studente non universitario, sappi che sei in grado di ottenere ben più del rendimento chiamato comunemente "sufficienza" in Matematica!

9.2 L'opinione dei Matematici

Naturalmente, su tali questioni, gli "addetti ai lavori" hanno i loro punti di vista, spesso discordanti dal mio pensiero.

Parto da Toffalori, che sembra non prendere le distanze dal detto popolare: «La Matematica è come l'arte, è un dono, o ce l'hai o non ce l'hai»[474]. Forse si riferisce all'abilità di fare "Alta Matematica", ma non certo alla capacità di padroneggiarne i rudimenti che si insegnano a scuola.

Ricordo una conferenza di Anna Cerasoli,[475] autrice di molti libri (editi da Feltrinelli) di Matematica per giovanissimi,[476] nella quale ella esortava a dedicarsi all'applicazione della Matematica, oltre che al suo studio; e di concentrare gli sforzi didattici soprattutto su coloro che *non* si iscriveranno alle facoltà scientifiche.

Come avete letto nella citazione dell'inizio di questo capitolo, il matematico ungherese George Polya accostava l'esercizio della matematica alla pratica sportiva del nuoto: con l'applicazione e la dedizione si può ottenere anche un risultato notevole. Da Wikipedia scopriamo come egli sembri mescolare sapientemente serietà e ironia circa le difficoltà conseguenti al tentativo di risolvere un problema:

- *Se non riesci a risolvere un problema, ce ne sarà uno più facile che riesci a risolvere: trovalo.*

- *Una grande scoperta risolve un grande problema, ma nella soluzione di qualsiasi problema c'è un pizzico di scoperta. Il tuo problema può essere modesto, ma se stimola la tua curiosità, tira in ballo la tua inventiva e lo risolvi con i tuoi mezzi, puoi sperimentare la tensione e gioire del trionfo della scoperta.*

Spero che i lettori abbiano provato la tensione all'arrivo del problema e la gioia all'avvento della soluzione nel capitolo 4, intitolato proprio *Giochi, curiosità ed enigmi matematici*!

---

[474] [Tof11], pag. 84.
[475] La conferenza avvenne in una libreria di Rovellasca (CO), il 14 gennaio 2013.
[476] Su Internet si trovano almeno una quindicina di titoli a catalogo, da "10+ Il genio sei tu" a "Sono il numero 1. Come mi sono divertito a diventare bravo in matematica!" e "Mr. Quadrato. A spasso nel meraviglioso mondo della geometria".

9.3 Altre opinioni

È facile trovare, nella letteratura scientifica occidentale, studi e ricerche che supportino la tesi secondo cui il nostro corredo cromosomico e l'ambiente che ci circonda determinano in buona parte la nostra esistenza: colore della pelle; forma del nostro corpo; attitudini e talenti; carattere e temperamento; benessere economico; vivacità dell'intelligenza.

Solo ultimamente, un'analoga (seria) attenzione si sta spostando anche sulle conseguenze che hanno, nella nostra vita, le convinzioni, ossia i pensieri che fungono da asse portante del modo in cui elaboriamo la vita. Le convinzioni, in altre parole, sono le nostre "verità" circa ogni argomento importante dell'esistenza: i valori morali, il rapporto con la morte, la relazione con il lavoro e con il denaro, il senso di giustizia e la griglia di valutazione con cui – forse troppo spesso – si giudica in modo inflessibile sia se stessi sia il prossimo.

Anche la percezione della nostra intelligenza logica fa parte delle convinzioni che proiettiamo sulla realtà esterna per plasmarla. Ma cosa è una convinzione, se non un pensiero così nutrito da considerarlo una verità indiscutibile? Si comprende quindi la soluzione finale: dobbiamo cambiare i nostri pensieri più consistenti, riguardanti proprio la nostra abilità verso la Matematica. So che all'inizio ciò non sembra facile, perché ci sono milioni di prove che "dimostrano" che la Matematica non è il nostro forte, eppure… eppure posso "dimostrarvi" dalla mia esperienza di docente che, quando si cambia il modo di vedere le cose, le cose che vediamo cambiano!

Sono convinto che avrete sentito parlare anche voi qualche medico o infermiere che testimonia che, quando si affronta una malattia, un atteggiamento positivo e un *credo* spirituale rendono molto più sopportabile il decorso e più rapida la guarigione.
Tra il 2002 e il 2007 ho riscontrato coi miei occhi (dietro la maschera di clown d'ospedale) i risultati notevoli prodotti dai pazienti che si aprivano al sorriso anche nei momenti in cui meno veniva loro spontaneo; ho persino raccolto una discreta bibliografia sull'argomento, perché l'efficacia della terapia del buon umore è evidente, oserei dire… certificabile! La Regione Lombardia svolse un'accurata indagine nelle pediatrie del territorio: i risultati, resi pubblici, sottolinearono che i bambini malati, visitati dal clown, rispondevano meglio alle cure e dormivano con meno incubi. Cosa accadrebbe se la positività producesse miglioramenti anche nell'apprendimento della Matematica?

Quand'anche si pensasse che "biologicamente" non si è portati per la Matematica, potreste essere dissuasi da tale discutibile considerazione semplicemente documentandovi sulle ultime ricerche in biologia (ad esempio, da parte di Bruce

Lipton[477]) oppure in Psicologia e Neurologia (magari leggendo Jeffrey M. Schwartz[478]): la neuro-plasticità del cervello e il potere della mente non finiranno mai di meravigliare. Anzi, la parola più lunga del vocabolario italiano, ossia Psiconeurorndocrinoimmunulogia (spesso abbreviata in PNEI) è stata coniata proprio in seguito a notevoli studi riguardanti come si influenzino mutuamente entità apparentemente distanti tra loro, come i pensieri, gli stati della psiche, la produzione degli ormoni, il sistema immunitario.

Forse troverete sorprendente – al limite del ridicolo – l'idea, sostenuta da scienziati accreditati, che i nostri schemi mentali, le nostre credenze e convinzioni possano modificare l'espressione dei geni pur senza alterare il DNA. In una parola: epigenetica. Eppure non si contano i riscontri degli effetti della meditazione orientale sul miglioramento del funzionamento e della riproduzione delle cellule del corpo umano. Se volete aprirvi a tutti questi concetti, posso consigliarvi l'ottimo libro di Joe Dispenza intitolato "Placebo Effect", tradotto e pubblicato in Italia dalla casa editrice MyLife.

Per fornire ulteriori lampi di luce sulle nuove frontiere della medicina, cito anche il chirurgo Bruce Moseley, che studiò l'*effetto placebo* in modo approfondito. In breve, l'effetto placebo è la capacità di guarigione di un paziente che pensa di aver ricevuto un farmaco, ma invece ha ingurgitato una pastiglia priva di principio attivo. Affinché un farmaco possa essere messo sul mercato, deve dimostrarsi più efficace dell'effetto placebo. Il dottor Moseley comprese la potenza dell'effetto placebo: sembra produrre effetti "inspiegabili" anche nella chirurgia ossea! Egli infatti, come si può leggere nel suo articolo[479], rimase sconvolto dalle conclusioni del suo esperimento: i pazienti in cui l'operazione era stata solo simulata (quindi nessun intervento vero era stato realizzato) mostravano segni di sollievo e miglioramento indistinguibili da altri due gruppi di pazienti, trattati con le procedure di protocollo.

Il dilemma, che ha anche del buffo, riguardante l'effetto placebo è la contraddizione logica, che non sfuggirà all'aspirante matematico presente in ogni mio lettore: se al paziente viene data una compressa priva di principio attivo e glielo si comunica, si perderebbe il giovamento dovuto all'effetto placebo; se invece gli si offre la stessa compressa spacciandola per un farmaco regolare, allora si sta raggirando il paziente, pur agevolando gli effetti terapeutici!

---

[477] Consiglio: [Lip06].
[478] Suggerisco un libro in inglese: [Sch03].
[479] Per chi fosse interessato a leggere questo studio della Baylor School of Medicine: *A Controlled Trial Of Arthroscopic Surgery For Osteoarthritis Of The Knee*, (Moseley et al., 2002). Liberamente scaricabile dal sito del New England Journal of Medicine:
http://content.nejm.org/cgi/reprint/347/2/81.pdf

Vorrei ora passare dalla genetica alla psicologia, con un'analogia illuminante: così come nei corpi biologici i geni sembrano avere lo scopo di esprimersi e riprodursi, a livello psicologico i pensieri appaiono quasi interessati a prosperare e replicarsi, come virus mentali.

In questo secondo caso l'unità agente non è il gene, ma il "meme", che cerca appunto di generare "mimesi", cioè imitazione, nella mente occupata da esso e tra le menti circostanti. L'aggettivo *mimetico*, in questo contesto, fu coniata da Richard Dawkins[480] e ripresa da Richard Brodie[481]. Nel loro lavoro, il meme (considerato, come detto poc'anzi, corrispondente del gene) è un pensiero – o schema di pensieri e giudizi – che si diffonde tra gli esseri umani o, meglio, tra le loro menti. In questa prospettiva, i nostri cervelli sono grandi imitatori (anzi, mimi!) poiché fanno propri gli schemi mentali – e, quindi, anche i comportamenti derivanti – con i quali entrano in contatto. Qual è quindi il compito di una persona che vuole cambiare la propria vita? È cambiare i propri pensieri. Anche i pensieri su come percepisce la Matematica.

---

[480] [Daw14]. Nota: l'opera fu scritta nel 1976.
[481] [Bro09].

9.4 Convinzioni inappropriate sulla Matematica

Colleziono qui alcune frasi che, mi sembra, esprimano opinioni diffuse sulle scienze matematiche. Naturalmente immagino che anche voi le abbiate sentite e – forse– anche condivise!

Mi sento pronto a ridiscuterle, una ad una, per farle apparire come convinzioni non gradevoli, arbitrarie e – soprattutto – rovesciabili! Anzi, proprio per manifestare pienamente il mio punto di vista, chiamerò ogni voce con il termina "Scusa", poiché apprezzo lo psicoterapeuta americano Wyne W. Dyer[482] che ha coniato così le frasi autolimitanti che si mimetizzano fra le persone[483]. Perché "Scusa"? Perché è un pretesto per impedirci di solcare i mari della vita procedendo a gonfie vele!

* **Scusa n.1:** *La Matematica è difficile*
  A coloro che indugiano su questo pregiudizio, posso dispensare un paio di considerazioni utili: siete sicuri che davvero essa sia così difficile? Avete mai pensato che la dicotomia facile-difficile sia del tutto relativa? Non solo ciò che è facile per una persona non lo è per altre, ma addirittura anche lo stesso individuo, in momenti diversi della propria vita, considererà con giudizi diversi la difficoltà di una certa disciplina! Pensate a quando non sapevate camminare, nuotare, leggere, scrivere, parlare, andare in bicicletta, … Vi sembravano attività davvero ardue, eppure le avete imparate al punto da considerarle – *ora* – facili! E come avete fatto ad apprendere senza difficoltà insormontabili? Con la fiducia in voi stessi e considerando ogni errore non come un fallimento, bensì un'occasione per imparare e progredire. Conoscete l'aneddoto su Thomas Edison, l'inventore americano vissuto un secolo fa? Quando gli chiesero se si fosse mai abbattuto durante la decina di migliaia di tentativi vani per inventare la lampadina a incandescenza, egli rispose: «Non ho mai fallito. Ho solo trovato dieci mila modi per realizzare una lampadina che non funziona».

* **Scusa n.2:** *Non sono abbastanza intelligente*
  Questo asserto è una riformulazione del precedente. Infatti, come prima, invece di gettare un ponte tra sé e la Matematica, si preferisce aumentare la distanza (o, se si preferisce, la divisione, per rimanere nel linguaggio dei numeri). Pur essendo vero che alcuni individui sembrano avere un talento straordinario, sono convinto (anche in base alla mia lunga e ricca esperienza di insegnante) che chiunque possa adeguatamente imparare almeno quanto previsto dai programmi ministeriali di Matematica per le scuole. Possono essere necessari

---

[482] Wayne Dyer è stato un autore importantissimo nella mia vita. Ho anche avuto il privilegio di conoscerlo di persona nel giugno 2011 in Assisi. Con perfetta sincronicità, egli è morto settantacinquenne il 30 agosto 2015, ossia il giorno prima che io finissi di scrivere questo libro.
[483] [Dyer12].

più tempo e più impegno da parte di alcuni rispetto ad altri, ma il successo è garantito, purché non si proceda all'autosabotaggio di cui ho già abbondantemente parlato. La creatività in questo è davvero notevole quanto divertente! Infatti le varianti includono (senza esaurirsi): «sono troppo vecchio», «sono troppo giovane», «sono troppo malato», «sono troppo impegnato», «ho troppi figli». Nell'estate 2014 mi è capitata un'esperienza memorabile: ho impartito lezioni a una donna cinquantenne (lavoratrice e mamma di tre figli) desiderosa di laurearsi in psicologia, dopo tanti anni che non studiava più. Doveva preparare due esami di psicometria (statistica per la psicologia) e sono rimasto colpito da quanta volontà abbia avuto nel cimentarsi su formule matematiche che inizialmente erano totalmente misteriose per lei (con un diploma di infermieristica); eppure, poco a poco, la sua tenacia e la sua fiducia hanno prodotto un piccolo miracolo: le formule hanno in seguito disvelato la loro semplicità, poiché… – l'abbiamo già detto! – cambiando il modo in cui si osservano le cose, le cose cambiano.

- **Scusa n.3:** *Sono sempre andato male*
  Questo è davvero diffuso, probabilmente il più prolifico dei virus mentali. C'è quasi compiacimento in chi usa questa scusa per dimostrare la sua abilità nell'indovinare il voto (negativo) dell'imminente verifica di Matematica. Per trasformare questo pretesto, agirei su due fronti:
  1. Ricordando che le parole "sempre", "mai", "tutti", "nessuno" (e simili) appartengono a un lessico utile solo a esprimere pensieri assolutistici, e quindi poco realistici.
  2. Facendo notare che il futuro non è obbligato a perpetuare il passato. È chiaro che, se continuiamo a ripetere che il nostro destino è immodificabile, non faremo altro che avere esperienze che lo confermano; ma se siamo pronti al cambiamento, ecco che metteremo in moto notevoli risorse per dare un nuovo corso alla nostra vita.
  L'essere aperto al cambiamento mi è servito in un'area diversa dal tema di questo libro: la vita di coppia. Fino all'età di 29 anni, le mie relazioni sentimentali non duravano oltre i 4 mesi, quindi mi ripetevo che «Le mie storie d'amore sono sempre brevi», e ciò era proprio quello che poi sperimentavo (come un circolo vizioso, rimanevo bloccato da pensieri sgraditi ed esperienze ripetute).
  Quando però ho deciso che anche io potevo incontrare la donna giusta, e costruire un rapporto duraturo con lei, ecco che incontro la mia anima gemella e la sposo! E siamo insieme già da molti anni! Ho quindi rotto il circolo vizioso e avviato un circolo grazioso!

- **Scusa n.4:** *Non ho le basi per comprendere la Matematica*
  Per quanto riguarda la Matematica scolastica, come ribadito, sono convinto che la programmazione degli argomenti, anno per anno, corrisponda davvero alla

costruzione di un edificio: dapprima si gettano le fondamenta; poi ci si eleva di piano in piano, fino ad arrivare al tetto.

Trovo quindi condivisibile l'idea che non si possano imparare bene gli argomenti avanzati, se non si ha la padronanza dei concetti elementari di base. Cosa fare, dunque, quando si hanno le basi deboli? La risposta è semplice: vanno rinforzate. So che sembra banale, ma molti preferiscono rinunciare, e portarsi avanti per tutta la carriera scolastica le lacune (e, spesso insieme, il debito formativo) di Matematica, invece di riconoscere che possono colmare le proprie lacune e di provvedere in tal senso.

Ognuno è responsabile delle proprie scelte, quindi sta a voi a intraprendere la strada che trovate più giusta e più comoda: potrete rivolgervi a una persona, a un libro, a materiali audiovisivi o a risorse sul web. Se avete l'umiltà di riconoscere quali aree meritano una ripassata e se perseverate nell'idea di rimediare, sono sicuro che, con poco tempo e con poco sforzo, arriverete al punto in cui anche «non ho le basi per comprendere la Matematica» diventerà un frase irrealistica.

- **Scusa n.5:** *Una preparazione solida mi costerebbe troppo*

  Questa scusa è spesso collegata alla precedente: studenti in difficoltà economiche preferiscono rimanere con le loro lacune, piuttosto che investire in formazione. Ho molto rispetto delle famiglie che non navigano nell'oro. Io stesso, per anni, mi sono privato di tanti oggetti ed esperienze perché pensavo semplicemente di non potermeli permettere.

  Col passare del tempo, tuttavia, mi sono convinto sempre più che non siamo mai soli: ogni volta che abbiamo bisogno veramente di qualcosa, se siamo davvero fiduciosi, possiamo ricevere un aiuto immediato (nelle forme più disparate). Vi esorto quindi ad avere lo stesso approccio positivo quando sperimentate qualche difficoltà nell'apprendimento della Matematica: un aiuto provvidenziale vi arriverà sicuramente: dal vostro docente, da un compagno di scuola, da un amico, un vicino di casa o un parente, solo per fare qualche esempio. Come ho già detto per la scusa n.4, un'opzione è anche quella di rivolgersi a un professionista (di cui avrete accertato sia la competenza specifica tecnica, sia la capacità comunicativa), ma è solo una delle tante. L'importante è prendere una decisione che sentiamo "nostra", di cui siamo convinti profondamente.

  Naturalmente il tema dei soldi è molto delicato e molti, specie in questo periodo, si sentono di essere lontani dall'abbondanza economica. Se questo è il vostro caso, potete decidere di rinunciare a prepararvi da qualcuno che chiede soldi, oppure potete spenderli e considerarli un investimento che si rivelerà utile in futuro.

  Un'altra opzione è osservare le vostre finanze: se vi arrivano delle somme di denaro inattese, forse potete pensare che sia la dea bendata che vuole farvi vedere meglio la Matematica! Quante volte vi è capitato di ricevere una consistente somma di denaro, inaspettata, proprio nel momento in cui avete deciso di affrontare una cospicua spesa, pur temendo di non potervelo permettere? A me tante volte. Mi è capitato per un viaggio in India, per l'acquisto dell'automobile e… per l'arrivo dei miei due figli! A me e a mia moglie sono arrivati rimborsi, regali e sconti di ogni genere, per sostenere la realizzazione dei nostri bisogni, anzi… dei nostri sogni! Sono sicuro che capita anche a voi, se ci fare caso e se vi sintonizzate sull'ottimismo e sulla fede. Naturalmente in questo caso non si parla più di dea bendata, ma di… Divina Provvidenza! Indefettibile, per definizione…

Recentemente un amico mi ha chiesto: «Come fai a sapere che non stai facendo il passo più lungo della gamba?». Stavo per replicare: «Tu come fai a misurare la lunghezza della tua gamba… futura?».

- **Scusa n.6:** *Nessuno mi aiuta quando ho difficoltà in Matematica*
  Se avete letto le scuse precedenti, converrete che su questa c'è poco da dire ancora, perché siamo sempre sulla lunghezza d'onda della scarsità, ossia si rimarca ancora l'illusoria percezione di non avere i mezzi per farcela. Quindi, come prima, vi chiedo di aprirvi a tutti coloro che possono darvi una mano in Matematica. Basta chiedere aiuto, e lo si ottiene.

- **Gruppo di scuse n. 7:**
  - *Nella mia famiglia siamo tutti negati per quanto riguarda la logica e i numeri*
  - *Ho preso da un genitore la scarsa sensibilità verso la scienza*
  - *Sono troppo maturo d'età per imparare concetti che si imparano da giovanissimi*

  In questo gruppo di scuse c'è un fattore comune: l'idea che le nostre cellule e i nostri geni determinano cosa possiamo e cosa non possiamo apprendere e, in special modo, dettano i nostri limiti nei confronti dell'assorbimento della Matematica.

  Posso garantirvi, in base alla mia esperienza e alle mie letture, che vi state solo boicottando: se pensiamo che i nostri insuccessi siano causati da fattori esterni al nostro controllo, allora ci sentiamo impotenti sia nel presente che nel futuro. Abbiamo così fabbricato un modo per rinunciare a impegnarci e per decretare come definitivo il nostro distacco dalla Matematica e l'ineluttabilità del nostro destino di analfabetici dei numeri. Ancora una volta, vi invito a ritenere infondati tali presupposti.

- **Scusa n.8:** *La Matematica mi incute sempre timore*
  Chi sostiene di essere intimorito dalla Matematica dovrebbe riflettere: forse la sensazione è da ricollegarsi a una delle altre scuse, oppure ci si lascia condizionare dal fatto che la Matematica abbia un linguaggio specialistico e simboli opportuni. Per quanto riguarda il linguaggio specialistico, non vedo

dove sia il problema: ogni giorno, quando si sente parlare di automobili, economia, sartoria, gastronomia (etc.) con pertinenza, coloro che hanno trascurato questi campi hanno l'impressione di sentirsi poco dotati proprio perché esiste un linguaggio specifico per ogni settore. Basta però informarsi, ed ecco che ci si è impadroniti di un nuovo ambito. Pure l'inquietudine che deriverebbe dai simboli e dalle formule matematiche può essere superata facilmente: anche qui, basta trovare il modo di appropriarsi di una nuova competenza! Il modo? Ne abbiamo già parlato! E non fatevi abbindolare da coloro che vi confermano in tono fatalistico e preoccupante: «È vero, le equazioni e i diagrammi sono davvero ostici». Magari quelle stesse persone sono in grado di riconoscere e interpretare altri schemi e rappresentazioni, come: il pentagramma e le notazioni musicali; prosa e poesia in lingue antiche (o moderne ma con alfabeti complessi); botanica; schemi elettrici; diagrammi dell'andamento dei titoli azionari della Borsa; piantine di edifici in costruzione; sezioni di parti meccaniche di un motore.

Pensate: ci si può sentire a disagio di fronte a una piantina cartografica, oppure a proprio agio di fronte a complessi documenti di medicina!

9.5 Approcci costruttivi sulla percezione della Matematica

Proviamo a portare una trasformazione reale ai propri pensieri, e di conseguenza alla propria realtà. Con un approccio giocoso, ma non per questo meno efficace, vi invito a svolgere alcuni esercizi che potrebbero tornarvi utili. Essi hanno lo scopo di farvi abbandonare i presupposti autolimitanti che avete alimentato finora. Alcune azioni che potrebbero sembrarvi prive di senso. È giusto che lo pensiate: esse non mirano a interagire con la vostra mente conscia e razionale, bensì con la parte più profonda di voi: il subconscio e il vostro lato emotivo.

Dobbiamo introdurre nuove informazioni e nuovi schemi nella parte, di voi, meno facilmente raggiungibile, ma non per questo irraggiungibile. Alcuni preferiscono chiamare tale parte *la mente abituale*, proprio perché è il nostro "pilota automatico", che dirige molti nostri pensieri e azioni, quasi inavvertitamente.

Mentre vi impegnerete nelle affermazioni e nelle visualizzazioni, proverete strane emozioni, ad esempio: imbarazzo, incredulità, resistenza. Vi sentirete forse addirittura sciocchi e penserete che io mi stia prendendo gioco di voi. Se cercate di persistere negli esercizi, comincerete a cambiare opinione e cambierà anche il vostro rapporto con la Matematica. ~~Provare per credere~~ Credere per provare!

- Vedersi (mentalmente) in un palco scenico mentre si parla di Matematica
- Vedersi (mentalmente) alla lavagna mentre si risponde correttamente alle domande dell'insegnante di Matematica
- Vedersi (mentalmente) in un compito in classe in cui, con calma e precisione, si svolgono bene tutti gli esercizi e si risponde in modo pertinente anche alle domande di teoria
- Ritagliare una propria foto e metterla in un fotomontaggio, come ho fatto io con il mio profilo nella copertina di questo libro…
- Chiedersi continuamente: come sarebbe la mia vita se smettessi di pensare che ho problemi verso la Matematica?
- Affermare:
  - La Matematica ha molti aspetti piacevoli e sono pronto a godermeli.
  - La Matematica permette la ginnastica del cervello, e sono pronto a farla tut(t)a.
  - La Matematica è generalmente facile: solo alcuni argomenti avanzati potrebbero non esserlo.
  - Il libro che ho in mano dimostra che la Matematica vera è ben altra cosa da quella che appare nelle aule e nei testi scolastici.
  - La mia intelligenza supera le percezioni degli altri individui, perché se sono sereno e tranquillo e ricordo il mio vero valore, anche la mia intelligenza si manifesta nel suo pieno potenziale.

CAPITOLO 10

Conclusioni

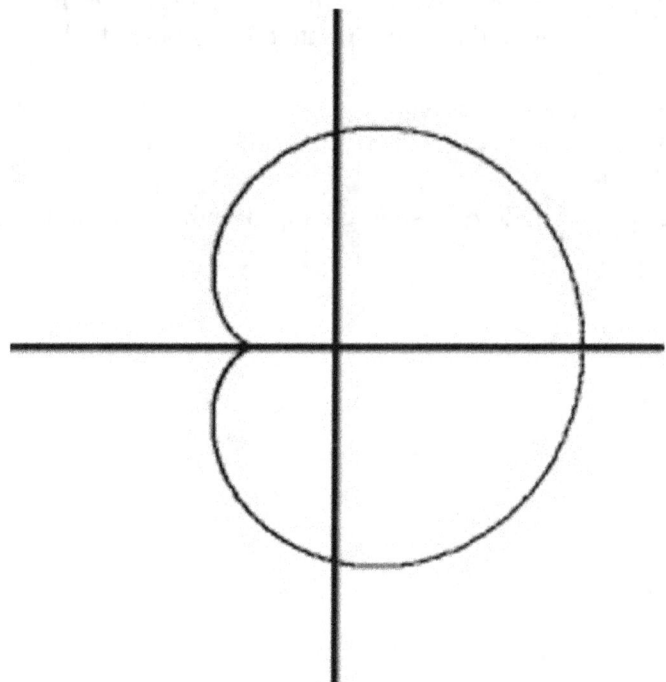

La cardioide di de La Hire e de Castillon

10.0 Prima delle appendici

La stesura di questo libro ha richiesto sei anni di lavoro. Dico di lavoro, e non di duro lavoro, perché penso che le opere migliori non derivino da uno sforzo immane, bensì da uno stato di gioia, di ispirazione e di grazia che porta a produrre i risultati migliori mentre si provano le emozioni più gradevoli. Ben prima del 2009 la mia fantasia si era posata sull'idea di concepire questo volume. Ma solo nel giugno di quell'anno presi la ferma risoluzione di scrivere la prima pagina, poiché in quel periodo rimasi quasi senza lavoro.

Non pensavo che la disoccupazione sarebbe stata così provvidenziale! Dopo poche settimane ripresi a lavorare (soprattutto per l'università), ma di tanto in tanto dedicavo qualche ora a questo progetto. In tutti questi anni non l'ho mai abbandonato, perché sapevo che il suo momento sarebbe arrivato. Senza fretta. È stato come essere in uno stato di gravidanza, dove ti fidi del fatto che la tua creatura si stia sviluppando secondo leggi non del tutto note, ma perfettamente affidabili. Non sapevo quale fosse la DPP (data presunta del parto), ma sapevo che un giorno avrei portato su carta, e nei negozi, e nelle case delle persone, queste idee.

Sembra che questo giorno sia arrivato! Non sento i vagiti del neonato, ma solo la gioia del genitore che accoglie il nuovo arrivato e lo porta… alla luce!

Spero che voi lettori abbiate provato un'esperienza altrettanto piacevole! E che questo libro produca una positiva trasformazione, anche piccola, in voi.

Ora vi lascio alle appendici, dove ci sono gli approfondimenti tecnici (e non solo).

APPENDICE A – *Algebra*

In questa appendice diamo alcuni risultati importanti dell'algebra, in modo che il lettore possa focalizzare meglio certe parti del testo proposto nei capitoli precedenti.

A.1 Il prodotti di due segni negativi

Nel paragrafo 2.5, intitolato *Il carattere dei matematici*, abbiamo lasciato in sospeso la domanda: *perché meno per meno fa più?* Per tentare di dare una risposta a questo dilemma, ho pensato di usare due strade, sperando che almeno una di esse piacerà al lettore.

La prima strada è di tipo intuitivo, e fa leva su una citazione di Wikipedia[484]:

> *Il prodotto di due numeri negativi è un numero positivo:* $\quad - \cdot - = +$
> *ovvero "meno per meno fa più".*
>
> Quest'ultima regola pratica ha un'interpretazione anche nella vita reale. *Supponiamo di guadagnare* m *euro l'anno; tra* n *anni avremo* mn *euro (un numero positivo), mentre se questo guadagno era iniziato nel passato allora* n *anni fa (cioè "tra meno* n *anni") avevamo* mn *euro in meno (un numero negativo). Se invece perdessimo* m *euro l'anno (cioè guadagnassimo "meno* m *euro"), tra* n *anni ne avremo* mn *in meno, ma* n *anni fa ne avevamo* mn *in più di quanti ne abbiamo ora!*

L'altra strada è di tipo deduttivo, e si riferisce all'idea che se la regola del prodotto di due segni negativi non fosse quella che è, avremmo delle incoerenze nella struttura logico-matematica della moltiplicazione e della somma. Vediamo meglio: consideriamo l'identità

$$(+1 - 1) \, x \, (-1) = 0$$

Tale uguaglianza è sempre verificata perché sempre la differenza di un numero con se stesso fa zero, e sempre zero moltiplicato per qualunque numero, incluso il numero -1, produce zero. Per la proprietà distributiva (che vediamo più avanti in questa stessa appendice), il membro di sinistra dell'identità precedente può essere riscritto così:

$$(+1) \, x \, (-1) + (-1) \, x \, (-1) = 0$$

Diamo per scontato[485] che il lettore sappia con certezza che $(+1) \, x \, (-1)$ produce il risultato -1, e quindi egli non contesti il nuovo passaggio

$$-1 + (-1) \, x \, (-1) = 0$$

---

[484] https://it.wikipedia.org/wiki/Moltiplicazione
[485] Ovviamente nessun lettore penserà che moltiplicare un numero qualsiasi per -1 lasci inalterato il segno del numero di partenza. Vero?

Diamo anche per scontato[486] che il lettore riconosca che spostando il −1 dal membro di sinistra a quello di destra, esso si trasformi in +1. Arriviamo così all'asserto da dimostrare:

$$(-1) \, x \, (-1) = +1$$

A.2 La proprietà distributiva della moltiplicazione rispetto all'addizione

Abbiamo citato questa proprietà nel paragrafo 2.6, intitolato *La creatività dei matematici*. Il lettore che volesse approfondire il concetto può visitare la relativa pagina di Wikipedia.[487] Qui mi limito a esporre che la moltiplicazione e la somma possono essere manipolate in certe situazioni, come la seguente: si voglia moltiplicare il numero 2 per la somma dei numeri 3 e 4. In simboli:

$$2 \, x \, (3 + 4) = 2 \, x \, 7 = 14$$

Allo stesso risultato si arriva anche "distribuendo il raddoppio", ossia scrivendo

$$2 \, x \, 3 + 2 \, x \, 4 = 6 + 8 = 14$$

Con una formula più astratta:

$$a \, x \, (b + c) = a \, x \, b + a \, x \, c$$

Dato che il segno di moltiplicazione x si può confondere con la lettera x, spesso i matematici usano un puntino al suo posto:

$$a \cdot (b + c) = a \cdot b + a \cdot c$$

Quando poi è conveniente, si preferisce addirittura rimuovere il puntino:

$$a \, (b + c) = ab + ac$$

Naturalmente l'appetito vien mangiando, quindi potremmo estendere la formula a più addendi:[488]

$$a \, (b + c + d + e \, ...) = ab + ac + ad + ae + ...$$

Quando, esaminando quest'ultima uguaglianza, si passa dal membro di sinistra a quello di destra, diciamo che "distribuiamo il fattore" a. Quando invece passiamo dalla espressione di destra a quella di sinistra, diciamo che "raccogliamo il fattore comune" a.

---

[486] Questa proprietà verrà ripassata poco più avanti, in Appendice E, intitolata *Le equazioni*, quando parleremo dei due principi di equivalenza delle equazioni.
[487] http://it.wikipedia.org/wiki/Distributivit%C3%A0
[488] L'addendo è l'operando dell'addizione. Ad esempio, in 3 + 5 = 8, gli addendi sono 3 e 5.

Come mai sono importanti le parentesi tonde? Esse servono a indicare la priorità delle operazioni matematiche. Infatti, per convenzione, la moltiplicazione ha la priorità sull'addizione. Quindi, scrivendo 2 *x* (3 + 4) intendo 2 *x* 7 mentre, scrivendo senza parentesi, si avrebbe 2 *x* 3 + 4 e quindi, per convenzione, si intenderebbe 6 + 4 che risulta 10 e certo non 14.

A.3 Sviluppo della potenza n-esima di un binomio

Le reminescenze scolastiche dovrebbero condurvi ad annuire quando scrivo che un binomio può essere pensato come alla somma generica

$$a + b$$

dove con *a* e *b* si intendono due numeri qualunque, oppure due espressioni numeriche e letterali qualunque. La potenza *n*-esima di un binomio la scriviamo così, invece:

$$(a + b)^n$$

Difficile è negare che

$$(a + b)^0 = 1$$

a meno che non ci si gingilli[489] nel caso speciale in cui $a = -b$, ossia quando $a + b = 0$.

Un'altra banale identità è la seguente:

$$(a + b)^1 = a + b$$

Famose sono poi le seguenti due formule, chiamate rispettivamente *il quadrato del binomio* e *il cubo del binomio*:

$$(a + b)^2 = a^2 + 2ab + b^2$$
$$(a + b)^3 = a^3 + 3a^2b + 3ab^2 + b^3$$

Per dimostrare la prima formula, basta notare che

$$(a + b)^2 = (a + b) \cdot (a + b)$$

quindi, applicando la proprietà distributiva (vista poche righe sopra):

$$(a + b) \cdot (a + b) = a^2 + ab + ba + b^2$$

per cui, considerando che $ba = ab$ e quindi $ab + ba = 2ab$, si può pervenire a

$$(a + b)^2 = (a + b) \cdot (a + b) = a^2 + ab + ba = a^2 + 2ab + b^2$$

Esiste anche una banale dimostrazione del quadrato del binomio, per via geometrica (figura).

---

[489] Il caso 0^0 è infatti molto delicato, perché è indeterminato. In certe situazioni si conviene che produca 1, ma in qualche caso fa comodo considerarlo pari a 0. Per approfondimenti: http://matematica-old.unibocconi.it/losapevateche/losapevateche1.htm

Figura: Dimostrazione geometrica dello sviluppo del quadrato del binomio

Analogamente si può dimostrare la correttezza del cubo del binomio:
$$(a + b)^3 = (a + b)^2 \cdot (a + b) = (a^2 + 2ab + b^2) \cdot (a + b) = \ldots$$
$$= a^3 + a^2b + 2a^2b + 2ab^2 + b^2a + b^3 = a^3 + 3a^2b + 3ab^2 + b^3$$

Anche per il cubo del binomio esiste la dimostrazione per via geometrica, ma è molto meno banale da riconoscere, perché bisogna disegnare su un foglio di carta (2 dimensioni) un cubo (3 dimensioni) al cui interno ci sono due cubi e sei parallelepipedi, di cui questi ultimi uguali a tre a tre.

Il lettore avrà capito, giunto quasi al termine del libro, che mi piace creare ponti tra le aree della Matematica: qui svelo che lo sviluppo del quadrato e del cubo del binomio servono anche per risolvere le equazioni. Un esempio illuminante lo troverete in Appendice E, intitolata *Le equazioni*, dove uso le due formule per passare dalla *forma canonica* delle equazioni di terzo grado alla *forma ridotta*.

Vorrei ora focalizzare l'attenzione sui *coefficienti* dello sviluppo della potenza di un binomio. Li metto in evidenza in **grassetto**, per far sì che il lettore li individui facilmente:

$(a + b)^0 = 1$ →   **1**

$(a + b)^1 = a + b$ →   **1 1**

$(a + b)^2 = a^2 + 2ab + b^2$ →   **1 2 1**

$(a + b)^3 = a^3 + 3a^2b + 3ab^2 + b^3$ →   **1 3 3 1**

$(a + b)^4 = a^4 + 4a^3b + 6a^2b^2 + 4ab^3 + b^4$ →   **1 4 6 4 1**

$(a + b)^5 = a^5 + 5a^4b + 10a^3b^2 + 10a^2b^3 + 5ab^4 + b^5$ →   **1 5 10 10 5 1**

…   →   **…**

La struttura dei coefficienti che abbiamo generato a destra viene detto *Triangolo di Tartaglia* (oppure *Triangolo di Pascal* o *Khayyàm* o *Yanghui*). Il suo generico elemento viene chiamato *Coefficiente binomiale* e si indica con il seguente simbolo tra parentesi tonde, che si legge "*n* su *k*":

$$C_{n;k} = \binom{n}{k}$$

dove: *n* è un intero non negativo che costituisce la "riga" del triangolo; *k* è un intero che varia tra 0 e *n*, essendo la "colonna" del triangolo.

Possiamo calcolare qualunque valore del triangolo di Tartaglia semplicemente applicando la formula

$$\binom{n}{k} = \frac{n!}{k!(n-k)!}$$

dove con il punto esclamativo si conviene rappresentare l'operazione di *fattoriale*, che per un argomento intero non negativo è così definita:

$$n! = \begin{cases} 1 & \text{se } n = 0 \text{ oppure } n = 1 \\ n \cdot (n-1)! & \text{se } n > 1 \end{cases}$$

Tale definizione ricorsiva si può spiegare banalmente così: tralasciando il fattoriale di 0 o di 1, che risulta sempre 1, il fattoriale di un numero *n* maggiore o uguale a 2 consiste nel moltiplicare tra loro tutti i numeri che vanno da 1 a *n*.
Ad esempio,

$$5! = 5 \cdot 4 \cdot 3 \cdot 2 \cdot 1 = 120$$

Tornando al triangolo di Tartaglia, quindi, possiamo calcolare il valore 10 che sta alla riga 5 (in verità è la sesta riga, ma abbiamo detto che partiamo da 0) e alla colonna 2 (in verità è la terza colonna, poiché anche questa parte da 0) così:

$$C_{5;2} = \binom{5}{2} = \frac{5!}{2!(5-2)!} = \frac{5!}{2! \, 3!} = \frac{120}{2 \cdot 6} = 10$$

Il coefficiente binomiale gode di straordinarie proprietà, che mettono in collegamento vari ambiti della Matematica[490]. Giusto per fare un esempio, nel calcolo combinatorio[491] (una branca della Matematica importantissima per la teoria della probabilità e la statistica) $C_{n;k}$ ha anche il significato del numero di *combinazioni semplici (senza ripetizione) di n oggetti in gruppi di k elementi.*[492]

Il triangolo di Pascal (Blaise Bascal, non il padre Etienne, che pure si interessò di Matematica, al punto che la curva *Lumaca* è dedicata a quest'ultimo) ha anche stretti

---

[490] Per approfondimenti: [Bal05], pag. 46; [Pap02], pag. 53; Wikipedia:
https://it.wikipedia.org/wiki/Triangolo_di_Tartaglia
[491] http://it.wikipedia.org/wiki/Calcolo_combinatorio
[492] http://it.wikipedia.org/wiki/Combinazione

legami con la *successione di Fibonacci*: basta sommare i termini del triangolo lungo linee con pendenza di 45 gradi:

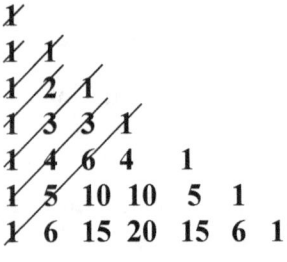

```
1
1   1
1   2   1
1   3   3   1
1   4   6   4   1
1   5   10  10  5   1
1   6   15  20  15  6   1
...
```

Con facilità troverete la sequenza di Fibonacci:
1; 1; 1+1=2; 1+3+1=5; 1+4+3=8; 1+5+6+1=13; ...e così via, all'infinito! In questo libro, ho deciso di concentrare la maggior parte delle informazioni sulla *Successione di Fibonacci* nel paragrafo 4.10 (dove propongo l'enigma numero 6) e nel corrispondente paragrafo S.10 (in Appendice S, dove cioè sono raccolte le soluzioni agli enigmi del capitolo 4).

Nel paragrafo 6.8, intitolato *Il lusso di Shaw e lo show di Trilussa*, si parla in modo informale dell'esperimento che si ottiene lanciando una moneta *n* volte, ossia un esempio di quella che gli esperti di Statistica e Probabilità chiamano *distribuzione binomiale*.[493] Senza voler entrare troppo nei dettagli, evidenzio solo il fatto che anche qui salta fuori il coefficiente binomiale! Infatti[494] se si vuole descrivere matematicamente l'insieme degli esiti dell'esperimento che potremmo chiamare «Quante volte esce "testa" se lancio simultaneamente 4 monete» allora possiamo pensare che tutte le configurazioni possibili delle monete siano $2^4 = 16$ (perché ognuna delle 4 monete può dare testa [T] o croce [C], in modo indipendente dalle altre). Possiamo pertanto elencare la distribuzione di probabilità di ogni evento come il rapporto tra numero di configurazioni favorevoli e numero di configurazioni possibili:

- o Probabilità di 0 teste = **1**/16
  C'è infatti l'unico caso in cui, ordinatamente, si abbia la sequenza CCCC

- o Probabilità di 1 teste = **4**/16
  poiché possiamo avere TCCC, CTCC, CCTC, CCCT

- o Probabilità di 2 teste = **6**/16
  poiché possiamo avere TTCC, TCTC, TCCT, CTTC, CTCT, CCTT

---

[493] http://it.wikipedia.org/wiki/Distribuzione_binomiale
[494] http://www.ripmat.it/mate/l/le/leafac.html

o Probabilità di 3 teste = **4**/16
  poiché possiamo avere CTTT, TCTT, TTCT, TTTC

o Probabilità di 4 teste = **1**/16
  corrispondente a TTTT

Come si vede, abbiamo ottenuto i coefficienti {1 4 6 4 1} ossia la riga $n=4$ (la quinta riga, partendo da $n=0$) del triangolo di Tartaglia. Questo esempio è molto semplice perché sia [T]esta che [C]roce hanno a priori la stessa probabilità: il 50%, ossia ½.

Possiamo generalizzare l'esempio presentando formalmente la *distribuzione binomiale* così: si abbia un esperimento in cui si ha probabilità p di successo e probabilità $(1–p)$ di insuccesso. Si ripeta l'esperimento n volte. La probabilità che il successo sia accaduto k volte su n è dato da:

$$\Pr\{k \text{ successi su } n\} = \binom{n}{k} p^k (1-p)^{n-k}$$

Lo sviluppo della potenzia n-esima del binomio ci permette anche di dimostrare che davvero questa è una distribuzione di probabilità, in quanto la somma delle probabilità di tutti gli eventi è l'unità (ossia il 100%):

$$\sum_{k=0}^{n} \binom{n}{k} p^k (1-p)^{n-k} = [p + (1-p)]^n = 1^n = 1$$

A.4 Il valore assoluto

Giacché parliamo di algebra, parliamo anche del valore assoluto, una funzione molto comoda in tante circostanze.[495] Il valore assoluto di un numero è la sua distanza dal numero 0, ossia è: la quantità stessa se è positiva o nulla; l'opposto della quantità se essa è negativa. In tal modo si ottiene sempre un numero non negativo.

In formule:

$$|x| = \begin{cases} x & \text{se } x \geq 0 \\ -x & \text{se } x < 0 \end{cases}$$

Ad esempio: $|5| = 5$, così come $|–5| = 5$.

---

[495] Nel nostro libro lo usiamo in Appendice I, *L'unità Immaginaria e i numeri complessi*, e in Appendice L2, *I logaritmi e il numero di Nepero*.

APPENDICE B – *Bibliograffiti*

[Abb93]   Edwin A. Abbott, "Flatlandia", 1993; Adelphi

[Ami07]   Mehdi Aminrazavi, "The Wine of Wisdom: The Life, Poetry and Philosophy of Omar Khayyam", 2007; Oneworld Publications

[Bal05]   Johnny Ball, "Pensare i numeri", 2005; Mondolibri su licenza RCS

[Bar06]   John D. Barrow, "L'infinito", 2006; Oscar Mondadori

[Bar86]   John D. Barrow and Frank J. Tipler, "The Anthropic Cosmological Principle", 1986; Oxford University Press, USA

[Bar92]   John D. Barrow, "PI in the Sky: Counting, Thinking, and Being", 1992; Back Bay Books

[Bar98]   John D. Barrow, "Impossibility: The Limits of Science and the Science of Limits", 1998; Oxford University Press, USA

[Bel50]   Eric T. Bell, "I grandi matematici", 1950; Sansoni, Firenze

[Ber01]   David Berlinski, "I numeri e le cose", 2001; BUR

[Beu08]   Albrecht Beutelspacher, "Le meraviglie della matematica", 2008; Ponte alle Grazie

[Boy90]   Carl B. Boyer, "Storia della matematica", 1990; Mondadori

[Bro09]   Richard Brodie, "Virus of the mind: the Revolutionary New Science of the Meme and How It Can Help you", 2009; Hay House

[Bur95]   David M. Burton, "History of Mathematics - An introduction", 1995; Wm. C. Brown Publisher (3rd edition)

[Cam92]   Achille Campanile, "Poltroni numerati", 1992; Società editrice il Mulino, Bologna

[Cho13]   Deepak Chopra e Rudolph E. Tanzi, "Super Brain", 2013; Sperling & Kupfer

[Cre98]   Luciano Cresci, "Le curve celebri", 1998; Franco Muzzio Editore

[Dam11]   Bruno D'Amore, "Dante e la matematica", 2011; Giunti

[Dam12]   Bruno D'Amore e Martha Isabel Fandiño Pinilla, "Matematica come farla amare", 2012; Giunti

[Dau90]   Joseph W. Dauben, "Georg Cantor", 1990; Princeton University Press

[Dav08]   Leonardo Da Vinci, "Novelle, Aforismi, Profezie, Facezie", 2008; Barbès Editore

[Daw14]   Richard Dawkins, "Il gene egoista", 2014; Mondadori

[Dye02]   Wayne W. Dyer, "La saggezza dei tempi", 2002; Rizzoli.

[Dye09]   Wayne W. Dyer, "La voce dell'ispirazione", 2009; Tea ed.

[Dye12]   Wayne W. Dyer, "Niente scuse!", 2012; Tea ed.

[Eas98]   R. Eastway - J. Wyndham, "Probabilità, numeri e code", 1998; ed. Dedalo

[Enz97]   Hans M. Enzensberger, "Il mago dei numeri", 1997; Einaudi

[Fav39]   Antonio Favaro, "(Le opere di) Galileo Galilei", 1939; scaricabile da: http://it.wikisource.org/wiki/Galileo_Galilei_(Favaro)

[Gal80]   Galileo Galilei, "Discorsi e dimostrazioni matematiche intorno a due nuove scienze" (attinenti alla Meccanica e i Movimenti Locali), 1980; tratto da: "Opere" di Galileo Galilei, UTET, Classici della Scienza, 1980. Liberamente scaricabile da: http://www.liberliber.it/biblioteca/g/galilei/

[Gui97]   Michael Guillen, "Le cinque equazioni che hanno cambiato il mondo", 1997; Longanesi

[Har02]   Godfrey H. Hardy, "Apologia di un matematico", 2002; Garzanti

[Hod08]   Andrew Hodges, "Il curioso dei numeri", 2008; Mondadori

[Hof99]   Paul Hoffman, "L'uomo che amava solo i numeri", 1999; Mondadori

[Hon07]   Furio Honsell, "L'algoritmo del parcheggio", 2007; Mondadori

[Kan91]   Robert Kanigel, "The Man Who Knew Infinity", 1991; Washington Square Press

[Lip06]   Bruce Lipton, "La Biologia delle Credenze", 2006; Macro Edizioni

[Liv03]   Mario Livio, "La sezione aurea", 2003; Rizzoli

[Liv05]   Mario Livio, "L'equazione impossibile", 2005; Rizzoli

[Liv09]   Mario Livio, "Dio è un matematico", 2009; Rizzoli

[Nas99]   Sylvia Nasar, "Il genio dei numeri", 1999; Rizzoli

[New56]   James R. Newman, "The World of Mathematics", 1956; Simon & Schuster, New York

[Nic35]   Marjorie Nicolson, "The telescope and imagination", in "Modern Philology", Vol. 32, No. 3 (Feb., 1935), pp. 233-260; The University of Chicago Press

[Nie13]   Friedrich Nietzsche, "Complete works", 1913; Foulis, Edimburgo - Traduzione curata da Oscar Levy

[Pap02]   Theoni Pappas, "Le gioie della matematica", 2002; Franco Muzzio Editore

[Reg96]   Tullio Regge, "Infinito", 1996; Oscar Mondadori

[Res05]   James Reston, "Galileo: A Life", 2005; Beard Books

[Ruc82]   Rudy Rucker, "Infinity and the Mind" (The Science and Philosophy of the Infinite), 1982; Princeton University Press

[Sab03]   Shantena Augusto Sabbadini, "Buchi neri", 2003; Gribaudo

[Sau05]   Marcus Du Sautoy, "L'enigma dei numeri primi", 2005; BUR

[Sau07]   Marcus Du Sautoy, "Il disordine perfetto", 2007; Rizzoli

[San11]   Fernando Sansò, Mirko Reguzzoni, Damiano Triglione, "Metodi Monte Carlo e delle Catene di Markov - Una Introduzione", 2011; Maggioli

[Sch03]   Jeffrey M. Schwartz e Sharon Begley, "The Mind and the Brain: Neuroplasticity and the Power of Mental Force", 2003; Harper Perennial

[Sch49]   Paul Arthur Schilpp, "Albert Einstein: Philosopher-Scientist", Volume VII in the Library of Living Philosophers, 1949 e 2001; MJF Books, New York.

[Sin97]   Simon Singh, "L'ultimo teorema di Fermat", 1997; Rizzoli

[Szy04]   Wislawa Szymborska, "Vista con un granello di sabbia", 2004; Adelphi

[Tah96]   Malba Tahan, "L'uomo che sapeva contare", 1996 (prima ed.); Salani ed.

[Tof11]   Carlo Toffalori, "L'artimetica di Cupido", 2011; Ugo Guanda ed.

[Vis96]   Matt Visser, "Lorentzian Wormholes: From Einstein to Hawking", 1996; American Institute of Physics

APPENDICE C – *Le Coniche*

Tradizionalmente le *Coniche* – dette anche *Sezioni coniche* – sono argomento di studio di tutti gli allievi di scuola superiore: circonferenze, ellissi, iperboli e parabole. Il nome deriva dal fatto che, dal punto di vista geometrico, esse possono essere viste come l'intersezione (cioè il luogo comune) tra un piano e un cono a due falde, come in figura[496]:

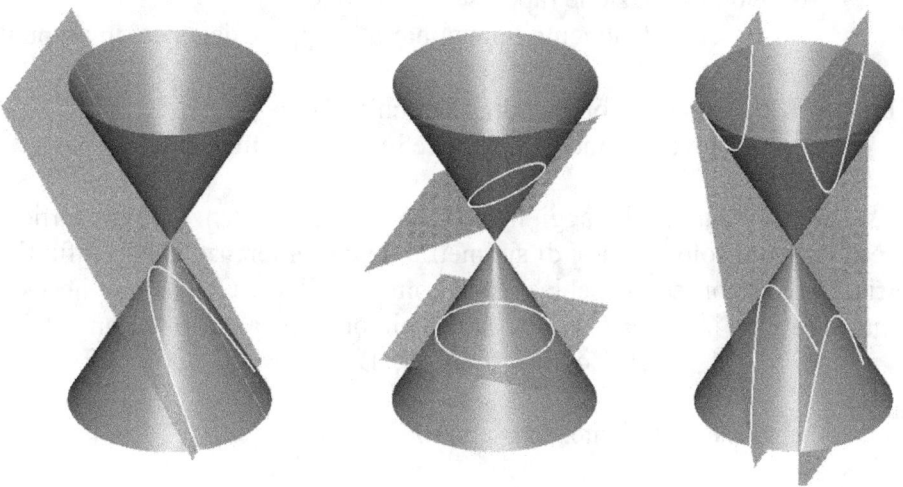

Figura: Le sezioni coniche

A sinistra si materializza una parabola; al centro un'ellisse[497] (sopra) e una circonferenza (sotto); a destra due iperboli[498]. Ci sono anche casi "degeneri": se il piano è obliquo e tangente alle falde del cono otteniamo una retta; se il piano è verticale e passa per il vertice del cono allora l'intersezione è una coppia di rette; se il piano è orizzontale (oppure poco obliquo) e passa per il vertice del cono si ha solo un punto (il vertice del cono stesso).

Dal punto di vista algebrico, mi limiterò a evidenziare che la generica equazione di una conica si può scrivere in due forme canoniche diverse. La classica è

$$Ax^2 + Bxy + Cy^2 + Dx + Ey + F = 0$$

mentre quella alternativa è

$$ax^2 + 2bxy + cy^2 + 2dx + 2ey + f = 0$$

Nella forma classica si studiano i coefficienti dei monomi così come sono, mentre nell'alternativa si aggiungono delle costanti numeriche uguali a 2 affinché il

---

[496] http://it.wikipedia.org/wiki/File:Conic_sections_2.png
[497] Il singolare è ellisse o ellissi; il plurale è ellissi.
[498] La seconda iperbole è detta *equilatera* o *rettangolare*, ossia ha asintoti perpendicolari. Gli asintoti sono le rette (due per ogni iperbole) a cui l'iperbole tende sempre più, senza mai toccare. Se gli asintoti sono perpendicolari, allora formano quattro angoli retti nel loro punto comune.

polinomio possa associarsi a matrici caratteristiche della forma quadratica (argomento che non tratto qui).

Limitandoci quindi alla forma canonica classica, possiamo affermare quanto segue:[499]

- Se $B^2 - 4AC = 0$: l'equazione rappresenta una parabola
  (eventualmente degenere in due rette parallele)

- Se $B^2 - 4AC < 0$: l'equazione rappresenta un'ellisse
  (eventualmente immaginaria[500] oppure degenere in un punto)

- Se $B^2 - 4AC > 0$: l'equazione rappresenta un'iperbole
  (eventualmente degenere in due rette incidenti)

A questo schema bisogna solo aggiungere che le circonferenze sono particolari ellissi: invece di avere solo due assi di simmetria, le circonferenze hanno infiniti assi di simmetria, perché non sono "schiacciate" come le ellissi. Condizione necessaria affinché una equazione in forma classica sia una circonferenza è che valgano insieme

$$B^2 - 4AC < 0, \ A=C, \ B=0$$

ma non è una condizione sufficiente: ad esempio

$$2x^2 + 2y^2 + 1 = 0$$

soddisfa le condizioni ma non è una circonferenza, bensì è un insieme vuoto (ossia un luogo geometrico privo di punti reali), perché non esiste nessuna coppia di numeri reali (x,y) che possono soddisfare l'equazione data.[501]

Nel corso del libro, abbiamo accennato alle coniche nel paragrafo 2.5, *Il carattere dei matematici,* per evidenziare come i matematici non siano necessariamente portati a studiare un argomento per l'utilità: semplicemente si appassionano a qualcosa che li attrae, anche se le applicazioni pratiche non sembrano esserci. I grandi studiosi di coniche del passato furono, in ordine cronologico: Menecmo (IV sec. a.C.), Ipazia di Alessandria d'Egitto (IV sec. a.C.), Apollonio di Perga (II sec. a.C.).

In astronomia le coniche hanno primaria importanza, soprattutto nella descrizione del moto dei pianeti che rispettano la legge della gravitazione universale.[502]

---

[499] www.matefilia.it/argomen/coniche/riconoscimento.htm

[500] Un'ellisse immaginaria ha punti non reali, cioè ha punti con coordinate composte da numeri appartenenti all'insieme dei numeri complessi. I numeri complessi sono presentati in Appendice I, intitolata *L'unità Immaginaria e i numeri complessi.*

[501] http://it.wikipedia.org/wiki/Sezione_conica

[502] In Appendice K, intitolata *Le leggi di Keplero,* ho riportato le leggi di Keplero.

Theoni Pappas ha suggerito alcune "ricadute" pratiche generate dallo studio astratto delle coniche[503]:

Parabola
- Arco di uno zampillo d'acqua
- Forma della luce di una torcia elettrica su una superficie piana
- Percorso di un proiettile (nel piano della traiettoria)
- Caduta libera di un grave (altezza che varia nel tempo)

Ellisse (e Circonferenza)
- Orbite di alcuni pianeti e di alcune comete[504]
- Onde su uno stagno
- Ruota e vari oggetti in natura

Iperbole
- Orbite di alcune comete e di altri oggetti astronomici

Prima di concludere la sezione (stavo usando la parola paragrafo, ma per le coniche è più giusto scrivere sezione!), vorrei gettare un ponte tra Matematica e lingua italiana. Tra le figure retoriche si annoverano l'*ellissi* e l'*iperbole*.

Ecco cosa ci offre il sito parafrasando.it[505]. Dato il nome del sito, parafraserò le sue frasi! ;-)

> L'ellissi (dal greco élleipsis; "omissione/mancanza;") è una figura retorica (di parola) che consiste nell'omettere, all'interno di una frase, uno o più termini che sia possibile sottintendere, per conseguire un particolare effetto di concisione e icasticità o effetti di attesa e di tensione.
> È molto usata nella narrativa ma anche nella poesia ove riguarda soprattutto il verbo.
> In narratologia indica l'omissione di qualche segmento della storia narrata: Dante, nel III canto dell'Inferno, non racconta come abbia superato l'Acheronte.
>
> Esempi:
> "...Ai posteri l'ardua sentenza..."
> (A. Manzoni, Il cinque maggio, vv.31-32) Manzoni omette il verbo 'toccherà'.

---

[503] [Pap02], pag. 210.
[504] Ne abbiamo già parlato nel libro, al paragrafo 2.3, *L'irragionevole efficacia*, proprio mostrando come le ellissi si sono rivelate utili a distanza di 2000 anni dallo studio teorico.
[505] http://www.parafrasando.it/metrica/figureretoriche.html

"...Gemmea l'aria, il sole così chiaro,..."
(G. Pascoli, Novembre, v.1) Pascoli omette il verbo 'è'. Il verso appare così molto più rapido ed essenziale e l'immagine acquista maggiore rilievo.

"...Rivedo i luoghi dove un giorno ho pianto:
un sorriso mi sembra ora quel pianto.
Rivedo i luoghi, dove ho già sorriso...
Oh! come lacrimoso quel sorriso!..."
(G. Pascoli, Pensieri, Il passato, Myricae) nell'ultimo verso vi è l'ellissi del verbo che è sottinteso ma facilmente intuibile.

Per quanto riguarda l'altra figura retorica:

L'iperbole (dal greco, hyperbolé, "scaglio oltre, sollevo") è una figura retorica (di contenuto) che consiste nell'esagerare, per eccesso o per difetto, un concetto sino all'inverosimile. Un esempio calzante può essere "la settimana è trascorsa in un attimo", oppure "hai impiegato un secolo ad arrivare!", "È un secolo che non lo vedo"; "Scendo tra un minuto"; "Sono in un mare di guai"; "Mi piace da morire"; "Non ha un briciolo di cervello". Dalla storia, il detto proverbiale di Carlo V: "Sui miei dominii non tramonta mai il sole".

Esempi:
"...O frati, - dissi, - che per cento milia
perigli siete giunti all'occidente;
a questa tanto picciola vigilia
de' nostri sensi ch'è del rimanente,
non vogliate negar l'esperienza,
diretro al sol, del mondo sanza gente..."
(Dante, Divina Commedia, Inferno, Canto XXVI, vv.112-117)

"...Va l'Asia tutta e va l'Europa in guerra..."
(T. Tasso, Gerusalemme liberata, XVI, st. 32, v.2)

"...Gli occhi tuoi pagheran (se in vita resti)
di quel sangue ogni stilla un mar di pianto..."
(T. Tasso, Gerusalemme liberata, XII, vv.467-468)

"...Ma sedendo e mirando, interminati
spazi di là da quella, e sovrumani
silenzi, e profondissima quiete
io nel pensier mi fingo;..."
(G. Leopardi, L'infinito, vv.4-7)

"Ho sceso, dandoti il braccio, almeno un milione di scale
e ora che non ci sei è il vuoto ad ogni gradino..."
(E. Montale, Ho sceso dandoti il braccio..., Xenia I, vv.1-2)

"...Come sei più lontana della luna,
ora che sale il giorno
e sulle pietre batte il piede dei cavalli!..."
(S. Quasimodo, Ora che sale il giorno, vv.10-12)

"...giacché la calca era tale, che un granello di miglio, come si suol
dire, non sarebbe andato in terra..."
(A. Manzoni, I Promessi Sposi, cap. 12)

APPENDICE D – *Dimostrazioni*

Nissuna umana investigazione
si po' dimandare vera scienza
s'essa non passa per
le matematiche dimostrazioni,
e se tu dirai che le scienzie,
che principiano e finiscono nella mente,
abbiano verità, questo non si concede,
ma si niega,
per molte ragioni, e prima,
che in tali discorsi mentali
non accade esperienzia,
sanza la quale nulla dà di sé certezza.
Leonardo Da Vinci[506]

D.0 Introduzione

Nel paragrafo 2.4, *La Dimostrazione matematica*, si è parlato di dimostrazioni senza presentarne alcuna in modo serio. In questa Appendice ho pensato di offrire alcune dimostrazioni di una certa rilevanza.

D.1 La radice quadrata di due è un numero irrazionale

Questo teorema afferma che non esiste nessuna frazione (ossia nessun numero razionale[507]) che è perfettamente uguale a $\sqrt{2}$. In altri termini: non esiste una frazione che, moltiplicata per se stessa, dia come risultato esattamente 2. Su tale proprietà della *costante di Pitagora* ci siamo persino divertiti, avendola resa oggetto della barzelletta #3 nei paragrafi 8.2, *Barzellette*, e 8.3, *Barzellette svelate*.

Per presentare una dimostrazione che possa essere seguita anche da chi non è un esperto matematico, ho pensato di seguire le tracce di una pagina web[508] e di non trascurare alcuni spunti utili su Wikipedia[509].

Come anticipato al paragrafo 8.3, la dimostrazione era nota già agli antichi. Elencherò dapprima alcune idee che fungono da lemmi, cioè teoremi anteriori a quello che si sta per dimostrare. So che sembreranno ovvi, ma il mestiere del matematico è soprattutto usare concetti ovvi! Eccoli:

---

[506] [Dav08], pag. 59.
[507] In Appendice N ci sono gli insiemi numerici spiegati con sufficienti chiarezza e completezza.
[508] http://www.gpmeneghin.com/schede/aritmetica/rad2.htm
[509] http://it.wikipedia.org/wiki/Radice_quadrata_di_2

- (*a*) un qualsiasi numero naturale moltiplicato per 2 produce un numero pari;
- (*a1*) un numero naturale pari *n* può essere rappresentato come *n*=2·*k*, con *k* numero naturale;[510]
- (*b*) se il quadrato di un numero *n* è pari anche *n* è pari;
- (*c*) una frazione può essere ridotta ai minimi termini[511] con un numero finito di passaggi;
- (*d*) in Logica matematica se un proposizione P è vera la sua negazione è falsa e viceversa;
- (*e*) Se ai due membri di un'equazione effettuo la divisione (o la moltiplicazione) per un numero (diverso da zero), ottengo una nuova equazione, equivalente alla precedente.[512]
- (*f*) Proprietà transitiva dell'uguaglianza: se a=b e b=c, allora a=c.

Dimostrazione

Adottiamo la *dimostrazione per assurdo* (rimando al paragrafo 2.4, *La Dimostrazione matematica*). Affermiamo che esista una frazione *m/n* (con *m* ed *n* interi) che equivalga alla radice di 2:

$$\sqrt{2} = \frac{m}{n}$$

Senza togliere generalità alla dimostrazione, possiamo pensare che *m/n* sia addirittura la frazione ridotta ai minimi termini: la proposizione (*c*) garantisce che se non fosse così, possiamo portarci a tale situazione.

Trattando solo numeri positivi, si può elevare al quadrato ciascuno dei due membri dell'equazione precedente e ottenere una nuova identità:

$$2 = \frac{m^2}{n^2}$$

Naturalmente *n* è diverso da 0, essendo il denominatore di una frazione[513]. Quindi anche n^2 è diverso da 0, per cui possiamo avvalerci della proposizione (*e*) e ottenere

$$m^2 = 2n^2$$

che porta a ritenere, per la proposizione (*a*), che anche m^2 è pari; allora, per la proposizione (*b*), anche *m* è pari. Ma se *m* è pari, segue che – per la proposizione (*a1*) – esiste un numero intero *k* tale che

$$m = 2k$$

---

[510] Esempi: $10 = 2 \cdot 5$; $16 = 2 \cdot 8$; etc.

[511] Ricorda che una frazione si riduce ai *minimi termini* dividendo numeratore e denominatore per uno stesso numero fino a che essi diventano *primi tra loro* ossia fino a che essi *non abbiano divisori in comune tranne 1*.

[512] Rivedremo meglio questa proprietà delle equazioni proprio in Appendice E, *Le equazioni*.

[513] Chi ha letto l'Appendice N, *I numeri*, lo sa bene.

Anche qui possiamo elevare al quadrato ambo i membri dell'uguaglianza, per avere
$$m^2 = (2k)^2$$
ossia

$$m^2 = 4k^2$$

Quindi abbiamo ottenuto che $m^2 = 2n^2$ e che $m^2 = 4k^2$. Per la proposizione (*f*), la consequenza logica è che

$$4k^2 = 2n^2$$

Dividiamo tutto per 2, in modo che – per la proposizione (*e*) – si possa scrivere
$$2k^2 = n^2$$

Ossia n^2 è pari e, per la proposizione (*b*), anche n è pari.

Siamo così arrivati a una contraddizione: in partenza m/n è una frazione ridotta ai minimi termini (ossia m ed n sono numeri primi tra loro[514]); ma abbiamo anche scoperto che m ed n sono entrambi pari (quindi non sono primi tra loro, perché sono entrambi divisibili per 2). Tale contraddizione è la conclusione finale della dimostrazione per assurdo: non è vero che $\sqrt{2}$ può essere espressa da una frazione quindi, per la proposizione (*d*), è vera la sua negazione, ossia è vera la tesi del teorema: $\sqrt{2}$ *non* può essere espressa da una frazione; ossia $\sqrt{2}$ è un numero irrazionale. {c.v.d.}[515]

D.2 I numeri primi sono infiniti

In Appendice N, *Numeri*, ho presentato la definizione di *numero primo* e di una coppia di *numeri primi tra loro*. Qui ci limiteremo a dimostrare che non esiste un numero primo maggiore degli altri. Tale assoluta ed eterna verità matematica si può esprimere in modi diversi, come ci fanno notare Bruno D'Amore e Martha I. F. Pinilla:

> «*Dato un qualsiasi numero di numeri primi, ce n'è sempre un altro*» scrive Euclide tra il IV ed il III sec. A.C.; «*i numeri primi sono infiniti*», *diciamo noi oggi. Linguaggi diversi, certo, ma il senso dell'affermazione è lo stesso. Euclide non poteva usare la parola "infinito" (né come sostantivo, né come aggettivo) che, ai suoi tempi, dopo i divieti di Aristotele, era proibita; noi lo possiamo fare perché l'opera di un matematico tedesco della fine del XIX sec., Georg*

---

[514] La definizione di *numeri primi tra loro* è riportata in Appendice N, *I numeri*.

[515] La sigla {c.v.d.} viene tipicamente usata al termine di una dimostrazione matematica, significando *come volevasi dimostrare*. Esiste anche l'acronimo in versione latina: {q.e.d.} che sta per *quod erat demonstrandum*, che significa *ciò che era da dimostrare*.

Cantor[516], *ha eliminato ogni barriera. Il senso è lo stesso, la verità è la stessa. Anche se il linguaggio è diverso. Anche a ben più di 2000 anni di distanza...* [517]

Come la definizione, anche la dimostrazione del teorema non è unica. Innanzitutto mettiamo qui quella storicamente attribuita a Euclide[518] (tra il terzo e il quarto secolo a.C.!).

Dimostriamo per assurdo: partiamo affermando che esistano solo n numeri primi. Elencandoli in ordine crescente, si ha l'insieme

$$P = \{2, 3, ..., p_n\}$$

Ne consegue che p_n è il massimo numero primo esistente. Moltiplichiamo ora tutti i numeri che appartengono all'insieme P, e chiamiamo a questo risultato:

$$a = 2 \cdot 3 \cdot ... \cdot p_{n-1} \cdot p_n$$

Naturalmente anche a è un numero intero positivo. Focalizziamo ora l'attenzione sul numero $b = a+1$. È facile convincersi che b, per costruzione, ha una proprietà forte: se divido b per uno dei numeri primi elencati in P, ottengo comunque resto 1.

Per il teorema fondamentale dell'aritmetica[519], solo due casi alternativi sono ammessi:
1. Il numero b è primo; ma essendo $b > p_n$, viene contraddetta l'ipotesi iniziale secondo cui p_n è il massimo dei numeri primi esistenti;
2. Il numero b non è primo; dobbiamo quindi dedurne che esso è composto da numeri primi diversi da quelli in P (per la proprietà forte vista prima). Questi numeri primi devono essere maggiori strettamente di p_n. Pertanto anche in questo caso esiste almeno un numero primo maggiore di p_n, quindi ancora l'ipotesi iniziale viene contraddetta.

Poiché la negazione della tesi porta a una contraddizione, dobbiamo accettare il teorema: non esiste alcun p_n, quindi i numeri primi sono infiniti. {c.v.d.}

---

[516] Abbiamo parlato diffusamente di Cantor nel Capitolo 7, intitolato *La mia ∞ (infinita) esperienza al ε (Piccolo) teatro di Milano*.

[517] [Dam12], pag. 19.

[518] http://it.wikipedia.org/wiki/Teorema_dell%27infinit%C3%A0_dei_numeri_primi#Dimostrazione_di_Euclide

[519] http://it.wikipedia.org/wiki/Teorema_fondamentale_dell%27aritmetica

Passiamo ora all'altra dimostrazione, quella di Eulero[520], ben più recente (diciottesimo secolo d.C.) e molto più tecnica, poiché ricorre alle proprietà della serie armonica (già citata al paragrafo 7.2) e della serie geometrica, entrambe approfondite in Appendice G. Ecco la traccia della dimostrazione:

La serie armonica
$$S = 1 + 1/2 + 1/3 + 1/4 + 1/5 + 1/6 + 1/7 + 1/8 + \dots + 1/n + \dots$$
può essere definita come prodotto di infinite serie geometriche, una per ogni primo:
$$S_2 = 1 + 1/2 + 1/4 + 1/8 + \dots + 1/(2^n) + \dots = 2$$
$$S_3 = 1 + 1/3 + 1/9 + 1/27 + \dots + 1/(3^n) + \dots = 3/2$$
$$S_5 = 1 + 1/5 + 1/25 + 1/125 + \dots + 1/(5^n) + \dots = 5/4$$
$$\dots$$
$$S_{k-1} = \dots$$
$$S_k = 1 + 1/k + 1/(k^2) + 1/(k^3) + \dots + 1/(k^n) + \dots = \frac{1}{1-\frac{1}{k}} = \frac{k}{k-1}$$
$$S_{k+1} = \dots$$
$$\dots$$

Come si vede, con k si è indicato il generico numero primo; si deve "scoprire" se esiste un valore massimo per k. Cioè se esiste il più grande dei numeri primi. Chiamiamo K questo "candidato" (che naturalmente scopriremo non esistere). Se K esistesse, ad esso corrisponderebbe la successione S_K, che avrebbe somma $\frac{K}{K-1}$.

Andiamo avanti, richiamando che ogni numero naturale n è esprimibile come il prodotto dei suoi fattori primi.

Ad esempio, considerando $n = 21$, abbiamo
$$n = 3 \cdot 7$$
che possiamo riscrivere
$$n = 1 \cdot 3 \cdot 1 \cdot 7 \cdot 1 \cdot 1 \cdot 1 \cdot \dots$$

In tale riscrittura si sono posti a 1 tutti i numeri primi che non concorrono a formare n; invece, i numeri primi che riproducono n occupano la loro posizione[521]. Scrivendo il reciproco dei due membri dell'uguaglianza, troviamo
$$1/n = 1 \cdot 1/3 \cdot 1 \cdot 1/7 \cdot 1 \cdot 1 \cdot 1 \cdot \dots$$

Siamo quindi arrivati a riconoscere che $1/n$, ossia il termine generico della serie armonica, è il prodotto di K termini, ciascuno dei quali è

---

[520] http://it.wikipedia.org/wiki/Teorema_dell%27infinit%C3%A0_dei_numeri_primi#Dimostrazione_di_Eulero
[521] La successione dei numeri primi inizia con: 2, 3, 5, 7, 11, 13, 17, 19, 23, 29, 31, 37, …

un elemento degli infiniti fattori di ogni serie geometrica S_2, S_3, S_5, S_7, ... S_{k-1}, S_k, S_{k+1}, ..., S_{K-1}, S_K.

Ma ciascuna di queste serie geometriche S_k ha somma finita: $\dfrac{k}{k-1}$, come visto.

Quindi la serie armonica, somma di infiniti termini che hanno un prodotto finito, convergerà a un numero finito (per quanto grande) se K esiste; divergerà all'infinito se invece K non esiste. Poiché si può dimostrare che la serie armonica diverge all'infinito,[522] si deduce che K non esiste: i numeri primi sono infiniti. {c.v.d.}

---

[522] Tale dimostrazione è in Appendice G, intitolata *La progressione geometrica, le serie geometrica e armonica*.

APPENDICE E – *Le equazioni*

E.1 Introduzione

Eccoci all'appendice che ritengo sarà la più visitata tra tutte: quella sulle equazioni. Giovani e meno giovani, spesso, hanno il cuore che va in fibrillazione quando si sentono interpellati su questo argomento, e quindi voglio fare un po' di giocosa chiarezza sopra di esso.

Innanzitutto: le equazioni non sono movimenti di cavalli (equine-azioni)! Sebbene vi siano vari tipi di equazioni – alcuni davvero molto sofisticati – si può pensare a una equazione come a una semplice uguaglianza

membro di sinistra = membro di destra

in cui ciascuno dei due membri sia una espressione matematica, quindi contenga numeri, operazioni e – per il dolore di molti – anche *lettere*, ossia segnaposti che sostituiscono la presenza di un numero (o addirittura di una funzione, ma non considereremo quest'ultimo caso).

Data la definizione – forse non ortodossa, ma sicuramente efficace per gli scopi di questo libro – le seguenti uguaglianze sono tre esempi di equazione:

$$3 \cdot 4 = 12 \qquad\qquad \text{(Eq. 1)}$$
$$3 \cdot 4 + x = 13 \qquad\qquad \text{(Eq. 2)}$$
$$2x - 4 = a \qquad\qquad \text{(Eq. 3)}$$

Nel primo esempio si vede che i due membri valgono sempre entrambi 12, quindi l'uguaglianza si può anche chiamare *identità*, poiché è sempre verificata. L'esempio successivo (Eq. 2) mette in evidenza che solo quando la lettera x assume il valore 1, l'uguaglianza risulta soddisfatta: solo 12+1 è uguale a 13. Se a x si sostituisce un qualsiasi altro numero, si perde tale "valore di verità": ad esempio, se si prova con $x=4$, si ottiene 16 = 13, il cui valore di verità è evidentemente falso.

Tipicamente, quando in una equazione vi è una lettera soltanto, la si chiama *incognita* perché essa rappresenta quel valore numerico (magari più di uno) che va ricercato – con tecniche opportune – affinché risulti vera l'uguaglianza. Quando si trova il valore calzante, lo si chiama *soluzione* dell'equazione. Quindi il valore 1 è soluzione dell'equazione (Eq. 2).

Se un'equazione non ha soluzioni (ossia non esiste alcun valore che sostituito a x renda vera l'uguaglianza), allora si dice che l'equazione è *impossibile*, come nel caso: $0x = 7$. Infatti nessun numero moltiplicato per 0 può fare 7, poiché (come sicuramente il lettore saprà… giusto?) ogni numero moltiplicato per 0 produce 0.
Un'equazione può anche essere *indeterminata*, ossia qualunque valore di x può soddisfare l'uguaglianza. L'esempio più semplice è $0x = 0$.

Sarà ora facile riconoscere che l'*insieme delle soluzioni*, che possiamo indicare con I_s, è un insieme vuoto nel caso di equazione impossibile; un insieme contenente $n < +\infty$ elementi nel caso di equazione determinata; un insieme di infiniti (∞) elementi nel caso di equazione indeterminata.

Può capitare, come nell'esempio (Eq. 3), che vi siano anche più lettere distinte. In tal caso non è necessariamente vero che tutte le lettere siano etichettate come incognite. Una o più lettere potrebbero essere considerate *parametri*. Essi hanno lo scopo di studiare come cambia la soluzione dell'equazione al variare dei parametri. In altre parole, io posso dire, nella (Eq. 3), che a è un parametro e x è l'incognita. Voglio capire come varia x se al parametro a assegno i valori 2, 4, 5, etc. Con opportune tecniche, scoprirò che se $a=2$, allora occorre $x=3$; se $a=4$, allora occorre $x=4$; se $a=5$, allora occorre $x=9/2$; e così via.

E.2 Origine delle equazioni

Un libro avvincente sul tema delle equazioni è sicuramente *L'equazione impossibile* di Mario Livio. Da esso traiamo una pagina interessante sull'origine storica delle equazioni:

> *La società babilonese in rapida evoluzione esigeva una gran mole di documenti per contabilizzare gli approvvigionamenti e la distribuzione di merci. C'era inoltre bisogno di strumenti di calcolo per le transazioni commerciali, per i progetti agricoli che richiedevano la suddivisione di lotti di terreno, e per la redazione dei testamenti. A questo fine, i babilonesi svilupparono la matematica più sofisticata del tempo. I testi in caratteri cuneiformi di centinaia di tavolette dimostrano che i babilonesi non solo padroneggiavano una gran varietà di manipolazioni aritmetiche, ma furono dei veri e propri anticipatori nel campo dell'algebra. [...] i babilonesi in realtà non usavano il concetto di equazione algebrica nell'accezione odierna. Piuttosto, esponevano dei problemi e li risolvevano in maniera retorica, nel comune linguaggio del discorso. In altre parole, un problema dopo l'altro veniva risolto con precise istruzioni verbali, ma nessun modello o formula era mai identificato come procedimento generale. Indubbiamente, questi problemi matematici apparvero per la prima volta nel contesto di una società che aveva l'esigenza di suddividere degli appezzamenti di terra [...]* [523]

---

[523] [Liv05], pag. 75.

E.3 I due principi di equivalenza

I principi di equivalenza permettono di manipolare un'uguaglianza per ottenere scopi ben precisi, come ad esempio risolvere le equazioni.[524] Infatti, passando da un'equazione a un'altra, equivalente alla precedente, si modificano i due membri dell'uguaglianza pur senza alterare l'insieme delle soluzioni I_s. Un esempio di questo procedimento è stato già incontrato al paragrafo 6.3, dedicato a Omar Khayyam, dove si presentano due equazioni equivalenti:

- $x^3 + 2x^2 + 5 = 0$
- $x^3 + 2x^2 = -5$

Vediamo ora formalmente i due principi di equivalenza.

✓ *Primo principio di equivalenza*
Data un'equazione, aggiungendo o sottraendo ad entrambi i membri la stessa quantità, si ottiene un'equazione equivalente. L'esempio è proprio quello appena sopra, dove si è sottratto 5 da ambo i membri.

✓ *Secondo principio di equivalenza*
Data un'equazione, moltiplicando o dividendo ad entrambi i membri la stessa quantità (non nulla), si ottiene un'equazione equivalente. Ad esempio, le due seguenti equazioni sono equivalenti poiché si è diviso tutto per 2:

- $10x^3 + 2x^2 + 6 = 1$
- $5x^3 + x^2 + 3 = 1/2$

Ricordare sinteticamente i due principi è davvero facile: basta notare che è come se possiamo spostare una qualunque espressione quantitativa da un membro all'altro, purché si abbia l'accortezza di "invertire l'operazione".

Ad esempio, da

- $10x^3 + 2x^2 + 6 = 1$

si può raccogliere il fattore 2 che moltiplica la restante parte del primo membro

- $2(5x^3 + x^2 + 3) = 1$

quindi il fattore 2 andrà a destra per dividere (operazione inversa del moltiplicare) il secondo membro

- $5x^3 + x^2 + 3 = 1/2$

Per evitare errori grossolani durante la manipolazione delle equazioni, conviene ricordare bene le definizioni e le proprietà dei monomi e dei polinomi. A questo scopo, è consigliabile un ripasso dei contenuti in Appendice M, intitolata *I monomi e i polinomi*.

---

[524] Per ulteriori approfondimenti: http://it.wikipedia.org/wiki/Risoluzione_di_un%27equazione

E.4 Il grado di un'equazione

Conviene definire il *grado* di una equazione, poiché ha un ruolo importante nella classificazione delle equazioni stesse. Ci limitiamo qui alle *equazioni algebriche* o *polinomiali*, ossia riconducibili a un polinomio posto uguale a zero. Inoltre ci focalizziamo su quelle con una sola incognita e senza alcun parametro. Ebbene, il *grado* di un'equazione cosiffatta è il grado del polinomio medesimo.[525]

Rispetto alle tre equazioni che hanno fatto da esempio all'inizio di questa appendice, possiamo dire: (Eq. 1) ha grado 0 rispetto a x (o a qualsiasi altra lettera[526]); (Eq. 2) ed (Eq. 3) hanno entrambi grado unitario, poiché l'incognita x compare senza esponenti, quindi si assume che l'esponente sia 1, poiché ogni numero (e quindi ogni lettera) elevato a 1 rimane uguale a se stesso: $x^1 = x$.

Vediamo qualche altro esempio:

$$\sqrt{x} + 3 = 7 \qquad \text{(Eq. 4)}$$
$$5x^3 + x^2 = 9 + 5x^3 \qquad \text{(Eq. 5)}$$
$$2x + 7x^3 - 10 = 1 \qquad \text{(Eq. 6)}$$
$$x^4 = 16 \qquad \text{(Eq. 7)}$$

La (Eq. 4) non è una equazione algebrica (la radice quadrata di un numero si può pensare come una potenza in cui l'esponente è 1/2, quindi non è un intero, ossia non soddisfa uno dei requisiti che deve avere un monomio: solo moltiplicazioni), pertanto non ci chiediamo qual è il suo grado. Ho poi inserito la (Eq. 5) per mostrare che un'equazione può avere un aspetto fuorviante. Infatti, essa sembra di grado 3, ma se si portano tutti i termini a sinistra dell'uguale e si svolgono le banali operazioni di somma algebrica di monomi, si scopre che il termine in x^3 scompare, quindi rimane un'equazione di secondo grado: $x^2 = 9$. Infine le (Eq. 6) e (Eq. 7) hanno rispettivamente grado 3 e grado 4.

Il grado di un'equazione algebrica è essenziale quando si cerca di risolverla: un teorema di importanza straordinaria afferma che un'equazione algebrica di grado n non può avere più di n soluzioni reali. Per soluzione reale si intende una soluzione che consiste in un numero reale, ossia di quelli che normalmente si studiano a scuola (interi, frazioni, radicali, …), come vedremo in Appendice N, intitolata *I numeri*.

La bellezza della Matematica si rivela quando si estende l'insieme di numeri reali a un insieme più grande, detto dei numeri complessi. In questo insieme compaiono anche i numeri "immaginari" (denominati così perché in grado di fare cose paradossali, come ad esempio essere la radice quadrata di un numero negativo! Lo

---

[525] In Appendice M, intitolata *I monomi e i polinomi*, il lettore può rivedere alcuni concetti chiave relativi ai polinomi e al grado di un polinomio.
[526] Domanda da professore: perché in (Eq. 1) il grado è zero per ogni lettera? La risposta in Appendice M, intitolata *I monomi e i polinomi*.

vedremo meglio in Appendice I, intitolata *L'unità immaginaria e i numeri complessi*).

Gauss, nel 1799, dimostrò per la prima volta quello che, non a torto, è considerato il "Teorema fondamentale dell'algebra": se si considera il campo complesso, ogni equazione algebrica di grado *n* ammette esattamente *n* soluzioni complesse (purché si contino opportunamente le molteplicità di ciascuna soluzione, ma questo dettaglio non lo svisceriamo).

E.5 L'equazione di primo grado

A scuola ci insegnano che le equazioni più semplici sono quelle lineari, ossia di primo grado. La forma canonica (polinomiale ordinata a partire dal grado più elevato) è:

$$ax + b = 0 \qquad \text{con } a \neq 0.$$

Grazie all'applicazione dei due principi di equivalenza delle equazioni (visti proprio qualche pagina prima) è banale addivenire alla soluzione:

$$x = -\frac{b}{a}$$

Infatti dapprima si è sottratto *b* ai due membri, poi si è diviso tutto per *a*.

Consideriamo ad esempio l'equazione: $3x + 7 = -2x + 22$.
Portata in forma canonica diventa: $5x - 15 = 0$. La soluzione è $x = -(-15)/5 = 3$.

Diamone la prova, sostituendo al posto dell'incognita il valore della soluzione:
$3 \cdot 3 + 7 = -2 \cdot 3 + 22$, ossia l'identità $16 = 16$.

Non dobbiamo pensare che fin dall'antichità la Matematica sia stata come quella di oggi! Già Bruno D'Amore[527] ci ha messo in guardia su questo! Sentiamo ancora Mario Livio, a proposito delle equazioni di primo grado:

> *Evidentemente i babilonesi le ritenevano [le equazioni lineari] troppo elementari per meritare una dettagliata documentazione. La nostra conoscenza della matematica egiziana proviene per buona parte dall'affascinante Papiro di Ahmes. Questo grande papiro (lungo quasi cinque metri e mezzo) è attualmente conservato al British Museum (tranne alcuni frammenti, scoperti in modo inaspettato in una raccolta di carte mediche e custoditi al Brooklyn Museum). Il papiro venne acquistato nel 1858 dall'egittologo scozzese Henry Rhind, ragion per cui*

---

[527] In Appendice D, *Dimostrazioni*, D'Amore ci ha già mostrato che anche solo l'enunciato del teorema dell'infinità dei numeri primi ha subito molti mutamenti nel corso del tempo.

spesso ci si riferisce ad esso come al Papiro di Rhind. Lo scriba Ahmes, secondo la sua stessa testimonianza, lo copiò intorno al 1650 a.C. da un documento originale scritto un paio di secoli prima (durante il regno di Ammenemes III della XII dinastia). Il papiro, definito dallo scienziato britannico D'Arcy Thompson «uno degli antichi monumenti del sapere», contiene ottantasette problemi, preceduti da una tabella di «ricette» per le divisioni e da un'introduzione.

Quest'ultima descrive il documento in modo piuttosto magniloquente come «L'accesso alla conoscenza di tutte le cose esistenti e di tutti gli oscuri misteri». I problemi che Ahmes presenta e risolve, d'altro canto, hanno a che vedere perlopiù con questioni pratiche, dall'equa spartizione di forme di pane alla pendenza delle piramidi. L'incognita è chiamata aha, che significa «mucchio». Ad esempio, il problema 26 chiede di determinare il valore di aha se la somma di aha e il suo quarto dà come risultato 15. Nella notazione moderna formuleremmo l'equazione $x + \frac{1}{4}x = 15$, la cui soluzione, correttamente data da Ahmes, è $x = 12$. [528]

Le equazioni lineari possono anche essere raccolte in gruppi, originando i cosiddetti *sistemi lineari*.[529] In essi, di regola, occorre disporre di tante equazioni lineari quante sono le incognite. Ad esempio, a scuola si fanno molti esercizi sul caso di due equazioni in due incognite:

$$\begin{cases} ax + by = c \\ dx + ey = f \end{cases}$$

E.6 L'equazione di secondo grado

Torniamo alle singole equazioni. Le equazioni non lineari costituiscono argomento di studio a livello universitario, data la loro difficoltà (non a caso vengono citate nei film *A beautiful mind* e *21*, la cui ambientazione sono gli atenei, come visto nel capitolo 5).

Alcuni tipi di equazioni non lineari sono peraltro stati oggetto di studio per secoli e possiedono note formule per risolverle in casi molto generali. Le uniche equazioni non lineari che rimangono molto facilmente trattabili anche dagli studenti di scuola superiore sono le equazioni di secondo grado,[530] ossia in forma canonica:

---

[528] [Liv05], pagine 76 e 77.

[529] Anche su questo argomento ci sono enormi quantità di nozioni e di approfondimenti (ad esempio sui sistemi impossibili, indeterminati, determinati, sovradeterminati, sottodeterminati).

[530] Oggi si ritiene che «i matematici babilonesi, greci e in particolar modo indù del VII secolo sapessero già risolvere equazioni di secondo grado di vario tipo». Citazione a pag. 85 di [Liv05].

$$ax^2 + bx + c = 0 \qquad \text{con } a \neq 0.$$

La teoria afferma che vi siano potenzialmente due soluzioni:

$$x_{1,2} = \frac{-b \pm \sqrt{b^2 - 4ac}}{2a}$$

In tale espressione, il simbolo ± non significa "approssimativamente", bensì vuol dire che una soluzione si ottiene con l'addizione e l'altra si ottiene con la sottrazione. Si tratta infatti di un modo per scrivere in forma sintetica che

$$x_1 = \frac{-b - \sqrt{b^2 - 4ac}}{2a}$$

$$x_2 = \frac{-b + \sqrt{b^2 - 4ac}}{2a}$$

In altri termini, definito il discriminante, simboleggiato dalla lettera greca delta maiuscola,

$$\Delta = b^2 - 4ac$$

possiamo scrivere formalmente

$$x_1 = \frac{-b - \sqrt{\Delta}}{2a}$$

$$x_2 = \frac{-b + \sqrt{\Delta}}{2a}$$

che possono anche essere riscritte come

$$x_1 = -\frac{b}{2a} - \frac{\sqrt{\Delta}}{2a}$$

$$x_2 = -\frac{b}{2a} + \frac{\sqrt{\Delta}}{2a}$$

Appare così evidente che
  ➢ Se $\Delta > 0$, le due soluzioni sono distinte:
$$x_1 < x_2$$

  ➢ Se $\Delta = 0$, le due soluzioni sono coincidenti:
$$x_1 = x_2 = -\frac{b}{2a}$$

  ➢ Se $\Delta < 0$, le due soluzioni sono *complesse coniugate*.[531] Poiché presso le scuole superiori non sempre si introducono i numeri *complessi*, i ragazzi apprendono che se $\Delta < 0$ allora l'equazione è impossibile, proprio perché nell'insieme dei

---

[531] I numeri complessi sono presentati in Appendice I, intitolata *L'unità Immaginaria e i numeri complessi*. In tale sezione del libro diamo la definizione di coppia di *numeri complessi coniugati*.

numeri reali non è possibile estrarre la radice quadrata di una quantità negativa. In altre parole: non esiste un numero *reale* che moltiplicato per se stesso produca un risultato negativo.

➢ La somma e il prodotto delle soluzioni sono sempre calcolabili banalmente:

$$x_1 + x_2 = \frac{-b-\sqrt{\Delta}}{2a} + \frac{-b+\sqrt{\Delta}}{2a} = \frac{-b-\sqrt{\Delta}-b+\sqrt{\Delta}}{2a} = \frac{-2b}{2a} = -\frac{b}{a}$$

$$x_1 \cdot x_2 = \frac{-b-\sqrt{\Delta}}{2a} \cdot \frac{-b+\sqrt{\Delta}}{2a} = \frac{(-b)^2-\Delta}{4a^2} = \frac{b^2-(b^2-4ac)}{4a^2} = \frac{4ac}{4a^2} = \frac{c}{a}$$

Come? Vi chiedete se servono davvero queste cose? Diamo ancora la parola a Mario Livio:

> *Nel codice ebraico di diritto civile e canonico — il Talmud — troviamo la storia di un esilarca cui era stata comminata una pesantissima multa. Doveva riempire di frumento un granaio con una superficie di 40 x 40 unità. Disperato, l'uomo si recò dal rabbino Huna (ca. 212-297 d.C.), capo dell'Accademia di Sura a Babilonia, per avere un consiglio. L'erudito gli disse: «Convincili a farsi pagare [in due rate:] adesso una superficie di 20 per 20 e dopo qualche tempo un'altra rata di 20 per 20, e risparmierai la metà». Ovviamente, l'area di un quadrato con un lato di 40 unità è 40 x 40 = 1600 unità di superficie, mentre la somma delle aree di due quadrati 20 x 20 è soltanto 800 unità di superficie. Il rabbino Huna in questo caso sfrutta un errore molto comune nei tempi antichi: l'idea che l'area di una figura dipenda interamente dal suo perimetro. Lo storico greco Polibio (ca. 203-120 a.C.), ad esempio, ci dice che in molti ai suoi tempi si rifiutavano di credere che Sparta, con una cinta di mura di 48 stadi, potesse avere una capacità doppia rispetto a Megalopoli, con un perimetro di 50 stadi.*

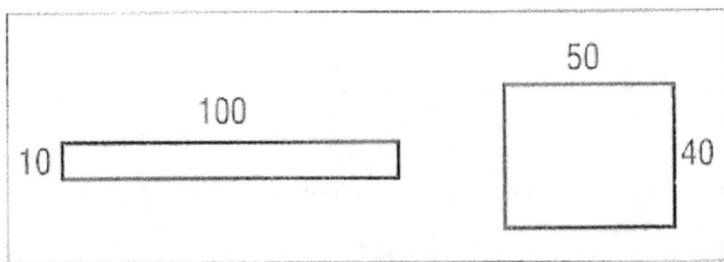

Figura: Un rettangolo con perimetro minore e area maggiore di un altro

> *La figura offre una semplice dimostrazione di come una figura con un perimetro minore possa avere un'area maggiore. Il rettangolo allungato ha un perimetro di 2 x (100 + 10) = 220 unità e un'area di 100 x 10 = 1000 unità di superficie. L'altro rettangolo ha un perimetro*

minore, 2 x (50 + 40) = 180, ma un'area doppia, 50 x 40 = 2000 unità di superficie. Il matematico greco Proclo (411-485) osservò che ancora nel V secolo, i membri di alcune comunità erano soliti imbrogliare i loro concittadini assegnandogli terreni con perimetri più lunghi ma aree più piccole di quelli che sceglievano per sé. Aggiungendo al danno la beffa, questi furfanti usavano il raggiro per guadagnarsi la fama di persone generose.

Vediamo come spiegare questa confusione tra perimetro e area. Supponiamo di avere un rettangolo con un perimetro di 18 unità. Se indichiamo con x la lunghezza e con y la larghezza, allora x + y = 9 (poiché per ottenere il perimetro dobbiamo sommare due volte la lunghezza e due volte la larghezza).

Immaginiamo inoltre che l'area sia di 20 unità di superficie. Ciò significa che xy = 20 (l'area è il prodotto della lunghezza e della larghezza). Abbiamo perciò un sistema di due equazioni con due incognite:

$$x + y = 9$$
$$xy = 20$$

Un modo diretto di risolvere questo problema sarebbe isolare l'incognita y dalla prima espressione (sottraendo x da entrambi i lati), y = 9 − x, e sostituire questa espressione a y nella seconda equazione: x(9 − x) = 20.

Se ora eseguiamo una moltiplicazione sul lato sinistro, otteniamo l'equazione di secondo grado $9x - x^2 = 20$. Molti problemi babilonesi che conducono a equazioni quadratiche hanno questa forma generale. Ad esempio, il problema 2 nella tavoletta 13901 conservata al British Museum recita: «Ho sottratto il lato dall'area del mio quadrato. 870». Ciò corrisponde all'equazione di secondo grado $x^2 - x = 870$. Possiamo quindi ipotizzare che le equazioni quadratiche siano nate come tentativo, da parte dei coscienziosi matematici babilonesi, di proteggere la gente dai truffatori e dagli astuti ladri di terre. In che modo scoprirono la risoluzione delle equazioni quadratiche rimane un mistero, perché, sebbene i babilonesi esponessero per filo e per segno i passi del procedimento per arrivare alla soluzione, non ci hanno mai detto come avessero ricavato tale procedimento.

Gli antichi egizi sapevano padroneggiare le equazioni di secondo grado più semplici, del tipo $x^2 = 4$, ma non equazioni «miste» che includessero sia x sia x^2. Qual è la soluzione di $x^2 = 4$? È la radice quadrata di 4, indicata come $\sqrt{4}$. Una risposta ovvia è 2, poiché 2 x 2 = 4. Agli egizi non interessava altro, visto che il numero doveva rappresentare grandezze quali lunghezze o forme di pane, che devono essere positive. Tuttavia, l'equazione $x^2 = 4$ in realtà ammette una seconda, meno ovvia, soluzione: −2. Quando un numero negativo viene moltiplicato per un *secondo numero negativo, il risultato è un numero positivo.*[532] *In altre parole, (–2)* × *(–2) = 4, e quindi l'equazione* $x^2 = 4$ *ha due soluzioni: x = 2 e x = –2. Questa è la prima indicazione che le equazioni di secondo grado possono avere due differenti soluzioni, non una sola. Benché i babilonesi fossero in grado di risolvere equazioni quadratiche miste, erano interessati unicamente a soluzioni positive, poiché in genere l'incognita rappresentava delle lunghezze. Inoltre, evitavano i casi in cui fosse possibile trovare due diverse soluzioni positive, che dovevano apparire loro come illogiche assurdità.*

Nonostante la loro superba abilità matematica, i primi matematici greci si concentrarono soprattutto sulla geometria e sulla logica, prestando un'attenzione relativamente scarsa all'algebra. La chiara percezione della forma e del numero come due aspetti di una sola matematica dovette attendere le brillanti menti matematiche del XVII secolo. Il grande Euclide di Alessandria, la cui monumentale opera Elementi *(risalente circa al 300 a.C.) gettò le basi della geometria, si occupa delle equazioni di secondo grado solo indirettamente. Risolve le equazioni in maniera geometrica, formulando metodi per determinare le lunghezze che sono di fatto risoluzioni di equazioni quadratiche. Toccherà ai matematici arabi, secoli dopo, sviluppare ulteriormente questo tipo di algebra geometrica.*[533]

E.7 L'equazione di terzo grado

È arrivato il turno delle equazioni algebriche di 3° grado, ossia scrivibili in *forma canonica* come:

$$a x^3 + b x^2 + c x + d = 0 \quad \text{con } a \neq 0$$

Come accennato al paragrafo 6.4, intitolato *Ta... ta... ta... Tartaglia*, con opportuni passaggi si può pervenire alla *forma ridotta*,[534] senza togliere generalità all'equazione stessa:

$$x^3 + p x = q$$

Ora mostro i passaggi per arrivare alla forma ridotta. Innanzitutto, desidero che il coefficiente *a* del monomio di grado maggiore (grado 3) sia uguale a 1. Se non lo è

---

[532] Ne abbiamo già parlato in altri punti del libro. In particolare, nel Paragrafo A.1, intitolato *Il prodotti di due segni negativi*, abbiamo chiosato intorno a questo argomento.

[533] [Liv05], da pag. 79 a pag. 82.

[534] Nella forma ridotta, il coefficiente di x^3 è 1, ma soprattutto è importante che il coefficiente di x^2 sia 0.

---

già, semplicemente divido per il numero a (sicuramente diverso da zero per prescrizione) entrambi i membri dell'equazione in forma canonica, ottenendo

$$x^3 + (b/a)\, x^2 + (c/a)\, x + (d/a) = 0$$

ossia, ponendo $\tilde{b} = \dfrac{b}{a}$, $\tilde{c} = \dfrac{c}{a}$, $\tilde{d} = \dfrac{d}{a}$, si arriva a

$$x^3 + \tilde{b}\, x^2 + \tilde{c}\, x + \tilde{d} = 0$$

Ora introduco il cambio di variabile

$$z = x + \frac{\tilde{b}}{3} \quad \Leftrightarrow \quad x = z - \frac{\tilde{b}}{3}$$

che conduce a

$$\left(z - \frac{\tilde{b}}{3}\right)^3 + \tilde{b}\left(z - \frac{\tilde{b}}{3}\right)^2 + \tilde{c}\left(z - \frac{\tilde{b}}{3}\right) + \tilde{d} = 0$$

Applicando ora le note formule del *cubo del binomio* e del *quadrato del binomio*,[535] approdiamo a

$$z^3 + 3z^2\left(-\frac{\tilde{b}}{3}\right) + 3z\left(-\frac{\tilde{b}}{3}\right)^2 + \left(-\frac{\tilde{b}}{3}\right)^3 + \tilde{b}\left[z^2 + 2z\left(-\frac{\tilde{b}}{3}\right) + \left(-\frac{\tilde{b}}{3}\right)^2\right] + \tilde{c}z - \frac{\tilde{c}\tilde{b}}{3} + \tilde{d} = 0$$

ovvero

$$z^3 - \tilde{b}z^2 + \frac{\tilde{b}^2}{3}z - \frac{\tilde{b}^3}{27} + \tilde{b}z^2 - \frac{2\tilde{b}^2}{3}z + \frac{\tilde{b}^3}{9} + \tilde{c}z - \frac{\tilde{c}\tilde{b}}{3} + \tilde{d} = 0$$

che porta, dopo l'elisione di $-\tilde{b}z^2$ con il suo opposto $\tilde{b}z^2$, a

$$z^3 + \left(\frac{\tilde{b}^2}{3} - \frac{2\tilde{b}^2}{3} + \tilde{c}\right) z = -\frac{\tilde{b}^3}{9} + \frac{\tilde{c}\tilde{b}}{3} - \tilde{d}$$

ergo, ponendo $p = \dfrac{\tilde{b}^2}{3} - \dfrac{2\tilde{b}^2}{3} + \tilde{c}$ e $q = -\dfrac{\tilde{b}^3}{9} + \dfrac{\tilde{c}\tilde{b}}{3} - \tilde{d}$,

$$z^3 + p\, z = q$$

Data l'arbitrarietà del nome dell'incognita z (che potremmo anche ribattezzare $\tilde{x}$ o addirittura x, distinguendo questa x dalla x iniziale, nella consapevolezza che una lettera è muta, nel senso che serve solo a distinguersi dalle altre lettere), abbiamo

---

[535] Nel Paragrafo A.3, intitolato *Sviluppo della potenza n-esima di un binomio*, ho introdotto con dovizia di particolari tali formule.

dimostrato l'assunto, cioè che ogni equazione algebrica di terzo grado si può ricondurre alla forma ridotta

$$x^3 + p\,x = q$$

Siccome non vogliamo confondere il lettore, usiamo z come generica incognita della forma ridotta:

$$z^3 + p\,z = q$$

Cerchiamo quindi di risolvere ora quest'ultima equazione[536], sfruttando la poesia di Tartaglia, che inizia proprio introducendo tale forma:

Quando che'l cubo con le cose appresso	$[z^3 + p\,z]$
Se agguaglia à qualche numero discreto	$[= q]$
Trovan dui altri differenti in esso.	$[u - v = q]$
Dapoi terrai questo per consueto	
Che'llor produtto sempre sia eguale	$[\,uv =\,]$
Al terzo cubo delle cose neto,	$[\,(p/3\,)^3\,]$
El residuo poi suo generale	
Delli lor lati cubi ben sottratti	$[\,\sqrt[3]{u} - \sqrt[3]{v}\,]$
Varra la tua cosa principale.	$[= z]$

Occorre quindi determinare due numeri u e v, la cui differenza valga q e il cui prodotto sia il cubo della frazione $p/3$. Quando si hanno questi due numeri u e v, la soluzione dell'equazione di terzo grado in forma ridotta è banalmente la differenza dei cubi dei due numeri. Per trovare z, la soluzione all'equazione di terzo grado, bisogna quindi risolvere il seguente sistema:

$$\begin{cases} u - v = q \\ uv = \left(\dfrac{p}{3}\right)^3 \end{cases}$$

Ponendo poi $w = -v$, si ha

$$\begin{cases} u + w = q \\ uw = -\left(\dfrac{p}{3}\right)^3 \end{cases}$$

Per risolvere quest'ultimo sistema, possiamo usare una equazione di secondo grado (nell'incognita t, ad esempio) costruita appositamente:

$$t^2 - q\,t - (p/3\,)^3 = 0$$

---

[536] Adattandole alla mia notazione, riporto alcune idee tratte da Wikipedia: http://it.wikipedia.org/wiki/Equazione_di_terzo_grado

Così otteniamo due valori t_1 e t_2 che costituiscono proprio u e w. Infatti, come dimostrato prima, in questa equazione di secondo grado, avremmo che

$$t_1 + t_2 = -\frac{-q}{1} = q$$

$$t_1 \bullet t_2 = \frac{-(p/3)^3}{1} = -\left(p/3\right)^3$$

Semplicemente, quindi, troviamo t_1 e t_2:

$$t_{1,2} = \frac{-(-q) \pm \sqrt{(-q)^2 - 4 \cdot (1) \cdot (-p/3)^3}}{2 \cdot (1)} = \frac{q \pm \sqrt{q^2 + 4p^3/27}}{2} = \frac{q}{2} \pm \sqrt{\frac{q^2}{4} + \frac{p^3}{27}}$$

Ora andiamo a ritroso per concludere il ragionamento, in modo da scrivere le *formule cardaniche*:

$$z = \sqrt[3]{u} - \sqrt[3]{v} = \sqrt[3]{u} + \sqrt[3]{w} = \sqrt[3]{\frac{q}{2} - \sqrt{\frac{q^2}{4} + \frac{p^3}{27}}} + \sqrt[3]{\frac{q}{2} + \sqrt{\frac{q^2}{4} + \frac{p^3}{27}}}$$

Se estendiamo questi radicali cubici al campo complesso, allora – per il teorema fondamentale dell'algebra[537] – possiamo aspettarci tre soluzioni (contando le dovute molteplicità qualora ci fossero eventuali soluzioni coincidenti).

Definiamo anche qui, in analogia con le equazioni di secondo grado, il discriminante Delta come

$$\Delta = \frac{q^2}{4} + \frac{p^3}{27}$$

e quindi esaminiamo le 3 situazioni alternative:

- Se $\Delta > 0$, le tre soluzioni sono distinte. Ricordando che

$$u = \frac{q}{2} - \sqrt{\Delta} \quad e \quad w = \frac{q}{2} + \sqrt{\Delta} \ ,$$

abbiamo:

$$z_1 = \sqrt[3]{u} + \sqrt[3]{w}$$

$$z_2 = \sqrt[3]{u}\left(-\frac{1}{2} + i\frac{\sqrt{3}}{2}\right) + \sqrt[3]{w}\left(-\frac{1}{2} - i\frac{\sqrt{3}}{2}\right)$$

$$z_3 = \sqrt[3]{u}\left(-\frac{1}{2} - i\frac{\sqrt{3}}{2}\right) + \sqrt[3]{w}\left(-\frac{1}{2} + i\frac{\sqrt{3}}{2}\right)$$

---

[537] Il teorema fondamentale dell'algebra (di Gauss) è stato menzionato nel Paragrafo E.4, intitolato *Il grado di un'equazione*.

- Se $\Delta = 0$, due delle tre soluzioni diventano coincidenti (una soluzione con molteplicità doppia) e le formule diventano banalmente:

$$z_1 = \sqrt[3]{u} + \sqrt[3]{w} = \sqrt[3]{\frac{q}{2}} + \sqrt[3]{\frac{q}{2}} = 2\sqrt[3]{\frac{q}{2}}$$

$$z_2 = z_3 = \sqrt[3]{\frac{q}{2}}\left(-\frac{1}{2} \pm i\frac{\sqrt{3}}{2}\right) + \sqrt[3]{\frac{q}{2}}\left(-\frac{1}{2} \mu\, i\frac{\sqrt{3}}{2}\right) =$$

$$= \sqrt[3]{\frac{q}{2}}\left(-\frac{1}{2} \pm i\frac{\sqrt{3}}{2} - \frac{1}{2}\mu\, i\frac{\sqrt{3}}{2}\right) = -\sqrt[3]{\frac{q}{2}}$$

- Se $\Delta < 0$, bisogna sfruttare l'identità di Eulero dei numeri complessi:[538]

$$z = \rho\, e^{i\theta} = \rho\,(\cos\theta + i\sin\theta)$$

per trasformare il numero complesso

$$z = \frac{q}{2} + i\sqrt{-\Delta}$$

in modo da ottenere le tre soluzioni in forma polare (trigonometrica)[539]

$$z_1 = 2\sqrt{-\frac{p}{3}} \cdot \cos\frac{\theta}{3}$$

$$z_2 = 2\sqrt{-\frac{p}{3}} \cdot \cos\frac{\theta + 2\pi}{3}$$

$$z_3 = 2\sqrt{-\frac{p}{3}} \cdot \cos\frac{\theta + 4\pi}{3}$$

Naturalmente, una volta note le soluzioni z_1, z_2, z_3 della forma ridotta, si può risalire alle corrispondenti tre soluzioni x_1, x_2, x_3 della forma canonica, utilizzando la mappa inversa, ossia

$$x = z - \frac{\tilde{b}}{3}$$

Dopo Cardano, fu un matematico e politico francese, François Viète (latinizzato in Franciscus Vieta), a trovare una elegante formula[540] che permetteva la soluzione delle equazioni di terzo grado in forma ridotta. Ve la presento perché molto semplice.

---

[538] In Appendice I, intitolata *L'unità Immaginaria e i numeri complessi*, spiego con sufficiente dettaglio la rappresentazione polare e l'identità di Eulero per i numeri complessi.

[539] Il lettore che vuole approfondire questo caso può visitare il link seguente (stando attenti al fatto che il termine q di Wikipedia è cambiato di segno nella nostra appendice):
http://it.wikipedia.org/wiki/Equazione_di_terzo_grado#Primo_caso_.CE.94.3C0

[540] http://mathworld.wolfram.com/VietasSubstitution.html

Partendo da

$$z^3 + p\,z = q$$

si pone $x = y - \dfrac{p}{3y}$, ottenendo

$$y^3 - \frac{p^3}{27y^3} - q = 0$$

ossia

$$\left(y^3\right)^2 - q\left(y^3\right) - \frac{1}{27}p^3 = 0$$

la quale è in effetti una equazione di secondo grado nell'incognita $t = y^3$, in analogia a quanto visto in precedenza:

$$t^2 - q\,t - \frac{1}{27}p^3 = 0$$

L'equazione cubica gode di due proprietà che legano i coefficienti a, b, c, d della sua forma canonica con le soluzioni (dette anche radici) x_1, x_2, x_3:

- $-b/a = x_1 + x_2 + x_3$
- $-c/d = 1/x_1 + 1/x_2 + 1/x_3$ [formula di Viète-Girard][541]

---

[541] http://it.wikipedia.org/wiki/Formule_di_Vi%C3%A8te

APPENDICE G – *La progressione geometrica, le serie geometrica e armonica*

L'anima è «quella cosa che scappa a rintanarsi quando sente parlare di serie algebriche»
Robert Musil[542]

Nel paragrafo 6.9, *Pronti a ricevere da... Dante*, abbiamo avuto un assaggio di come una sequenza numerica può avanzare molto velocemente: è il caso della richiesta di Lahur Sessa (inventore degli Scacchi, secondo la tradizione) per un compenso apparentemente innocente, ma in verità impossibile da onorare. Questo è un esempio di *progressione geometrica*, ossia una successione di numeri dove il nuovo elemento sta al precedente come quest'ultimo sta al suo ulteriore precedente.

In altri termini, se chiamiamo r la *ragione* della successione, essa ha questo andamento:

$a_0 = 1$
$a_1 = r$
$a_2 = r^2$
$a_3 = r^3$
...

Come si vede, ottengo a_{n+1} semplicemente moltiplicando il predecessore, ossia a_n, per la ragione r.

È possibile generalizzare il procedimento partendo da un termine a_0 diverso da 1, ossia introducendo anche un *fattore di scala*, s. Allora la sequenza diventa

$a_0 = s$
$a_1 = sr$
$a_2 = sr^2$
$a_3 = sr^3$
...

che può essere definite come $a_n = sr^n$ mentre la ragione e il fattore di scala sono quindi

$$r = \sqrt[n]{\frac{a_n}{s}} \quad e \ s = \frac{a_n}{r^n}.$$

Nel caso della pretesa di Lahur Sessa, abbiamo $r = 2$ e $s = 1$, quindi la sequenza è

$a_0 = 1$
$a_1 = 2$

---

[542] In *L'uomo senza qualità*, citato in [Tofl1], pag. 247.

$a_2 = 4$

$a_3 = 8$

$a_4 = 16$

$a_5 = 32$

$a_6 = 64$

...

$a_{63} = 2^{63} = 9223372036854775808$

Naturalmente l'inventore degli Scacchi non chiese un compenso pari ad a_{63} (comunque enorme), ma addirittura la somma di tutti i termini da a_0 ad a_{63}. Per calcolare tale valore, esiste una nota formula:[543]

$$1 + r + r^2 + r^3 + ... + r^n = \sum_{k=0}^{n} r^k = \frac{1 - r^{(n+1)}}{1 - r}$$

Quanti chicchi di grano avrà quindi chiesto Lahur Sessa? Ponendo in tale formula i valori $r=2$ e $n=63$ (perché, per avere il calcolo su 64 caselle della scacchiera, k corre da 0 a 63) si ottiene

$$S_2 = \frac{1 - r^{(n+1)}}{1 - r} = \frac{1 - 2^{(63+1)}}{1 - 2} = 2^{64} - 1 = 18446744073709551615$$

In una delle ultime pagine di [Tah96], l'autore ci regala informazioni proprio sul numero S_2:

> *Questo numero gigantesco, composto di venti cifre, esprime il totale dei chicchi di grano che il leggendario re Iadava promise incautamente al non meno leggendario Lahur Sessa, inventore del gioco degli scacchi. Facendo un calcolo approssimativo del volume colossale di questa massa di grano, gli studiosi affermano che la Terra intera, seminata a grano in tutta la sua estensione da nord a sud, con una raccolta all'anno potrebbe estinguere il debito del re soltanto dopo quattrocentocinquanta secoli!*
>
> *Il matematico francese Etienne Ducret incluse in un suo libro, corredandoli di annotazioni proprie, i calcoli svolti dal famoso matematico inglese John Wallis per esprimere il volume dell'ingente quantità di grano che il re indiano promise all'astuto inventore degli scacchi. Concordando con Wallis, Ducret sostiene che il grano sarebbe sufficiente a riempire un cubo avente il lato di 9400 metri. Questa mastodontica massa di grano sarebbe costata al monarca, secondo i prezzi dell'epoca, una somma di sterline espressa dal numero*
> *855 056 260 444 220*
> *Si tratta di oltre 855 trilioni di sterline!*

---

[543] La scriviamo per un fattore di scala unitario ($s=1$). Per valori di s diversi, è banale la generalizzazione. La dimostrazione della formula è davvero semplice. La si può comunque trovare su Wikipedia: http://it.wikipedia.org/wiki/Progressione_geometrica

Se per puro passatempo volessimo contare i chicchi di grano del monte S₂ procedendo al ritmo di cinque ogni secondo, impiegheremmo – ammesso di continuare nella nostra attività giorno e notte ininterrottamente – la bellezza di 1.170 milioni di secoli!

Secondo il racconto di Beremiz, l'Uomo Che Contava, l'immaginoso inventore Lahur Sessa dichiarò pubblicamente di rinunciare alla promessa fattagli dal re, liberando così il sovrano dall'angustia di un impegno che non avrebbe mai potuto onorare. Per pagare una minima parte del debito, egli infatti avrebbe dovuto consegnare al nuovo creditore il suo tesoro, gli arredi reali, le sue terre e i suoi schiavi, precipitando nella più assoluta indigenza.[544]

Il lettore che ha già compulsato il paragrafo 4.21 e l'Appendice S di questo libro, avrà riscontrato che abbiamo svolto calcoli analoghi per risolvere gli enigmi del Papiro di Ahmes.

Anche Giacomo Leopardi fu affascinato dalla crescita esponenziale di una sequenza numerica e se ne servì per scrivere una critica al vetriolo. Troviamo testimonianza di questo sia nel recente film italiano sul grande poeta di Recanati, intitolato "Il giovane favoloso", sia in un brano di Carlo Toffalori:

[…] Leopardi stigmatizzava due secoli fa […] il «vizio di leggere o di recitare ad altri i componimenti propri: il quale, essendo antichissimo, pure nei secoli addietro fu una miseria tollerabile, perché rara; ma oggi, che il comporre è di tutti, e che la cosa più difficile è trovare uno che non sia autore, è divenuto un flagello, una calamità pubblica, e una nuova tribolazione della vita umana». Per porvi rimedio, egli proponeva di aprire «una scuola o accademia ovvero ateneo di ascoltazione; dove, a qualunque ora del giorno e della notte» si ascolterà «chi vorrà leggere a prezzi determinati; che saranno, per la prosa, la prima ora, uno scudo, la seconda due, la terza quattro, la quarta otto, e così crescendo in progressione aritmetica. Per la poesia il doppio». La qual pratica si potrebbe instaurare anche oggi, per scoraggiare il proliferare di quegli scribacchini del nulla di cui già si diceva; tanto più che le tariffe che Leopardi propone, e il loro raddoppiare a ogni ora, sono fatti apposta per prosciugare le tasche degli aspiranti scrittori.

Semmai si dovrebbe rimproverare al poeta una imprecisione in fatto di matematica, perché, a essere pignoli, quella che lui chiama progressione aritmetica, ovvero la sequenza delle potenze di due 1, 2, 4, 8, …, ha piuttosto il nome di «progressione geometrica di ragione 2». Forse il conte padre Monaldo avrebbe trovato di che ridire col figlio Giacomo.

---

[544] [Tah96], da pag. 202.

Ma il conte Monaldo era fin troppo severo e da parte nostra possiamo certo perdonare a Leopardi peccati tanto veniali.[545]

Spero di aver tratteggiato in modo corretto e non incompleto quelle che sono definite la progressione geometrica e la serie geometrica (la somma della progressione geometrica).

L'ultimo argomento di questo paragrafo merita di essere la serie armonica, che abbiamo incontrato al paragrafo 7.2, intitolato *Lo Scenario 2: Vivere in eterno* (una delle cinque parti di *Infinities*, lo spettacolo teatrale di cui parliamo diffusamente nel capitolo 7).
In Appendice D, *Dimostrazioni*, abbiamo esaminato la serie armonica

$$1+\frac{1}{2}+\frac{1}{3}+\frac{1}{4}+\frac{1}{5}+\frac{1}{6}+\frac{1}{7}+\frac{1}{8}+...$$

avendo dato per scontato che la serie armonica diverga, cioè abbia una somma infinita (in tal modo – si ricorderà – abbiamo dimostrato che i numeri primi sono infiniti). Ora vogliamo proprio provare che la serie armonica diverge. Esistono diverse dimostrazioni; qui scegliamo quella[546] che John D. Barrow incluse nel copione di *Infinities*, quando si indulge sull'idea che si possa dormire sempre più e allo stesso tempo vivere un tempo infinito.

Iniziamo la dimostrazione raggruppando le frazioni che valgono meno di 1/2, accorpandole in blocchi di numerosità corrispondenti alle potenze di 2, ossia il primo blocco sarà di 2 elementi, il secondo blocco di 4 elementi, il terzo di 8 elementi, e così via:

$$1+\frac{1}{2}+\left(\frac{1}{3}+\frac{1}{4}\right)+\left(\frac{1}{5}+\frac{1}{6}+\frac{1}{7}+\frac{1}{8}\right)+\left(\frac{1}{9}+\frac{1}{10}+\frac{1}{11}+\frac{1}{12}+\frac{1}{13}+\frac{1}{14}+\frac{1}{15}+\frac{1}{16}\right)+...$$

Focalizziamoci ora sul generico blocco *i*-esimo. Esso contiene 2^i frazioni, che vanno da $\frac{1}{2^i+1}$ a $\frac{1}{2^{i+1}}$. Ad esempio, il terzo blocco (corrispondente a *i*=3), contiene 8 frazioni (poiché 2^3=8) che vanno da $\frac{1}{9}$, ossia $\frac{1}{2^3+1}$, fino a $\frac{1}{16}$, ossia $\frac{1}{2^{3+1}}$.

Per costruzione, ogni blocco ha una somma strettamente inferiore a 1/2 perché ogni frazione del blocco *i*-esimo è strettamente inferiore all'ultima frazione, ossia $\frac{1}{2^{i+1}}$. Ma le frazioni presenti in ogni blocco abbiamo visto essere in numero 2^i, quindi:

- $\left(\frac{1}{3}+\frac{1}{4}\right) > \left(\frac{1}{4}+\frac{1}{4}\right) = 2\cdot\frac{1}{4} = \frac{1}{2}$

[545] [Tofl1], pagine 76 e 77.
[546] Si può ritrovare anche su Wikipedia: http://it.wikipedia.org/wiki/Serie_armonica

- $\left(\dfrac{1}{5}+\dfrac{1}{6}+\dfrac{1}{7}+\dfrac{1}{8}\right)>\left(\dfrac{1}{8}+\dfrac{1}{8}+\dfrac{1}{8}+\dfrac{1}{8}\right)=4\cdot\dfrac{1}{8}=\dfrac{1}{2}$

- $\left(\dfrac{1}{9}+\dfrac{1}{10}+\dfrac{1}{11}+\dfrac{1}{12}+\dfrac{1}{13}+\dfrac{1}{14}+\dfrac{1}{15}+\dfrac{1}{16}\right)>\left(\dfrac{1}{16}+\dfrac{1}{16}+\dfrac{1}{16}+\dfrac{1}{16}+\dfrac{1}{16}+\dfrac{1}{16}+\dfrac{1}{16}+\dfrac{1}{16}\right)=\dfrac{8}{16}=\dfrac{1}{2}$

- $\left(\dfrac{1}{2^{i}+1}+...+\dfrac{1}{2^{i+1}}\right)>2^{i}\,\dfrac{1}{2^{i+1}}=\dfrac{1}{2}$

Pertanto la serie armonica diverge, poiché equivale a sommare infinite frazioni che determinano una somma maggiore di:

$$1+\frac{1}{2}+\frac{1}{2}+\frac{1}{2}+\frac{1}{2}+\frac{1}{2}+\frac{1}{2}+\frac{1}{2}+\frac{1}{2}+\frac{1}{2}+...$$

Abbiamo così dimostrato l'enunciato.

Ci sono altre caratteristiche della serie armonica che, per chi ama incantarsi di fronte a questi argomenti, sono autentiche delizie. Una di queste prerogative è che è possibile togliere un'infinità di termini dalla serie armonica, senza che essa perda la sua natura divergente! Ad esempio, consideriamo la serie degli inversi dei numeri primi[547]. Tanto per fissare le idee, essa è:

$$1+\frac{1}{2}+\frac{1}{3}+\frac{1}{5}+\frac{1}{7}+\frac{1}{11}+\frac{1}{13}+\frac{1}{17}+\frac{1}{19}+\frac{1}{23}+...$$

Si può dimostrare che pure questa serie diverge,[548] pur essendo stata ottenuta dalla serie armonica, privata di tutte le infinite frazioni che hanno, a denominatore, un numero composto (cioè non primo).

Davvero quando si ha a che fare con oggetti infiniti, l'intuito e la razionalità vengono messi a dura prova!

---

[547] Presento la definizione dei numeri primi in Appendice N, *Numeri*, mentre riporto la dimostrazione che essi sono infiniti nell'Appendice D, *Dimostrazioni*.
[548] Ad esempio, si possono trovare due dimostrazioni di Eulero e una di Erdos in:
http://it.wikipedia.org/wiki/Dimostrazione_della_divergenza_della_serie_dei_reciproci_dei_primi

APPENDICE I – *L'unità Immaginaria e i numeri complessi*

Tipicamente, alle scuole superiori, si presentano gli insiemi numerici che ho richiamato in Appendice N, intitolata *I numeri*; eppure la corsa a inventare (o scoprire?) numeri sempre più generalizzati va ben oltre i numeri cosiddetti *reali*! Tuttavia, con mia grande sorpresa, ho scoperto che di recente in alcuni istituti come il liceo scientifico si accenna a un argomento un po' più complesso: i numeri complessi!

Non che siano così complessi, ma spesso gli studenti li trovano ostici. Forse per un complesso… di inferiorità? O perché si preferiscono i complessi… musicali? Battute a parte (quattro quarti, per la musica-matematica), per gli insegnanti ci vuole una dose di abilità per spiegarli, anche perché… devono smentire se stessi! Cosa intendo?

Dopo aver ripetuto per anni che non si può estrarre la radice quadrata di un numero negativo, all'improvviso… si fa marcia indietro! In effetti un modo ci sarebbe… Ma come? Abbiamo appreso che quando si moltiplica un numero per se stesso, si ottiene sicuramente un numero positivo, a prescindere dal fatto che il numero di partenza sia positivo o negativo! È proprio la famosa *regola dei segni* della moltiplicazione! Quello schema molto semplice, privo di evidenti aporie, che abbiamo incontrato al Paragrafo 2.5, intitolato *Il carattere dei matematici*. In Appendice A, *Algebra*, abbiamo addirittura dedicato il Paragrafo A.1, *Il prodotto di due segni negativi*, per dimostrare senza ombra di dubbio che tutto è coerente con questa legge immutabile ed eterna!

Figuratevi come reagisce quello studente che, dopo anni, rimane senza parole (né numeri?) quando gli viene svelato che estrarre la radice quadrata di un numero negativo… Si può… Si può! Si può! Naturalmente occorre un artificio degno dei matematici più astuti! E quanto tempo è stato necessario affinché la teoria dei *numeri complessi* fosse sistematizzata e accettata dalla comunità dei matematici! Grandi nomi se ne sono occupati: primi tra tutti Eulero, Bombelli e Gauss, tanto per citare i giganti tra i pionieri della Matematica!

Proviamo a esaminare i rudimenti di questo argomento: iniziamo a introdurre l'*unità immaginaria*, che tipicamente viene identificata con la lettera i, pur se in certi contesti (come l'elettrotecnica) si preferisce la j. Eulero fu il primo a introdurre i, nel 1777, come abbiamo già avuto modo di dire nel paragrafo 6.4, intitolato *Ta…ta…ta.. Tartaglia*. Sempre in tale paragrafo, abbiamo accennato al fatto che, nel XVI secolo, i numeri immaginari non erano ancora stati… immaginati! Eppure i numeri complessi (somma di numeri reali e immaginari) emergono e si reimmergono durante il procedimento per risolvere le equazioni di grado superiore al primo, come visto in Appendice E, *Le equazioni*.

Definiamo la costante *i* come quel "numero" che, moltiplicato per se stesso, produce l'unità naturale col segno cambiato:

$$i^2 = -1$$

Stiamo affermando, di conseguenza, che

$$i = \pm\sqrt{-1}$$

Analogamente a quanto già evidenziato nel Paragrafo E.6 sulle equazioni di secondo grado, il simbolo ± non significa "più o meno" nel senso di approssimazione (del tipo: oggi fa caldo perché la temperatura atmosferica è più o meno 19 gradi); significa che ottengo *i* sia estraendo la radice quadrata di meno uno, sia cambiando il segno alla medesima radice.

Ecco: *i*, 2*i*, 3*i*, … sono numeri immaginari puri, e fu Bombelli a utilizzarli per primo. Nella tesi di dottorato di Gauss, troviamo invece il teorema fondamentale dell'algebra, di cui abbiamo parlato in Appendice E, accanto alle equazioni di secondo e terzo grado e alla identità di Eulero.

Ecco come Marcus du Sautoy[549] ci parla di questi (quasi ineffabili) argomenti:

La radice quadrata di meno uno, l'elemento di base dei numeri immaginari, appare una contraddizione in termini. Secondo qualcuno, il fatto di ammettere la possibilità che esista un tale numero è ciò che separa i matematici da tutti gli altri. Ci vuole un salto di creatività per guadagnarsi l'accesso a questo pezzetto del mondo matematico. A prima vista si ha l'impressione che non abbia nulla a che fare con il mondo fisico. Il mondo fisico sembra essere costruito su numeri il cui quadrato è sempre un numero positivo. I numeri immaginari, tuttavia, sono più di un semplice gioco astratto. Essi custodiscono la chiave che dà accesso al mondo delle particelle subatomiche del XX secolo. Su una scala più grande, gli aeroplani non avrebbero mai preso la via dei cieli se gli ingegneri non avessero intrapreso un viaggio nel mondo dei numeri immaginari. Questo nuovo mondo offre una flessibilità negata a coloro che rimangono legati ai numeri ordinari.

I numeri irrazionali e i numeri negativi ci permettono di risolvere molte equazioni diverse. [...] Tuttavia rimanevano altre equazioni che non si potevano risolvere ricorrendo ai numeri della retta numerica.

Sembrava che nessuno dei numeri esistenti fornisse una soluzione per l'equazione $x^2 = -1$. Dopo tutto, se elevate al quadrato un numero, positivo o negativo che sia, il risultato è sempre positivo. Perciò un numero che soddisfi questa equazione non potrà essere un numero ordinario. Ma se i greci avevano potuto immaginare un numero quale la

---

[549] [Sau05], da pag. 124 a pag. 130.

radice quadrata di 2, pur non essendo in grado di scriverlo nella forma di una frazione, i matematici cominciarono a capire che potevano fare un analogo balzo d'immaginazione e creare un nuovo numero per risolvere l'equazione $x^2 = -1$. Un tale salto creativo segna una delle sfide concettuali che chiunque studi matematica deve affrontare.

Il nuovo numero, la radice quadrata di meno uno, fu definito un numero immaginario *e gli si assegnò il simbolo «i». Per contrasto, i matematici iniziarono a chiamare i numeri che si trovavano sulla retta numerica* numeri reali.

Creare apparentemente dal nulla una soluzione per quest'equazione sembra un imbroglio. Perché non accettare che l'equazione non ammette soluzioni? È un modo possibile di procedere, ma a noi matematici piace essere più ottimisti. Una volta accettata l'idea dell'esistenza di un numero che effettivamente risolve l'equazione, i vantaggi del salto di creatività che si è compiuto superano di gran lunga qualsiasi disagio iniziale. Una volta che gli si è assegnato un nome, la sua esistenza sembra inevitabile. Non dà più la sensazione di essere un numero creato artificialmente ma un numero che era lì da sempre, e che sarebbe passato inosservato finché non ci fossimo posti la domanda giusta. I matematici del XVIII secolo erano stati restii ad ammettere che potessero esistere numeri di quel tipo. I matematici del XIX secolo ebbero il coraggio di credere in nuovi modi di pensiero che sfidavano le idee correnti su ciò che costituiva il canone matematico approvato.

Francamente, la radice quadrata di −1 è tanto astratta quanto lo è la radice quadrata di 2. Entrambe sono definite come soluzioni di equazioni. Ma questo significa che i matematici avrebbero cominciato a creare numeri nuovi per ogni nuova equazione che fosse comparsa? E se volessimo le soluzioni di un'equazione come $x^4 = -1$? Dovremmo forse usare sempre più lettere nel tentativo di dare un nome a tutte queste nuove soluzioni?

Fu con un certo sollievo che alla fine Gauss dimostrò, nella sua tesi di dottorato del 1799, che non c'era bisogno di altri numeri nuovi. Usando il numero i, la radice quadrata di −1, i matematici potevano risolvere qualsiasi equazione in cui si fossero imbattuti. Ogni equazione aveva una soluzione che consisteva in una combinazione di ordinari numeri reali (cioè le frazioni e i numeri irrazionali) e di questo nuovo numero, i. [...] La chiave della dimostrazione di Gauss era l'estensione dell'immagine che già avevamo dei numeri ordinari come punti che giacciono sulla retta numerica: una linea retta che va da est a ovest e in cui ogni punto rappresenta un numero. Questi numeri erano i numeri reali, familiari ai matematici fin dai tempi degli antichi greci. Ma sulla retta non c'era posto per quel nuovo numero immaginario, la radice quadrata di −1. Perciò Gauss si chiese che cosa sarebbe successo se si fosse introdotta una nuova direzione, se per rappresentare i si fosse usato un punto situato al di sopra della retta numerica. alla distanza di un'unità. Tutti i nuovi numeri necessari per risolvere equazioni erano combinazioni di i e di numeri ordinari, per esempio 1 + 2i. Gauss comprese che su questa mappa bidimensionale c'era un punto corrispondente a ogni possibile numero. I numeri immaginari diventavano dunque semplicemente coordinate sulla mappa. Il numero 1 + 2i era rappresentato dal punto che si raggiungeva percorrendo un'unità verso est e due verso nord.

Gauss interpretava questi numeri come coordinate per muoversi nella sua mappa del mondo immaginario.

Sommare due numeri immaginari A + Bi e C + Di significava seguire due coppie di coordinate, una dopo l'altra. Se, per esempio, sommate 6 + 3i e 1 + 2i, vi porterete nella posizione 7 + 5i (vedi il grafico seguente).

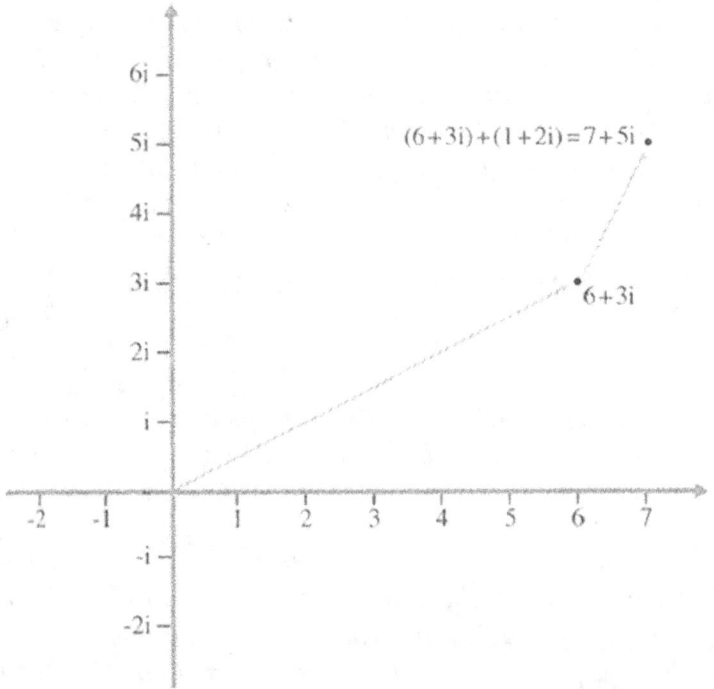

Figura: Per sommare due numeri immaginari ci si sposta nel piano di Gauss seguendo le frecce a essi associate.

Già nel paragrafo 2.4, intitolato *La Dimostrazione matematica*, abbiamo intravisto questa costante sfuggente, presentando l'uguaglianza notevole

$$e^{i\pi} + 1 = 0$$

Per comprendere meglio questa formula, conviene mostrare che ogni numero complesso z si può scrivere in forma cartesiana[550]

$$z = x + iy$$

oppure in forma polare[551]

$$z = \rho \cdot (\cos \theta + i \sin \theta)$$

Per passare dalla prima alla seconda, si usano le equazioni

$$\rho = \sqrt{x^2 + y^2}$$

$$\theta = \arctan (y/x)$$

Mentre il processo inverso avviene tramite

$$x = \rho \cdot \cos \theta$$

$$y = \rho \cdot \sin \theta$$

Ricordando poi che

$$\cos \theta = \frac{e^{i\theta} + e^{-i\theta}}{2}$$

$$\sin \theta = \frac{e^{i\theta} - e^{-i\theta}}{2i}$$

si arriva a ottenere l'identità di Eulero

$$z = \rho \, e^{i\theta}$$

Questi passaggi aiutano a illuminare la risoluzione delle equazioni di terzo grado che ho riportato in Appendice E, *Le equazioni*. Nella medesima appendice, quando si trattano le equazioni di secondo grado, si nominano anche i *numeri complessi coniugati*. In breve, due numeri complessi si dicono coniugati se ciascuno ha la parte immaginaria opposta a quella dell'altro, mentre le due parti reali coincidono. Pertanto la loro somma è semplicemente un numero reale uguale al doppio della parte reale dei due addendi:

$$(a + ib) + (a - ib) = 2a$$

Analogamente, la loro differenza è un numero immaginario puro, di modulo pari al doppio del valore assoluto[552] della parte immaginaria dei numeri di partenza:

$$(a + ib) - (a - ib) = i2b$$

Nel corpo del libro, abbiamo accennato spesso ai numeri complessi. Nella sezione 5.1.3 (dove abbiamo visto *Spruzzate di Matematica* a proposito del film *A beutiful*

---

[550] x viene chiamato *parte reale* e y *parte immaginaria*.
[551] ρ è chiamato modulo; θ è chiamato fase.
[552] Il valore assoluto è presentato nel Paragrafo A.4, in Appendice A, intitolata *Algebra*.

---

mind), ci siamo brevemente imbattuti nella cosiddetta *Ipotesi di Riemann*, ossia una congettura che mette in collegamento i numeri primi con le serie e con i numeri complessi. Nella sezione 5.2.2 abbiamo invece creato un collegamento tra lo stile delle dimostrazioni di Gauss, il quale si occupò a lungo di numeri complessi, e il nome "*i*" (appunto l'unità immaginaria necessaria per produrre i numeri complessi) della canzone più originale della rock band di cui fanno parte Hal e altri matematici "secchioni". I numeri immaginari vengono ancora citati nel paragrafo 6.1, intitolato *Calcolo... letterale*, dove un estratto del libro *Il senso di Smilla per la neve* sembra ripercorrere brevemente l'excursus analogo a quello che abbiamo presentato in Appendice N, *I numeri*, a proposito degli insiemi numerici. Naturalmente, l'epilogo si ha con l'introduzione dei numeri immaginari e complessi.

APPENDICE K – *Le leggi di Keplero*

Abbiamo parlato di Keplero, all'interno del libro, in più sezioni: a proposito del lato passivo dell'irragionevole efficacia della Matematica (parafrafo 2.3); quando abbiamo evidenziato che Keplero si servì dell'ellisse, una delle coniche, ben duemila anni dopo che queste fossero studiate dai Greci antichi (paragrafo 2.5); sorridendo della burla di Galileo che inviò un anagramma a Keplero in latino (paragrafo 4.20); notando come Newton – ispirato dalle intuizioni di Tycho Brahe – giunse a dimostrare formalmente le leggi di Keplero (paragrafo 6.7), servendosi della Matematica opportuna, collegata con la teoria della gravitazione universale da lui stesso sviluppata.

Ecco le tre leggi:

Prima legge di Keplero
L'orbita descritta da un pianeta è un'ellisse, di cui il Sole occupa uno dei due fuochi.

Seconda legge di Keplero
Il segmento (raggio vettore) che unisce il centro del Sole con il centro del pianeta descrive aree uguali in tempi uguali.[553]

Terza legge di Keplero
I quadrati dei tempi che i pianeti impiegano a percorrere le loro orbite sono proporzionali ai cubi delle loro distanze medie dal sole.

---

[553] Alcuni specialisti riformulano questa legge affermando che «la velocità areolare è costante».

APPENDICE L1 – *Qualche concetto… limite*

Mi permetto qui di chiarire un piccolo concetto, perché non vorrei che si facesse confusione nella moltiplicazione di zero per infinito. Innanzitutto ricordo che, in una moltiplicazione in cui (almeno) uno dei due fattori è zero, il risultato è zero. Quindi il prodotto di zero per un numero grandissimo, anche infinitamente grande, è comunque zero.

Allora Barrow ha commesso un errore, nel Paragrafo 7.3 (intitolato *Lo Scenario 3: Il paradosso della replicazione infinita*) quando indica che zero per infinito è indeterminato? In verità, egli intende tale prodotto come passaggio al limite; cioè: una quantità infinitesima (molto prossima allo zero, ma non zero) per una quantità infinita (che, come ho mostrato nel Paragrafo 7.4 relativo allo scenario 4 di *Infinities*, simboleggia qualitativamente e quantitativamente un "numero speciale"). In tal caso, i matematici parlano di *forma di indecisione* e, con opportuni teoremi, si può risolvere la situazione ingarbugliata e trovare di volta in volta il risultato, che può appartenere a tre classi distinte: essere un infinitesimo, essere un infinito oppure essere un qualsiasi numero reale.

Uno dei metodi per calcolare una forma indeterminata di limite è applicare il teorema di De l'Hôspital che afferma che, sotto opportune ipotesi di regolarità di due funzioni, il limite del loro rapporto coincide con il limite del rapporto delle rispettive derivate. Si tratta di argomenti un po' avanzati e quindi non li approfondisco in questo testo.

Segnalo però che anche uno elevato all'infinito, cioè 1^∞, è una forma di indecisione. Essa è un concetto fondamentale per la prossima appendice.

APPENDICE L2 – *I logaritmi e il numero di Nepero*

Il numero di Nepero è un numero *trascendente*[554], il cui valore è così approssimabile:
$$e \approx 2{,}71828182845904523536\ldots$$

Per gli appassionati della Storia della Matematica: la prima dimostrazione che convalida proprio la natura di numero trascendente risale al 1873, quando Charles Hermite decretò che *e* appartiene a tale categoria. David Hilbert, successivamente, riformulò la dimostrazione con un percorso meno complicato.

Come calcolare tale numero? Il modo principale è usare il passaggio al limite di una forma indeterminata (vedi Appendice L1):
$$e = \lim_{n \to \infty}\left(1 + \frac{1}{n}\right)^{n}$$

Come si legge dalla formula, più grande è il numero *n* che si sceglie, meglio la potenza alla destra dell'uguale si avvicina al vero valore nel numero di Nepero. Dunque potete trovare i primi decimali di *e* anche con una semplice calcolatrice! Ad esempio, approssimando l'infinito tramite un milione, potete impostare il calcolo con questa potenza:
$$(1{,}000001)^{(1000000)}$$

Trovate così il numero 2,718280469, giusto fino alla quinta cifra decimale.

Un altro modo (decisamente più lento) per ottenere *e* consiste nell'uso dell'operazione unaria chiamata *fattoriale*, introdotta in Appendice A, intitolata *Algebra*:
$$e = \frac{1}{0!} + \frac{1}{1!} + \frac{1}{2!} + \frac{1}{3!} + \frac{1}{4!} + \ldots = 1 + 1 + \frac{1}{2} + \frac{1}{6} + \frac{1}{24} + \ldots$$

Come troviamo in Wikipedia, «Il primo riferimento ad *e* in letteratura risale al 1618 ed è contenuto nella tavola di un'appendice di un lavoro sui logaritmi di John Napier». Ecco perché è anche detto numero di Nepero, e perché sussiste un legame coi logaritmi: quando la base del logaritmo è proprio *e*, il logaritmo viene detto *naturale*, poiché – tramite esso – alcune formule del calcolo integro-differenziale diventano particolarmente semplici e maneggevoli; inoltre, molti fenomeni fisici (ad esempio in elettromagnetismo e termodinamica) sono modellizzabili con equazioni differenziali che, in prima approssimazione, hanno come soluzione la funzione

---

[554] Si veda l'Appendice N, intitolata *I numeri*.

esponenziale, ossia del tipo $f(x)=e^x$. Anche la trigonometria e il campo dei numeri complessi[555] ne fanno largo uso, ottenendo risultati efficaci ed eleganti.

Nel paragrafo 2.2, intitolato *Le qualità della Matematica*, ho citato Gauss che trovava poetica una tavola dei logaritmi. Oggi le tavole non esistono più (salvo negli archivi delle biblioteche) poiché una calcolatrice tascabile è in grado di calcolare un logaritmo in modo istantaneo. Ma in cosa consiste questo calcolo?

Diamo una definizione precisa: il logaritmo è l'esponente che bisogna dare a una base per ottenere il numero dato. In formule:
$$b^x = n \quad \Longleftrightarrow \quad \log_b n = x$$

In altre parole: se la potenza b (la base) elevata a x (l'esponente) è uguale a n (numero dato), allora il logaritmo in base b di n è uguale a x. La freccia bidirezionale indica che vale anche il viceversa: se x è il logaritmo in base b di n, allora elevando b a x si ottiene n.

Ad esempio, il logaritmo in base 10 di 1000 è uguale a 3, perché elevando 10 alla terza si ottiene 1000:
$$10^3 = 1000 \quad \Longleftrightarrow \quad \log_{10} 1000 = 3$$

Affinché non ci siano "mal di pancia", è d'obbligo che l'argomento del logaritmo, ossia *n*, sia strettamente positivo; inoltre si richiede tassativamente che la base b sia esclusivamente compresa tra 0 e 1 (esclusi gli estremi) oppure strettamente maggiore di 1.

Fissati questi requisiti, è facile ricavare le proprietà dei logaritmi a partire dalle proprietà delle potenze. Ad esempio, poiché per le potenze vale la nota formula del prodotto di potenze con ugual base, ossia
$$b^{x+y} = b^x \cdot b^y$$

allora si deduce che
$$\log_b x + \log_b y = \log_b xy$$

Si noti che il fatto che *x* e *y* siano maggiori di zero (ricordate il "mal di pancia" che potrebbe produrre un $n \leq 0$?) ci garantisce che anche *xy* sia strettamente positivo (la famosa regola dei segni, già vista più volte, assicura che "+ · + = +").

I perfezionisti dell'algebra ora solleverebbero una piccola incongruenza: si potrebbe facilmente decretare che, invertendo i membri delle uguaglianze, dalla formula
$$b^x \cdot b^y = b^{x+y}$$

---

[555] Basta dare uno sguardo in Appendice I, intitolata *L'unità Immaginaria e i numeri complessi*.

si possa dedurre
$$\log_b xy = \log_b x + \log_b y$$

ma non è vero che la stretta positività di xy implica $x>0$ e $y>0$! Occorre aggiungere il valore assoluto![556]

La giusta scrittura di quest'ultima formula sarebbe
$$\log_b xy = \log_b |x| + \log_b |y|$$

Dato che noi vogliamo uguaglianze ed equazioni in cui si può scambiare i due membri preoccupazioni, forse conviene abbondare con il valore assoluto anche dove non è necessario, arrivando quindi a scrivere due equazioni simmetriche:
$$\log_b |x| + \log_b |y| = \log_b |xy|$$
$$\log_b |xy| = \log_b |x| + \log_b |y|$$

Queste formule rivelano anche l'utilità pratica dei logaritmi: la moltiplicazione di numeri grandi (come $x\cdot y$) viene trasformata nella somma di numeri piccoli, attraverso il logaritmo e la sua funzione inversa (l'esponenziale).

Un esempio banale ma chiarificatore: $1000\cdot 1000000$ si può calcolare nel dominio dei logaritmi, ottenendo
$$\log_{10} |1000\cdot 1000000| = \log_{10} |1000| + \log_{10} |1000000| = 3 + 6 = 9$$

tornando poi al dominio originale abbiamo il risultato atteso:
$$10^9 = 1000000000$$

Qualche notizia storica sui logaritmi? Ecco:

> *I logaritmi erano stati inventati [...intorno al 1600...] da John Napier, italianizzato in Giovanni Nepero, in Scozia. Nepero era un ricco possidente, nobile barone di Murchiston, appassionato di varie discipline, teologia inclusa. In un suo scritto di carattere biblico sosteneva ad esempio che il papa di Roma era l'anticristo. Nel campo del calcolo aveva inventato i "bastoncini di Nepero", piccoli parallelepipedi di legno, sulle cui facce erano incise tavole di moltiplicazione, che facilitavano appunto l'operazione. Nel 1614 dava alle stampe la* Mirifici logarithmorum canonis descriptio, *opera in cui descriveva la sua scoperta. L'uso dei logaritmi ebbe un notevole influsso sullo sviluppo della matematica, e in particolare rappresentò uno strumento di calcolo prezioso per gli astronomi.[557]*

---

[556] Il valore assoluto è presentato nel Paragrafo A.4, in Appendice A, intitolata *Algebra*.
[557] [Cre98], pag. 51, nota 4.

APPENDICE M – *I monomi e i polinomi*

La conoscenza di monomi e polinomi è essenziale qualora si voglia accedere alla stragrande maggioranza di argomenti e applicazioni della Matematica, come ad esempio le equazioni (trattate in Appendice E). Vorrei richiamare i fondamenti di questo tema, usando termini semplici ma non privi di rigore.

Partiamo dalla definizione di monomio. Un *monomio* è un insieme di moltiplicazioni, dove alcuni fattori sono numeri noti (originano quindi la *parte numerica*) e altri potrebbero essere ignoti, e quindi sono rappresentati da lettere (configurando così la *parte letterale*). Ovviamente, se l'eventuale parte letterale fosse costituita da lettere il cui valore diventa noto, allora il monomio diventa banalmente un numero, ossia il risultato delle moltiplicazioni che lo compongono.

Un tipico esempio di monomio è

$$- 4x^2y^3a$$

in cui la parte numerica è –4 e la parte letterale è x^2y^3a. Come anticipato, se si sapesse che: x vale –3; y vale 2; a vale –1; allora l'intero monomio si ridurrebbe al risultato, ossia 288.

Il prodotto tra monomi è banale: si moltiplicano le parti numeriche e le parti letterali dei monomi che costituiscono i fattori. La somma, invece, è riducibile solo se gli addendi hanno la stessa parte letterale (ossia sono *simili*):

$$3ab + 2ab = 5ab$$

Come si vede, la parte letterale non cambia, mentre la parte numerica diventa la somma delle parti numeriche. Questa proprietà deriva dalla proprietà distributiva della moltiplicazione rispetto all'addizione, come visto in Appendice A.

Tuttavia, in generale la somma di monomi rimane tale e quale, proprio perché la non conoscenza del valore numerico associato a ogni lettera non permette altre manipolazioni. Ad esempio:

$$3ab + 2ay$$

non può essere trascritto in altro modo. Tale esempio costituisce anche un esempio di binomio, un caso particolare di polinomio.

Un *polinomio* è una somma algebrica di monomi. La somma di polinomi si riconduce a quella tra monomi. Ad esempio:

$$(4ab + 2xy) + (f - ab) = 3ab + 2xy + f$$

Anche il prodotto tra polinomi segue le regole algebriche viste in Appendice A, intitolata *Algebra*.

Ad esempio:

$$(2a + 3xy) \cdot (5ab - ay) = 10a^2b - 2a^2y + 15abxy - 3xy^2a$$

In Appendice E, intitolata *Le equazioni*, abbiamo usato i seguenti due concetti:

➤ Grado di un monomio
È la somma degli esponenti della parte letterale. Ad esempio: il grado di «$5x^2zy^6$» è 9 perché $2 + 1 + 6 = 9$

➤ Grado di un polinomio
È il massimo tra i gradi dei monomi che compongono il polinomio. Ad esempio: il grado di «$3x + 4y^2 - 7a^2b^9 + 10$» è 11 poiché il massimo tra 1, 2, 11 e 0 è 11.

In quest'ultimo esempio ho volutamente inserito un monomio di grado 0, ossia il numero 10, per ricordare al lettore che ogni numero (non nullo) elevato a zero risulta 1. Pertanto posso immaginare che 10 sia uguale a $10a^0$, dove al posto di *a* posso mettere qualsiasi altra lettera o numero (diverso da 0).

APPENDICE N – *I numeri*

Nel corso della vita, veniamo a contatto con i numeri e progrediamo nella loro conoscenza in un ordine molto preciso. Innanzitutto, in modo *naturale*, impariamo a contare gli oggetti: 1, 2, 3, ... e quindi, dopo aver anche compreso il concetto di *zero*, padroneggiamo l'insieme (o campo) dei *numeri naturali*

$$N = \{0, 1, 2, 3, 4, 5, ...\}$$

Con un piccolo sforzo siamo poi chiamati a manipolare i numeri negativi, molto utili quando dobbiamo rappresentare flussi di denaro che si alternano tra due persone (crediti e debiti), poiché le somme tra numeri dell'insieme N non procurano problemi (i matematici dicono che c'è *chiusura*, ossia N è chiuso rispetto alla somma), ma talvolta non è possibile realizzare la sottrazione in tale insieme (si pensi all'operazione $4 - 7$). Ecco quindi l'insieme dei *numeri relativi*

$$Z = \{ ..., -5, -4, -3, -2, -1, 0, 1, 2, 3, 4, 5, ...\}$$

È evidente che Z include N, ossia N è sottoinsieme di Z: $N \subset Z$; inoltre salta subito all'occhio che Z non è chiuso rispetto alla divisione: ad esempio manca il numero necessario a descrivere il risultato dell'operazione $4 / 3$.

Da qui, l'esigenza di estendere i numeri relativi aggiungendo quelli che concorrono a formare l'insieme dei *numeri razionali*, ossia scrivibili come frazione n/m (con m non nullo):

$$Q = \{..., -4, -3/2, -2/3, -1/4, -3, -1/3, -2, -1/2, -1, 0, 1, 1/2, 2, 1/3, 3, 1/4, 2/3, 3/2, 4, ...\}$$

Alcuni di voi sapranno che, se si dispongono i numeri razionali lungo una retta per darne una rappresentazione geometrica, tale retta è tutt'altro che continua: vi sono infiniti buchi (ossia punti mancanti) distribuiti uniformemente, poiché vi sono infiniti *numeri irrazionali* compresi tra una qualunque coppia di numeri razionali. Infatti, mancano all'appello i radicali irriducibili, ad esempio $\sqrt{2}$, e i numeri trascendenti, come π ed e.[558] Otteniamo quindi l'insieme dei *numeri reali* come *chiusura*[559] dell'insieme dei razionali:

$$R = \overline{Q}$$

Vediamo come Marcus du Sautoy descrive quanto ho appena sintetizzato sugli insiemi numerici:

---

[558] Parliamo diffusamente di radice di 2 nella terza barzelletta svelata al Paragrafo 8.3; di Pi greco al Paragrafo 6.2, intitolato *La πoesia della Szymborska*; di *e* in Appendice L2, intitolata *I logaritmi e il numero di Nepero*.

[559] La chiusura insiemistica (ossia topologica, da non confondere con quella algebrica) ha una definizione formale che tralasciamo: ci limitiamo a dire che la chiusura aggiunge ai punti di un insieme i punti "vicini".

La storia di come furono scoperti questi nuovi numeri inizia con la necessità di risolvere semplici equazioni. Come già riconobbero i babilonesi e gli egizi, se si dovevano dividere sette pesci fra tre persone, per fare un esempio, nell'equazione sarebbero intervenuti dei numeri frazionari: 1/2, 1/3, 2/3, 1/4 eccetera.

Nel VI secolo a.C. i greci scoprirono studiando la geometria dei triangoli che a volte queste frazioni non erano in grado di esprimere le lunghezze dei lati di un triangolo. Il teorema di Pitagora li costrinse a inventare nuovi numeri che non potevano essere scritti come semplici frazioni. Per esempio, Pitagora poteva prendere un triangolo rettangolo con i due cateti di lunghezza unitaria. Il suo famoso teorema gli diceva allora che l'ipotenusa aveva una lunghezza x, dove x è una soluzione dell'equazione $x^2 = 1^2 + 1^2 = 2$. In altre parole, la lunghezza dell'ipotenusa era uguale alla radice quadrata di 2.[560]

Le frazioni sono i numeri la cui espansione decimale ha un andamento che si ripete. Per esempio, 1/7 = 0,142 857 142 857... oppure 1/4 = 0,250 000 000... Al contrario, i greci erano in grado di dimostrare che la radice quadrata di 2 non è uguale a una frazione. Per quanto procediate nel calcolo dell'espansione decimale della radice quadrata di 2, essa non si stabilizzerà mai in un andamento ripetitivo di questo tipo.

La radice quadrata di 2 comincia con 1,414 213 562... Negli anni trascorsi a Gottinga Riemann era solito riempire le ore libere calcolando un numero sempre maggiore di questi decimali. Il suo record fu di trentotto cifre decimali, un'impresa sicuramente non da poco senza un calcolatore ma forse più un indice di quanto fosse noiosa la vita notturna a Gottinga e schiva la personalità di Riemann, considerato che era questo il suo svago serale.

Tuttavia Riemann sapeva che per quanto procedesse nei calcoli non avrebbe mai potuto scrivere il numero completo o scoprire un andamento ripetitivo.

Per descrivere l'impossibilità di esprimere quei numeri se non come soluzioni di equazioni quali $x^2 = 2$, i matematici li battezzarono numeri irrazionali. *Il nome rifletteva il senso di disagio dei matematici di fronte alla propria incapacità di scriverli per esteso in modo esatto. Nondimeno, i numeri irrazionali conservavano un significato reale, dato che li si poteva* vedere *come punti segnati su un regolo, o su quella che i matematici chiamano la retta numerica. La radice quadrata di 2, per esempio, è un punto che si trova da qualche parte fra 1,4 e 1,5. Se si potesse realizzare un perfetto triangolo rettangolo pitagorico con i due cateti lunghi un'unità, allora sarebbe possibile determinare l'esatta posizione di questo numero irrazionale appoggiando l'ipotenusa del*

---

[560] Sulla costante irrazionale radice quadrata di 2 abbiamo già discusso nel paragrafo 8.3.

triangolo sul regolo e facendo un segno in corrispondenza della sua lunghezza.

I numeri negativi vennero scoperti in modo simile tentando di risolvere semplici equazioni come x + 3 = 1. I matematici indiani proposero questi nuovi numeri nel VII secolo d.C. I numeri negativi furono creati per rispondere alle esigenze di un mondo finanziario in espansione, poiché erano utili per rappresentare i debiti. Dovette passare un altro millennio prima che i matematici d'Europa si decidessero ad ammettere l'esistenza di questi «numeri fittizi», com'erano chiamati. I numeri negativi presero il loro posto su una retta numerica che si estendeva a sinistra dello zero. [561]

La retta dei numeri (reali) appena riferita da Du Sautoy è presente in tutti i libri di Matematica:

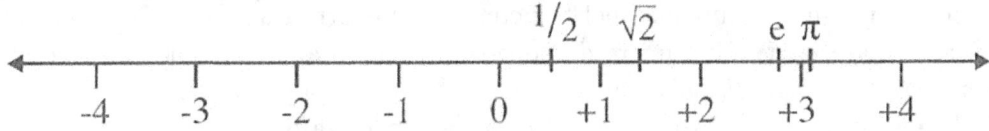

Figura: La retta dei numeri reali

Questo excursus di Marcus du Sautoy serve, nel suo libro *L'enigma dei numeri primi*, per mostrare come si arrivò alla definizione dei numeri complessi, ossia un'ulteriore generalizzazione degli insiemi numerici, che noi esploriamo in Appendice I, intitolata *L'unità Immaginaria e i numeri complessi.*

Ci sono ancora alcuni aggettivi che vorrei introdurre in questo spazio. Ecco la definizione di *numero algebrico*: è un numero (reale o complesso) che è soluzione di un'equazione polinomiale a coefficienti (a_i) interi:
$$a_n x^n + a_{n-1} x^{n-1} + \cdots + a_1 x + a_0 = 0$$

Naturalmente $n>0$ (altrimenti avremmo un'equazione degenere $a_0=0$) e $a_n \neq 0$ (altrimenti sarebbe un'equazione di ordine $n-1$, invece di n).

In alcuni testi la definizione è leggermente diversa, ma equivalente: si dice che i coefficienti a_i siano razionali (cioè appartenente a **Q**, non **N**). Un astuto matematico non si lascia intimidire dalla differenza tra le due definizioni: è facile dimostrare che, se i coefficienti a_i sono frazioni, allora posso moltiplicare tutta l'identità per tutti i denominatori delle frazioni, in modo da avere una nuova equazione
$$b_n x^n + b_{n-1} x^{n-1} + \cdots + b_1 x + b_0 = 0$$

dove tutti i coefficienti b_i sono interi.

---

[561] [Sau05], da pag. 124 a pag. 126.

Rispetto agli insiemi numerici, possiamo dire che tutti i numeri razionali (elementi di *Q*, e quindi anche i numeri interi, appartenenti a *N*) sono algebrici: considerando l'equazione

$$a_1 x + a_0 = 0$$

si ottiene la soluzione

$$x = - a_0 / a_1$$

in cui, al variare di a_0 e a_1, si ritrova qualunque frazione; se poi $a_1 = 1$ e $a_0 \leq 0$, addirittura, si ottengono tutti i numeri interi.

Tra i numeri reali, alcuni sono algebrici e altri no. Ad esempio, alcuni numeri irrazionali[562] sono algebrici: basti pensare alla radice quadrata di 2 (ampiamente trattata nel paragrafo 8.3) che è soluzione di $x^2 - 2 = 0$. Ricordiamo che un *numero irrazionale* è reale ma non razionale, quindi non è esprimibile come frazione o, equivalentemente, ha una espansione decimale infinita e non periodica.

Nel corso del libro abbiamo anche incontrato numeri irrazionali che non sono algebrici: pi greco (π) e il numero di Nepero (*e*). Questi appartengono alla categoria dei *numeri trascendenti*, sui quali ci siamo soffermati sovente: nel paragrafo 3.3, intitolato *Trasalire per la trascendenza*; nel paragrafo 6.2, *La πoesia della Szymborska*, dove a proposito di π, troviamo che l'autore della dimostrazione della trascendenza di pi greco fu Lindemann, ma fu Leibniz a coniare il termine numero trascendente; nel paragrafo 6.9, dove Dante crea un ponte tra il numero trascendente π e la natura trascendente del figlio di Dio; in Appendice L2 dove analizziamo con attenzione il numero trascendente *e*.

Un'appendice sui numeri non potrebbe considerarsi esaustiva se mancassero riferimenti ai numeri primi, sui quali si potrebbero scrivere intere enciclopedie. Per chi non avesse un tempo infinito da dedicare a questo argomento, consiglio vivamente il libro intitolato *L'enigma dei numeri primi* ([Sau05]); per gli altri, potrebbero bastare le parole che seguono.

Definiamo innanzitutto cosa è un *numero primo*: è un numero che ha solo due divisori, ossia 1 e se stesso. Gli altri numeri sono *composti*: oltre ai due banali (1 e se stesso), ci sono altri divisori. Ad esempio 11 è primo perché può essere diviso solo da 1 e 11; invece 12 non è primo perché oltre ai due divisori banali (1 e 12) ha altri divisori: 2, 3, 4, 6.

Di solito i matematici considerano il numero 1 un primo così banale da trascurarlo (anche perché così certi teoremi si "scrivono meglio"), quindi la sequenza iniziale dei numeri primi risulta: 2, 3, 5, 7, 11, 13, 17, 19, 23, ...

---

[562] I numeri irrazionali sono nell'insieme *R\Q*, ossia sono reali ma non razionali: il simbolo \ significa "differenza insiemistica", ossia significa «togliere dall'insieme di sinistra gli elementi dell'insieme di destra».

Spero che appaia evidente che il 2 è l'unico numero primo pari (infatti è l'unico numero divisibile per 2, in cui il 2 è divisore banale). È altrettanto intuitivo che, man mano che si esaminano numeri sempre più grandi, sia sempre più raro il rinvenimento di un numero primo, poiché aumenta la probabilità che il numero candidato ad essere primo sia invece composto, ossia divisibile da numeri più piccoli.

I matematici sono davvero ossessionati dal concetto di numero primo, come abbiamo già avuto modo di vedere in questo volume:

➤ Fin dal paragrafo 2.4, *La Dimostrazione matematica*, sappiamo che Euclide dimostrò, tra il IV ed il III sec. A.C., che i numeri primi sono infiniti. Tale dimostrazione è riportata in Appendice D, intitolata *Dimostrazioni*. Nella medesima appendice, mostriamo anche la dimostrazione di Eulero, relativa allo stesso asserto. In quest'ultima, si vede un collegamento tra i numeri primi che sono infiniti e la serie armonica che diverge, come visto in Appendice G, *La progressione geometrica e le serie*. In Appendice G ci siamo pure divertiti a considerare la serie degli inversi dei numeri primi, anch'essa divergente.

➤ Se la gradazione alcolica di una bevanda non è un numero primo, un matematico può provare imbarazzo.[563]

➤ Secondo Carl Sagan, astronomo e autore di pubblicazioni di scienza e fantascienza, gli alieni si farebbero vivi mandandoci impulsi raccolti in sequenze di numeri primi.[564]

➤ John D. Barrow, l'astrofisico che ha concepito la parte scientifica del copione teatrale *Infinities*, immagina che, in un mondo dove è bandita la morte, gli immortali studino la struttura dei numeri primi.[565]

➤ Fa molta scena, da parte dei matematici, parlare dell'*Ipotesi di Riemann*, ossia la questione più spinosa a cui un matematico può pensare. L'ipotesi di Riemann è, nella teoria dei numeri, una congettura: si presume sia vera (anche se qualche matematico prende le distanze da questa idea), ma non si è ancora trovata la dimostrazione. Rinuncio a formularla qui perché richiede la conoscenza di concetti matematici alquanto avanzati (numeri complessi, serie di potenze, produttorie, distribuzione dei numeri primi,…). Basti sapere che indaga sulle relazioni tra numeri primi e la cosiddetta funzione zeta di Riemann, indicata con la lettera greca ζ. Segnalo ai lettori curiosi, che volessero leggere un ottimo libro divulgativo, su questi argomenti, il volume [Sau05]. Diverse opere per il grande e il piccolo schermo hanno spesso citato

---

[563] Nel Paragrafo 2.5, *Il carattere dei matematici*, c'è proprio quest'aneddoto di Marcus Du Sautoy.
[564] Sagan ha pubblicato un ottimo romanzo di fantascienza intitolato *Contact*. Jodie Foster è la protagonista dell'omonimo film tratto dal libro.
[565] Ne parliamo al Paragrafo 7.2 *Lo Scenario 2: Vivere in eterno*.

questo argomento: il telefilm *Numb3rs* dedica, nella quinta puntata della prima stagione, una puntata a tale congettura; Ron Howards, regista del film *A beautiful mind*, [566] non si lascia sfuggire l'occasione di dare al protagonista il compito di fare ricerca su di essa; John Madden, curatore del film *Proof – La prova*, lascia intuire che la dimostrazione sui numeri primi a cui lavora Robert possa essere proprio l'ipotesi di Riemann.

Al film *Proof – La prova*, siamo grati anche per aver reso famosi i *numeri primi di Sophie Germain*: sono quei numeri primi n tali che $2n+1$ è un altro numero primo, denominato *primo sicuro*. Nel paragrafo 5.2.2 riportiamo qualche battuta del film e alcuni esempi interessanti di numeri primi di Germain.

Esiste anche la definizione di *due numeri primi tra loro*: essi non hanno in comune divisori non banali. Ad esempio, 6 e 7 sono primi tra loro, anche se 6 di per sé non è un numero primo. Ci siamo serviti della definizione di numeri primi tra loro durante la dimostrazione dell'irrazionalità di $\sqrt{2}$ (in Appendice D, *Dimostrazioni*); abbiamo anche mostrato, nel paragrafo 6.2 – dedicato alla poetessa polacca Wislawa Szymborska – che la probabilità di estrarre a caso due numeri primi è $\dfrac{6}{\pi^2}$.

Un altro modo di confrontare coppie di numeri si realizza quando si cercano *numeri primi gemelli*: numeri primi che si presentano come coppie di numeri dispari consecutivi. Ad esempio: 3 e 5, oppure 191 e 193. Il primo studio di questi numeri risale al matematico tedesco Paul Stäckel.

---

[566] Sezione 5.1.3.

APPENDICE P – *I postulati delle geometrie*

> *Una geometria non può essere*
> *più vera di un'altra,*
> *ma soltanto più comoda.*
> Henri Poincaré[567]

Abbiamo già parlato diffusamente dei concetti di *Dimostrazione* e di *Verità*, in Matematica.[568]

Forniamo qui un nuovo punto di vista, quello di Bruno D'Amore[569], utile a introdurre i concetti di questa appendice:

> *[...] ahinoi, in matematica non tutto è dimostrabile. Vediamo un po'*
> *perché. Supponiamo che noi vogliamo dimostrare che una certa*
> *affermazione A si possa dimostrare a partire da una B; il teorema*
> *dunque afferma che B → A.*
> *Ma B deve essere stato a sua volta dimostrato, in precedenza;*
> *supponiamo allora che B si possa dimostrare a partire da C, dunque si*
> *dovrebbe dimostrare, prima, che C → B. Ma C a sua volta... [...] Non*
> *occorre procedere, il lettore ha già capito; questo regresso non può*
> *essere infinito, altrimenti nessuno potrebbe mai dimostrare nulla;*
> *bisogna per forza che ci sia qualche affermazione che nessuno ha*
> *dimostrato ma che prendiamo come vera, altrimenti, come diavolo si*
> *comincia? Questa consapevolezza non è "moderna", come abbiamo*
> *letto da qualche parte, perché se ne accorsero già i potenti matematici*
> *greci, i quali decisero di assumere alcune affermazioni come vere senza*
> *bisogno di dimostrazioni. A seconda del loro contenuto, ne chiamarono*
> *alcune "assiomi" («Il tutto è maggiore della parte», per esempio) e altre*
> *"postulati" («Tutti gli angoli retti sono uguali tra loro», per esempio).*
> *Per non stare a complicare le cose, chiamiamoli tutti assiomi. Già, ma*
> *quali affermazioni possiamo prendere come assiomi? Questo sì che è un*
> *problema moderno. I Greci ritennero di poter/dover prendere come*
> *assiomi quelle affermazioni che apparivano vere in modo evidente; ma*
> *l'evidenza è un fatto troppo soggettivo e indefinibile; noi moderni siamo*
> *più sottili, noi oggi diciamo: nel costruire la sua teoria, il matematico*
> *sceglie i suoi assiomi, quelli che vuole, e però li dichiara esplicitamente*
> *al lettore.*

Interessante, vero? Vi avevo già avvisato che, oggigiorno, si usano in modo

---

[567] [Tof11], pag. 153.
[568] Paragrafo 2.1, *L'incontro con la vera Matematica*; Paragrafo 2.4, *La Dimostrazione* matematica; Appendice D, *Dimostrazioni*.
[569] [Dam11], da pag. 22.

intercambiale le due parole: assioma e postulato.[570] L'importante, cari lettori, è che sia chiaro che

> *I postulati, quindi, sono suggeriti dall'intuizione e dall'evidenza, accolti non per scelta ma «per fede», quasi come dogmi, tanto lampanti ci dovrebbero apparire. [...] tutte asserzioni che è facile condividere e inutile contestare.*[571]

Entriamo ora nel merito di questa sezione. I cinque postulati di Euclide sono la colonna portante della geometria che prende il suo nome. È quella che sembra ragionevole a ogni persona che cerchi[572] di riassumere i fondamenti della struttura spaziale in cui ci sembra di vivere. Tipicamente sono così formulati:

1. Tra due punti qualsiasi è possibile tracciare una ed una sola retta;

2. Si può prolungare un segmento oltre i due punti indefinitamente;

3. Dato un punto e una lunghezza, è possibile descrivere un cerchio;

4. Tutti gli angoli retti sono congruenti tra loro;

5. Se una retta che taglia altre due rette determina dallo stesso lato angoli interni minori di due angoli retti, prolungando le due rette, esse si incontreranno dalla parte dove i due angoli sono minori di due retti.[573]

Il quinto postulato di Euclide è quello meno intuitivo da comprendere. La versione originale è altrettanto criptica:

> *Risulti postulato che se in un piano una retta, intersecando altre due, forma con esse, da una medesima parte, angoli interni la cui somma è minore di due angoli retti, allora queste due rette indefinitamente prolungate finiscono con l'incontrarsi dalla parte detta.*[574]

Per nostra fortuna, Proclo, matematico e filosofo bizantino del V secolo, fornì una versione equivalente meno involuta:

> *dati una retta r e un punto P fuori di essa, c'è sempre una sola retta che passa per P e rimane parallela a r.*[575]

Davvero, questa è una «affermazione che a prima vista pare assolutamente indubitabile. Anzi, è su di essa che poggiano altre "verità" geometriche largamente

---

[570] Mi riferisco al Paragrafo 2.4, *La Dimostrazione matematica*, e al Paragrafo 6.9, *Pronti a ricevere da... Dante*.

[571] [Tof11], pag. 145.

[572] In questo paragrafo sulla geometria, *cerchi* è la parola giusta.

[573] http://it.wikipedia.org/wiki/Geometria_euclidea

[574] http://progettomatematica.dm.unibo.it/GeometrieNonEuclidee/par4.html

[575] [Tof11], pag. 145.

accettate»[576], come i teoremi sui triangoli che abbiamo riportato al paragrafo 6.9, dove mostriamo che Dante non fu solo un grande poeta.

La geometria euclidea è quella che tutti studiamo, o siamo esortati ad apprendere, da bambini; diamo per scontato che sia l'unica possibile, anzi: l'unica "vera". Ma il concetto di *verità* in Matematica – oramai lo sapete bene – riserva tante sorprese.

Riprendiamo Bruno D'Amore:

> *Per esempio, negli Elementi di Euclide, il V postulato afferma che: data una retta r e un punto P, c'è una sola parallela a r che passa per P. Essendo un postulato, nulla vieta a un creatore di teorie di enunciare un assioma diverso: data una retta r e un punto P, non c'è nemmeno una retta parallela a r che passa per P; data una retta r e un punto P, ci sono due rette parallele a r che passano per P.*
>
> *Essendo assiomi, ognuno fa le scelte che crede più opportune o che preferisce o che gli sembrano plausibili o che gli piacciono di più o che gli sembrano più divertenti o che solleticano di più la sua fantasia o che ha voglia in quel momento di fare o che gli sembra producano teoremi più belli o strani o strampalati o che stupiscono di più chi legge...*
>
> *Ma le tre affermazioni sono l'una contraddittoria rispetto all'altra. Come facciamo a sapere quale delle tre è vera? Non possono essere tutte e tre vere.*
>
> *Qui sta il punto: che cosa significa "vero" in matematica? La matematica non è mica la fisica, dove uno fa delle prove sperimentali; o la chimica, dove uno va in laboratorio a verificare; o la biologia o la zoologia o la botanica, tutte scienze sperimentali. In matematica, non ha senso chiedersi quale delle tre affermazioni è vera, se pensiamo a una verifica empirica; il vero matematico non è il vero della natura, perché in matematica non sappiamo nemmeno che cosa voglia dire "vero".*
>
> *[...]Però, quel che conta in matematica non è la verità, ma la coerenza. Si chiede il matematico: questo assioma che ho appena scelto, insieme agli altri assiomi, dà una teoria coerente o contraddittoria? Il matematico non cerca, non dimostra la verità, ma la coerenza, anche se spessissimo si dice "vero" nel linguaggio della matematica, ma solo per brevità.*
>
> *Dimostrare che l'affermazione B è vera rispetto ad A, significa dimostrare che A → B, cioè che A implica B, cioè che se è vera A deve essere per forza vera anche B. Dimostrare che un certo insieme di assiomi è coerente è un po' più complicato: bisogna dimostrare che quell'insieme di assiomi non porta a contraddizioni, cioè ad affermazioni che contemporaneamente portano come conseguenza sia l'affermazione D, sia la sua negazione, che si scrive ¬D e si legge "non*

---

[576] [Tof11], pag. 145.

D".

Questo è quel che nella storia è successo con le tre affermazioni di prima:

- *la geometria che accetta l'unicità della parallela per P alla retta r si chiama geometria di Euclide di Alessandria (nata tra il IV ed il III sec. a.C.);*
- *la geometria che accetta l'inesistenza di rette parallele per P alla retta r si chiama geometria di Bernhard Riemann (preconizzata nel XVIII sec., ma costruita nel XIX sec.);[577]*
- *la geometria che accetta l'esistenza di due rette parallele per P alla retta r si chiama geometria di Nikolaj Ivanovič Lobachewski (anch'essa preconizzata del XVIII sec., ma costruita nel XIX sec.).*

Nel corso degli anni è stato dimostrato che nessuna delle tre geometrie è incoerente e che dunque si possono accettare, si devono accettare, tutte e tre.

In realtà, quel che si è dimostrato davvero è che, se la geometria di Riemann fosse contraddittoria, lo sarebbe anche quella di Euclide; e lo stesso varrebbe per la geometria di Lobachewski. In altre parole: se uno non accettasse le due geometrie non euclidee, dovrebbe per forza rifiutare anche la geometria di Euclide.[578]

Rifiutare la geometria di Euclide? Molto difficile! Persino i letterati ne sono affezionati, secondo Toffalori:

[...] certamente la geometria di Euclide quella che, elogiata per la sua perfezione, si incontra più di frequente in letteratura, tanto nei classici di qualche secolo fa quanto in testi altrettanto autorevoli ma più recenti. Capita così che anche Italo Calvino evochi in Palomar *«lo spazio immateriale dei postulati di Euclide» e «l'esatta geometria degli spazi siderei».*

Che cosa abbia di tanto mirabile e fascinoso la costruzione di Euclide è presto spiegato: è il modello di riferimento per ogni teoria scientifica, valido non solo per il puro ambito geometrico, ma per ogni sistema matematico che si rispetti. Come ogni edificio degno di questo nome si poggia sulle proprie fondamenta come irrinunciabili punti di sostegno e poi si eleva mattone dopo mattone e piano dopo piano fino al tetto, allo stesso modo un sistema euclideo si basa su verità elementari — gli assiomi o postulati — e col loro sostegno sviluppa armonioso le proprie argomentazioni e dimostra i propri teoremi. Infatti, per citare ancora una volta Calvino e Palomar, *bisogna avere dei principi da cui far*

---

[577] Il lettore ricorderà che ho già anticipato la geometria di Riemann nel Paragrafo 2.3, intitolato *L'irragionevole efficacia*, e nel paragrafo 6.6, intitolato *Verso le stelle, versi sulle stelle: Thomas Segget e Galileo Galilei.*

[578] [Dam11], da pag. 23.

discendere per deduzione il proprio ragionamento. Questi principî — detti anche assiomi o postulati — uno non se li sceglie ma li ha già, perché se non li avesse non potrebbe nemmeno mettersi a pensare.[579]

Eppure, come già accennato, nel diciannovesimo secolo alcuni valenti studiosi provarono a "violare" il quinto postulato (detto anche *delle parallele*), facendo affiorare le geometrie non euclidee:

> *Per immaginarle, se già non le conoscete, figuratevi di entrare in una stanza di specchi deformanti, come se ne trovano ai luna park o negli incubi di qualche film giallo. Per la precisione la camera che vi accoglie ospita tre specchi. Il primo è tradizionale e onesto e vi riproduce così come siete, in modo che potremmo chiamare euclideo. Il secondo, invece, vi riduce il corpo a un fuscello e vi ingigantisce testa e piedi, fino a rendervi mostruosi come un osso di pollo. Il terzo, infine, vi affusola le estremità e allarga la vita, fino a farvi diventare una sorta di Falstaff. Gli ultimi due specchi — deformanti — sono il paradigma degli universi non euclidei. Fissiamo infatti su ciascuno di loro una retta r che va in verticale dal basso verso l'alto e poi un punto P esterno a r. Allora possiamo facilmente immaginare, nel mondo degli ossi che si allargano agli estremi, dovizie di rette che passano per P ma non intersecano mai r, anzi più salgono o scendono e più se ne allontanano. Nel caso invece di un Falstaff tondo nel mezzo e puntiforme agli estremi non c'è verso di costruire retta che, pur parallela a r all'altezza dei fianchi, non vada poi a incontrarla sulla cima del capo e alla punta dei piedi.*
>
> *Tali sono dunque le due geometrie non euclidee di inizio Ottocento, quella iperbolica di Gauss, Bolyai e Lobacevskij e quella ellittica di Riemann: in esse per il punto P alla retta r si possono tracciare rispettivamente infinite o nessuna parallela, a smentire da un verso e dall'altro il dettato euclideo; in esse, di conseguenza, la somma degli angoli interni di un triangolo non è più esattamente un angolo piatto, ma rispettivamente maggiore o minore. Le polemiche aspre che accompagnarono queste novità sin dal loro primo apparire non valsero tuttavia a screditarle e confutarle del tutto. Anche se molti trovarono irriverenti e quasi blasfeme le pretese di contraddire l'equilibrata bellezza del mondo euclideo e accumularono argomentazioni scandalizzate a sua difesa, nessuno seppe produrre conclusioni decisive a suo favore e a sfavore dei concorrenti.*
>
> *Sorprende semmai che a schierarsi a favore del credo euclideo fu pure Lewis Carroll, il creatore di Alice e dei suoi innumerevoli paradossi di specchi deformanti.*
>
> *Carroll scrisse addirittura un'opera a sostegno di queste sue opinioni, intitolandola* Euclide e i suoi rivali moderni *e raccontandovi un processo*

---

[579] [Tofl1], da pag. 144.

alle moderne geometrie, cui interviene anche il fantasma di Euclide a perorare «l'importanza, se non la necessità, di mantenere il suo ordine e la sua enumerazione, il suo metodo di trattare le linee rette, gli angoli, gli angoli retti e le parallele».

Argomenti a favore di Euclide porta anche Dostoevskij in un celebre brano dei Fratelli Karamazov — *che in realtà va a investire problemi capitali, che trascendono la pura geometria e investono il mistero perenne di Dio e dell'uomo.*

Assistiamo infatti nel libro quinto a un dialogo mirabile tra due dei fratelli, il «freddo e razionale» Ivan e il «mite e angelico» Alioša: una riflessione lunga e tormentata, appunto sul tema dell'esistenza di Dio, la quale culmina in quel capolavoro nel capolavoro che è la «Leggenda del Grande Inquisitore», ma ospita in precedenza anche un breve accenno alla matematica euclidea. Dice infatti Ivan ad Alioša:

> Ti dichiaro che accetto Dio, puramente e semplicemente. Ecco però quel che bisogna notare: se Dio esiste e se in realtà ha creato la terra, l'ha creata, come ci è perfettamente noto, secondo la geometria euclidea, e ha creato lo spirito umano dandogli soltanto la nozione delle tre dimensioni dello spazio. Nondimeno si sono trovati e si trovano tuttora geometri e filosofi, anche fra i più illustri, i quali dubitano che tutto l'universo o, con espressione anche più larga, tutto l'esistente sia stato creato soltanto in conformità della geometria euclidea, e osano perfino supporre che due linee parallele possano incontrarsi in qualche punto dell'infinito. Io, mio caro, ho deciso che, se non posso comprendere neppur questo, meno ancora potrei comprendere Dio. Confesso umilmente di non avere alcuna attitudine a risolvere tali problemi, io ho uno spirito euclideo, terrestre... Si congiungano pure le parallele sotto il mio sguardo: io lo vedrò e dirò che si sono congiunte, ma tuttavia non l'accetterò.

[...] Ora, è inutile ripeterlo: l'apparato classico di Euclide pare certamente il più autorevole e collaudato. Pur tuttavia ci basta ricordare che la Terra è circolare e che il mondo che ai nostri occhi pare piano come Flatlandia[580] è in realtà tondo come una sfera, per avvalorare piuttosto la geometria ellittica di Riemann e Falstaff. Né mancano argomenti altrettanto fondati per suffragare l'altra soluzione iperbolica. Tra l'altro una anticipazione profetica della geometria di Riemann, e di certe teorie che se ne deducono sulla struttura del mondo, si trova proprio nella Divina Commedia, *in quel canto ventottesimo del Paradiso*

---

[580] Flatlandia è un luogo immaginario il cui nome coincide con il titolo di uno splendido libro: [Abb93].

di cui si sono già citati versi separati e che nel suo complesso ci descrive l'Universo come compare a Dante pellegrino nell'aldilà. L'analogia è illustrata dal bel libro di Silvia Benvenuti sulle Geometrie non euclidee *— e si rifà a testi precedenti che sono lì citati in dettaglio.*[581]

[...] È stato osservato che le teorie ottocentesche di Riemann insinuano per il nostro universo una configurazione assai simile. Tanto per cominciare, propongono l'idea di un mondo che è sì illimitato come un piano, ma anche rotondo e finito come una sfera. Il suo confine è sostanzialmente irraggiungibile da chi sta al suo interno, salvo l'eccezione che diremo tra un attimo. Possiamo poi convenire per semplicità che la sfera contenga la Terra al suo centro e, tutto intorno, quello che un astronomo riesce a vedere con i suoi telescopi più potenti. Al di fuori di questo campo visivo stanno però un'altra sfera, un'altra Terra, un'altra civiltà. I due mondi sono separati, salvo un bordo comune in cui si incollano. Un astronauta in partenza dalla Terra potrebbe muoversi in linea retta verso questo bordo, uscire per questa via dalla sua sfera per entrare in quella sconosciuta, raggiungere la seconda Terra e addirittura, sempre proseguendo diritto, tornare al punto di avvio. Un po' come Dante nel Paradiso.

Ma a prescindere dall'arte e dalla fantasia, oppure dalle vertigini delle scienze moderne, il quesito di fondo ritorna: a quale geometria bisogna credere? Per sorprendente che possa apparire, la risposta è: a tutte e a nessuna. Dei tre sistemi, non ce n'è nessuno superiore agli altri e ognuno merita il medesimo rispetto. Nessuno è falso e tutti sono attendibili. Non c'è dunque una Geometria con la G maiuscola, buona per tutte le stagioni. Al contrario pure la geometria, come tutta la conoscenza umana, è relativa. Il motivo è, di nuovo, che il mondo è vario e le sue sfaccettature molteplici, così che non basta un'unica chiave interpretativa, rigida e universale, a interpretarle tutte con la stessa finezza, apprezzandone adeguatamente le sfumature.

Esistono piuttosto, e anzi devono esistere, ipotesi alternative, capaci di adattarsi nel modo migliore ora all'una ora all'altra situazione e riuscire più o meno indovinate a seconda dei casi. In questo senso ogni geometria è giusta, e nessuna sbagliata, quando si applica agli ambiti adatti: quella euclidea al mondo come in genere lo si figura; quella ellittica quando ci si ricorda che l'universo è tondo; quella iperbolica, quando è il caso. Come scrisse un matematico geniale di fine Ottocento, Henri Poincaré, «una geometria non può essere più vera di un'altra, ma soltanto più comoda». Come annota argutamente Raymond Queneau, «quando enuncio un'asserzione mi accorgo immediatamente che l'asserzione contraria è più o meno altrettanto interessante»:

---

[581] Nel Paragrafo 6.9, intitolato *Pronti a ricevere da... Dante*, ho riportato la citazione di Silvia Benvenuti.

conclusione che si applica evidentemente anche a Euclide e alle parallele.[582]

Quest'appendice è anche il luogo ideale per parlare della geometria proiettiva, un'altra variante di quella euclidea. Infatti ho lasciato in sospeso il lettore al paragrafo 2.5, *Il carattere dei matematici*, quando ho riportato due affermazioni in apparente contrasto:

➢ *Si definiscono parallele due rette che, prolungate all'infinito, non s'incontrano mai*

➢ *Due rette parallele possono essere considerate incrociantisi se le si prolunga al'infinito*

Cerco di spiegare come definire bene due rette parallele, in modo tale da trovare una certa armonia tra i due enunciati precedenti. Nella geometria euclidea, due rette parallele hanno la stessa inclinazione, quindi non si incontrano in alcun punto del piano (a meno che le due rette non coincidano, nel qual caso hanno infiniti punti in comune).

Allora perché qualche esperto osa dire che all'infinito si incontrano? La risposta si trova introducendo la geometria proiettiva e le coordinate omogenee, ossia adottando un espediente matematico che permette di estendere il piano (circondandolo… all'infinito!) con una nuova retta, detta impropria, perché costituita da infiniti punti impropri. Un punto improprio è definito formalmente, ma io vi lascio una definizione informale: consiste in una inclinazione.

Ecco quindi che due rette distinte e parallele hanno la stessa inclinazione, e quindi hanno un punto in comune all'infinito, ossia nella retta impropria: è quel punto che identifica l'inclinazione comune.

La prospettiva aiuta a riconoscere la validità della geometria proiettiva: basta recarsi in una stazione ferroviaria e mettersi al centro di un binario (stando attenti affinché non passi alcun treno nel frattempo): si vede che, all'infinito, le due rotaie sembrano toccarsi. Se pensate che questi siano argomenti solo teorici, sappiate che nel febbraio 2015 due tifoserie si sono scontrate perché un dirigente sportivo ha accusato la regia televisiva di non aver "tracciato" opportunamente la retta parallela a quella del lato corto del campo, per riconoscere un eventuale fuori gioco…

E come ogni bel gioco, anche questa appendice ha fine. Chiudo con una frase… D'Amore:

Se il lettore è rimasto sorpreso, vuol dire che aveva bisogno di questo lungo discorso. Se sapeva già tutto ciò, beh, sentirselo dire in un modo

---

[582] [Tof11], da pag. 147 a pag. 153.

diverso forse ha avuto lo stesso uno scopo. Ne nasce un'idea di matematica ben lontana da quelle caratteristiche di freddezza austera, di verità assolute, di cose da imparare a memoria (brrr, nulla di più lontano dal vero)...

In matematica, come in arte, il creatore ha libertà di muoversi, di inventare, di scegliere, di esprimere la sua volontà creatrice, il suo proprio spirito inventivo. Il genio umano può rivelarsi con Guernica *o con un bel teorema, guai a chi fa differenza.*[583]

---

[583] [Dam11], Pag. 26.

APPENDICE S – *Soluzioni agli enigmi e ai giochi del Capitolo 4*

S.1 [Enigma 1] – Iniziamo con l'Odissea

Occorre rispondere alla domanda «Quanti buoi ci sono in tutto?». Moltiplicando 7 per 50, otteniamo 350.

S.3 [Enigma 2] – La sequenza misteriosa

Si deve decifrare la legge che dà origine alla sequenza
1, 11, 21, 1211, 111.221, 312.211…
Tale legge consiste semplicemente nello scrivere la lettura del numero precedente:

- 1 → Un uno (11)
- 11 → Due uno (21)
- 21 → Un due un uno (1211)
- 1211 → Un uno un due due uno (111221)
- E così via, all'infinito

S.4 [Gioco 2] – La magia del 1089

Dimostriamo la validità del gioco per ogni scelta del numero di partenza xyz, purché si rispetti il vincolo V: $x - z > 1$
(ossia la cifra delle centinaia x e quella delle unità z differiscano di almeno due unità).[584]

Nella descrizione del gioco, al punto 2), si raccomanda di eseguire la sottrazione prendendo il maggiore diminuito del minore. Decidiamo allora di chiamare xyz il maggiore (questa decisione non riduce la generalità della dimostrazione), sicché

---

[584] Il caso $x - z = 1$ e il caso $x - z = 0$ li vedremo dopo come eccezioni.

$$x \quad y \quad z \quad -$$
$$\underline{z \quad y \quad x} \quad =$$
$$_{9-m} \quad 9 \quad m$$

Infatti, procedendo nella sottrazione a partire, come si sa dalle scuole elementari, dalla prima colonna di destra (quella delle unità), posso chiamare m la cifra delle unità del risultato. Quanto vale m? Semplicissimo: dato che vale il vincolo V, sono sicuro che $z < x$ (il vincolo mi dice infatti che addirittura $z < x - 1$). Pertanto è necessario, per ottenere m, prelevare una decina dalla colonna delle decine. Quindi

$$m = z - x + 10$$

Di conseguenza la cifra delle centinaia del risultato sarà 9, poiché sarebbe stato 0 se ci fosse stato da fare solo $y - y$; ma purtroppo c'è stata la cessione di una decina per il calcolo di m, quindi ora sto eseguendo $(y - 1) - y$, ma anche questa operazione richiede a sua volta un prelievo dalla potenza immediatamente più grande: devo prendere un centinaio. Pertanto sto eseguendo realmente $(y - 1) - y + 10$, il cui risultato è 9, poiché sarebbe $10 - 1 + y - y$. Infine, dobbiamo svolgere la sottrazione delle centinaia. Ricordando che una centinaia è andata persa in precedenza, dobbiamo semplicemente calcolare $x - z - 1$ che è pari a $(9 - m)$ come si dimostra facilmente:

$$x - z - 1 = (z - m + 10) - z - 1 = 9 - m$$

Il primo passaggio è ottenuto sostituendo x con la sua espressione nei termini delle altre lettere. Per convincersene: se $m = z - x + 10$ allora $x = z - m + 10$.

Ora dobbiamo fare invece l'addizione che genererà un risultato pari a 1089. Essa è davvero banale:

$$_{9-m} \quad 9 \quad m \quad +$$
$$\underline{m \quad 9 \quad _{9-m}} \quad =$$
$$1 \quad 0 \quad 8 \quad 9$$

Ora che abbiamo svolto la dimostrazione del caso generale, occupiamoci delle due eccezioni che scaturiscono quando non si rispetti il vincolo V, ossia cerchiamo di capire come mai occorre che, per la riuscita dal gioco, le cifre esterne, x e z, del numero di partenza debbano differire di almeno 2. Ecco la disamina:

Eccezione #1: se il numero di partenza è simmetrico (palindromo come 373), allora si ottiene 0 dalla sottrazione e quindi anche dall'addizione.

Eccezione #2: se il numero di partenza ha la cifra delle centinaia e quella delle unità che differiscono di 1 (come 475), allora si ottiene 99 dalla sottrazione e 198 dall'addizione.

S.5 [Curiosità 1] – La ruota moltiplicatrice

Questa curiosità deriva da una proprietà particolare del numero 142'857: la frazione $1/7 = 0,\overline{142857}$ è un numero razionale periodico con periodo di 6 cifre:

0,142857142857142857142857142857142857142857142857...

Tutti i numeri $1/p$ che hanno un periodo di $(p-1)$ cifre sono detti ciclici e godono della stessa proprietà. Ad esempio: $1/17 = 0,\overline{0588235294117647}$, poiché il suo periodo è composto da $17 - 1 = 16$ cifre:

0,0588235294117647058823529411764705882352941 17647...

Per altre curiosità che riguardano il numero 142'857, vi rimando alla pagina web
http://www.magiadeinumeri.it/142857.html

S.6 [Gioco 3] – Gli Egizi ci hanno lasciati... raddoppiando

Per comprendere meglio l'algoritmo presentato, ecco un esempio. Vogliamo moltiplicare 22 per 7. Dunque $n = 22$ e $m = 7$. Seguiamo i 6 passi:

1. Prepariamo lo spazio per due colonne;

2. Scriviamo lungo la prima colonna le potenze di 2 che partono da 1 e si arrestano alla soglia di n, cioè senza superare n stesso, cioè 22. In altre parole, il 32 non dovrò inserirlo perché 32 è maggiore di 22, quindi mi devo fermare a 16.

    1
    2
    4
    8
    16

3. Scriviamo lungo la seconda colonna il prodotto del valore della prima colonna per m, ossia 7. La seconda colonna diventa quindi la seguente. Notiamo i primi

quattro valori sono facilissimi da calcolare, ma anche il quinto valore, cioè 112, non è poi così difficile, poiché $16 \times 7 = 7 \times 10 + 7 \times 6 = 70 + 42 = 112$.

$$7$$
$$14$$
$$28$$
$$56$$
$$112$$

4. Torniamo alla prima colonna ed eliminiamo i valori che non concorrono a formare (in modo unico) la somma uguale a *n*, cioè 22. Dato che $22 = 2 + 4 + 16$, dovremo eliminare il numero 1 e il numero 8:

~~1~~
2
4
~~8~~
16

5. Poiché nella prima colonna abbiamo eliminato il primo e il quarto valore, facciamo lo stesso con la seconda colonna:

~~1~~	~~7~~
2	14
4	28
~~8~~	~~56~~
16	112

6. Sommo i valori rimasti sulla seconda colonna: $14 + 28 + 112 = 154$, che è il risultato cercato.

Lascio al lettore, per esercizio, il medesimo calcolo effettuato però scambiando l'ordine dei due fattori (si sa che la moltiplicazione gode della proprietà commutativa, ossia: invertendo il moltiplicando e il moltiplicatore, il risultato non cambia). Suggerisco anche il calcolo finale: si arriva a $22 + 44 + 88 = 154$.

S.7 [Enigma 3] – Un enigma ridotto all'essenza, anzi: alla base

Per comprendere e risolvere questo enigma bisogna sapere cosa significa esprimere un numero x in base b. Non ci dilungheremo in tediose dissertazioni, per cui vado dritto al punto: se si intende usare una base b, allora abbiamo a disposizione b cifre (da 0 a $b-1$) per comporre qualsivoglia quantità numerica.

Ad esempio, siamo abituati a usare la base 10 (cifre da 0 a 9) – probabilmente perché inizialmente l'Uomo svolgeva calcoli con le dita[585] – per cui inizialmente, per contare, sfruttiamo tutte le cifre a disposizione: 0, 1, 2, 3, 4, ..., 9. Esaurita la varietà di cifre, se vogliamo rappresentare il numero successivo (cioè 9 sommato a 1), ricorriamo alla *notazione posizionale*, cioè usiamo la convenzione per cui il numero 10 significa 0 unità e 1 decina, ossia le cifre che via via occupano posizioni più a sinistra del posto delle unità pesano sempre più, secondo la potenza del 10.

Quindi, dopo il 9, si conta così: 10, 11, 12, 13, ..., 19, 20, 21, 22, ..., 28, 29, 30 e così via. Una volta arrivati a 99, l'aggiunta di 1 produce 0 unità, 0 decine e un centinaio: 100.

Ecco un esempio più articolato:
$$4'716 = 6 \cdot 10^0 + 1 \cdot 10^1 + 7 \cdot 10^3 + 4 \cdot 10^4 = 6 + 10 + 700 + 4000.$$

Cosa succede se siamo in base 2? Come ben sanno gli appassionati di informatica (dato che i calcolatori essenzialmente usano circuiti con logica binaria), si hanno solo due cifre: 0 e 1. Pertanto, quando si conta si ha: 0, 1, ... come ci si aspetterebbe. E poi? Dopo possiamo solo dire che abbiamo 0 unità e una "duina", ossia 10. Questo apparente "dieci" non è il dieci a cui siamo abituati, bensì è la sequenza 10 che in base 2 equivale al numero 2 in base 10. Ecco come si conta in base 2:
0, 1, 10, 11, 100, 101, 110, 111, 1000, 1001, 1010, 1011, 1100, 1101, 1110, 1111, 10000 e così via.

Quelli appena elencati sono i numeri in base 2 che corrispondono, in base 10, ai numeri dallo 0 al 16. Risulta evidente che la stessa quantità numerica richiede più cifre con una base piccola, rispetto a una base grande. Il numero 16, che in base 10 richiede solo 2 cifre, in base 2 richiede ben 4 cifre!

Spero di aver reso chiaro l'enigma in questione: *Ci sono 10 tipi di persone al mondo: quelle che sanno contare in base 2 e quelle che non lo sanno fare* significa che, se

---

[585] Abbiamo già divulgato che il primo sistema numerico era quinario (base 5), nel Paragrafo 3.1, intitolato *Il capitolo tre nell'Uno*. Non è un caso che oggi diciamo che siamo nell'era della tecnologia *digitale*, intendendo che l'informatica tratta tutte le informazioni come *numeri* (bit) e in effetti il lemma latino *digitus* significa dito!

uno sa contare in base 2, sa che 10 significa 2, e quindi rilegge l'enigma come: Ci sono 2 tipi di persone al mondo: quelle che sanno contare in base 2 e quelle che non lo sanno fare.

S.8 [Enigma 4] – Ogni dì non è festa

Perché i matematici anglosassoni non sanno distinguere Halloween e Natale?

Anche questo enigma si risolve tramite l'algebra in base *b*. Prendiamo la festa di Halloween, che cade il 31 Ottobre; in inglese contrarremmo con la sigla *Oct 31*. Ma un matematico leggerebbe questa abbreviazione come il numero 31 in base 8 (ottale), ossia, come abbiamo appreso dall'Enigma 3: $1 \cdot 8^0 + 3 \cdot 8^1 = 1 + 24 = 25$ in base 10.

Un anglosassone scriverebbe 25 in base 10 con la sigla *Dec 25*, che può essere scambiata per il 25 dicembre. Abbiamo così dimostrato che [*Oct 31*] = [*Dec 25*], ossia i matematici anglosassoni non sanno distinguere il giorno di Halloween da quello di Natale.

S.9 [Enigma 5] – Crescete e moltiplicate

Qual è il risultato che si ottiene moltiplicando insieme tutte le cifre dei tasti presenti su un tastierino numerico di un telefono cellulare?

Una persona che considera l'algebra come una catena di operazioni e passaggi logici noiosi e laboriosi, partirebbe subito in sequenza: $1 \cdot 2 = 2$; $2 \cdot 3 = 6$; $6 \cdot 4 = 24$; $24 \cdot 5 = 120$; e così via fino a calcolare 9 fattoriale[586] (ossia $9! = 362'880$) per poi accorgersi che deve infine compiere $362'880 \cdot 0 = 0$.

Un abile matematico, invece, abituato a risparmiare calcoli e a usare la creatività e l'intuizione per "riscaldare" la fredda razionalità, avrebbe subito intercettato la presenza dello 0 quale *elemento assorbente* della moltiplicazione, come dicono gli addetti ai lavori matematici.

---

[586] Abbiamo definito formalmente l'operatore unario di *fattoriale* in Appendice A, intitolata *Algebra*.

S.10 [Enigma 6] – Dieci soldati ben organizzati

La soluzione all'enigma[587] è un'opera d'arte dell'intelligenza geometrica coniugata con il pensiero cosiddetto *laterale*:

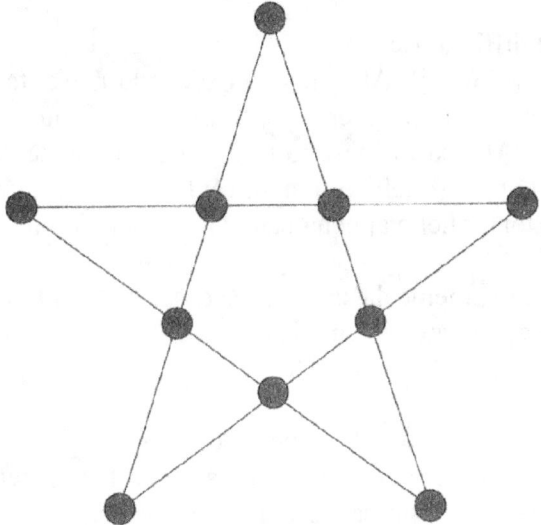

Figura: Dieci soldati in cinque file, di cui ognuna con quattro soldati

---

[587] [Tah96], pag. 129.

S.11 [Enigma 7] – Regolarità della serie di Fibonacci

Immaginiamo che il tempo scorra tramite la variabile t che assume valori interi: 1 al primo mese; 2 al secondo mese; 3 al terzo mese e così via, all'infinito; $F(t)$ è la quantità di coppie di conigli presenti all'inizio del mese t.

Non dovrebbe essere difficile riconoscere che $F(1)$ vale 1, poiché all'inizio si ha solo una coppia di conigli (giovani). All'inizio del secondo mese, tale coppia è raggiunto la maturazione sessuale, quindi al terzo mese genera una nuova coppia: quindi $F(2)$ vale 1 e $F(3)$ vale 2. Al quarto mese, alle 2 coppie precedenti, si aggiunge quella generata dalla prima coppia (quella più matura): $F(4) = 3$. Al quinto mese, alle coppie precedenti, si aggiungono quelle appena nate dalle 2 coppie più mature: $F(5) = 5$.

Se si schematizza graficamente la questione, e se la si sintetizza con una formula matematica, si arriva alla legge matematica

$$F(t) = F(t-1) + F(t-2)$$

Ossia: il numero di coppie di conigli al mese corrente è la soma del numero di coppia ai due mesi immediatamente anteriori. Come si vede $F(t)$ è definita ricorsivamente, cioè è definita in termini di se stessa, ossia $F(t-1)$ e $F(t-2)$.

Naturalmente occorre dare anche due valori iniziali, altrimenti non si può partire nel ricostruire la sequenza generata. Per il nostro caso, poniamo

$$F(0) = 0 \quad,$$
$$F(1) = 1 \quad.$$

Solo nel XIX secolo la comunità matematica si è accorta di quanto importante ed ubiqua sia la successione di Fibonacci. Per averne un'idea, si può consultare il volume *Le gioie della Matematica*[588].

---

[588] [Pap02], pag. 41 e pag. 235.

S.13 [Enigma 8] – Scellerati si scambiano scellini

Partiamo descrivendo la situazione iniziale. Cerchiamo di tradurre dall'italiano al *matematichese*:

- *«Alcuni uomini erano seduti in cerchio, sicché ciascuno di essi ha due vicini».*
  Sia n il numero di persone disposte circolarmente. Indico con $P(i)$ la persona che siede al posto i del cerchio. $P(i)$ sarà seduta tra $P(i{-}1)$ e $P(i{+}1)$, per $i = 2, 3,$ ..., $n{-}2$, $n{-}1$; casi particolari sono: $P(1)$ seduta tra $P(n)$ e $P(2)$; $P(n)$ seduta tra $P(n{-}1)$ e $P(1)$.[589]

- *«ciascuno d'essi aveva un certo numero di scellini».*
  Sia $S(i)$ il numero di scellini posseduto dalla persona $P(i)$, seduta al posto i.

- *«Il primo aveva uno scellino più del secondo, che aveva uno scellino più del terzo, e così via».*

$$S(1) = 1 + S(2)$$
$$S(2) = 1 + S(3)$$
$$S(3) = 1 + S(4)$$
$$\ldots$$
$$S(n{-}1) = 1 + S(n)$$
$$S(n) = x$$

Come si vede, ho chiamato x (ossia l'incognita) il numero di scellini posseduto dalla persona n, che sicuramente è la più povera. Per renderci conto che davvero x è il numero più basso di scellini tra tutte le persone, è sufficiente fare una sostituzione a ritroso:

$$S(1) = 1 + S(2) = 1 + 1 + S(3) = \ldots = n - 1 + S(n) = n - 1 + x$$
$$S(2) = S(1) - 1 = n - 2 + x$$
$$S(3) = S(2) - 1 = n - 3 + x$$
$$\ldots$$
$$S(n - 1) = 1 + x$$
$$S(n) = x$$

Questo è il vettore $\underline{S}$ all'inizio, ossia al tempo $t = 0$. Pertanto lo indichiamo $\underline{S}^0$, mentre ogni componente i-esima la ribattezziamo $S^0(i)$.

- *«Il primo diede uno scellino al secondo, che diede due scellini al terzo, e così via».*
  Come regola generale, $P(i)$ prende $(i{-}1)$ scellini da $P(i{-}1)$ e allo stesso tempo si

---

[589] Se si conosce l'aritmetica modulare (detta anche aritmetica dell'orologio), possiamo sintetizzare meglio le definizioni precedenti: $P(i)$ sarà seduta tra $P(i{-}1)$ e $P(i{+}1)$, purché si consideri ogni indice modulo n. Ora i può assumere qualunque valore intero positivo.

priva di i scellini per donarli a P(i+1). Quindi S(i) si riduce di uno scellino, poiché aumenta di $i-1$ e si riduce di i scellini. L'unica eccezione è S(1), poiché P(1) cede uno scellino a P(2) ma guadagna ben n scellini da P(n).

Pertanto possiamo affermare che, dopo "un turno" (un giro di passaggio di scellini secondo quanto descritto), ossia al tempo $t = 1$, il vettore $\underline{S}^1$ risulta:

$$S^1(1) = S^0(1) - 1 + n = S^0(2) + n = n - 2 + x + n = 2n - 2 + x$$
$$S^1(2) = S^0(2) + 1 - 2 = S^0(2) - 1 = S^0(3) = n - 3 + x$$
$$S^1(3) = S^0(3) + 2 - 3 = S^0(3) - 1 = S^0(4) = n - 4 + x$$

...

$$S^1(n-1) = S^0(n-1) + (n-2) - (n-1) = S^0(n-1) - 1 = S^0(n) = x$$
$$S^1(n) = S^0(n) + (n-1) - n = S^0(n) - 1 = x = x - 1$$

Ci si può convincere che, al generico tempo t, il vettore il vettore $\underline{S}^t$ risulta:

$$S^t(1) = n + t\,n + x - (t + 1)$$
$$S^t(2) = n - 2 - t + x$$
$$S^t(3) = n - 3 - t + x$$

...

$$S^t(n-1) = x + 1 - t$$
$$S^t(n) = x - t$$

- *«ciascuno dando uno scellino più di quanto ricevuto, fintantoché fu possibile»*.
  Il processo dei turni si interrompe quando una persona rimane senza scellini. Spero che risulti evidente che tale persona non può che essere P(n), poiché fin dall'inizio è la più povera (come già osservato) e man mano che trascorre il tempo si impoverisce sempre più. Dato che al tempo t essa ha $(x - t)$ scellini, tale persona andrà in bancarotta quando tale quantità è nulla, ossia per $t = x$. Pertanto, la distribuzione degli scellini alla fine è la seguente:

$$S^x(1) = n + x\,n + x - (x + 1) = n + x\,n - 1$$
$$S^x(2) = n - 2 - x + x = n - 2$$
$$S^x(3) = n - 3 - x + x = n - 3$$

...

$$S^x(n-1) = x + 1 - x = 1$$
$$S^x(n) = x - x = 0$$

- *«Alla fine, c'erano due vicini, uno dei quali aveva 4 volte più scellini dell'altro. Quanti uomini c'erano? E quanto aveva inizialmente quello più povero?»*.
  Notiamo nel vettore $\underline{S}^x$ appena composto che le uniche persone che possono avere scellini in rapporto di 4 a 1 sono P(1) e P(2): P(1) è l'unica persona che è smisuratamente più ricca delle due vicine P(2) e P(n), e P(n) è senza scellini. Per rispondere alle due domande (quanto vale n e quanto vale x), basta impostare l'equazione $S^x(1) = 4\,S^x(2)$, ossia

$$n + x\,n - 1 = 4\,(n - 2) \quad \rightarrow \quad n + x\,n - 4\,n = 1 - 8 \quad \rightarrow \quad x = 3 - 7/n$$

Di conseguenza *n* deve essere per forza 7 (l'unico intero che divide 7 ottenendo un risultato intero) e quindi *x* vale 3 − 1 ossia 2. Concludiamo che le persone erano 7 e il più povero aveva 2 scellini, che ha perso proprio in 2 turni. Si può osservare ora la sequenza della distribuzione degli scellini al variare del tempo:

- $t = 0$:   8 7 6 5 4 3 2
- $t = 1$:   14 6 5 4 3 2 1
- $t = 2$:   20 5 4 3 2 1 0

S.14 [Enigma 9] – Dall'opera Lilavati di Bhaskara

Il testo poetico si può tradurre nella semplice equazione di primo grado

$$\frac{x}{5}+\frac{x}{3}+3\left(\frac{x}{3}-\frac{x}{5}\right)+1=x$$

In Appendice E mostriamo come si risolve questo tipo di equazioni. La soluzione per il problema attuale risulta $x = 15$.

S.15 [Enigma 10] – La Matematica e la Giustizia nel dividere il pane

Ecco come Beremiz Samir, l'Uomo che Sapeva Contare, spiega l'approccio corretto alla percezione della suddivisione dei pani e quindi fa discendere il giusto compenso per ciascuno dei due generosi donatori. Riprendiamo quasi da dove avevamo interrotto:

Con mia grande sorpresa l'Uomo Che Contava sollevò rispettosamente un'obbiezione. «Perdonami, Sceicco! Ma questa suddivisione, che pure sembra semplice, non è matematicamente giusta. Dal momento che ho dato cinque pagnotte, devo ricevere sette monete. Il mio amico, che ha ceduto tre pagnotte, deve riceverne soltanto una».

«Per il nome di Maometto!» esclamò il Visir vivamente interessato.

«Come può questo straniero giustificare una pretesa così assurda?»

L'Uomo Che Contava si avvicinò al ministro e gli disse: «Permettimi di mostrare, o Visir, che la mia proposta è matematicamente corretta. Durante il viaggio, quando avemmo fame, presi una pagnotta e la divisi in tre parti. Ciascuno di noi ne mangiò una. I miei cinque pani, quindi, ci procurarono quindici pezzi, non è vero? Le tre pagnotte del mio amico aggiunsero nove pezzi, per un totale di ventiquattro parti. Delle mie quindici ne consumai otto, così che in realtà ne ho cedute sette. Dei suoi nove pezzi anche il mio amico ne mangiò otto e così il suo contributo è stato di uno soltanto. I sette pezzi miei e l'unico del mio amico fanno gli otto che sono andati allo sceicco Salem Nasair. Pertanto è giusto che io riceva sette monete e il mio amico soltanto una».

Il Gran Visir, dopo aver altamente lodato l'Uomo Che Contava, ordinò che gli fossero date sette monete e a me una. La dimostrazione matematica era logica, perfetta, irrefutabile. Ma, per quanto corretta, la suddivisione non piacque a Beremiz che, rivolto al sorpreso ministro così proseguì: «Questa divisione, sette per me e una per il mio amico è, come ho provato, matematicamente perfetta; ma non è perfetta agli occhi dell'Onnipotente».

E, raccogliendo nuovamente le monete, le divise in due parti uguali, quattro a me e quattro a se stesso.

«Un uomo veramente straordinario! » esclamò il Visir. «Non ha accettato la divisione delle otto monete in cinque e tre. Ha dimostrato che a lui ne spettano sette e al suo compagno solo una. Ma poi divide le monete in due parti uguali e ne dà una all'amico». E aggiunse con entusiasmo: «Per l'Onnipotente! Questo giovane, oltre a essere bravo e veloce in aritmetica, è un amico buono e generoso. Voglio che diventi oggi stesso mio segretario». «Gran Visir» disse l'Uomo Che Contava, «mi accorgo che avete espresso, in trenta parole e 125 lettere, la più alta lode che io abbia mai udito. Voglia Allah benedirvi e proteggervi per tutta l'eternità!»

L'abilità del mio amico Beremiz gli consentiva di tener dietro alle parole e alle lettere pronunciate... Tutti noi ci meravigliammo di fronte a tale dimostrazione di genialità.[590]

---

[590] [Tah96], da pag. 15.

S.16 [Enigma 11] – La Matematica e la Giustizia nel dividere la pena

La soluzione proposta dall'Uomo Che Contava è al tempo stesso imprevedibile e geniale pure nell'ambito di questo enigma. Sentiamo ancora una volta il narratore:[591]

> *Grande fu il mio sollievo nel lasciare la tetra prigione, luogo di tortura per i poveri carcerati. Appena raggiungemmo il sontuoso salone dei ricevimenti, apparve il visir Maluf, circondato da cortigiani, segretari, sceicchi vari e sapienti del suo seguito. Tutti attendevano l'arrivo di Beremiz, desiderosi di sapere in che modo l'Uomo Che Contava avrebbe risolto il problema di dimezzare una condanna all'ergastolo.*
>
> *«Ti stavamo aspettando, o Uomo Che Conta» disse il Visir affabilmente, «e ti prego di volerci dare subito la soluzione. Siamo impazienti di adempiere agli ordini del nostro grande Emiro».*
>
> *Beremiz si inchinò rispettosamente, fece i suoi salaam, e così parlò:*
>
> *«Sanadik di Basra, il contrabbandiere, catturato quattro anni fa alla frontiera, fu condannato all'ergastolo. La condanna è stata adesso ridotta a metà dal saggio e giusto decreto del nostro benevolo Califfo, capo dei credenti, servo di Allah in terra...*
>
> *Assegniamo il valore x al tempo della vita di Sanadik che comincia con la sua cattura e con la condanna all'ergastolo: la sua pena consiste nel passare x anni in prigione, cioè tutta la vita. È importante stabilire che, se dividiamo il tempo rappresentato da x in periodi distinti, a ogni periodo passato in prigione deve corrispondere un uguale periodo di libertà».*
>
> *«Esattamente!» esclamò con entusiasmo il Visir. «Seguo perfettamente il tuo ragionamento».*
>
> *«Ora, dal momento che Sanadik è già stato in prigione per quattro anni, appare evidente che deve godere di un uguale periodo di libertà, cioè quattro anni. Infatti immaginiamo che un benevolo mago sia in grado di prevedere l'esatto numero di anni lasciati a Sanadik e ci dica: 'Quest'uomo aveva da vivere ancora solo otto anni quando fu imprigionato'. In tal caso, x sarebbe uguale a otto, ovverosia Sanadik sarebbe stato condannato a otto anni di prigione, ora ridotti a quattro. Ma, poiché Sanadik ha già scontato quattro anni, egli ha in realtà completato l'espiazione della condanna e deve essere considerato libero. Se il contrabbandiere dovesse vivere, per volere del destino, più di otto anni, se x fosse maggiore di otto, la sua vita si articolerebbe in tre periodi: uno di quattro anni già trascorsi in prigione, un altro di quattro anni di libertà e poi un terzo, che andrebbe anch'esso diviso in due parti, di prigionia e di libertà. Si deve quindi facilmente concludere che, qualunque sia il valore dell'incognita x, il condannato debba essere*

---

[591] [Tah96], da pag. 132.

subito rilasciato per godere quattro anni di libertà. Egli ne ha pieno diritto, come ho dimostrato, in accordo con la legge. Trascorso questo lasso di tempo, deve ritornare in prigione e rimanervi per la metà della sua restante vita. Forse sarebbe giusto imprigionarlo per un anno e poi concedergli la libertà per l'anno seguente. Applicando le disposizioni del Califfo, rimarrebbe in carcere per un anno e sarebbe poi libero per un altro, godendo in tal modo della grazia concessa. Questa soluzione, d'altra parte, sarebbe esatta solo se il condannato morisse proprio all'ultimo giorno di uno dei suoi periodi di libertà.

Immaginiamo che Sanadik, dopo un anno di prigione, venga liberato e muoia dopo quattro mesi. Di questa parte della sua vita — un anno e quattro mesi — avrebbe passato un anno in galera e solo quattro mesi da libero. Non sarebbe giusto, avremmo commesso un errore di calcolo, la sua condanna non sarebbe stata ridotta a metà.

Sarebbe forse meglio imprigionare Sanadik per un mese e lasciarlo libero in quello seguente. Anche questa soluzione potrebbe condurre a un simile errore se egli, dopo aver trascorso un mese in carcere, non potesse godere un intero mese di libertà.

Sembra, si direbbe, che tutto sommato la miglior cosa sia di tenere in galera Sanadik per un solo giorno e lasciarlo in libertà il giorno dopo, continuando così fino al termine della sua vita; tuttavia anche questo procedimento non corrisponde a un criterio di esattezza matematica, perché Sanadik potrebbe morire poche ore dopo un giorno di prigionia. Tenerlo dentro per un'ora e metterlo fuori l'ora successiva e continuare così fino all'ultimo istante della sua vita, sarebbe la soluzione corretta solo se Sanadik morisse all'ultimo minuto di una delle sue ore di libertà. Altrimenti, la sua condanna non sarebbe stata ridotta della metà, come stabilito dal decreto del Califfo.

La soluzione matematicamente esatta è la seguente: tenete Sanadik in prigione, per un istante e lasciatelo libero per l'istante seguente. E però necessario che l'istante del suo imprigionamento sia così breve da essere indivisibile, e lo stesso deve essere per il successivo istante di libertà.

In realtà, tale soluzione è irrealizzabile. Come si può rinchiudere qualcuno per un istante infinitesimo e metterlo in libertà in quello successivo? Pertanto quest'idea deve essere scartata come impossibile.

A questo punto, posso individuare, o Visir, solo una via per risolvere il problema. Sia concessa a Sanadik libertà condizionata sotto la sorveglianza della legge. È il solo modo per consentirgli di scontare la sua condanna e di essere nello stesso tempo libero».

Il Visir ordinò che il suggerimento di Beremiz venisse subito messo in atto, e nello stesso giorno a Sanadik fu concessa la libertà condizionata, un giudizio che i magistrati arabi utilizzano spesso, a partire da quella volta.

All'indomani chiesi a Beremiz quali dettagli e calcoli avesse rilevato sui

muri della prigione durante la nostra famosa visita, e cosa lo avesse guidato a una soluzione tanto originale. Questa fu la sua risposta:
«*Solo chi è stato anche per un breve momento tra le tetre mura di un carcere può sapere come risolvere tali problemi, in cui i numeri sono tutt'uno con la terribile miseria umana*».

S.17 [Enigma 12] – Scelte di marinai

La soluzione dell'Uomo Che Contava è come sempre precisa, corretta ed elegante, come i migliori matematici sanno offrire[592]:

> *Il numero delle monete che, come hai detto, era compreso tra 200 e 300, doveva essere di 241 prima che fossero divise dal primo marinaio, il quale ne fece tre parti uguali, gettandone una nel mare:*
>
> $$241 : 3 = 80 \text{ monete, con il resto di } 1$$

> *Egli prese la sua parte e ritornò a letto, lasciando nella cassetta*
>
> $$241 — (80 + 1) = 160 \text{ monete}$$

> *Il secondo marinaio divise poi le 160 monete rimaste in tre parti; e quella che avanzava la buttò alle onde:*
>
> $$160 : 3 = 53 \text{ monete, con il resto di } 1$$

> *Si mise in tasca il suo terzo e si coricò, lasciando nella cassetta*
>
> $$160 — (53 + 1) = 106 \text{ monete}$$

> *A sua volta il terzo marinaio divise le 106 monete in tre parti uguali, con una di resto, che lanciò in acqua:*
>
> $$106 : 3 = 35 \text{ monete, con il resto di } 1$$

> *Tornò a letto con la sua parte, lasciando nella cassetta*
>
> $$106 — (35 + 1) = 70 \text{ monete}$$

> *Queste erano quelle rimaste quando la nave attraccò in banchina; l'esattore, seguendo le istruzioni del capitano, divise equamente le monete in tre parti, con una che avanzava.*
>
> $$70 : 3 = 23 \text{ monete, con il resto di } 1$$

> *Tenne questa per sé e consegnò 23 monete a ciascuno dei marinai. Di conseguenza la destinazione delle 241 monete iniziali, fu la seguente:*
> *Primo marinaio*   80+23 = 103
> *Secondo marinaio* 53+23 = 76
> *Terzo marinaio*   35+23 = 58
> *Esattore*   1
> *Il mare*   3
> *Totale*   241

---

[592] [Tah96], da pag. 114.

S.18 [Enigma 13] – Il padre dell'algebra ha un'età nota

La soluzione si ottiene banalmente traducendo l'epitaffio in una equazione di primo grado:

$$\frac{x}{6} + \frac{x}{12} + \frac{x}{7} + 5 + \frac{x}{2} + 4 = x$$

Risolvendola (come suggerito in Appendice E), si ottiene l'eta massima che raggiunse Diofanto: 84 anni. Ecco qualche passaggio:

$$\frac{x}{6} + \frac{x}{12} + \frac{x}{7} - \frac{x}{2} = -9$$

$$\frac{14 + 7 + 12 - 42}{84} x = -\frac{756}{84}$$

$$-9x = -756$$

$$x = 756/9$$

$$x = 84$$

S.19 [Enigma 14] – Anche il padre dell'algebra relazionale ha un'età nota

Come risolvere l'enigma «Avevo x anni nell'anno x^2», sapendo che x^2 è un numero tra 1800 e 1899?

[Liv09] suggerisce, a pag. 235, un modo di procedere per tentativi: i primi cosiddetti *numeri quadrati* sono i seguenti, disposti in due colonne:

1	529
4	576
9	625
16	676
25	729
36	784
49	841
64	900
81	961
100	1024
121	1089
144	1156
169	1225
196	1296
225	1369
256	1444
289	1521
324	1600
361	1681
400	1764
441	1849
484	1936

Volutamente mi sono fermato al primo numero che va oltre l'Ottocento, ossia 1936, che quindi non va bene. Il precedente, 1849, è l'unico numero quadrato che appartiene all'intervallo tra 1800 e 1899. Pertanto la soluzione cercata è la radice quadrata di 1849, ossia 43. Quindi De Morgan ebbe 43 anni nel 1849: nacque nel 1806.

Un altro metodo consiste nell'impostare un'equazione di secondo grado parametrica:
$$1800 + k + x = x^2$$

In essa, 1800+k è l'anno di nascita del grande matematico, poiché k è la distanza tra l'inizio del secolo e l'anno di nascita. Pertanto, $1800 + k + x$ è l'anno in cui egli aveva x^2 anni. Per la defizione stessa di k, esso è un intero che può variare da 0 a 99.

Purtroppo esso è un k ignoto, ma lo si può stimare riordinando l'equazione di secondo grado e scrivendone il discriminante Δ (come insegnato in Appendice E):

$$x^2 - x - (1800 + k) = 0$$
$$\Delta = b^2 - 4ac = (-1)^2 + 4(1800 + k) = 7201 + 4k$$

Affinché Δ sia un quadrato perfetto, bisogna assegnare a k un valore opportuno. Provando da 0 a 99, si scopre che l'unico valore di k per cui la radice quadrata di $7201+4k$ assume un valore intero è $k = 24$, a cui corrisponde $\Delta = 7225$. In tal caso, la radice di Δ è 85. Infine, risolvendo l'equazione di secondo grado si ha

$$x_{1,2} = \frac{-b \mu \sqrt{\Delta}}{2a} = \frac{1 \mu 85}{2}$$

È evidente che x_1, ossia la soluzione che si ottiene con il segno negativo, è da scartare poiché $1 < 85$ e quindi si ha $x_1 < 0$. Rimane quindi solo x_2, ossia

$$x = \frac{1+85}{2} = 43$$

S.20 [Enigma 15] – Il padre del metodo scientifico è un burlone

Il 1° gennaio 1611, Galileo scrisse a Keplero una lettera per svelargli l'anagramma della missiva precedente. La soluzione è:

> *Cynthiae figuras aemulatur mater amorum.*

Ossia, in italiano,

> *La madre dell'amore [Venere] imita le figure di Cinzia [la Luna].*

S.21 [Enigma 16] – Il Papiro di Ahmes è anche enigmatico

Come si può facilmente calcolare in base alle formule della progressione geometrica di ragione 7 (in Appendice G ho messo le informazioni essenziali), il problema 79, ovvero

«*Case 7, gatti 49, topi 343, spighe 2401, heqat 16.807, totale 19.607*»

è banalmente ricostruibile:

$$7^0 + 7^1 + 7^2 + 7^3 + 7^4 + 7^5 = \frac{1-7^6}{1-7}$$

ossia

$$1 + 7 + 49 + 343 + 2'401 + 16'807 = 19'608$$

Pertanto, sottraendo l'unità a entrambi i membri dell'uguaglianza, si ha l'asserto

$$7 + 49 + 343 + 2'401 + 16'807 = 19'607$$

La versione di Fibonacci cambia forma ma non sostanza:

7 vecchie	→	7 case
49 muli	→	49 gatti
343 sacchi	→	343 topi
2401 pagnotte	→	2401 spighe
16807 foderi	→	16807 heqat

Invece la filastrocca di Mamma Oca non è identica all'originale (presunto) di Ahmes: le potenze di 7 non vanno dalla prima alla quinta, poiché gli esponenti vanno da 0 a 4. Infatti abbiamo un uomo (ossia 7 elevato a 0), e poi mogli (7), sacchi (49), gatti (343) e micini (2401).

Per cui ora il calcolo di tutti gli elementi è diverso, ossia:

$$7^0 + 7^1 + 7^2 + 7^3 + 7^4 = \frac{1-7^5}{1-7}$$

ergo la somma totale è

$$1 + 7 + 49 + 343 + 2401 = 2801$$

RINGRAZIAMENTI e ringraziacuori

Questa sezione potrebbe occupare decine di pagine. Provo a ringraziare alcuni, sapendo che sicuramente mi sfuggirà qualcheduno (e, nel deserto, qualcheduna). Partiamo da mia moglie Olimpia, che non si è opposta più di tanto alla mia idea di diventare scrittore "davvero". Spero che i soldi che guadagnerò da questo best seller le mostreranno che la mia idea non era poi così male! ;-)

Mia sorella Mariana ha letto più volte le bozze del libro, aiutandomi a migliorarlo. Peccato che ha dedicato così tanto tempo a questo scopo che la versione definitiva non l'ha voluta più leggere! ;-)

Anna Cerasoli ha gentilmente convalidato le mie citazioni su di lei, mentre Diego Casadei ha suggerito migliorie per il capitolo ottavo.

Ringrazio anche coloro che NON hanno creduto in questo progetto editoriale: mi hanno permesso di trovare dentro di me la convinzione di fare qualcosa che sento di dover fare, a prescindere dal parere altrui.

Infine, ringrazio la Fonte di ispirazione che mi ha accompagnato lungo tutto questo viaggio alla scoperta di Chi sono veramente.

NOTE SULL'AUTORE, non sul pentagramma

Damiano Triglione, fin dalla nascita, era destinato a scrivere questo libro. Gli antichi Romani dicevano *Nomen omen*, locuzione latina che possiamo tradurre come "il destino nel nome". In effetti, togliendo la g (o mettendola tra parentesi), il cognome indica un numero enorme: il trilione, cioè 10^{18}. Quindi, anche grazie al libro che avete in mano, egli diventerà non miliardario, bensì triliardario. Per fortuna che non ha scelto di nascere in USA: lì *trilion* vale (solo!) 10^{12}.

Il nostro autore, fin da bambino, sapeva contare molto bene. Volendo sempre incrementare il numero dei suoi amici, diceva a chiunque: «Conta su di me!».
Alle sue feste di compleanno, in estate, tra i numerosi invitati c'era sempre qualcuno che gli chiedeva: «Di che segno sei?». Egli replicava: «Positivo».

Ex ingegnere informatico; ex dottore di ricerca in Geodesia e Geomatica; ex attore; ex clown d'ospedale e cabarettista; ex inventore; ex insegnante; ex consulente universitario, Damiano Triglione è felicemente marito di Olimpia e padre di Francesco e Gabriele. Gli piace essere un principiante in tutto ciò che fa, perché così può essere gioioso, giocoso, appassionato ed entusiasta come un bambino.

www.ingramcontent.com/pod-product-compliance
Lightning Source LLC
Chambersburg PA
CBHW080757180526

45168CB00006B/2238